Heymann · Campingbusse selbermachen

JOHANNES P. HEYMANN

Campingbusse selbermachen

WOHNMOBIL-EIGENBAU VON A BIS Z

MOTORBUCH VERLAG STUTTGART

Einbandgestaltung: Siegfried Horn,
unter Verwendung eines Fotos des Autors.

ISBN 3-87943-713-0

8. Auflage 1989
Copyright © by Motorbuch Verlag, Postfach 103 743, 7000 Stuttgart 10.
Ein Unternehmen der Paul Pietsch-Verlage GmbH & Co.
Sämtliche Rechte der Verbreitung – in jeglicher Form und Technik – sind vorbehalten.
Satz und Druck: studiodruck, 7440 Nürtingen-Raidwangen.
Bindung: Großbuchbinderei E. Riethmüller, 7000 Stuttgart 1.
Printed in Germany.

Inhalt

Einleitung

Campingbusse selbermachen

Erinnern Sie sich noch an Ihren letzten Urlaub? Mal ehrlich, war das überhaupt ein Urlaub im eigentlichen Sinn? War das Erholung? Was war mit dem Hotelzimmer, war das wirklich so sauber und gut gelegen wie im Hotelprospekt abgebildet? War die Bedienung freundlich, das Essen vorzüglich, der Hotelpreis angemessen? War der Strand wirklich so romantisch, menschenleer und feinsandig wie auf dem bunten Plakat im Reisebüro? War das Meerwasser wirklich so klar, daß man bis zum Grund gucken konnte? Und wie war das denn mit dem Wetter im Urlaub, war das auch bloß immer Sonnenschein?

Wenn sie das alles aus vollem Herzen bejahen können, waren Sie dieses Jahr ein ganz seltener Glückspilz..., aber sind sie auch sicher, daß es nächstes Jahr genauso ist?

Natürlich gibt es kein absolut sicheres Patentrezept gegen jeden Ärger, den man im Urlaub erleben kann.

Aber es gibt doch ein recht wirksames Mittel, das Zauberwort heißt: Campingbus.

Individuelle Reisen abseits vom Massentourismus, ohne Streß und ohne Hetze, ohne Hotelbuchungen, ohne Fahrpläne, ohne Sprachschwierigkeiten, ohne Ernährungsprobleme sind auch heute noch mit einem eigenen Wohnmobil jederzeit zu verwirklichen. Ihre Garderobe hängt griffbereit im Kleiderschrank, die Zahnbürste ist ebenso am gewohnten Platz wie der Rasierapparat, der Wein steht gut temperiert im eigenen Kühlschrank, und sie können in der eigenen Küche ebenso rasch einen starken Mokka brauen wie ein Menü kochen oder eine spezielle Diät. In welchem Hotel wissen Sie schon, wer vor Ihnen das Bett oder die Toilette benutzt hat, ob das Geschirr sauber gespült ist oder ob der Koch sich vor der Essensbereitung die Hände gewaschen hat. Im eigenen Campingbus weiß man nicht nur das, sondern man hat auch noch eine ganze Menge weiterer Vorteile. Dieses ganz persönliche Hotel, das nur auf die eigenen Bedürfnisse zugeschnitten ist, hat die richtige Bettgröße, die gewünschte Matratzen-Ausführung, die Leseleuchte da, wo man sie immer gern hat. Auch die 50-Watt-Stereo-Anlage, die man sich nach Wunsch eingebaut hat, wird nicht so leicht in dieser Ausführung in einem »normalen« Hotelzimmer zu finden sein. Und dieses Mini-Hotel, das mit allen Schikanen eingerichtet ist, ist noch dazu fahrbar, kann auf jedem Parkplatz abgestellt werden und ist nicht nur für den Sommer- oder Winterurlaub startklar, sondern kann an jedem Wochenende zu einem Kurzurlaub eingesetzt werden. In der Woche läßt sich damit gut beim nächsten Supermarkt vorfah-

6

Bild 1: Große Hecktüren, der weit hinabreichende Wagenboden und die relativ graden Wände des Mercedes-Benz-Transporters bieten ideale Voraussetzungen zum Wohnmobilbau. Die klein gehaltenen Radkästen stören kaum die Innenraumplanung.

ren, wenn Großeinkäufe auf dem Programm stehen. Ein antiker Bauernschrank läßt sich notfalls ebenso im Fahrzeug verstauen wie ein defekter Kühlschrank oder Fernseher, wenn es darum geht, solche Dinge zu transportieren. Der Campingbus kann auch als perfekt eingerichtetes Gästezimmer herhalten, wenn überraschend mehr Besuch kommt als erwartet. Oder wenn der Besuch unbedingt in der Nähe des berühmten Domes oder Rathauses oder einer anderen Sehenswürdigkeit übernachten will. Man kann sein eigenes Hotelzimmer auch bei Bekannten vor der Tür aufstellen, wenn man nach einer feuchtfröhlichen Party nicht den Führerschein riskieren will. Sie sehen also, so ein eigener Campingbus hat schon eine beachtliche Reihe Vorteile, und es gibt noch viel mehr. Aber gibt es denn auch Nachteile? Natürlich, muß man da korrekterweise antworten. Der wesentlichste Nachteil für so ein vielseitiges Fahrzeug ist meiner Ansicht nach der Anschaffungspreis.

Wer sich ein wirklich komplett ausgestattetes Wohnmobil fix und fertig kaufen möchte, muß sehr tief ins Portemonnaie greifen. Ist das Fahrzeug billiger, sollte man mißtrauisch sein. Entweder hat es konstruktive Mängel, ist »schlicht« verarbeitet oder nur unvollkommen eingerichtet.

Aber auch superteure Wohnmobile brauchen noch lange nicht perfekt oder gar vollständig ausgestattet zu sein. Man kann da mitunter sein blaues Wunder erleben, wenn man nicht hellwach ist. Ihnen kann das ja nicht passieren, denn Sie sind durch das Lesen dieser Zeilen darüber informiert, daß es für jeden halbwegs praktisch veranlagten Menschen noch eine billigere und wie ich meine bessere Methode gibt, so einen Campingbus zu bekommen! Richtig, ich meine das Selbermachen.

Das Selbermachen hat nicht nur finanzielle Vorteile, sondern man bekommt dabei noch mehr mit auf den Weg. Erstens kann man sich seinen Campingbus so einrichten, wie es die Familie erfordert oder wie der persönliche Stil dies wünscht. Zweitens wird man durch das Bauen im Fahrzeug mit allen Details auch der Technik rasch vertraut und kann sich im Notfall selbst helfen, wenn mal eine Panne zu beheben ist.

Diese Argumente sollte man nicht unterschätzen. Wenn sie wirklich einmal mit Ihrem Campingbus in einer menschenleeren Gegend herumsitzen und die Wasserversorgung, die Heizung oder die Bordelektrik ist kaputt, dann können solche Eigenbau-Erfahrungen außerordentlich nützlich sein. Was machen Sie in einem solchen Moment

bei einem fertig gekauften Wohnmobil, bei dem Sie weder wissen, wie man an die Wasserversorgung kommt noch wie sie elektrisch angeschlossen ist? Da nützt dann die schönste Garantiekarte herzlich wenig, da muß man schon die Ärmel aufkrempeln und selbst den Fehler zu beheben trachten. Wie einfach ist es dann, wenn man beispielsweise weiß, wie die Küchenspüle oder der Kühlschrank usw. zu demontieren gehen, wo die Wasserleitung verlegt ist und was dergleichen Fragen mehr sein können!

Aber genug der Probleme. Ich hoffe Sie überzeugt zu haben, daß der Eigenbau von Wohnmobilen nicht nur finanziell eine interessante Sache ist, sondern daß dieses Hobby auch andere handfeste Vorteile zu bieten hat.

Nun werden Sie vielleicht fragen, wer sich denn Campingbusse selbermachen kann, wo doch so viel Technik in diesen Dingern enthalten ist? Meiner Meinung nach kann jeder Campingbusse selbermachen, der etwas Heimwerker-Erfahrung besitzt, über ein paar zweckentsprechende Werkzeuge verfügt und bereit ist, neben den Kosten für ein Fahrzeug und das Material auch einen Teil seiner Freizeit in den individuellen Ausbau eines solchen Campingbusses zu stecken.

So kompliziert, wie sich das mancher Laie oft vorstellt, ist es nämlich garnicht! Natürlich erfordern übertriebene Anforderungen oder aufwendige technische Einrichtungen höheres Wissen und Können als eine normale Ausstattung. Aber auch hier hat die rührige Zubehörindustrie in den letzten Jahren Erstaunliches geleistet. Dinge, die noch vor wenigen Jahren selbst in Luxus-Reisemobilen als Sonderausstattung galten, sind heutzutage fast schon Standard und von jedem halbwegs normalen Menschen im Fahrzeug zu installieren. Diese Fülle von Zubehör und Einrichtungsgegenständen, Halbfertig- und Fertigprodukten ermöglichen es nahezu jedem Interessenten, sich den Wunschtraum nach einem eigenen Campingbus zu erfüllen. Je nach Geschicklichkeit kann man so seinen Campingbus in mehreren Ausbaustufen einrichten, indem zunächst nur das Nötigste eingebaut wird und man die Einrichtung Schritt für Schritt ergänzt.

Wer überhaupt kaum basteln kann, wird daher auf die oft preiswert angebotenen fertigen *Einbausätze* der einschlägigen Industrie zurückgreifen und diese ist in ein günstig erworbenes und gut erhaltenes Gebrauchtfahrzeug einbauen.

Diese Lösung mit fertig erworbenen Einbausätzen ist zwar nicht so preiswert wie von Grund auf selbstgebaute Einrichtungen, aber immer noch besser als der Kauf eines fertigen Wohnmobils, bei dem man an der Einrichtung ja meist nichts mehr ändern kann.

Wer als Bastler schon über ein paar Grundkenntnisse verfügt und sich nur die fehlerfreie Planung der Einrichtung nicht so recht zutraut, der wird sicher von den im Handel erhältlichen *Einrichtungsplänen* und Zeichnungssätzen Gebrauch machen können. Je nach Fahrzeugtyp erwirbt man den gewünschten Plan, überträgt die angegebenen Maße auf Holzplatten, schneidet die Teile zu und setzt sie zusammen.

Wer bei der Einrichtung eines Campingbusses mit den übrigen Details wie Elektrik, Wasser- oder Gasversorgung usw. Probleme auf sich zukommen sieht, der sollte dennoch nicht die Flinte ins Korn werfen. Erstens kann man mit der Aufgabe wachsen und sich vielleicht in Einzelfragen auch von Fachleuten helfen lassen. Zweitens kann man auf leichter einsetzbare alternative Lösungen zurückgreifen. Man braucht beispielsweise nicht unbedingt gleich eine elektrische Wasserversorgung, eine mechanische mit Handpumpe tut es auch für die erste Zeit usw. Ich will damit sagen, daß sich im Laufe der Ausbau-Arbeit und beim Studium dieses Buches auch für den technisch nicht so Versierten fast immer eine praktisch ausführbare Lösung findet. Die dritte große Gruppe der Campingbus-Eigenbauer schließlich besteht aus den geübten Heimwerkern, denen weder der Möbelbau noch ein paar technische Fragen Angst einjagen und die sich einen Campingbus so optimal wie möglich einrichten wollen.

Sie werden bestrebt sein, möglichst viele eigene Ideen in die Tat umzusetzen, sie werden Dutzende von Entwürfen skizzieren und sich bei anderen Campingbussen Anregungen und Tips holen. Für jede dieser drei Eigenbau-Gruppen werden sich auch in diesem Buch eine ganze Menge Anregungen und Hinweise finden. Sie sollten daher sich nicht scheuen, dieses Buch als Arbeitsunterlage und Nachschlagewerk zu betrachten. Nehmen Sie beim Lesen einen Bleistift oder sogar farbige Filzstifte zur Hand und markieren Sie sich die für Sie interessanten Stellen. Kreuzen Sie an, was Ihnen wichtig erscheint, oder notieren Sie sich auf Zetteln sofort Tips für Ihren Ausbau. Machen Sie sich auch bitte gleich Skizzen oder Detailentwürfe von einzelnen Bauvorschlägen, die Sie später vielleicht verwenden wollen. Fordern Sie auch gleich beim Lesen der entsprechenden Kapitel dieses Buchs Unterlagen und Prospekte von Fahrzeugherstellern oder Zubehör-Versandgeschäften an. Die Lektüre dieser Prospekte ist eine wichtige Planungshilfe. Sie bekommen da ja nicht nur Anregungen, was es alles gibt und wie unterschiedlich die Produkte sein können, sondern Sie bekommen auch gleichzeitig die neuesten Preisangaben.

Überhaupt: Informieren ist die halbe Arbeit!

Gehen Sie deshalb, wenn möglich, auch auf Messen oder Camping-Ausstellungen und studieren Sie die dort ausgestellten Fahrzeuge oder Zubehör-Angebote. Fragen Sie, wenn Ihnen dabei etwas unklar ist, oder auch, wenn Ihnen etwas besonders gut gefallen hat, warum der Hersteller das gerade so und nicht anders gemacht hat.

Überlegen Sie auch, wie Sie mit den Möglichkeiten Ihrer Hobbywerkstatt, mit Ihrem Werkzeug, die dort gezeigten Einrichtungen, Möbel usw. nachbauen könnten.

Schauen Sie sich die verwendeten Materialien an

und die Art ihrer Verarbeitung. Das hilft Ihnen sicher später bei der Entscheidung, aus welchen Werkstoffen die Einrichtung Ihres Fahrzeugs gefertigt werden sollte und welche Kenntnisse oder Werkzeuge für diese Arbeiten erforderlich sein werden.

So ein Campingbus ist im Grunde nichts weiter als ein Haus auf Rädern. Nur viel kleiner, enger und kompakter. Deshalb macht sich bei einem Campingbus auch der kleinste Planungsfehler später viel mehr bemerkbar als in einem richtigen Haus. Aber der Ausbau so eines Campingbusses hat schon durchaus Parallelen zum Hausbau. Zuerst die *Planung.* Danach die Ermittlung der *Kosten,* damit man auch weiß, was man sich überhaupt leisten kann und wo man zunächst noch sparen muß. Dann kommt der *Grundausbau* des Fahrzeugs, mit dem Haus-Rohbau vergleichbar. Schließlich kommen die *Installationen,* die technischen Details an die Reihe und dann die *Einrichtung* und *Vervollständigung* des Fahrzeugs. Aber Vorsicht! Der Teufel steckt wie beim Hausbau auch hier im Detail! Je genauer die Planung der Einrichtung und der Ausbau-Abläufe ist, desto weniger geht schief. Und zum Trost gibt es auch fast immer noch Möglichkeiten, etwas zu improvisieren. Das sollte aber nicht sein. Deshalb ist es auch besser, sich ausgiebig mit den Hinweisen in diesem Buch zu befassen. Zumindest wird es billiger als der Ärger, den man sich durch Pannen

Bild 2: Für den Selbstausbau ist der fensterlose Hochraum-Kastenwagen meiner Ansicht nach die zweckmäßigste Basis, weil man dadurch in der Grundrißgestaltung freier ist und nur dort Fenster oder Luken anbringt, wo es erforderlich ist (Opel Bedford-Blitz).

beim Ausbau einhandeln kann. Pfiffige Leute lesen deshalb dieses Buch auch dreimal!

Das erste Mal, um sich allgemein zu informieren, was da so überhaupt alles auf sie zukommt.

Das zweite Mal, wenn die Phase der Planung und des Vorbereitens beginnt, wenn Zubehör und Werkstoffe beschaft werden müssen.

Ein drittes Mal schließlich, wenn während der Ausbau-Arbeiten Fragen auftauchen, wenn Schaltpläne, Details, Verarbeitungstips usw. gebraucht werden.

Es soll sogar ein paar Leute geben, die lesen es ein viertes Mal. Dann nämlich, wenn sie feststellen wollen, was sie an ihrem Campingbus falsch gemacht haben. Aber das kann nur Leuten passieren, die das Buch die ersten Male nicht gründlich genug gelesen haben.

Nun möchte ich Ihnen aber nicht Angst machen, denn so schlimm ist es gar nicht mit dem Selbermachen. Wenn man die Augen offenhält, wenn man die Arbeitsgänge vorher plant, ordentliches Werkzeug und eine gute Portion Geduld mitbringt, ist alles zu schaffen.

Sie werden sehen, am Ende haben auch Sie ein preiswertes, schönes und zweckmäßig eingerichtetes Wohnmobil vor der Tür stehen, mit dem es dann auf Entdeckungsreisen geht, mit dem der Urlaub wieder Spaß macht.

Aber zuvor heißt es: Campingbusse selbermachen…

Bild 2a: Mit käuflichen Bausatz-Einrichtungen und etwas Geschick bekommt man auch heute noch ein vollwertiges Wohnmobil für einen halbwegs erschwinglichen Preis zusammen. Noch preiswerter wird es nur, wenn man auch die Möbel selber baut.

Das Basisfahrzeug

Grundsätzliche Überlegungen

Bevor Sie sich mit viel Schwung und Energie an den Ausbau des eigenen Campingbusses machen, sollten Sie zuvor noch ein paar grundsätzliche Überlegungen anstellen.

Beispielsweise die wichtige Frage klären, was man mit dem Campingbus alles machen will. Das hört sich zunächst vielleicht merkwürdig an, aber: *Was wollen Sie mit dem Campingbus wirklich alles machen?* Soll der Campingbus nur als *Zweitfahrzeug* eingesetzt werden, so kann man viel freier planen als dann, wenn Sie das Fahrzeug auch dazu benötigen, jeden Morgen durch den Berufsverkehr zur Arbeit zu kommen. Wenn Sie darauf angewiesen sind, mit dem Campingbus in der Innenstadt einen Parkplatz zu benutzen, wenn Sie nicht als Verkehrsbremse wirken wollen, dann brauchen Sie in diesem Fall ein besonders handliches, wirtschaftliches und zweckmäßiges Fahrzeug. Wird der Campingbus nur allein als *Erstfahrzeug* benutzt, ist auch der Treibstoffverbrauch eine interessante Frage, denn im Stadtverkehr kann ein großer Wagen ganz schön zu saufen anfangen. Bei einem Zweitfahrzeug spielt das dagegen keine so wesentliche Rolle, obwohl es bei der Energieverknappung durchaus mit bedacht werden sollte.

Wenn Sie den Campingbus beruflich einsetzen, so werden Sie ihn vielleicht auch als *Transportfahrzeug* benutzen wollen. Das bedeutet aber, daß Sie im Wagen viel Platz brauchen, daß also die Einrichtung möglichst weitgehend herausnehmbar sein sollte. Das bedeutet ferner, daß Sie ein Fahrzeug mit großen Türen, mit ebenem Fahrzeugboden o. ä. anschaffen müssen.

Soviel über den möglichen Einsatzzweck wochentags. Aber nun zur Frage des Campingbusses an sich. Wollen Sie ihn allein, mit dem Ehepartner, mit einer größeren Familie benutzen? Wohin sollen die Reisen hauptsächlich führen? Es ist nämlich ein beträchtlicher Unterschied, ob man den Campingbus hauptsächlich für kleine Urlaubsfahrten mit der ganzen Familie mal im Sommer in den Schwarzwald einsetzt, ob man zu zweit im Winter campen will oder ob man gar auf Entdeckungsreisen nach Übersee will. Natürlich kann man heute noch nicht entscheiden, wo man in zwei Jahren hin will oder welche Ansprüche man dann an sein Fahrzeug stellt. Aber grundsätzliche Gedanken sollte man sich schon machen, denn Anzahl der Mitreisenden und Reiseziele haben unmittelbar Auswirkungen auf die Wahl eines geeigneten Basis-Fahrzeugs, egal ob es nun neu oder gebraucht erstanden werden soll.

Eine große Familie erfordert notgedrungen auch

Bild 3: Ob man Flügeltüren (links) oder Heckklappe bevorzugt, hängt von den Anforderungen ab. Bei Flügeltüren genügt es meist, wenn man zum Ein- oder Aussteigen nur einen Flügel öffnet. Eine große Heckklappe kann dagegen als Vordach-Ersatz auch mal bei leichtem Regen offen bleiben, wenn man frische Luft beim Campen genießen will.

Bild 4: Die seitliche Klapptür des Ford Transit beansprucht nicht soviel Innenplatz wie eine Schiebetür. Der hohle Türkörper läßt sich gut zu einem kleinen Staufach ausbauen.

ein weitaus geräumigeres Fahrzeug. Nicht nur wegen der Anzahl der erforderlichen Schlaf- oder Sitzplätze. Aber was ist, wenn tagsüber witterungsbedingt sich alle Mitreisenden im Fahrzeug aufhalten müssen, wenn zu dieser Zeit gerade gekocht werden muß und auch noch Kleinkinder da sind, die im Wagen spielen wollen?Natürlich kann man das Fahrzeug nicht für einen solchen Extremfall bemessen, aber man sollte auch mit solchen Situationen rechnen und den vernünftigen Kompromiß zwischen Fahrzeuggröße und Familie suchen. Man muß in diesem Zusammenhang auch berücksichtigen, daß heranwachsende Kinder womöglich schon in den nächsten Jahren selbständig verreisen wollen und nicht im Campingbus mit»müssen«.

Auch die Frage der *Hauptreiseziele* ist für die Fahrzeugwahl mitentscheidend! Für Sonntagsnachmittags-Kaffeefahrten kommt man in Europa mit jedem halbwegs fahrfähigen Busmodell zurecht.

Bei Expeditionsreisen in überseeische Länder, in Wüstengebiete oder Gebirgsgegenden dagegen wird man schon an einen Allrad-Antrieb, an spezielle Tropen-Ausstattung, an ein solideres Fahrgestell, an mitzunehmende Ersatzteile usw. denken müssen. Sie sehen also, daß die Frage nach dem Zweck des Campingbusses garnicht so abwegig ist.

Nachdem dieses erste kleine Problem gelöst ist, sollte man sich noch vor der endgültigen Fahrzeugwahl darüber Gedanken machen, wo man das Fahrzeug ausbauen und wo man es später unterstellen will. Nicht jeder hat einen großen Hof oder gar eine befreundete Werkstatt in der Nähe, wo er ungestört werkeln kann. Und dann ist immer noch die Frage, wo läßt man nach dem Ausbau das fahrfertige Wohnmobil, wo kann es bei Wind und Wetter so untergebracht werden, daß es nicht unnötig Schaden nimmt.

Es ist also nicht damit getan, daß man weiß, wie groß der Campingbus werden sollte, man muß

auch wissen, wohin mit dem Ding. Kann man es vielleicht in der Zeit, in der man es nicht nutzt, an befreundete Familien verleihen? Dann ist es erstens besser ausgenutzt und bringt zweitens durch die selbstverständliche Verleihgebühr wenigstens einen Teil der Selbstkosten wieder herein. Allerdings ist dabei dann wieder die Voraussetzung, daß man das Fahrzeug so stabil ausgebaut hat, wie das bei der stärkeren Beanspruchung durch andere Benutzer erforderlich ist. Aber auf diese doch schon recht speziellen Fragen wird an geeigneter Stelle noch ausführlich eingegangen, hier sollte nur einmal aufgezeigt werden, welche Kriterien bei der Vorauswahl eines geeigneten Basisfahrzeugs mit bedacht werden sollten.

Eine ebenfalls sehr wichtige Frage, die auch schon in der Einleitung kurz gestreift wurde, ist jedoch für die Wahl des Basisfahrzeugs unbedingt zu beantworten. Nämlich die Frage, inwieweit man selbst in der Lage ist, so einen Campingbus auszubauen. Fehlen nämlich Möglichkeiten, die Einrichtung, also vor allem die Möbel, selbst zu fertigen, so ist man auf Bausatzmöbel der Industrie angewiesen. Und die wiederum gibt es nicht für jedes Fahrzeugmodell, sondern nur für eine Anzahl bevorzugter Typen. Hat man dagegen eine eigene kleine Heimwerkstatt oder Gelegenheit, sich notfalls Teile von einem Tischler oder anderen Heimwerkern anfertigen zu lassen, kann man fast jedes Basisfahrzeug in die engere Wahl ziehen.

Auch die Einrichtungspläne bekommt man nur für eine beschränkte Anzahl Basisfahrzeuge. Schon deshalb bin ich der Ansicht, daß eine optimale Lösung die ist, sowohl die Planung der Einrichtung als auch die Ausführung der Arbeiten selbst durchzuführen. Und wenn alle Stricke reißen, findet sich im Bekannten- oder Freundeskreis immer jemand, der mit Rat und Tat zur Seite steht. Zum Abschluß der grundsätzlichen Überlegungen sollte man auch noch an die Kosten denken.

Bild 5: Der Daimler-Benz Transporter ist auf Grund seiner Größe, seiner relativ graden Wände, seiner Platzverhältnisse und seiner recht windschnittigen Form eine sehr gute Ausgangs-Basis für den Eigenbau-Campingbus gehobener Ansprüche.

Bild 6: Die neue Version des VW-Transporters bietet gegenüber früheren Modellen beträchtlich mehr Platz, wenn auch die Motoranordnung im Wagenheck nach wie vor Probleme der Raumaufteilung mit sich bringt.

Bild 7: Für den Selbstausbau am unproblematischsten ist die Verwendung eines Hochraum-Kastenwagens. Mit ein paar vernünftigen Ausstellfenstern und Dachhauben bekommt man rasch eine gute Basis, auf der sich ein schickes Wohnmobil bauen läßt.

Wenn die Mittel knapp sind, wird man mit ganz anderen Vorstellungen an die Auswahl eines geeigneten Basisfahrzeugs herangehen als bei voller Kasse. Neuere Modelle kosten leider meist noch viel. Man sollte aber auf keinen Fall den Fehler machen, ein spottbilliges Basisfahrzeug zu erwerben und dieses auszubauen, wenn man nicht ausreichende Kenntnisse hat, das Fahrzeug von Grund auf zu überholen. Denn die Arbeit des Ausbaus ist in etwa gleich, egal ob Neu- oder Gebrauchtfahrzeug. Da wäre es dann schade, wenn nach all der vielen Arbeit das Basisfahrzeug nicht mehr mitmacht, weil es zu alt ist oder der TÜV es aus anderen Gründen aus dem Verkehr zieht. Man sollte daher bei der Kostenfrage immer be-

denken, daß ein ordentlich gebautes Wohnmobil gut zehn Jahre im Einsatz sein kann. In dieser Zeit würde man für seinen Urlaub ja auch eine ganze Menge Geld ausgeben. Einen Teil davon kann man also getrost in den eigenen Campingbus investieren. Man wird dann zwar kaum billiger reisen, aber besser.

Die Fahrzeug-Wahl

Unabhängig zunächst einmal von der Frage, ob für Sie ein neues oder ein gebrauchtes Basisfahr-

16

zeug in Frage kommt, sollten Sie sich zuerst über ein paar technische und sachliche Details der Basisfahrzeuge Klarheit verschaffen. Um so leichter fällt Ihnen dann später die Entscheidung, welches Fahrzeug für Ihren Fall das Optimale ist.

Da ist zunächst die Frage, für welche Fahrzeuge Ihr *Führerschein* ausreicht. Mit dem üblichen PKW-Führerschein Klasse III dürfen nämlich außer PKWs nur Nutzfahrzeuge mit einem zulässigen Gesamtgewicht bis zu 7,5 t. gefahren werden. Wer also einen noch größeren Campingbus ins Auge faßt, sollte sich mit der Erlangung des Führerscheins Klasse II befassen, mit dem er dann auch alle übrigen LKWs durch die Gegend kutschieren kann. Als Basisfahrzeuge für den Ausbau zum Campingbus kommen normalerweise Nutzfahrzeuge wie LKWs, Busse, Transporter usw. in Betracht, weil nur derartige Fahrzeuge genügend Raum zum Ausbau aufweisen.

Natürlich gibt es auch zu Campingzwecken umfrisierte PKWs und Kombiwagen, sogar Winzlinge wie zum Beispiel der Citroen-2CV-Kombi. Aber das sind meiner Ansicht nach immer nur Notlösungen, die auf Dauer weder befriedigen noch hier ausführlich behandelt werden sollen.

Auch die anderen Extremfälle, wo große Reisebusse, Möbelwagen und ähnliche Monster zu rollenden Villen umgearbeitet werden, sind nicht Hauptthema dieses Buchs. Sie werden am Rande mit erwähnt, und sowohl für die Mini- als auch die Maxi-Campingbus gibt es eine ganze Menge Tips im Rahmen der Einzelthemen, aber vorwiegend wird der »übliche« Normalfall behandelt. Was ist das »Übliche«? Als *Normalfall* sehe ich einen Campingbus für 2 bis 4 Personen, der bei durchschnittlichen Platzansprüchen aus einem der mittelgroßen Transporter, Kastenwagen oder Hochraumkastenwagen sowie Kleinbus entsteht.

Bild 8: Ein Campingbus, der auch im Stadtverkehr kein Verkehrshindernis darstellt und sich Pkw-ähnlich handhaben läßt, kann gut auf der Basis des Fiat 238 gebaut werden.

Diese »üblichen« Basisfahrzeuge, wenn ich sie einmal so bezeichnen darf, haben meist ein zulässiges Gesamtgewicht bis zu 2,8 oder 3,5 t., in Ausnahmefällen auch bis zu 7,5 t., und sie sind damit weder zu unhandlich noch stellen sie besondere Anforderungen an die Fahrkünste des Besitzers. Mit diesen Fahrzeugen hat man allgemein weder allzu große Parkplatzsorgen noch Garagenprobleme und sie lassen sich mit dem gebräuchlichen Führerschein Klasse III fahren.

Fahrzeuge dieser Größenordnung haben, um Ihnen eine Raumvorstellung zu vermitteln, in etwa folgende Außenabmessungen: Gesamtlänge 5 bis 6 Meter, Gesamtbreite cirka 2 Meter, Gesamthöhe je nach Dachausführung etwa zwischen 2,0 und 2,7 Meter. Der als Wohnraum nutzbare Innenraum (ohne Fahrerhaus) hat annähernd die Abmessungen eines knapp mittelgroßen Caravans, also rund 6 Quadratmeter Grundfläche.

Auch die *Nutzlast* sollte mit in die Überlegungen einbezogen werden, wenn es um die Fahrzeugwahl geht. Nutzlast ist die Differenz zwischen zulässigem Gesamtgewicht und Leergewicht des Fahrzeugs. Das zulässige Gesamtgewicht (z. B. 2,8 t beim VW-LT 28) ist ebenso in den Wagenpapieren vermerkt wie das Leergewicht (einschließlich 75 kg für das Gewicht des Fahrers). Je nach Fahrzeuggrundausstattung kann dieses Leergewicht (mit Fahrer) bereits ab Werk schon bei 1650 kg liegen, wenn man bei dem Beispiel des VW-LT 28 bleibt. Wird das Leerfahrzeug nun zu einem Campingbus umgebaut, kommen für den Ausbau nochmals zwischen 400 und 800 kg hinzu, je nach Bauweise. Nehmen wir den schweren Ausbau an mit 800 kg, so verbleibt eine effektive Nutzlast von 350 kg! Das ist sehr wenig, wenn man bedenkt, daß hiervon noch das Gewicht der Mitreisenden, des Frischwassers-Vorrats, des Reservekanisters usw. abgehen muß. Nur den winzigen Rest der Nutzlast kann man dann für das Gepäck, für Lebensmittel, Bettzeug, Souveniers usw. in Ansatz bringen.

Ich habe dieses Beispiel bewußt von vornherein einmal erwähnt, um Ihnen die Bedeutung der richtigen Fahrzeugwahl vor Augen zu führen. Nun kann man ja gottlob auf ein höheres zulässiges Gesamtgewicht ausweichen. Dann allerdings geht man der Vorteile verlustig bezüglich zulässiger Höchstgeschwindigkeit. Wer also eine höhere Nutzlast braucht, muß sich damit abfinden, auf der Autobahn mit maximal 80 Stundenkilometer Höchstgeschwindigkeit durch die Gegend zu brummen. Aber das ist letztlich auch eine Frage der Zeit und der Urlaubs- oder Reisephilosophie, zumal die Besitzer kleinerer Campingbusse bei den horrenden Treibstoffkosten auch kaum noch in Versuchung kommen, laufend Vollgas zu fahren.

Weitere Kriterien, da wir schon einmal beim Thema Nutzlast sind, wären die Fragen, ob ein *Boot* odern ein *Caravan* an den Campingbus angehängt oder ob mittels Dachgepäckträger *Dachlasten* verkraftet werden müssen. Wer also ein Boot auf dem Dach transportieren möchte, sollte dies in die Nutzlastberechnung einbeziehen.

Wer sein Boot oder einen Caravan am Haken hinter dem Campingbus herzotteln will, sollte nicht nur die maximal zulässige *Anhängelast* (gebremst oder ungebremst) beachten, sondern auch zugleich bedenken, daß von nun an bestimmte Höchstgeschwindigkeiten gelten, daß man beim Gespannfahren nicht mehr jeden Parkplatz benutzen kann und daß last not least auch der Treibstoffverbrauch rapide in die Höhe schnellen kann.

Im Zusammenhang mit dem Stichwort Treibstoff wird dann auch gleich die Frage akut, welcher Motor im Campingbus besser wäre, der Diesel oder der Benziner.

Dazu muß ich sagen, daß hier eine klare Antwort schwer fällt. Einfach aus dem Grund, weil dies jeder entsprechend seinen Wünschen entscheiden muß, weil jeder die Vor- und Nachteile der einzelnen Antriebe gegeneinander abwägen sollte. Die

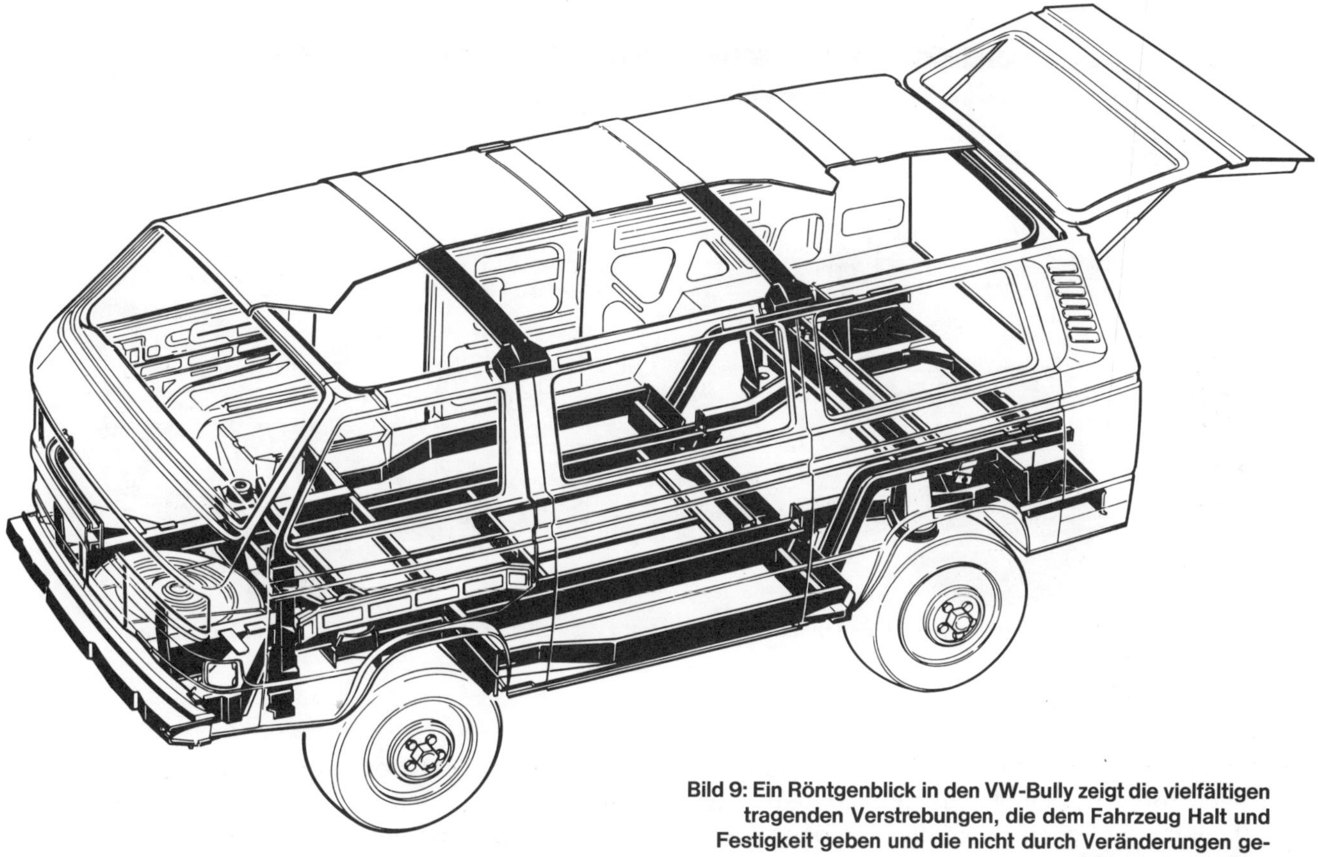

Bild 9: Ein Röntgenblick in den VW-Bully zeigt die vielfältigen tragenden Verstrebungen, die dem Fahrzeug Halt und Festigkeit geben und die nicht durch Veränderungen geschwächt werden dürfen!

Bild 10: Das Phantombild des Ford Transit zeigt, wie kompliziert das Innenleben eines Transporters schon vor dem Ausbau zum Campingbus sein kann. Deshalb ist für den Ausbau genaue Planung aller Einzelheiten außerordentlich wichtig!

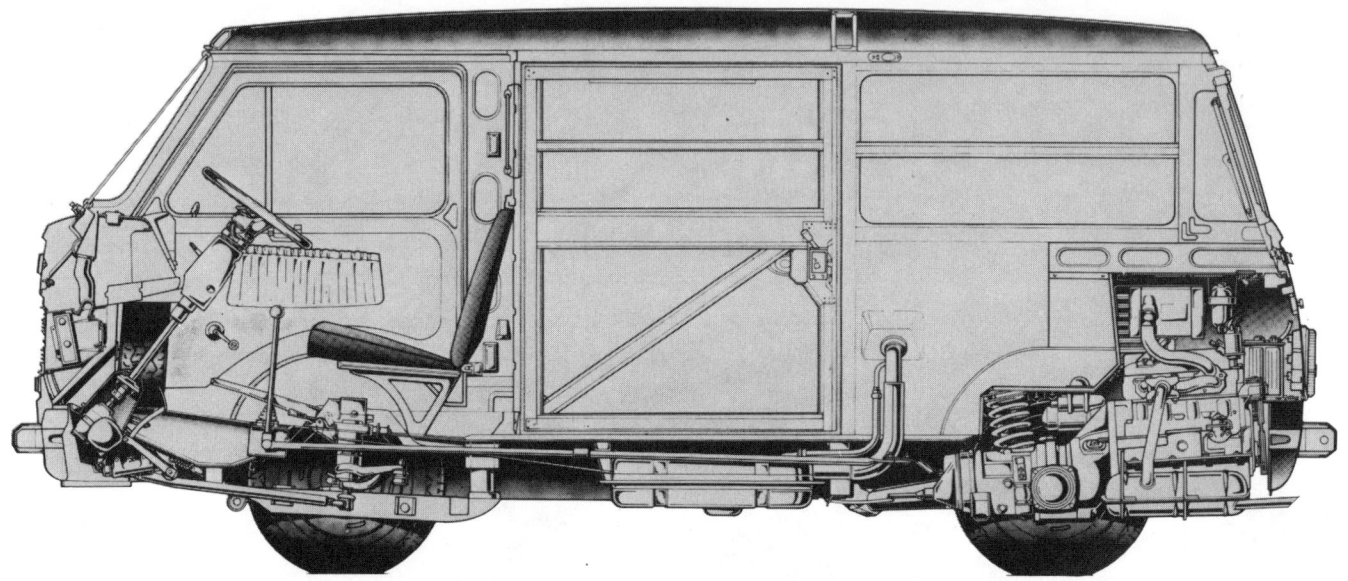

Bild 11: Der Fiat 900 T zeigt im Schnitt, daß durch den Heck-Motor zusätzlich Platz verloren geht und so der mögliche Wohnraum doch recht beengt wird.

Vorteile des *Dieselmotors* sind die gute Kraftstoff-Ausnutzung, die langlebige und robuste Konstruktion, bei hohen Kilometerleistungen immer noch eine unbestrittene Wirtschaftlichkeit (die allerdings vom Treibstoffpreis abhängig ist) sowie die relativ problemlose Treibstoffversorgung in der ganzen Welt, denn wo LKWs fahren, wird meist auch Dieselöl zu haben sein. Die Nachteile des Dieselmotors sind die erforderliche Vorglühphase beim Start, das relativ laute Motorgeräusch in der Warmlaufphase, eventuelle Probleme im Winterbetrieb sowie teurere Anschaffung, höheres Motorgewicht (Nutzlast wird kleiner), und schließlich das etwas müdere Fahrverhalten, wenn man nicht gerade einen Turbo-Diesel besitzt.

Die Vorteile des *Benzinmotors* sind sein recht günstiges Leistungsgewicht (er bringt mehr Leistung pro Kilo Motorgewicht), sein leiser Lauf, sein gutes Startverhalten auch bei Winterbetrieb und schließlich sein im Verhältnis zum Diesel niedrigerer Beschaffungspreis. Nachteilhaft ist

dagegen sein Treibstoffverbrauch, seine Anforderungen an die Qualität des Benzins und vielleicht im einen oder anderen Fall eine etwas höhere Störanfälligkeit bzw. erhöhter Anspruch an regelmäßige Wartung. Aber gleichgültig, ob man sich nun für einen Dieselmotor oder einen Benziner entscheidet, wichtig ist, daß man nicht aus übertriebenem Sparverhalten heraus einen zu geringen Motorhubraum, eine zu niedrige Leistung wählt. So ein Motor hat nämlich an unserem Campingbus ganz schön zu schleppen, noch dazu, wenn der Bus voll beladen bergauf fahren muß. Da macht sich auch schon eine schlichte Autobahnsteigung ganz schön bemerkbar. Wieviel mehr macht sich erst ein schwachbrüstiger Motor bemerkbar, wenn man damit eine Bergtour unternimmt. Hinter dem asthmatisch schnaufenden Campingbus sammeln sich dann meist ungeduldig hupende PKW-Fahrer und schimpfen über die Verkehrsbremse. Aber das ist Temperamentssache. Wichtiger ist, daß ein Motor mit relativ kleinem Hubraum meist viel hochtouriger

20

laufen muß, um eine gewisse Leistung zu erbringen, als dies bei einem großvolumigen Motor der Fall ist. Die Folge ist, daß der großvolumige Motor nicht nur eine gewisse Leistungsreserve hat, die er kaum ausschöpfen muß, sondern daß er auf Grund der niedrigeren Drehzahlen auch meist langlebiger ist.

Das beste Beispiel in dieser Hinsicht sind die dicken Motoren, die amerikanische Wagen in spritreicheren Zeiten aufwiesen. Diese Motore mit Hubräumen von 6 bis 8 Liter waren kaum je kaputtzukriegen. Natürlich plädiere ich nun keinesfalls dafür, sich so einen dicken Jonny einbauen zu lassen, aber einen mittelgroßen Campingbus sollte man schon mit einem Motor von wenigstens 2 Liter Hubraum ausstatten, wenn man auf Dauer mit seinem Fahrzeug im Verkehrsfluß mitschwimmen will. Eine gute Beschleunigung ist dabei we-

sentlicher als eine hohe Spitzengeschwindigkeit. Man will ja nicht an jeder Ampel als Hindernis wirken, sondern zügig mitkommen, sobald die Ampel grün zeigt. Und die hohe Spitzengeschwindigkeit könnte man allenfalls mal auf der Autobahn ausnutzen, aber erstens steigt damit wieder der Treibstoffverbrauch, zweitens hat man ja den Campingbus zur Erholung und nicht zum Rallyefahren und drittens sind die Nebenstraßen viel schöner, beschaulicher und man braucht keine Autobahngebühren zu blechen.

Nun werden Sie sagen, daß man ja nicht nur in Europa und auf glatten Asphaltstraßen fahren möchte, sondern auch auf den oft sehr schlecht ausgebauten Wegen außerhalb Europas.

Was dann? Ideal wäre für solche Fahrten natürlich ein geländegängiges Fahrzeug wie beispielsweise ein Unimog, ein umgebauter Range-Rover

Bild 12: Ein mittelgroßer Transporter läßt sich gut wochentags als Nutzfahrzeug einsetzen und zum Wochenende mit flexibler Campingeinrichtung zum Campingbus »umfunktionieren«. Allerdings sollte in keinem Fall auf ein Hubdach oder besser noch ein Hochraumdach verzichtet werden. Im Foto: VW-Transporter mit 50 PS-Dieselmotor.

oder ähnliches. Zumindest sollte ein Fahrzeug, das speziell für solche Fahrten vorgesehen ist, einen Allrad-Antrieb aufweisen, große Bodenfreiheit besitzen und sowohl mit einem sehr robusten Antrieb wie auch einem stabilen Fahrgestell ausgerüstet sein. Die weitere Ausstattung kann man dann je nach Bedürfnis ergänzen.

Naturgemäß sind solche Spezialfahrzeuge reichlich teuer, wenn man sie neu anschaffen will. Aber auch gebraucht kosten sie noch eine beträchtliche Summe, soweit sie noch gut in Schuß sind. Und schlechte Fahrzeuge sollte man garnicht erst in Erwägung ziehen. Sie kosten im Endeffekt doch mehr, als wenn man gleich was vernünftiges genommen hätte.

Eine relativ preiswerte Alternative sind gebrauchte oder auch neue VW-Transporter (Typ 2) sowie ähnlich robust und vielseitig aufgebaute Fahrzeuge. Hierüber wird in den weiteren Kapiteln noch ausgiebig zu sprechen sein.

Ein anderer wesentlicher Gesichtspunkt bei der Vorauswahl eines geeigneten Basisfahrzeugs ist der *Platzbedarf*. Wenn also ständig eine größere Personenzahl mitreisen will, werden viele der sonst gebräuchlichen Fahrzeugmodelle von vornherein ausscheiden, einfach aus dem Grund, weil sich nur mit Mühe in solchen Modellen mehr als 4 bis 5 Schlafplätze unterbringen lassen, von dem übrigen Freiraum für so viele Leute ganz zu schweigen. In solchen Fällen sollte man dann zu LKWs mit langem Radstand und besonders großer Karosserie übergehen. Aber nicht nur die nutzbare Grundfläche ist ein Gesichtspunkt, sondern auch die dritte Dimension, die *Bauhöhe* innen im Fahrzeug. Eines nämlich ist in einem vernünftigen Campingbus unerläßlich, nämlich Stehhöhe! Ein Fahrzeug, in dem man im Wohnteil nicht zumindest in einem gewissen Bereich aufrecht stehen kann, ist für Campingzwecke ungeeignet! Das mag zwar hart klingen, aber es ist auf Grund der Erfahrungen erwiesen. Für eine kleine Ausflugsfahrt mag man vielleicht noch mit der üblichen Kastenwagenhöhe auskommen, bereits bei einer ersten Übernachtung aber und erst recht bei längeren Fahrten ist *Stehhöhe* unumgänglich. Das Optimale in dieser Hinsicht sind natürlich Hochraum-Kastenwagen. Bei diesen Fahrzeugen hat man ab Werk bereits im gesamten Innenraum (meist auch im Fahrerhaus) eine gut ausreichende Stehhöhe von cirka 1,85 Meter. Das genügt für die meisten von uns. Wer noch größer ist oder wer bereits einen Transporter mit Normalhöhe besitzt bzw. günstig erwerben kann, der wird sich mit der Montage eines Hubdachs oder Aufstelldachs anfreunden müssen. Doch darüber mehr im Kapitel Grundausbau.

Im gleichen Kapitel finden Sie auch Hinweise über das Problem, wieviel *Fenster* so ein Campingbus haben sollte und wo und wie sie eingebaut werden. Bei der Vorentscheidung, welches Fahrzeug in Betracht kommt, sollten Sie immer das Fahrzeug vorziehen, das möglichst wenig Fenster aufzuweisen hat!

Fenster nachträglich einzubauen ist nämlich kein großes Problem. Vorhandene Fensterflächen aber umzuändern oder die Fenster zu entfernen ist dagegen wesentlich schwieriger. Nun sind Fenster zwar rein optisch eine feine Sache, wenn man aus dem Fahrzeug hinausschauen will. Genau so gut kann man aber auch hineinsehen, und das ist dann schon weniger schön. Auch Langfinger können leichter durch ein Fenster eindringen als durch eine geschlossene Karosseriefläche. Nicht zuletzt stellen Fensterflächen immer eine Unterbrechung in der Isolierfläche des Fahrzeugs

Bild 13: Freiheit auf Rädern, so könnte man die vielen Einsatzmöglichkeiten für Transporter nennen, die wochentags als Lkw Geld verdienen und zum Wochenende mit einer flexiblen Wohneinrichtung zu einem fast vollwertigen Campingbus werden.

Bild 14: Deutlich erkennbar das unterschiedliche Raumangebot zwischen dem Daimler-Benz-Transporter mit Normaldach und kurzem Radstand gegenüber dem Hochraum-Modell mit langem Radstand, das für den Campingbus-Ausbau meiner Ansicht nach besser geeignet ist.

dar, sie lassen also Kälte oder Hitze leichter eindringen als eine glatte, voll isolierte Wand.

Und noch ein Argument, das gegen bereits vorhandene Fenster spricht und vielleicht sogar am entscheidendsten ist: Man muß sich bei der Planung der Inneneinrichtung nun nach den Fenstern richten. Umgekehrt ist es viel rationeller, daß man nämlich erst die Planung des Innenraums optimal vornimmt und dann die Fenster dahin setzt, wo sie wirklich gebraucht werden!

Und da schon mal die Rede von Planung des Innenraums und von Öffnungen in der Karosserie ist, sollten Sie auch gleich noch das Problem der *Türen* im Fahrzeug überdenken. Die Industrie bietet für die Kastenwagen, Transporter usw. eine ganze Palette von Türvariationen an. Da gibt es

für das Fahrzeugheck Klappen, ein- und zweiflügelige Türen; da gibt es für die Seitenfront Schiebetüren oder ebenfalls ein- bis zweiflügelige Türen usw., die alle der besseren Beladungsmöglichkeit des Fahrzeugs dienen. Zusätzlich ist dann im Fahrerhaus auch noch rechts und links je eine Tür angebracht, damit Fahrer und Beifahrer ebenfalls bequem hineinkommen.

Diese Türen sind alle sicher sehr nützlich, solange das Fahrzeug als Transporter Nutzlasten befördern soll. Im Campingbus dagegen sind Türen nur da angebracht, wo sie als Zugang oder Notausgang dienen und die Planung der Einrichtung nicht behindern. Ein Beispiel: Die seitliche Schiebetür in einem Kastenwagen benötigt gut einen Meter Stell-Länge, wenn sie frei zugänglich blei-

24

ben soll. Ist keine Tür vorhanden, könnte man in diesem Bereich Schränke o. ä. anordnen. Muß man sich aber mit einer vorhandenen Schiebetür (oder anderen Türen) abfinden, kann man aus der Not eine Tugend zu machen versuchen, indem man beispielsweise in diesem Bereich den Küchenblock anordnet.

So ist bei Pannen und Reparaturfällen die technische Einrichtung, soweit sie im Küchenblock installiert wurde, jederzeit von außen durch Öffnen der Tür zugänglich. Außerdem kann man bei gutem Wetter zum Kochen die Tür geöffnet lassen und hat so eine vorzügliche Lüftungsmöglichkeit. Wird man dagegen das Fahrzeug auch wochentags als Nutzfahrzeug für Transportzwecke u. ä. einsetzen wollen, kann man die freie Zugänglichkeit nicht durch Möbel einschränken, sondern muß mit herausnehmbaren Möbeln oder einer speziellen Einrichtung arbeiten.

Wie dem auch sei, Überlegungen, ob und welche Türen man braucht, sind immer vorteilhaft, denn Türen sind nun einmal ebenso wie Fenster schlecht zu isolieren, sie beanspruchen Stellfläche, sie beeinflussen die Einrichtungsplanung, stellen eine zusätzliche Gefahrenquelle (Einbruchsmöglichkeit) dar und vor allem kosten sie auch noch mehr Geld als eine glatte Blechwand. Welche Türen, Fenster, Klappen usw. gebraucht werden, wie man sie einbaut, das wird in den speziellen Kapiteln ausführlich behandelt. Hier geht es ja immer noch um die Vorentscheidung, welches Fahrzeug die ideale Basis für Ihren Campingbus abgibt. So unterschiedlich, wie die Ansprüche an die einzelnen Campingbusse sind, so

Bild 15: Für den großen Platzbedarf einer vielköpfigen Camper-Familie eignet sich dieses Modell von Daimler-Benz.

sind auch die Auswahl-Kriterien unterschiedlich. Ich habe Ihnen nun einige aufgezählt, sicher wird es auch noch ein paar Fragen geben, die hier nicht angesprochen wurden.

Eine Frage aber sollten Sie sich zum Schluß immer stellen, nämlich die Frage nach dem Wiederverkaufswert Ihres mühevoll und liebevoll ausgebauten Camping-Fahrzeugs. Haben Sie als Basis ein Fabrikat gewählt, das auch so schon auf dem Gebrauchtwagenmarkt schlecht abschneidet, weil es störanfällig ist oder Mängel haben soll, so werden Sie eines Tages Ihren Campingbus ebenfalls nur mit erheblichem Verlust verkaufen können. Denn auch die schönste und praktische Einrichtung wird von den meisten Kaufinteressenten nicht so hoch bewertet wie das Basis-Fahrzeug, dem diese Leute sich ja für Jahre anvertrauen wollen. Kurz gesagt, ein paar Mark mehr in ein gutes Basisfahrzeug zu stecken kann sich durchaus eines Tages lohnen, und sei es »bloß« dann, wenn es bei Ihnen klaglos seine Kilometer ohne Panne abspult.

Apropos »Kilometer abspulen«. Wenn Sie zu den Leuten gehören, die sich gern in ferne Länder begeben, sollten Sie Ihr Fahrzeug auch schon ab Werk so weit wie möglich darauf ausrichten lassen. Bei Gebrauchtfahrzeugen ist das nicht mehr möglich, aber sicher kann der Hersteller Ihnen noch für Ihr Wagenmodell das eine oder andere Ausrüstungsstück beschaffen.

Besonders bei Fahrten in tropische Länder gibt es zum Beispiel für manche Motoren an Stelle der normalen Flachkolben auch *Muldenkolben,* die den Vorteil haben, auch minderwertigeren Sprit durch herabgesetzte Oktanzahl zu verarbeiten. Auch ein *Benzinfilter* gegen verschmutzten Treibstoff kann sich im fernen Ausland als sehr nützlich erweisen. Ebenso ein *Nebenstrom-Ölfilter,* größere *Luftfilter* mit leicht auswechselbaren, leicht zu reinigenden Filtereinsätzen sowie ein Ölkühler. Daß man zusätzlich dem Motorraum eine gute *Abdichtung* gegen Staub zukommen läßt und auch

den Zündverteiler mit einer *Staubdichtung* (notfalls Isolierband) versieht, sind weitere Dinge, die sich bei solchen Fahrten ebenso wichtig erweisen wie beispielsweise eine niedrigere Übersetzung (höheres Steigvermögen des Wagens), ein *Sperrdifferential* (das in unwegsamem Gelände zeigt, was es alles kann) sowie *Unterflurbleche* und Steinschlag-Schutzbleche für die Wagenunterseite, besonders im Antriebsbereich. Diese Bleche sind eine unentbehrliche Hilfe im schweren Gelände, weil sonst jeder Stein, jeder starke Ast zu Schäden an der Wagenunterseite und der daran installierten Technik führen kann. So manches ansonsten gut gerüstete Fahrzeug hat sich schon unterwegs den Tank oder die Bremsschläuche und andere wichtige Teile beschädigt und ist dann hoffnungslos liegengeblieben.

Aus diesem Grund sollten Sie auch, wenn solche Reisen auf dem Programm stehen, gleich tropenfeste *verstärkte Stoßdämpfer* einbauen lassen und Scheinwerfer usw. durch *Steinschlaggitter* zu schützen versuchen. Über weitere Sonderausstattungen wird später noch zu sprechen sein, dies zunächst einmal zum Thema Fahrzeug-Wahl, weil es bei der Beschaffung geeigneter Fahrzeuge ein wesentlicher Gesichtspunkt sein könnte.

Neu-Fahrzeuge

Wenn Sie sich dazu entschlossen haben, ein nagelneues Basisfahrzeug ab Werk zu beziehen, so haben Sie zweifellos die einfachste und auf lange Sicht zweckmäßigste Lösung gefunden. Ob es auch außerdem die wirtschaftlichste Lösung ist, läßt sich nicht so einfach beurteilen.

Jedenfalls sind Sie mit Ihrem Kaufentscheid König Kunde und das sollten Sie auch ausnutzen! Sie können jetzt alle Register ziehen und das Basisfahrzeug bereits ab Fabrik an Hand der Zubehör-Listen für die Sonder-Ausstattung vom Händler oder Werk so ausrüsten, wie es Ihren Vorstellungen und Wünschen für den kommenden Ausbau entspricht. Natürlich ist so ein Neufahrzeug relativ teuer.

Und es wird durch Zusatz-Ausstattungen nicht eben billiger.

Aber dennoch sollten Sie nicht in den Fehler verfallen und nun versuchen, am falschen Platz zu sparen, indem Sie wichtiges Zubehör einfach weglassen!

Wenn Sie dieses Zubehör selbst billiger (Versandhandel) beschaffen und einbauen können, dann selbstverständlich.

Aber ein paar wichtige Dinge lassen sich nachträglich nur schwer selbst einbauen, und wenn, dann nicht so perfekt oder aber im Endeffekt teurer.

Mehrausstattungen:

Jeder halbwegs vernünftig ausgebaute Campingbus braucht für die Stromversorgung des Wohnteils beispielsweise eine *Zweitbatterie.* Manche Fahrzeughersteller bieten diese bereits als Mehrausstattung zusammen mit einem angeschlossenen *Trennrelais* an. Hierauf sollte man eingehen, denn selbst einbauen wird nicht billiger, zumal der Hersteller bereits im Fahrzeug die Lademöglichkeit berücksichtigt hat. Baut man selbst später die Zweitbatterie ein, sollte man vorher daran denken, daß diese auch geladen werden muß. Das besorgt die Lichtmaschine, die dann ab Werk schon stärker ausgelegt sein sollte, um diese Mehrleistung zu erbringen.

Ebenfalls ab Werk sollte ein *Langzeit-Unterboden-*

Bild 16: Für technisch begabte Camper ist es geradezu verführerisch, für das Fahrgestellt des VW-LT eine spezielle Wohnmobil-Karosserie zu entwerfen. Einer praktischen Ausführung sind dagegen allerhand Schranken gesetzt.

VOLKSWAGEN LT

schutz sowie eine *Hohlraum-Konservierung* geliefert werden. Beides kann man zwar auch selbst machen, aber kaum so gründlich, wie dies im Werk möglich ist, da die Hohlraumkonservierung teilweise schon im Zusammenbaustadium ausgeführt wird. Und der Unterbodenschutz, den die Werke meist serienmäßig auftragen, müßte vor dem Aufbringen des Langzeitschutzes erst wieder mühsam entfernt werden.

Kriechen Sie einmal unter dem Wagen herum und versuchen, die aufgesprühte Wachs-Schutzschicht abzubekommen, damit der Langzeitboden-Auftrag hält. Nein, dann lieber in den sauren Apfel beißen und gleich etwas Vernünftiges bestellen.

Auch bei der *Reserverad-Halterung,* soweit sie nicht schon serienmäßig unter dem Wagenboden installiert ist, sollten Sie von dem Angebot der Fahrzeughersteller Gebrauch machen. Entweder nimmt Ihnen sonst das Reserverad im Fahrzeug wichtigen Platz (Bild 17) weg oder Sie müssen sich im Handel eine passende Halterung besorgen. Dabei muß man dann wieder darauf achten, daß sie auch zugelassen ist (sonst macht der TÜV Ärger) und daß sie sehr stabil montiert wird. Andernfalls haben Sie entweder mal kein Reser-

Bild 17: Das oft werksseitig im Fahrzeug untergebrachte Reserverad nimmt unnütz Platz weg, es wird in einer zugelassenen (!) Halterung unter dem Wagenboden installiert.

verad mehr oder sogar einen Unfall am Hals. Beides sollte man vermeiden und eine fertige Halterung ab Werk montieren lassen.

Aber auch eine ganze Reihe anderer Dinge aus dem fast unerschöpflichen Angebot der Hersteller Ihres Basisfahrzeugs ist durchaus einer ersten Erwägung oder sogar einer Buchung wert. Besonders denke ich dabei an Dinge wie *Verbundglas-Windschutzscheibe, Wärmeschutzverglasung* rundum, elektrische *Scheibenwaschanlage, Rückfahrscheinwerfer, Nebel-* und *Halogen-Scheinwerfer, Scheinwerfer-Waschanlage, Heckscheibenwischer, Lenkungs-Sperrbolzen, Anhängekupplung* (sofern erforderlich), abschließbaren *Tankdeckel, Servo-Aggregate, beheizte Heckscheibe,* Fahrer- und Beifahrersitz als (drehbarer) *Schwebesitz, Kopfstützen, Dreipunkt-Automatikgurte* (soweit nicht serienmäßig vorhanden), *Ausstellfenster* in den Fahrerhaustüren (nicht gerade einbruchsicher, aber sehr praktisch!), *Stahlgürtelreifen* oder Sonderbereifung usw.

Auch für Fernreisen bieten manche Fahrzeughersteller ein Extra-Programm an, das von *Spezial-Luftfilter* über *Ölkühler* bis zu *Sandblechen* usw. reicht. Hiernach sollte man unbedingt fragen, wenn man derartige Reisen auf dem künftigen Programm stehen hat!

Manches andere dagegen wie etwa die Innenverkleidung des Laderaums kann man sich meist sparen, weil diese Teile entweder aus schlichter Pappe sind und man diese Sachen doch schon aus Geschmacksgründen früher oder später rausschmeißt oder weil sie in der Ausführung nicht zu der eigenen Ausstattung passen.

Auch Dinge wie ein Autoradio oder eine Radioantenne würde ich nur dann ab Werk beziehen, wenn ich sie nicht billiger oder komfortabler selbst in dem Fahrzeug installieren könnte.

Anders dagegen mit der *Entstörung,* die ich sowieso für den Rundfunkempfang oder das CB-Gerät brauche. Hier sollte man, wenn irgend möglich, das Werk in Anspruch nehmen, denn die Leute dort wissen am besten, welche Details ihres Fabrikats entstört werden müssen und womit.

Ebenfalls angeboten wird meist vom Werk eine Zusatzheizung, die meines Erachtens nur dann bestellt werden sollte, wenn man sich außerstande sieht, eine der bewährten Spezial-Heizungen (siehe Kapitel Installationen) selbst einzubauen. Die werksseitig angebotenen Zusatzheizungen, meist mit Fahrzeug-Treibstoff betrieben, brauchen nicht nur Sprit und Batteriestrom, sondern sind auch oft recht laut, was besonders nachts stören kann. Zumindest sollt man sich so eine Zusatzheizung erst mal bei völliger Stille im Fahrzeug vorführen lassen.

Wenn Sie vorhaben, Ihren Campingbus mit einer *Spezialhalterung* für ein »Beiboot«, also für ein Mofa, ein Kleinkraftrad oder auch für ein paar schlichte Fahrräder auszustatten, sollten Sie ebenfalls den Händler nach einer Werksempfehlung fragen. Es gibt auch andere Halterungen zu kaufen, die dann aber womöglich wieder TÜV-Schwierigkeiten heraufbeschwören könnten, wenn man sich nicht vorher gründlich informiert (Bild 18).

Minder-Ausstattungen:

Ja, auch das gibt es und es kann sich sogar ganz schön angenehm in Ihrem Portemonnaie bemerkbar machen. Der Hersteller eines Basisfahrzeugs weiß ja vorher nicht, was der Kunde mit dem Fahrzeug anstellen will. Also muß er einen bestimmten Standard an Ausrüstung in die Fahrzeuge hineinstecken, um möglichst vielen Wünschen gerecht zu werden oder auch, um konkurrenzfähig zu sein. Hier können Sie nun auch wieder einhaken und all das weglassen, was Sie nicht brauchen, was Sie beim Ausbau womöglich stört und … was der Händler bereit ist, gegen Vergütung aus der Bestellung auszuklammern.

Besonders kann man durch Fortfall nicht benötigter *Türen, Innenverkleidungen, Trennwände, Fenster, Sitzbänke* usw. sparen.

Auch eine *Reserveradverkleidung,* die serienmäßig geliefert wird, ist unnötig, wenn Sie das Reserverad anschließend doch unter dem Wagen anbringen. Wenn schon im Wagenheck Fenster drin sein müssen, vielleicht kann der Händler die *Scheiben* auf Lager nehmen und Ihnen zu einem kleinen Teil vergüten, denn Sie setzen ja doch ausstellbare oder zumindest isolierverglaste Scheiben ein.

Bevor Sie den endgültigen Kaufvertrag unterzeichnen, sollten Sie also schon sowohl das Vorführmodell des Händlers gründlich unter die Lupe genommen haben wie auch die Sonderlisten des Händlers bezüglich Mehr- und Minderausstattungen. Das, was in dieser Hinsicht nämlich in den Prospektunterlagen enthalten ist, ist meist nicht alles. Der Händler hat *Werks-Listen,* die oft den Umfang kleiner Bücher annehmen und alles enthalten, was überhaupt für einen Wagentyp lieferbar ist.

Aber bevor es soweit ist und bevor Sie schließlich den Händler auch noch mit dem Wunsch nach einem Preisnachlaß an den Rand der Verzweiflung getrieben haben, sollten Sie sich über Ihre Aus-

Bild 18: Noch beweglicher ist man als Camper, wenn man sein »Beiboot« am Heck festgeschnallt mit sich führt. Dann wird das morgendliche Brötchenholen zum Vergnügen. Fertige Halterungen bekommt man im Handel, Sonderkonstruktionen sollten zuvor mit den Leuten vom TÜV geklärt werden.

bau-Planung und die tatsächlich erforderliche Ausstattung weitgehend klar sein.

Dafür ist es jedoch erforderlich, von dem Händler Ihrer Wahl die neuesten Unterlagen über das Basisfahrzeug zu besitzen, denn sowohl in den Modellen als auch in der Ausstattung, Motorisierung usw. gibt es mit jedem Modelljahr auch kleine Verschiebungen, die als Verbesserungen bezeichnete sind und oft auch als Alibi für Preiserhöhungen herhalten.

Auch schon aus diesem Grund kann es durchaus finanziell interessant sein, ein neues, aber *auslaufendes Modell* zu erwerben. Man verzichtet dann zwar auf die neuesten Details und hat vielleicht auch später einen geringeren Wiederverkaufswert, aber dafür bekommt man ein ausgereiftes Fahrzeug zu einem oft mehrere hundert Mark günstigeren Preis.

Schauen Sie sich also gründlich auf dem reichhaltigen Markt der Nutzfahrzeuge um, lassen Sie keine Gelegenheit aus, *Probefahrten* mit den einzelnen Modellen zu machen, machen Sie *Sitzproben* auf dem Fahrersitz von wenigstens 10 Minuten, besser länger! Denn manche Kfz-Hersteller bauen Sitze, bei denen man nach kurzer Zeit Wadenkrämpfe bekommt oder so ungünstig sitzt, daß zumindest bei langen Fahrten des Kreuz schmerzt und die Bandscheibe leidet. Werden Sie vor dem Kaufentscheid Ihr eigener Autotester, das ist billiger als hinterher! Vergleichen Sie die einzelnen Preise und was dafür geboten wird. Informieren Sie sich auch über die *Durchschnittsverbräuche* bei Besitzern ähnlicher Fahrzeuge, fragen Sie diese auch nach ihren Erfahrungen und warum sie gerade dieses Fahrzeugmodell gewählt haben.

Wie ich schon einmal sagte, ist Information die halbe Arbeit. Je besser Sie informiert sind, desto zufriedener werden Sie später mit Ihrem eigenen Campingbus sein und leicht schadenfroh auf die Leute schauen, die Ihr Fahrzeug nach kurzer Zeit wieder zu verkaufen suchen.

Gebraucht-Fahrzeuge

Wenn Sie sich, aus Kostengründen oder anderen Erwägungen, zumindest für Ihren ersten Campingbus-Ausbau, zum Kauf eines Gebraucht-Fahrzeugs entschlossen haben, so sparen Sie – zumindest zunächst einmal – eine mehr oder weniger große Summe Geld. Wie groß die ersparte Summe wirklich ist, zeigt sich spätestens dann, wenn Sie an die Überholung des gebrauchten Basisfahrzeugs herangehen. Dann zeigt sich, ob Sie Ihr Geld gut angelegt haben oder ob Sie womöglich auf einen geschwätzigen Verkäufer und eine zurechtfrisierte Schrottkiste hereingefallen sind. Wenn Sie nicht dem Verkäufer unbedingt vertrauen können und selbst nicht ausreichendes Fachwissen besitzen, sollten Sie sich nicht scheuen, für den Kauf eines »Gebrauchten« einen Fachmann mitzunehmen. Selbst wenn das Fahrzeug äußerlich noch ganz passabel aussieht, kann nur ein Fachmann beurteilen, ob Motor und Getriebe, Kupplung, Lenkung, Radlagerung usw. nicht nur den Ausbau, sondern auch die ersten paar Reisen einigermaßen pannenfrei überstehen werden.

Wenn Sie, was ja vorkommt, weder einen Fachmann mithaben noch über ausreichende Kenntnisse verfügen, sollten Sie zweierlei tun: Erstens sehr mißtrauisch sein und zweitens ein paar wesentliche Punkte des in Betracht kommenden Fahrzeugs kritisch unter die Lupe nehmen!

Als erstes ist es ratsam, sich den *Kraftfahrzeugbrief* genau anzusehen, er verrät schon einige Details, die für Sie wichtig sind. Da steht nicht nur das Baujahr und die Erstzulassung drin, sondern auch, wieviele Vorbesitzer das Fahrzeug schon hatte. Bei einem älteren Modell können es schon mal zwei Vorbesitzer sein, wenn die übrigen noch zu prüfenden Details in Ordnung sind. Sind aber mehr Vorbesitzer eingetragen oder hatte der letzte Vorbesitzer das Fahrzeug nur eine kurze Zeit, taucht die Frage auf, was an dem Objekt faul sein kann. Wer kauft schon ein solches Fahrzeug, um es nach kurzer Zeit wieder ohne Grund abzustoßen? Wenn im KFZ-Brief alles andere ebenfalls ohne ersichtliche Fragen zu Ihrer Zufriedenheit ausgefallen ist, beginnt die Inspektion des »Gebrauchten«. Zunächst wird es immer die *Karosserie* sein, die beachtet wird. Sie ist zwar nicht das Wesentlichste am Fahrzeug, aber auch die äußere Hülle über einem (faulen?) Kern kann schon recht aufschlußreiche Signale geben.

Wenn Sie das Glück haben, den Wagen privat von seinem jetzigen Besitzer angeboten zu bekommen und nicht von einem Händler, so nutzen Sie die Möglichkeiten, die sich daraus ergeben.

Schauen Sie sich nicht nur die Karosserie des Fahrzeugs genau an, sondern vor allem erst einmal das Äußere des Verkäufers. Vielleicht hat er auch diese Zeilen gelesen und sich extra auf diesen Besuch von Ihnen vorbereitet, dann ist es schwer zu beurteilen, ob er und das Fahrzeug schon immer so gepflegt waren. Ist er aber ungepflegt, schmuddelig und unsauber, so wird er wohl keinen Grund gehabt haben, das Fahrzeug mehr zu pflegen als sich selbst. Wenn ein Mensch keine Zeit oder Lust hat, sein Äußeres und das Äußere seines Fahrzeugs zu pflegen, so wird es um das Innenleben des Fahrzeugs wohl noch viel schlimmer stehen. Ist nur der Verkäufer ungepflegt und das Fahrzeug außen extra auf Hochglanz gewienert, sollten Sie ebenfalls mißtrauisch sein. Vielleicht ist der Mann eine moderne Art von Roßtäuscher, der das Fahrzeug äußerlich für Sie so hergerichtet hat, um von inneren Mängeln des Wagens abzulenken? Meist wird auch der Beruf des Vorbesitzers schon einige Schlüsse ermöglichen. Bei jemandem, der das Fahrzeug beruflich ständig bis an die Grenze des Zumutbaren strapaziert hat, wird vermutlich der Verschleiß des Wagens weiter vorangeschritten sein als bei einem Oberlehrer, der nur sonntags seine Familie spazieren fuhr. Bei einem Kohlenhändler oder Bauunternehmer wird eher mit Defekten am Fahrzeug zu rechnen sein als bei einem Textilhändler, der nur gelegentlich seine Kollektion transportiert hat.

Schon der *Lack* des Fahrzeugs läßt Rückschlüsse zu. Ist er arg zerschrammt, gerissen oder blind, so deutet dies auf seltene Autowäsche oder mangelnde Lackpflege hin. Warum sollte es dann mit dem Innenleben des Fahrzeugs besseer aussehen? *Türkanten* und *Kotflügelränder* sind besonders aufschlußreich. Oft schimmert hier schon die Grundierung oder sogar Rost durch. Dann hat der Besitzer vielleicht den Wagen extra für Sie oder für vorangegangene Interessenten mit schleifenden Poliermitteln überarbeitet, dabei den Lack so dünn geschliffen, daß er kaum noch Schutzwirkung aufweist oder sogar schon zu rostenden Blechteilen führt.

Auch *Farbveränderungen* sollten Sie beachten. Vielleicht hat es einmal gekracht und der Vorbesitzer hat die Teile nicht fachgerecht reparieren oder auswechseln lassen, sonden selbst übergespachtelt und dünn mit Lack übersprüht?

Den Ärger haben Sie anschließend, wenn der Rost darunter blüht. Das an sich ist bei einem leicht auswechselbaren Kotflügel noch kein Grund, ein ansonsten gutes Fahrzeug abzulehnen. Schließlich kann auch dem besten Fahrer mal ein Mißgeschick passieren. Nur sollte er so etwas lieber gleich sagen, bevor man bei der Besichtigung von selbst draufkommt.

Prüfen Sie in jedem Falle, ob womöglich andere, nicht so leicht auszuwechselnde Teile oder gar *tragende Karosserieteile* ebenfalls einmal beschädigt wurden und dieser Unfall möglicherweise zum Verzug der Karosserie geführt haben kann. Wenn der Wagen selbst noch nicht allzu alt ist, sollten Sie aus diesen Gründen auch bei einer *Neulackierung* besonders mißtrauisch sein. Vielleicht verbirgt sich dahinter ein schwerer Unfall, der verborgene Schäden im Fahrzeug zurückgelassen hat.

32

Auch andere Merkmale an der Karosserie wie fehlerhafter oder ausgebesserter *Unterbodenschutz,* blinde *Scheinwerfer-Reflektoren,* defekte *Scheinwerfergläser, Rostränder, Rostspuren* oder *Haarrisse* an Schweiß-Stellen der einzelnen Karosserieteile lassen Rückschlüsse auf Zustand, Pflege oder Unfälle des Fahrzeugs zu.

Ein Blick unter den Wagen schadet ebenfalls nicht! Ist der *Auspuff* noch intakt? Sind die *Gummimanschetten* an den Antriebsgelenken noch dicht und sauber oder tritt irgendwo Fett aus? Sind die *Bremsleitungen* schon halbwegs verrostet, kommt ebenfalls Ärger auf Sie zu. Genau so dann, wenn *tragende Profile* Rost aufweisen oder gar der Zahn der Zeit schon an ihnen oder dem *Bodenblech* stark genagt hat. Vorsicht! Ein neuer Unterbodenschutzanstrich kann gut gemeint sein, er kann aber auch schwere Mängel verdecken oder unsachgemäße »Reparaturen«.

Da Sie schon einmal so weit unten am Fahrzeug sind, nehmen Sie sich auch gleich die Räder vor. Packen Sie die Reifen rechts und links kräftig an und rütteln Sie an den Rädern, um zu prüfen, ob die *Radlagerung* womöglich Spiel hat und ob die Gelenke bereits ausgeschlagen sind. Das kann man am besten dann prüfen, wenn der Wagen aufgebockt ist. Vielleicht haben Sie die Möglichkeit hierfür. Die *Reifen* lassen aber noch weitere Schlüsse zu. Erstens kann man an Ihnen sehen, ob durch ungleichmäßig abgefahrene Profilierung entweder die Spureinstellung falsch ist oder der Rahmen durch Unfall verzogen ist. Die Spur läßt sich in der nächsten Autowerkstatt einstellen, ein verzogener Rahmen nicht! Auch die *Profiltiefe* der Reifen kann über die Laufzeit des Wagens oder die Fahrweise des Fahrers Aufschluß geben, abgesehen davon, daß abgefahrene Reifen den Wert des Fahrzeugs natürlich ebenfalls mindern. Stellenweise abgefahrene Profilierung, sogenannte Scheuermarken, deutet auf flatternde Lenkung oder Unwucht der Bereifung hin.

Aber schauen Sie auch einmal ins Fahrerhaus.

Nicht nur deshalb, um sich schon als Fernreisender zu fühlen, sondern um dem Wert des Fahrzeugs auf die Spur zu kommen.

Durchgesessene *Sitze,* abgewetzte *Bezugstoffe,* durchgescheuerte *Fußmatten,* abgetretene *Pedalgummis* lassen schon eine Reihe Schlußfolgerungen über Behandlung und Alter des Fahrzeugs zu. Deshalb zunächst ein Blick auf den Tacho: Was sagt der *Kilometerstand?* Kann der angezeigte Wert mit dem übrigen Zustand des Wagens übereinstimmen oder sind hier offensichtliche Differenzen festzustellen? Vielleicht ist der Kilometerzähler schon einmal über seine Zählgrenze hinweggesprungen und das Fahrzeug hat bereits mehr als hunderttausend Kilometer auf dem Buckel. Dann sind sicher in nächster Zeit größere Reparaturen fällig, wenn man Pech hat. Ist der Kilometerzähler noch bei mittleren Fahrleistungen von 40- bis 50 000 Kilometern und signalisiert das Fahrzeug selbst einen anderen Zustand, war entweder die Pflege sehr schlecht oder der jetzige Besitzer oder Verkäufer hat ein klein wenig am Kilometerstand gedreht (natürlich rein zufällig!). Beide Möglichkeiten sollten Ihnen zu denken geben.

Natürlich gibt es, um auch diese Möglichkeit anzusprechen, auch Fahrzeuge, die einfach aus beruflichen Gründen stark in Anspruch genommen sind und aber sonst eine sehr gute Pflege haben. Das merken Sie aber dann wieder an anderen Details wie Motorlauf, Reifen, Bremsen, Kupplung usw. und nicht zuletzt auch an dem regelmäßig durchgeführten *Wartungsdienst,* der aus dem Scheckheft des Fahrzeugs ersichtlich ist.

Da Sie nun schon einmal hinter dem Lenkrad sitzen, sollten Sie auch gleich behutsam daran drehen und gleichzeitig durch einen Blick aus dem geöffneten Seitenfenster die Räder im Auge behalten oder kontrollieren lassen. Bei mehr als einer Handbreit Spiel im Lenkrad (Mittelstellung) und keiner Reaktion der Vorderräder ist offensichtlich die *Lenkung* ausgeschlagen.

Wenn Nachstellen nicht hilft, wird es nicht billig. Aber zunächst weiter in der Prüfung. *Kupplung* und *Bremsen* sind die nächsten Bedienelemente, die Sie sich anschauen sollten. Sowohl das Kupplungs – als auch das Bremspedal sollte sich bis zu der Stelle, wo man deutlich den Widerstand spürt, nur etwa zwei bis drei Zentimeter frei durchtreten lassen. Mehr Spiel bedeutet Mängel. Weniger Spiel ist kaum zu erreichen, weil dies technisch bedingt ist.

Das Bremspedal darf sich, wenn man es voll durchtritt, nicht bis zum Bodenblech drücken lassen. Ein paar Zentimeter vorher muß Schluß sein, sonst stimmt etwas im Bremssystem nicht. Auch die *Handbremse* verdient etwas Beachtung. Diese sollte sich höchstens einen toten Gang von drei bis vier Zentimeter leisten, bevor sie voll greift. Hier wird eine Reparatur zwar nicht so teuer, aber der Zustand solcher lebenswichtiger Einrichtungen läßt wieder Schlüsse auf Fahrtechnik und Fahrzeugpflege des Vorbesitzers zu.

Bevor Sie nun zu der unbedingt zu empfehlenden Probefahrt aufbrechen, sollten Sie noch ein paar kleine, aber wesentliche Details unter die Lupe nehmen.

Zuerst den *Reifendruck,* solange die Reifen noch kalt sind. Ist er wesentlich niedriger als in der Vorschrift für diesen Reifentyp angegeben, kann das Schlamperei sein. Es kann aber auch bedeuten, daß der Verkäufer Sie übers Ohr hauen will. Weil nämlich so »weiche« Reifen eine Menge Fahrgeräusche, Knackgeräusche der Karosserie und andere Mängel im Innenleben des Fahrzeugs vertuschen. Sie sollten den Reifendruck vor Fahrtbeginn richtigstellen.

Schauen Sie auch zum *Motor.* Nicht nur das Äußere ist interessant, obwohl ein ölverschmierter Motor durchaus auch auf kaputte Dichtungen oder vielleicht sogar einen Riß im Motorblock hindeuten kann.

Aber interessant ist auch das *Motoröl.* Solange der Motor noch kalt ist, sollte man den Peilstab herausziehen und sich merken, wie dick in etwa das Öl ist und ob zu viel oder zu wenig Öl im Motor ist (Füllhöhe). Die Dicke des Öls kann man zwar nur schätzen, aber man merkt doch, ob das Öl bei kaltem Motor wesentlich dicker ist als bei heißem Motor (wenn man die Probe nochmals vornimmt!). Zu dickes Öl vor der Probefahrt kann nämlich bedeuten, daß der Verkäufer dadurch klappernde Kolben, mangelhafte Dichtringe und zu niedrige Kompression vertuschen wollte.

Ein zu hoher Ölstand kann auf Unaufmerksamkeit beim Ölnachfüllen zurückzuführen sein, kann aber auch genau so gut auf Ölverdünnung durch Treibstoff hindeuten. Das wiederum bedeutet, daß die Kolbenabdichtung nicht einwandfrei ist und früher oder später Kosten auf Sie zukommen. Man merkt die Ölverdünnung häufig auch schon am Geruch des Öls. Wenn es besonders stark nach Treibstoff riecht oder wenn man es zwischen den Fingerkuppen reibt und es sich dabei nach kurzer Zeit nicht mehr richtig fettig anfühlt, ist Treibstoff-Verdünnung anzunehmen.

So, nun kann die *Probefahrt* steigen. Will der Verkäufer Sie nicht selbst fahren lassen, sondern Ihnen den Wagen vorführen, so kann man nichts machen, es ist sein Recht. Aber es gibt dafür die Möglichkeit, ihn bei seinem Fahren zu beobachten, um aus seinem Fahrstil, aus dem Startvorgang und seiner Behandlung des Fahrzeugs auf seine bisherige Fahrtechnik Rückschlüsse zu ziehen. Geht jemand brutal mit dem Fahrzeug schon bei einer Vorführung um, wird er es mindestens genau so schlimm auch schon die Jahre vorher gemacht haben. Das Fahrzeug war der Leidtragende.

Läßt der Verkäufer Sie ans Steuer, so starten Sie bitte auch den Motor selbst. Nur dann kann man sehen, ob die *Batterie* noch ausreichend stark ist, den Anlasser zu drehen. Und ob der Motor sofort anspringt (längstens nach 10 Sekunden muß er kommen), andernfalls stimmt etwas nicht und man hat später womöglich noch mehr Ärger mit dem Antrieb. Vielleicht war es nur eine Kleinigkeit, dann kann der Verkäufer es ja rasch beheben. Andernfalls lädt man sich das Risiko höherer Kosten selbst auf.

Der Motor sollte im *Leerlauf* nach wenigen Augenblicken bereits einigermaßen gleichmäßig sein. Geben Sie nun gleichmäßig Gas, so sollte ein gesunder Motor es auch zügig annehmen, ohne dabei zu stottern. Der *Qualm,* der aus dem Auspuff kommt, gibt weitere Aufschlüsse über den Fahrzeugzustand. Blauer Qualm signalisiert hohen Ölverbrauch, was auf schadhafte Kolben oder verschlissene Kolbenringe hindeutet. Schwarzer Qualm kennzeichnet einen hohen Spritverbrauch. Das braucht noch nichts Schlimmes zu sein, vielleicht ist nur der Vergaser verstellt. Wenn nach ein paar Kilometer Fahrt die Erscheinungen die Gleichen sind, sollten Sie bei der Gelegenheit gleich bei einer autorisierten KFZ-Werkstatt den Fehler klären und beheben lassen. Wenn Sie das Gas nach diesem kurzen Test wieder wegnehmen, sollte der Motor gleichmäßig rund drehen im Leerlauf und der *Öldruck* sollte (sofern meßbar) nicht unter den halben Maximalwert abfallen. Ist der Leerlauf nicht gleichmäßig, so muß er sofort eingestellt werden (notfalls Werkstatt) und danach gut rund laufen, ohne zu hochtourig zu drehen. Läßt sich der Leerlauf nicht sauber einstellen, liegt ein Schaden an Ventilen oder Kolben nahe.

Nach dieser Prüfung sollten Sie nun wirklich mit einer ausführlichen Probefahrt beginnen. Achten Sie darau, ob sich die einzelnen *Gänge* sauber schalten lassen, ob die *Kupplung* kratzt oder rutscht und drehen Sie den Motor in den einzelnen Gängen bei im Fahren ruhig etwas höher, als Sie das sonst tun würden. So hört man leichter, ob das *Getriebe* womöglich heult oder andere Geräusche gibt, die auf Verschleiß deuten. Während der Fahrt sollten Sie auf einer ruhigen, glatten und graden Straße einen *Bremsentest* machen, indem Sie bei losgelassenem Lenkrad (Hände dicht am Lenkradkranz, damit Sie notfalls sofort wieder zupacken können) leicht bremsen.

Zieht der Wagen stark einseitig bei trockener Straße, sind die Bremsen schlecht eingestellt. Nun lassen Sie dem Wagen nochmal freien Lauf, nachdem Sie die Lenkung wieder auf Gradeauslauf eingestellt haben. Mit freigelassenem Lenkrad müßte das Fahrzeug jetzt bei gleichbleibender Geschwindigkeit (ohne Gas zu geben) in etwa hundert Meter gradeaus rollen, ohne nach einer Seite zu ziehen. Das geht natürlich nur auf einer nicht gewölbten Fahrbahn, die auch kein zu starkes seitliches Gefälle haben darf. Zieht er einseitig, ist die Lenkung nicht in Ordnung.

Auch wenn Sie mit dem Wagen aus einer Kurve herauskommen, sollte sich dahinter das Lenkrad, das man wiederum mit Bedacht (in Griffnähe bleiben) losgelassen hat, auf die mittlere Gradstellung eindrehen. Wenn nicht, so ist die Werkstatt der richtige Gesprächspartner für einen Kostenanschlag.

Und da Sie grade so schön am Fahren sind, achten Sie bitte auf glatter wie auch auf holpriger Fahrbahn auf begleitende *Karosserie-* und *Motorgeräusche.*

Machen Sie zum guten Ende noch einen Rütteltest auf einer wirklichen miserablen Wegstrecke, denn davon werden Sie später noch mehr als genug auf Ihren Reisen kennenlernen. Wenn der Wagen das klaglos überstehen will, muß er es jetzt auch schon können. Nun stellen Sie abschließend das Fahrzeug mit einem Rad auf einen Bürgersteig, die anderen Räder bleiben unten. Normale Menschen würden nie so parken, aber Sie sollten es einmal tun, um zu prüfen, ob sich noch alle Türen und Klappen einwandfrei öffnen und schließen lassen. Dasselbe versuchen Sie nochmal mit allen vier Rädern in Normalstellung, um sicher zu sein, daß sich die Karosserie nirgends verzieht. Abschließend wird nochmals das Öl des Motors begutachtet, ob die Viskosität noch in etwa die Gleiche ist wie vor der Fahrt. Sie können auch bei einer solchen Probefahrt noch einen annähernden *Verbrauchstest* machen, indem Sie vor dem Probefahren den Tank an der Tankstelle bis zum Abschalten der Zapfpistole füllen. Dann fahren Sie wenigstens 50 Kilometer Probe in verschiedenen Geschwindigkeiten, über Landstraßen und in der Stadt. Danach wird der Tank an derselben Tankstelle wieder genau so gefüllt. Die zweite getankte Treibstoffmenge (zum Beispiel 8,4 Liter) wird mit Hundert malgenommen (ergibt 840) und durch die Anzahl der gefahrenen Kilometer (z. B. 60) geteilt. Das Resultat aus 8,4 x 100 : 60 = 14 ist die Spritverbrauchsmenge des Fahrzeugs auf 100 Kilometer, das heißt, der Wagen schluckt im Schnitt bei gleicher Fahrweise und Beladung etwa 14 Liter auf 100 Kilometer.

Dies sind die paar Punkte, die ein autotechnischer Laie auch selbst bei der Prüfung eines angebotenen Fahrzeugs testen kann. Besser ist in jedem Fall die Mitnahme eines Fachmanns oder die Fahrt mit dem Probewagen zu einer Fach-Werkstatt, die den Wagen kurz überprüft. Wer es noch genauer wissen will und auch noch einen Schätzpreis haben möchte, sollte sich unbedingt an eine der zahlreichen *Schätzstellen* oder einen vereidigten *KFZ-Sachverständigen* wenden. Das kostet zwar ein paar Mark, ist aber höchstwahrscheinlich immer noch billiger als eine übersehene Schadensquelle im Fahrzeug. Schließlich wollen Sie ja für Ihr Geld ein solides Fahrzeug, das noch ein paar Jahre mitmachen soll. Sie sollten sich daher auch nicht scheuen, für jeden festgestellten Mangel, wenn Sie ihn schon akzeptieren, zumindest einen Preisnachlaß herauszuschlagen. Wo bekommt man nun geeignete Gebraucht-Fahrzeuge?

Abgesehen einmal von den einschlägigen Inseraten der Tageszeitung unter der Rubrik »Nutzfahrzeuge« sollte man sich auch an die Stellen wenden, die laufend derartige Fahrzeuge einsetzen und nach einem bestimmten Zeitraum günstig wieder abgeben.

Ich denke dabei speziell an *Industriebetriebe* und *Behörden*.

Die *Bundespost* versteigert cirka alle zwei Monate ausgemusterte Nutzfahrzeuge zu recht günstigen Preisen. Auskunft bekommt man bei den einzelnen Oberpostdirektionen.

Auch die *Bundesbahn* mustert von Zeit zu Zeit Fahrzeuge aus ihrem Fuhrpark aus, die man erwerben kann. Informationen über die näheren Bedingungen erteilen die einzelnen Bundesbahn-Direktionen. *Polizei-Fahrzeuge* sind ebenfalls eine interessante Sache, weil auch hier manches Spezialfahrzeug dabei ist, das für Fernreisen schon gut gerüstet ist. Die etwa halbjährlich stattfindenden Versteigerungen gebrauchter ausgemusterter Fahrzeuge werden in der Tagespresse und im Staatsanzeiger angekündigt. Noch interessanter sind die Nutzfahrzeuge der *Bundeswehr,* weil hier vom Allrad-LKW bis zum Schwimmwagen oder Großtransporter viele Sachen für den Campingbus-Bastler dabei sind.

Der Verkauf dieser Fahrzeuge erfolgt allerdings nur über die VEBEG in Frankfurt/Main, Günderrode-Straße 21, wo man weitere Informationen über Ort und Zeit der einzelnen Besichtigungen sowie über die weitere Abwicklung erhält.

Zu all diesen Versteigerungen oder Verkäufen sollte man aber einen versierten KFZ-Mann mitbringen, denn große Probefahrten usw. sind bei derartigen Anlässen nicht drin.

Da muß man sich schon auf die Angaben, den Augenschein und ein wenig auch auf den lieben Gott verlassen.

Dafür sind die Fahrzeuge aber auch meist recht ordentlich gepflegt und vor allem relativ preiswert. In der Industrie dagegen hat man eher Gelegenheit, sich Angebote genauer anzusehen, ebenso beim Händler. Wer hierbei auf Draht ist und durch Besichtigungen und etwas Herumtelefoniererei die Angebote vergleicht, kommt relativ ebenso preiswert und meist schneller zu einem eigenen gebrauchten Basisfahrzeug.

Aufarbeitung gebrauchter Fahrzeuge

Da steht also nun nach langen Bemühungen endlich das gebrauchte Basisfahrzeug vor der Tür und harrt der Dinge, die da kommen sollen. Als erstes würde ich zumindest mal ein paar Fotos von der traurig dastehenden Rostlaube machen, damit Sie später der Verwandtschaft und Bekanntschaft auch beweisen können, wie der Campingbus früher mal aussah und was Sie daraus gemacht haben. Oder auch bloß fürs eigene Campingbus-Album. Aber dann wird es ernst, die Aufarbeitung des Fahrzeugs beginnt. Über die technischen Mängel und den Zustand des Innenlebens Ihrer Neuerwerbung haben Sie sich ja schon vor dem Kauf ausreichend informiert, so daß Sie wissen, welche Arbeiten von einer KFZ-Werkstatt noch auszuführen sind. Jedoch zuvor beginnt erst einmal das große Entrümpeln. *Alles,* was später für den Campingbus nicht benötigt wird, wird *abmontiert* oder *ausgeräumt.* Auch die Sitze im Fahrerhaus, das Reserverad, die Bordwerkzeuge usw., die Batterie wird abgeklemmt (zuerst Minuspol, dann Plus) und aus dem Wagen genommen und der gesamte *Innenraum gründlichst gereinigt.* Möglichst nicht mit Wasser, weil sich das bloß unnötig in alle möglichen Ritzen verkriecht und das Rosten fördert. Aber mit Besen und Handfeger oder sogar Drahtbürste sollte man jeden *Schmutz, losen Lack* und *Rostteilchen* entfernen und mit einem starken Staubsauger auch das letzte Winkelchen von Krümeln und Staub befreien. Dann geht es an die Untersuchung der innen zugänglichen Blechteile, während wir das äußere der Karosserie zunächst noch vernachlässigen. *Roststellen* werden blankgeschliffen, was sich mit Schleifteller an der Bohrmaschine oder einem Schwingschleifer recht gut macht. Zur Not geht es natürlich auch mit einem Stück Schleifpapier, das um einen Schleifkork gewickelt wird. Rost muß weg, denn er kommt auch dann meist wieder, wenn Lack drübergeschmiert wurde oder sogar sogenannter Rostumwandler. Deshalb sollte man auch an einer Roststelle imm so weit schleifen, bis rundum nur noch glatter, sauberer Lack stehen bleibt und die ganze Stelle metallisch blank ist. Da wir die Innenseiten des Fahrzeugs ja später fast vollständig verkleiden (außer vielleicht vorhandenen Fenster- oder Tür-Blechprofilen, die sich schlecht verkleiden lassen), muß die Arbeit sorgfältig sein. Auszubeulen braucht man innere Blechteile nur dann, wenn Sie später nicht verkleidet werden sollen und die Beulen besonders stark sind. Oft wird der im *Ausbeulen* nicht geübte Heimwerker sonst den Schaden nur verschlimmern statt bessern. Wenn auf der Außenseite der Karosserie Blechteile eingebeult sind, so kann man, zunächst mit dem Handballen, notfalls auch mit einem Gummihammer, von innen her die Beule herauszudrücken versuchen, falls man gut an die Stellen herankommt. Nie mit Gewalt arbeiten, es wird meist schlimmer! Handelt es sich um kleine Beulen, wird man sowieso auf die Ausbeularbeit verzichten und sich auf *Polyesterspachtel* verlassen. Aber davon später.

Bei stark strapazierten Fahrzeugen kommt es häufig vor, daß doppelwandige Teile der Karosserie oder Türprofile usw. eingedrückt sind und man diese Stellen nicht von der anderen Seite her zurückdrücken kann. Dann muß man halt hergehen und in der tiefsten Stelle der Einbeulung ein Loch bohren, durch das man einen Haken oder Spreizdübel mit Schraube steckt und daran die Einbeulung herauszuziehen sucht.

Anschließend sollte man auch die *Bohrspäne* (wie überhaupt möglichst bei jeder späteren Bohrung in Blechteilen) so gut es geht mittels Staubsauger o. ä. *entfernen,* denn Metallspäne verursachen gern Rostnester, wenn sie unbeachtet in irgendwelchen Ritzen liegen bleiben.

Nun sollten Sie daran gehen, eine gewisse *Grundüberholung* der Karosserie vorzunehmen. Dazu gehört zunächst einmal die Kontrolle und das

Gängigmachen aller vorhandenen *Türen, Klappen* usw., evtl. sogar der Austausch defekter Türen. Es gibt kaum etwas Unangenehmeres als in einem schicken Campingbus eine verzogene Blechtür, durch deren Ritzen Staub, Dreck und Abgase hereinkommen. Aus diesem Grunde wird es auch meist erforderlich sein, die vorhandenen *Gummidichtungen,* sofern sie spröde oder eingerissen sind, gegen neue aus dem Ersatzteilllager des entsprechenden Herstellers auszutauschen. Allerdings sollte dieser Austausch erst nach der Karosserie-Überholung erfolgen, damit die wertvollen Dichtungen nicht bei der Arbeit verschmiert oder beschädigt werden !

Achten Sie beim Überholen beweglicher Teile der Karosserie auch auf die gute *Funktion von Türschlössern, Scharnieren* usw. Jetzt läßt sich noch alles in Ruhe in Ordnung bringen, später im Trubel des Ausbaus wird es womöglich doch noch vergessen. Auch *Schweißarbeiten,* z. B. das Ausbessern defekter Bodenblechteile oder gar der Austausch kompletter Karosserie-Blechteile sollte ebenfalls jetzt erfolgen. Notfalls mit Hilfe einer Fachwerkstatt. Dort sollten Sie auch gleich noch ein paar andere Dinge in die Reihe bringen lassen. Zuerst einmal eine gründliche *Wäsche des Wagens,* bei der alle Fettrückstände, Schmutz usw. entfernt werden. Diese Wäsche kann man notfalls auch zu Hause machen, aber eine Hochdruck-Dampfwäsche ist vielleicht noch etwas gründlicher. Und vor allem sollten Sie ein gründliche *Unterboden-Reinigung,* ebenfalls mit Heißdampf, ausführen lassen. Nur so können Sie nämlich auch sehen, wo der Unterbodenschutz fehlerhaft ist,wo vorher vom Schmutz verdeckte Teile, Rohrleitungen usw. beschädigt oder locker sind usw.

Nun ist es an der Zeit, in der Werkstatt das Innenleben des Fahrzeugs zunächst auf einen *gebrauchsfähigen Zustand* zu bringen, also Ölwechsel (Motor, Getriebe, Differential usw.), Filterwechsel oder Filterreinigung, Zündkerzenwech-sel, Einstell-Arbeiten von Ventilen, Zündung, Vergaser, Schmierdienst, Prüfung von Keilriemen, Spur und Sturz der Räder, Reifendruck, Bremsen, Lenkung und was der Wartungsarbeiten noch mehr sind. Diese Arbeiten sollten Sie, außer wenn Sie selbst Fachmann sind, unbedingt in einer für Ihre Fahrzeugmarke zuständigen *Fachwerkstatt* ausführen lassen. Nur so haben Sie die Gewähr, daß die Arbeiten auch richtig und vollständig ausgeführt werden und jemand dafür haftet. Ich bin auch nicht dafür, mehr Geld als nötig auszugeben. Aber hier sollte man sich zumindest bei der Grundüberholung von dem Gedanken leiten lassen, daß Pfusch an lebenswichtigen Teilen des Fahrzeugs wie Lenkung, Bremsen, Licht, Bereifung usw. der erste Schritt zum Selbstmord ist. Und dabei bleibt es ja meist nicht: Oft müssen Unschuldige darunter leiden, daß der Fahrzeugbesitzer leichtsinnig „sparen" wollte.

Nachdem das Fahrzeug also jetzt maschinell tiptop in Ordnung ist, lohnt es sich auch, selbst weiter zu machen. Da wäre zunächst der Unterbodenschutz, der dank der Dampfreinigung nun leicht nachgebessert werden kann. Bremsleitungen, Seilzüge usw. dürfen dabei jedoch ebenso wenig etwas abbekommen wie der Auspuff oder Motorteile, die heiß werden. Auch Gummi- oder Kunststoffteile sollten nicht mit der Beschichtungsmasse (egal ob auf Kautschuk-Alu/Zink- oder Bitumenbasis) in Kontakt kommen. Wichtig ist bei dieser Nacharbeit, jedes kleine Winkelchen so gut wie möglich satt einzupinseln. Desto weniger kann sich dort Nässe oder Schmutz verkriechen und Rost bilden.

Sie werden nun vielleicht fragen, warum man zunächst erst einmal alles einpinselt, wo doch später der eine oder andere Durchbruch im Wagenboden ausgeschnitten werden muß?

Ganz einfach aus dem Grund, weil es jetzt noch leicht ist, alle Winkel und Ecken zu erreichen. Später, wenn der Abwassertank, die Heizung oder andere Teile eingebaut sind, kommt man

38

nicht mehr an alle Ecken heran. Oder man vergißt die eine oder andere Stelle. Auch Zeitnot kann dazu führen (oder schlechtes Wetter), daß man sagt: So schlimm wird es schon nicht sein. Und das ist dann der Pfusch, den ich meine. Der Rost nimmt nämlich darauf keine Rücksicht, der frißt sich einfach durch Ihren schönen Campingbus durch und vermindert so nicht nur die Lebensdauer des Fahrzeugs, sondern auch seinen Wert.

Nach dem Restaurieren der Fahrzeug-Unterseite sollte man sich nunmehr den *Außen- und Innenflächen* des Fahrzeugs widmen. Am besten stellt man das Fahrzeug zu dem Zweck in eine Hofecke oder eine Werkstatt, wo es niemanden stört und man dennoch rundum rankommt.

Nun werden alle Zierleisten abmontiert, auch Modellbezeichnungen und andere Teile, die nur aufgesteckt oder aufgeschraubt sind. Die Teile werden sorgsam verwahrt, sie sollen ja später wieder montiert werden. Dann geht die Suche nach Beulen, Kratzern und Lackschäden sowie Roststellen los. Sofern die Beulen nicht einfach herauszudrücken gehen, sollte man sie behutsam mit einem *Gummihammer* zurückschlagen, notfalls auch mit einem Holzhammer. Besser wäre natürlich ein komplettes Ausbeulwerkzeug, aber das ist relativ teuer und lohnt sich kaum für das eine Mal.

Sämtliche gefundenen Fehlstellen in der Außenhaut der Karosserie, an Kanten und Rändern werden nun mit dem *Schleifteller* oder einem Schleifklotz und Schmirgelleinen metallisch blank geschliffen. Beulen und andere Vertiefungen, die tiefer als 1 bis 2 Millimeter werden nun mit *Polyesterspachtel* ausgefüllt. Damit sich die Spachtelmasse gut in dem ansonsten unvorbehandelten Blech festkrallen kann, sollte mit einem scharfkantigen Schraubenzieher oder Sägeblatt der zu spachtelnde Untergrund etwas aufgerauht werden. Kleinere Beulen und Vertiefungen werden mit normalem Polyesterspachtel (Zweikomponenten-Spachtel, als Auto-Spachtel überall zu

haben) ausgefüllt. Größere Beulen werden mit einem faserarmierten „Sauerkraut"-Spachtel geschlossen, der dieselbe Basis, aber zusätzlich Glasfaserschnitzel enthält. Dieses Ausspachteln muß bei *Temperaturen über 15° C.* erfolgen. Die Mischung der beiden Komponenten und die weitere Verarbeitung kann man den Packungen entnehmen.

Sehr flache Dellen oder Lack-Fehlstellen werden nur mit einem sogenannten Fein- oder Füll-Spachtel überzogen. Diesen *Feinspachtel* kann man auch als Deckschicht über den ausgehärteten Polyesterspachtel ziehen, er läßt sich besonders fein schleifen, sobald er hart geworden ist. Der Polyesterspachtel und erst recht der Feinspachtel werden mit sauberem, gutem Spachtelwerkzeug möglichst glatt aufgetragen. Je sorgfältiger und fugenloser man jetzt arbeitet, umso weniger Schleifarbeit fällt anschließend an. Nach dem Aushärten der Spachtelmasse geht es dann ans Schleifen, bei dem es kurz gesagt darauf ankommt, unter Verwendung von *Naß-Schleifpapier* verschiedener, immer feiner werdender Körnung die überspachtelten Flächen vollkommen plan und ohne jede Riefe zu bekommen. Nur so wird später der Lackauftrag zur Zufriedenheit ausfallen. Wer sich diese Arbeit nicht zutraut, sollte entweder mal in einer Autolackiererei zusehen oder an einem Stück Abfallblech üben.

Nach dem letzten Schliff wird, wie auch nach jedem einzelnen Schleif-Vorgang, mit viel Wasser nachgespült, um den Schleifstaub wegzubekommen. Das betrifft natürlich nur die Wagen-Außenseiten, innen sollte man nur trocken abreiben, falls überhaupt Spachteln erforderlich ist. Nach jedem Waschgang sollte die Feuchtigkeit möglichst rasch durch Abtrocknen mittels Fön o. ä. beseitigt werden.

Ist nach dem letzten Waschgang ebenfalls die Wagen-Außenfront trocken, geht man über all die Stellen, an denen man die Lackschicht überarbeitet hat oder wo Lack fehlt und wo Spachtelmasse sichtbar ist, mit einer Sprühdose voll Haftgrund ans Werk und übersprüht alle nichtlackierten Flächen. Dieser *Haftgrund* verhindert zumindest für eine kurze Zeit Rostansatz und bildet die Haftbrücke für den späteren Lack.

Lackiert wird die Außenfront des Fahrzeugs nämlich erst, wenn die Einbauten drin sind, die Fenster, Klappen usw., sonst würde man sich womöglich beim Arbeiten an der Einrichtung den schönen neuen Außenlack wieder ruinieren.

Der Wagen sieht jetzt vielleicht wie eine gescheckte Kuh aus, aber das stört vorerst nicht, jetzt geht es nämlich an den *Innenraum.*

Der Wagenboden im Fahrzeug wird, egal wie er aussieht, gut mit Zeitungspapier oder ähnlichem ausgelegt. Dann werden alle Blechteile, die nicht von einwandfreiem Innenlack geschützt sind, alle Bohrlöcher, Kanten usw. satt bis weit in den einwandfreien Lack hinein mit der bekannten roten *Bleimennige-Grundierung* gestrichen.

So hat man zunächst einen gewissen Rostschutz, der fürs erste die blanken Metallteile abdeckt, der aber jedoch nicht dauerhaft ist. Wenn man seinem Fahrzeug etwas wesentlich Besseres an Rostschutz gönnen will, und das sollten Sie bei einem langlebigen Campingbus auf alle Fälle tun, so ist ein Anstrich des gesamten Fahrzeug-Innenraums (außer vielleicht dem Fahrerhaus) mit einem elastischen Chlorkautschuk-Lack empfehlenswert. Diese Farben werden auch zum Anstrich von Schwimmbecken usw. genommen, sind also weitgehend dicht und bilden einen sehr guten Rostschutz.

Beschichten Sie mit dieser Chlorkautschukfarbe, die es in verschiedenen Farbtönen gibt, aber auch wirklich alle Flächen im Innenraum, vor allem Winkel und Blechverstrebungen, so weit Sie irgendwie mit dem Pinsel hinkommen. Um so besser wird der Schutz. Das Fahrerhaus würde ich deshalb zunächst einmal von dem Chlorkautschukanstrich aussparen, weil hier ja die Wände usw. kaum verkleidet werden, und weil dann ein sauberer Auftrag mit einem guten Lack meist besser aussieht.

Aber zurück in den künftigen „Wohnteil" des Fahrzeugs, der nach dem Anstrich mit elastischem Chlorkautschuk nur noch einer Behandlung des Fußbodens bedarf.

Die alten Zeitungen, die wir zuvor dort ausgelegt hatten, sollten den Boden vor Farbklecksen schützen und uns die Nacharbeit erleichtern. Nun werden sie entfernt und der Fahrzeugboden sauber gefegt, wenn möglich sogar gesaugt. Handelt es sich um einen *Holzfußboden,* so werden evtl. vorhandene Fehlstellen, Löcher usw. mit Holzkitt o. ä. ausgespachtelt und anschließend der ganze Boden ein- bis zweimal mit *Parkettversiegelung* (Farbengeschäft) überstrichen. Dadurch ist der Boden fast schon wasserdicht geschützt.

Bei den meist üblichen *Blech-Böden* dagegen wird die gesamte Fläche einmal satt mit *Unterbodenschutz* (Bitumenbasis) gestrichen. Der Anstrich wird dabei auch noch rundum zwei bis drei Zentimeter breit die Wände hochgezogen, so daß sich eine Art wasserdichte Wanne im „Wohnteil" ergibt. Ritzen und Löcher sollten nun nirgends mehr im Fußboden vorhanden sein, notfalls spachtelt man sie mit *Antidröhnmasse* o. ä. aus. Wenn die Fußbodenbeschichtung trocken ist, kann man sicher sein, zumindest im Fahrzeug-Inneren das Bestmögliche für sein Gebraucht-Fahrzeug getan zu haben.

Natürlich kann im Rahmen eines so kleinen Kapitels wie hier nicht eine vollständige Arbeitsanleitung für das Überholen aller Teile an einem gebrauchten Basisfahrzeug gegeben werden. Wer sich ausführlicher mit diesem Thema befassen will oder befassen muß, sollte sich eines der vielen Spezialbücher über KFZ-Technik oder über Auto-Karosserien besorgen. Das Hauptthema dieses Buchs ist ja nicht die KFZ-Überholung, sondern das Selbermachen von Campingbussen. Und das geht jetzt erst richtig los mit der Planung der Einrichtung.

40

Die Planung

Bestands-Aufnahme

Ohne eine vorherige Planung der Einrichtung einfach draufloszubauen ist genau so wenig sinnvoll wie ein Hausbau ohne Grundriß und ohne Architekten.

Es hat also keinen Sinn und kann unter Umständen sogar den ganzen Ausbau eines Campingfahrzeugs verhindern, wenn Sie dieses Kapitel Planung einfach überschlagen. Entweder ecken Sie später beim TÜV an oder die Einrichtung wird so, daß Sie ständig Ärger mit ihr (und der besseren Hälfte) haben. Und das wollen Sie doch nicht, oder?

Aber keine Angst, ich will aus Ihnen in diesen Abschnitten weder einen Planungstechniker machen noch Ihnen die Anfertigung umfangreicher Zeichnungen zumuten.

Um ein paar *Handskizzen* und *einige Überlegung* werden allerdings auch Sie im günstigsten Fall nicht herumkommen.

Dazu ist die technische Einrichtung, wenn man mal von den Möbeln selbst absieht, doch zu kompliziert, um einfach drüber weg zu gehen. Schließlich soll hinterher ja auch der Kühlschrank oder die Heizung wirklich funktionieren und aus dem Wasserhahn sollte wenn möglich sogar Wasser kommen, wenn man ihn aufdreht. Doch bevor Sie sich nun mit Bleistift, Papier und Zollstock bewaffnen, machen Sie bitte in Ihrem Fahrzeug eine *Bestands-Aufnahme*. Ich meine damit, daß Sie im Fahrzeug prüfen, ob alle für den Betrieb als Kraftfahrzeug wesentlichen Ausrüstungsteile vorhanden sind und an ihrem Platz verbleiben können. Beispielsweise das Reserverad, das Warndreieck, ein 2kg-Feuerlöscher, das Bordwerkzeug, die Warnblinkleuchte, der Wagenheber usw.

Das sind alles Dinge, die wir früher oder später beim Fahren einmal brauchen, die deshalb griffgünstig und doch so verstaut werden sollen, daß sie im Fahrzeuginneren keinen wertvollen Platz wegnehmen. Wenn das Reserverad schon mittels Halterung unter dem Wagenboden sitzt, ist es gut. Wenn nicht, sollten Sie sich um eine zugelassene Halterung beim Kfz-Händler oder im Zubehörhandel umsehen und sich auch gleich informieren, wo und wie die Halterung montiert wird. Gibt es keine passende Halterung, muß man sich vielleicht eine anfertigen (lassen) und zuvor mit dem TÜV die Zulassung besprechen. Der Platz, an dem das Reserverad unter dem Wagen sitzt, kann auch nicht beliebig gewählt werden. Ich gehe deshalb hier etwas mehr auf dieses Problem ein, um Ihnen später Kummer zu ersparen. Wenn nämlich der einzige freie Platz unter dem Fahrzeug schon durch das Reserverad belegt ist, hat man später voraussichtlich Schwierigkeiten, den

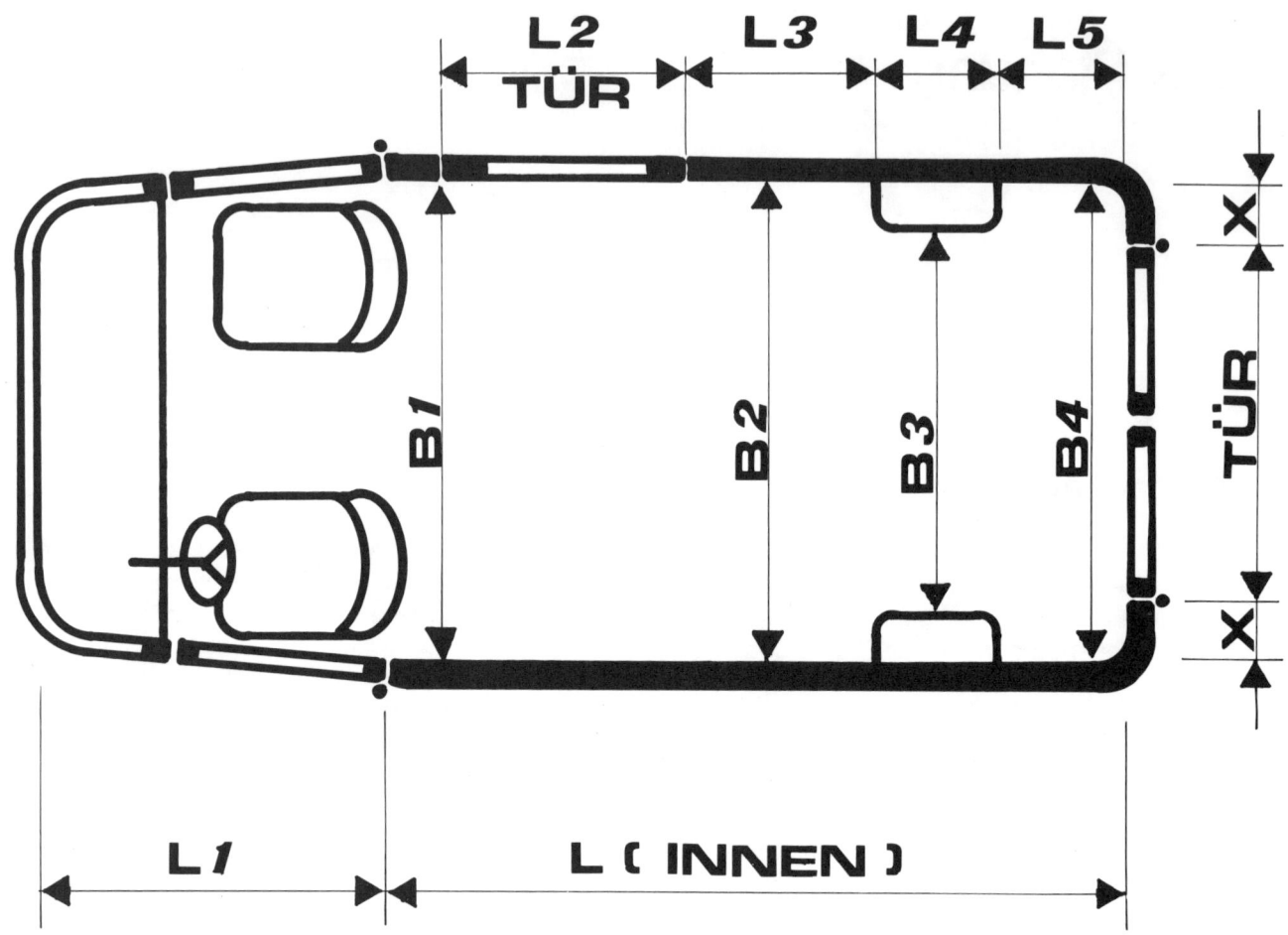

Bild 19: Diese Maße sollte man zunächst einmal in die Grundriß-Skizze eintragen, nachdem man sie genau im Fahrzeug abgemessen oder aus einer Maßzeichnung entnommen hat.

Abwassertank, den Durchbruch für die Heizung oder andere Dinge unterzubringen.

Eine nachträglich angebrachte *Reserveradhalterung* schafft aber noch mehr Probleme. Sie kann nämlich im ungünstigen Fall zu einer Verringerung der *Bodenfreiheit* führen. Bei der ersten Fahrt über schlechte Wege oder freies Gelände rummst es dann und man sitzt auf oder reißt womöglich die Halterung ab.

Wenn die Halterung also noch nicht bereits werksseitig montiert ist, lassen Sie sie zunächst noch weg. Montiert wird sie erst dann, wenn die Planung steht und der Grundausbau durchgeführt wird.

Den in einem Campingbus meiner Ansicht nach unerläßlichen, ausreichend groß bemessenen *Feuerlöscher* (mind. 2 kg) würde ich am liebsten im Fahrerhaus unterbringen. Und zwar dort, wo er sowohl vom Fahrerhaus als auch vom Wohnteil her notfalls ohne langes Suchen griffbereit ist. Je

42

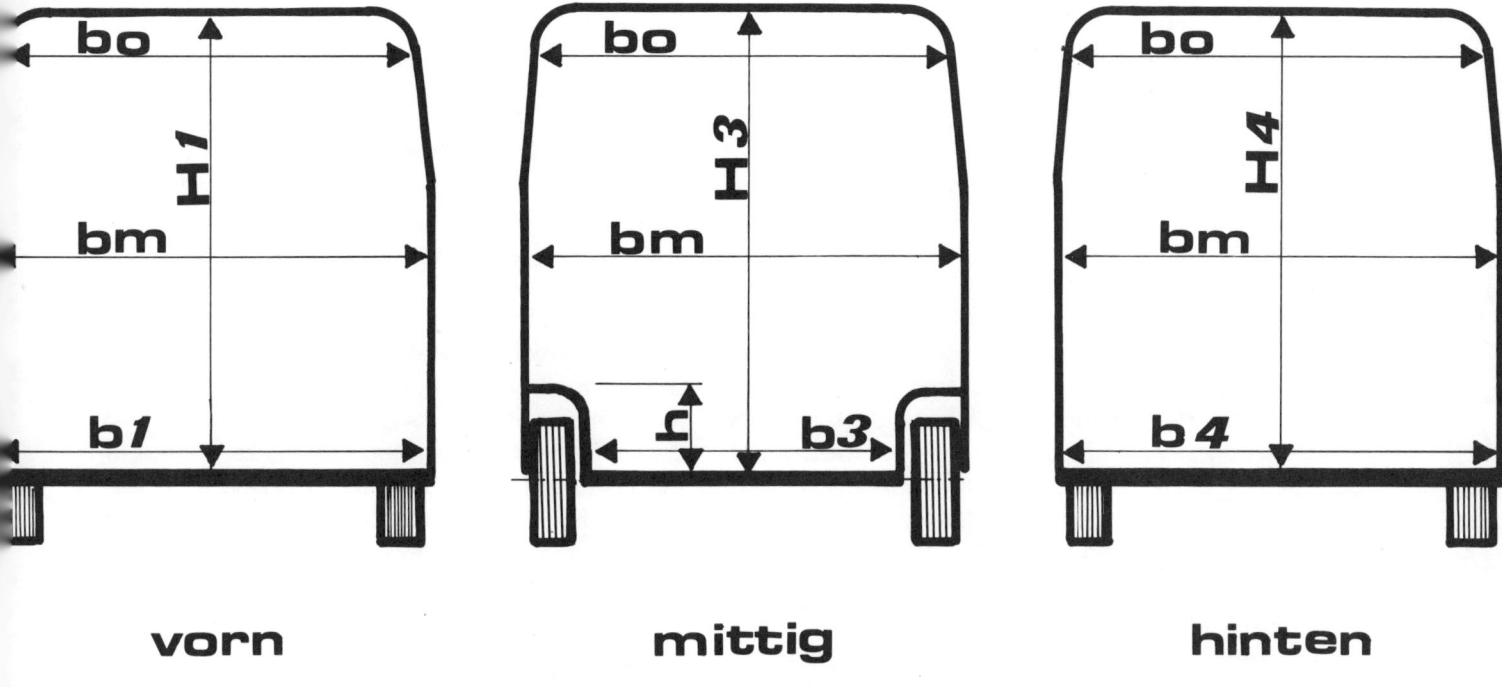

vorn **mittig** **hinten**

Bild 20: Der Wohnteil des Fahrzeugs wird auch in der Breite genau ausgemessen, die Maße werden eingetragen.

nach Fahrzeugtyp ist die Anbringung unterschiedlich ausführbar, aber der Platz mittig neben dem Beifahrersitz erscheint optimal. Auch unten direkt vor dem Fahrersitz oder Beifahrersitz läßt er sich gut installieren, ohne zu stören. Allerdings ist er dann nicht mehr so schnell zur Hand, wenn es in dem Wohnteil trotz aller Vorsicht mal brennen sollte.

Die restlichen Teile wie *Warndreieck, Bordwerkzeug, Blinklampe, Wagenheber* usw. wird man ebenfalls möglichst im Fahrerhaus so anbringen, daß sie griffbereit sind und trotzdem weder hindern noch bei einem Zusammenstoß wild durch die Gegend segeln können. Jedes bißchen Kram, das man doch mehr im Fahrerhaus als im Wohnteil braucht, sollte man auch dort im Fahrerhaus unterzubringen versuchen. Im Wohnteil ist, wie Sie später noch merken werden, der Platz ohnehin sehr knapp.

Bei der Bestandsaufnahme sollten Sie auch dem

vorgeschriebenen *Verbandskasten* ein Augenmerk widmen, er sollte von Zeit zu Zeit auf seine Brauchbarkeit geprüft werden. Platzmäßig läßt er sich meist gut unter dem Armaturenbrett, unter dem Beifahrersitz o. ä. griffbereit anbringen. Er ersetzt nämlich nicht die für Campingreisen sowieso benötigte Bord-Apotheke, sondern ist ausschließlich für Notfälle da!

Und da Sie schon einmal in allen Ecken des Fahrerhauses herumkriechen, sollten Sie auch gleich den Platz begutachten, wo die Fahrzeugbatterie sitzt. Haben Sie dort noch Platz genug, auch die – zumindest für mittelgroße bis große Campingbusse dringend nötige – Zweitbatterie unterzubringen? Wenn ja, so ist es gut, selbst wenn man die Fahrzeugbatterie etwas verrutschen und beide neu befestigen muß. Andernfalls müssen Sie sich bei der Planung möglichst bald Gedanken machen, wo Sie eine zweite, mindestens der Größe der ersten Batterie entsprechende Zweitbatterie installieren können. Der Platz sollte möglichst dicht neben der ersten Batterie sein und ziemlich tief unten am Boden im Fahrzeug, um den Schwerpunkt nicht ungünstig zu beeinflussen. Zusammenfassend müßte nach der bisherigen Arbeit Ihr Fahrzeug, egal ob neu oder gebraucht und überholt, technisch als Kraft-Fahrzeug jetzt in einem einsatzfähigen Zustand sein und damit die bestmögliche Basis für den Entwurf und späteren Ausbau darstellen.

Ein paar grundsätzliche Hinweise

Dem in Campingfragen völligen Neuling ist es oft unerklärlich, wie man in dem relativ eng begrenzten Fahrzeug-Innenraum eine komplette Wohnung mit Küche, Waschraum und all dem übrigen technischen Zubehör unterbringen kann. Dazu ein paar erklärende Worte: Ich gebe gern zu, daß sich ein Campingbus mittlerer Größe schwieriger einrichten läßt als ein großer Wohnwagen. Und ich gebe auch gern zu, daß man platzmäßig immer etwas beengt sein wird, auch bei einer noch so perfekten Einrichtung. Aber dafür gewinnt man etwas anderes, nämlich *persönliche Freiheit* und einen *Rest von Abenteuer.* Wer kann es sich schon leisten, an den schönsten Plätzen der Welt zu wohnen, ohne einen Pfennig Miete zahlen zu müssen. Die Verpflegung bezieht man aus dem nächsten Supermarkt oder Kaufhaus oder direkt vom Bauern. Das Trinkwasser bekommt man beim nächsten Halt an der Tankstelle oder schöpft es sich aus dem Brunnen. Sein Bett, sein Sofa, seinen Waschraum mit pieksauberer Toilette hat man immer dabei, ob es nun direkt unter dem Eiffelturm, am Strand von Nizza, mitten im Schwarzwald oder in Acapulco ist! Und für so viele Vorteile hat man als einzigen Nachteil, daß man sich für die paar Wochen Urlaub mal mit ein klein bißchen weniger Platz zufrieden geben muß.

Aber zum Thema: Grundsätzlich sollte man im Campingbus zwischen Fahrerhaus und »Wohnteil« unterscheiden. Warum? Weil im Fahrerhaus fast nie Isolierglasfenster eingebaut sind und aus diesem Grund das Fahrerhaus nur in seltenen Fällen mit als Wohnteil nutzbar gemacht werden kann. Entweder scheint die Sonne, dann kommt man im Fahrerhaus vor Hitze um (außer wenn man eine teure Klimaanlage installiert hat) oder es ist draußen kühl. Dann ist es im Fahrerhaus auch kühl und das Kondenswasser läuft munter die Scheiben herunter. Aus diesem Grund wollen wir uns vorwiegend mit dem Wohnteil des Campingbusses befassen. Sie werden sehen, auch dort gibt es noch genügend zu knobeln.

Ein paar Worte zur Einrichtung und Möblierung. Im Campingbus hat es sich, wenn man einmal von Ausnahmen absieht, als zweckmäßig erwiesen, die über Tag benötigte *Sitzgruppe* zusammen mit

44

dem dazugehörigen Tisch für die Nacht als *Liegeflächen* herzurichten. Das hat einzig den Vorteil, Platz zu sparen und die für die Sitze erforderlichen Polsterteile zugleich als Matratzenteile der Betten mit zu nutzen.

Die Rückenlehnenteile dieser Sitzpolster werden dann für die Nacht in den Zwischenraum zwischen den einzelnen Sitzreihen auf die Tischplatte (die zu diesem Zweck abgesenkt wird) und gegebenenfalls auf eine Zusatzplatte aufgelegt und vervollständigen so die Liegefläche.

Die Sitze selbst, im Grunde nichts weiter als Kisten mit aufgelegten Polstern, dienen als zusätzliche *Staukästen,* um auch noch das letzte Stückchen Platz sinnvoll zu nutzen.

Über den Sitzen, also über Kopfhöhe, wird meist noch etwas Platz im Fahrzeug sein, um kleine *Hängeschränke,* Ablageborde oder auch nur Netze zur Unterbringung von Kleinkram anzubringen. Neben dem Sitzen und Schlafen ist das Kochen ein wesentlicher Teil des Lebens im Campingbus. Für diesen Zweck eignet sich ein *Küchenblock* gut, in dem alle technischen Einrichtungen für das Kochen zusammengefaßt werden. Oben auf dem Küchenblock ist, meist aus Edelstahl, eine Kombination von Spülbecken, Abtropfplatte, zwei- oder dreiflammigem Gaskocher (und bei manchen Modellen noch ein Arbeitsbrett) installiert. Unten im Küchenblock wird gern der Kühlschrank untergebracht. Wenn Platz ist, auch die Gasflasche, ein Frischwassertank, die Wasserpumpe, die Gasheizung (oder Warmwasserheizung), die Zweitbatterie und wenn möglich auch noch eine Besteckschublade. Alles andere wie Geschirr, Konserven und Lebensmittel usw. muß dann in einem eigenen *Vorratsschrank* verstaut werden. Für die Garderobe sowie für Schuhe, Hüte usw. dient ein gesonderter *Garderobenschrank.* Da dieser meist irgendwo mitten im Raum steht und die Garderobe wegen der Schulterbreite der Kleidung oben immer eine bestimmte Tiefe haben muß, kann man oft im unteren Bereich des Schranks,

wo diese Tiefe nicht erforderlich ist, die *Heizung* installieren. Das ist aber auch von der Heizungsart abhängig. Weil manche Heizungen durch den Fußboden nach unten raus ragen und da dann Platz sein muß. Nun noch das Thema *Waschraum/Toilette.* Wenn man irgendwie den Platz erübrigen kann, sollte man einen Waschraum im Campingbus vorsehen, weil sich so ein Raum auch für andere Zwecke bewährt hat. Im Waschraum wird nicht nur das *Handwaschbecken* (das aus Platzgründen auch klappbar sein kann) angebracht, sondern zugleich kann im Fußboden (oder auf dem Fußboden) eine *Brausewanne* installiert werden, wenn man sich mal gründlich waschen oder sogar duschen will. Das setzt dann aber einen extra Bodenablauf voraus. Im Waschraum wird auch die unbedingt erforderliche *Toilette* aufgestellt. Davon gibt es, neben ein paar Sonderausführungen, hauptsächlich zwei Arten, auf die im Kapitel »Dusche, Waschraum u. WC« noch ausführlich eingegangen wird. Hier soll nur interessieren, daß die im Campingbus übliche Toilette keinen festen Platz haben muß, sondern zur Benutzung durchaus auch ein Stück bewegt werden kann. Das hat den Vorteil, daß man die Toilette beispielsweise unter dem Waschbecken aufstellen und nur zum Gebrauch vorziehen kann. Ist aus Platzgründen oder mangels Stehhöhe im Fahrzeug kein Platz für einen eigenen Toiletten- oder Waschraum, kann die Toilette auch in einem Schrank oder sogar in einer Sitzkiste untergestellt werden. Für die Benutzung muß man sie dann hervorholen. Gegen Neugierige, die sich durchs Fenster orientieren wollen, muß man sich in diesem Fall dann natürlich durch Zuziehen der Vorhänge oder durch Aufklappen sperriger Schranktüren o. ä. schützen. Schön ist das natürlich nicht, auch schon aus ästhetischer Sicht für die Mitreisenden, die in solchen Fällen meist ins Fahrerhaus flüchten. Besser ist nach wie vor der separate Waschraum oder eine so geschickte Möblierung, daß durch Aufklappen von Möbeltüren eine Raumteilung entsteht. Um Ihnen nun bei der Gestaltung einer eigenen Einrichtung für Ihren Campingbus die Übersicht zu erleichtern, sind in allen Prinzip-Grundrissen die verschiedenen Möbel mit Buchstaben oder Ziffern gekennzeichnet. So beispielsweise hat jeder Sitz eine Ziffer, so wird der Garderobenschrank mit (G), der Küchenblock mit (K), der Vorratsschrank mit (V), der Waschraum mit (WR), eine Heizung mit (H) und ein Kühlschrank oder eine Kühlbox mit (F) wie Froster bezeichnet. Ein Tisch erhält als Symbol den Buchstaben (T), ein Frischwassertank oder Wasserbehälter (W), ein Abwassertank (A) usw., während die Zugänge zu einem Fahrzeug, unterteilt in Haupt- und Nebenzugänge, durch dicke bzw. dünnere Pfeile gekennzeichnet werden. Soweit andere Bezeichnungen auftauchen, werden diese jeweils im dazugehörenden Text noch erläutert.

Nachdem Sie nun einen ersten kleinen Einblick in die Vielfalt so eines Campingbusses bekommen haben, sollte es Ihnen möglich sein, sich erfolgreich mit dem Thema »Aufmaß und Entwurf« zu beschäftigen. Sollte Ihnen bei diesen Arbeiten etwas unklar sein, so lesen Sie bitte sofort in den speziellen Kapiteln weiter hinten im Buch nach oder fragen Sie notfalls auch andere Camper oder Wohnmobil-Händler, Zubehörgeschäfte usw., bis die Frage geklärt ist. Das ist immer noch billiger als ein Fehler beim weiteren Arbeiten an Ihrem Campingbus!

Aufmaß und Entwurf

Aufmaß:

Endlich ist der Augenblick gekommen, wo Sie sich mit Bleistift, Papier und Zollstock bewaffnet in das Innere Ihres künftigen Campingbusses be-

geben können. Noch besser als ein Zollstock oder Metermaß ist allerdings ein *Stahl-Bandmaß,* das sich auch mal um eine Rundung legen läßt (von denen es im Fahrzeug meist leider mehr als genug gibt).

Wenn Sie sich einmal die Grundriß-Zeichnung eines Hauses und auch die Schnitte quer durch ein Haus angesehen haben, wissen Sie ungefähr, was wir wollen. Natürlich nicht so perfekt wie der Architekt das mit Bauplänen macht, aber ein paar Maße müssen wir schon haben, wenn die Planung klappen soll. Das Fahrerhaus kann man bei diesem Aufmaß zunächt noch außer acht lassen, denn es soll ja, zumindest vorerst, nicht verändert werden. Wir beschränken uns daher vorläufig nur auf den Teil des Fahrzeugs, der später einmal als Wohnzimmer, Schlafzimmer, Küche, Bad, Vorratsraum und wer weiß was noch alles dienen soll.

Das Wichtigste ist deshalb das *zentimetergenaue (!) Aufmessen* der zur Verfügung stehenden Grundfläche. Wir zeichnen zunächst einfach von Hand ein Rechteck auf ein Stück Papier und messen dann mit dem Bandmaß innen die Breite des Fußbodens von Wand zu Wand. Dabei messen wir aber nur bis zu der Innenkante der einzelnen Blechstreben, die die Fahrzeugwände aussteifen. Messen Sie die *Breite des Fahrzeugs* mindestens an drei Stellen, nämlich einmal unmittelbar hinter den Fahrerhaussitzen, dann etwa in der Mitte und schließlich im Wagenheck.

Dabei werden Sie vermutlich auch auf ein paar Blechkästen stoßen, die Ihnen den ansonsten so ebenen Fahrzeugboden unschön unterbrechen. Der Fahrzeughersteller hat diese Radkästen aber nun einmal angebracht und wir müssen uns damit abfinden.

Die Maße werden, genau ab Innenkante der Blechverstrebungen abgemessen, in unsere Zeichnung eingetragen. Nun kommt die Abnahme der *Längsmaße des Wagens,* beginnend senkrecht hinter der Fahrersitzlehne bis hinten im Wagenheck zur Innenkante der Hecktür oder Wagenrückseite. Auch die Radkasten-Abstände zwischen Wagenheck und Kasten sowie die Radkastenlänge werden gemessen und in der Zeichnung vermerkt.

Zum Abschluß des Grundrisses zeichnen Sie sich noch ein, wo im Fahrzeug *Türen* oder *Fenster* angebracht sind und messen Sie auch die Länge dieser Teile und ihren Abstand zu den einzelnen Bezugsmaßen genau aus.

Wie so etwas in etwa aussehen kann, zeigt Bild 19.

Das Maß L1 ist die Länge des Fahrerhauses innen. Dieses Maß interessiert vorläufig nicht so sehr, weil das Fahrerhaus ja nur selten mit in den Wohnbereich einbezogen wird. Warum das so ist, darauf kommen wir noch ausführlich zu sprechen. Das Maß *L (Innen)* ist die Gesamtlänge des als Wohnteil nutzbaren Fahrzeug-Inneren. Die oben an der Skizze sichtbaren Maße *L2* (Türlänge), *L3* (Abstand der Tür bis zum Radkasten), *L4* (Länge des Radkastens) und *L5* (Abstand Radkasten-Rückwand) werden ebenfalls genau in die Skizze eingetragen.

Die Breitenmaße des Fahrzeug-Inneren werden an mindestens 3 bis 4 Stellen gemessen, nämlich *B1* (vorn), *B2* (Mitte), *B3* (Abstand zwischen den Radkästen) und *B4* (Breite im Wagenheck). Man kann zusätzlich auch noch die Breite der Hecktür sowie die Maße innen rechts und links der Hecktür (Maß X) einzeichnen. Vielleicht hat Ihr Fahrzeug noch andere wichtige Breiten- oder Längenmaße, weil andere Teile berücksichtigt werden oder weil keine Türen drin sind. Das sollte auch nur als Beispiel gedacht sein, um Ihnen eine Vorstellung von einem Grundriß-Aufmaß zu geben, falls Sie damit noch nie zu tun hatten.

Als nächste Arbeit nehmen Sie ein weiteres Blatt Papier und zeichnen in etwa den Querschnitt Ihres Fahrzeugs so auf, wie dies in Bild 20 dargestellt ist. Links der Querschnitt des gedachten Fahrzeugs im vorderen Bereich, mittendrin der

Wagenbereich in Höhe der Radkästen und rechts der Querschnitt des Wagenhecks.

Die in Fußbodenhöhe angegebenen Maße *b1* sowie *b3* und *b4* entsprechen den im Grundriß angegebenen Maßen *B1, B3* und *B4*. Da ein Fahrzeug aber aus konstruktiven Gründen nur selten grade aufsteigende Wände hat, ist es erforderlich, in den Bereichen »Vorn«, »Mitte« und »Hinten« die Breite des Fahrzeugs in drei verschiedenen Höhen wenigstens zu messen.

Die gemessenen Breiten »bm« liegen in mittlerer Fahrzeughöhe, die Breiten »bo« im oberen Wagenbereich, jedoch nicht innerhalb der Dachkrümmung.

Um nun auch noch die letzten Maße zu nehmen, werden die Höhen des Fahrzeugs vorn mit *H1,* mittig mit *H3* und hinten in dem Wagen mit *H4* gemessen und eingetragen. Auch die Höhe der Radkästen »h« ist noch nötig, aber dann haben wir vorerst auch alles, was vorläufig für die Planung gebraucht wird.

Entwurf:

Ohne konkrete Maße eines bestimmten Basisfahrzeugs ist jeder Entwurf von Einrichtungen nur eine theoretische Spielerei. Dies kann zwar ganz nützlich und lehrreich sein, weil man dadurch ein Gefühl für Campingeinrichtungen entwickelt, aber im Grunde landen derartige Entwürfe doch früher oder später im Papierkorb.

Sollten Sie, wie im vorigen Abschnitt beschrieben, bereits die Maße Ihres Fahrzeugs abgenommen haben, so können Sie nun voll loslegen. Sollten Sie dagegen noch nicht über ein eigenes Basisfahrzeug verfügen, so müssen Sie sich nun zumindest die *Innenabmessungen* des in Betracht kommenden Fahrzeugs beschaffen. Dann hat das Entwerfen für Sie sogar noch einen Vorteil. Sie sehen nämlich, ob das Fahrzeug sich so einrichten läßt, wie Sie es sich wünschen oder ob nicht doch ein anderes Modell besser wäre. Wie

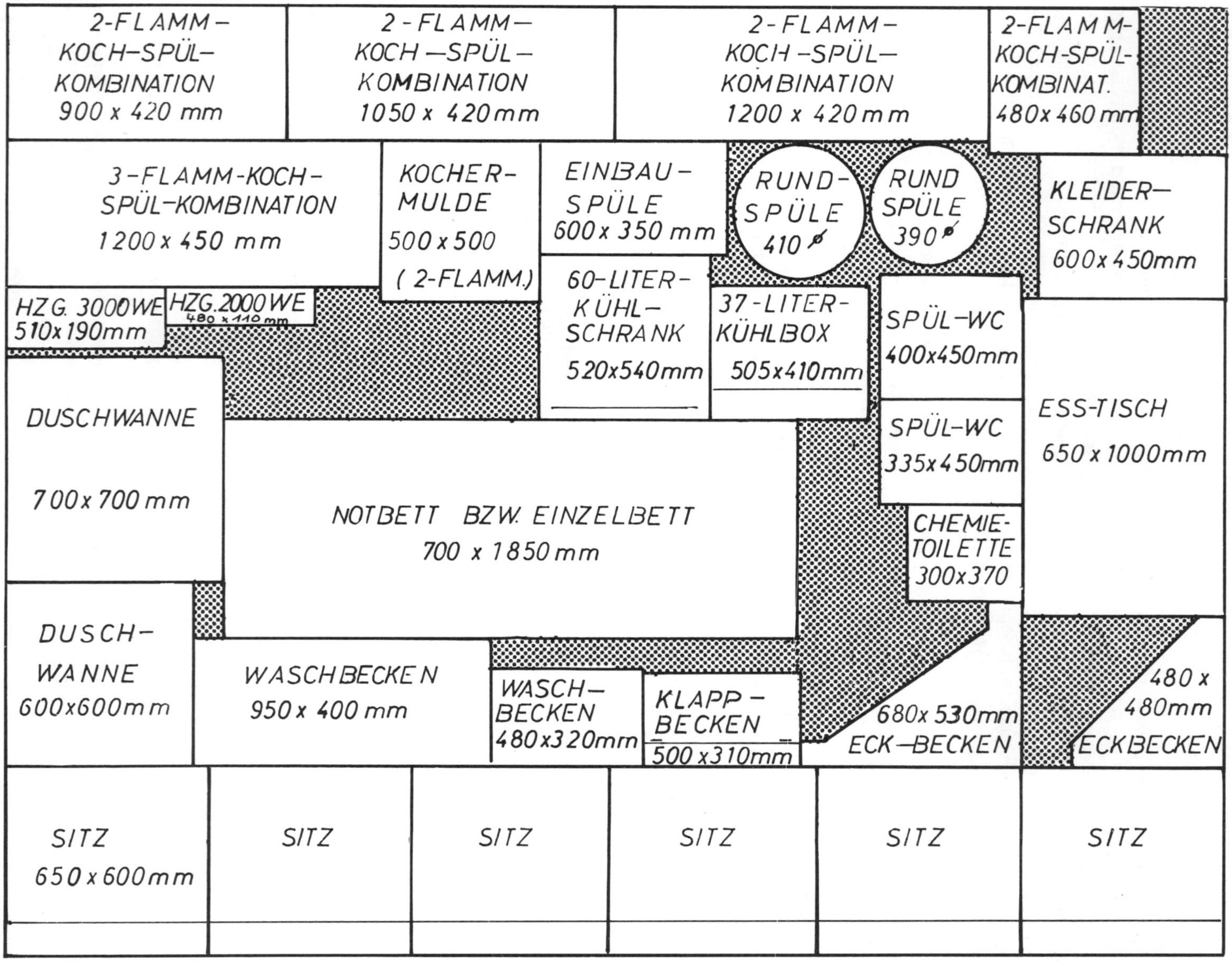

Bild 21: Hier kann man für eine erste grobe Vorplanung die wichtigsten Einrichtungsteile im Maßstab 1:20 abpausen.

The following labels appear within the figure:

2-FLAMM–KOCH-SPÜL–KOMBINATION 900 × 420 mm

2-FLAMM–KOCH–SPÜL–KOMBINATION 1050 × 420mm

2-FLAMM–KOCH–SPÜL–KOMBINATION 1200 × 420 mm

2-FLAMM–KOCH-SPÜL–KOMBINAT. 480 × 460 mm

3-FLAMM-KOCH–SPÜL-KOMBINATION 1200 × 450 mm

HZG 3000WE 510×190mm

HZG 2000WE 480×190mm

DUSCHWANNE 700×700 mm

DUSCH–WANNE 600×600mm

SITZ 650 × 600mm

SITZ

SITZ

SITZ

SITZ

SITZ

WASCHBECKEN 950 × 400 mm

WASCH–BECKEN 480×320mm

KLAPP–BECKEN 500×310mm

NOTBETT BZW. EINZELBETT 700 × 1850 mm

KOCHER-MULDE 500×500 (2-FLAMM.)

EINBAU–SPÜLE 600 × 350 mm

60-LITER-KÜHL-SCHRANK 520×540mm

37-LITER-KÜHLBOX 505×410mm

RUND–SPÜLE 410 ø

RUND–SPÜLE 390 ø

SPÜL-WC 400×450mm

SPÜL-WC 335×450mm

CHEMIE-TOILETTE 300×370

ESS-TISCH 650 × 1000mm

KLEIDER–SCHRANK 600×450mm

ECK–BECKEN 680×530mm

ECKBECKEN 480 × 480mm

dem auch sei, zunächst brauchen Sie die Innenmaße. Die können Sie sich auch von einem anderen Fahrzeug des gleichen Typs abnehmen oder Sie besorgen sich Maßblätter von Ihrem Kfz-Händler. Da stehen zwar nicht all die Maße drin, die im vorigen Abschnitt beschrieben sind, sondern nur Länge, Breite und Höhe des als späterer Wohnteils vorgesehenen Raums. Aber für erste Entwürfe reicht das auch vollkommen.

Um nun möglichst rasch zu einem brauchbaren Einrichtungs-Entwurf zu kommen, gibt es grundsätzlich zwei Möglichkeiten. Das eine ist die »Natur-Methode« für Leute, die nicht gern zeichnen, oder die sich einen *Entwurf in natürlicher Größe (also 1:1)* besser vorstellen können. Die zweite Möglichkeit ist der *zeichnerische Entwurf,* der auch ganz einfach ist und *im Maßstab 1:20* vorgenommen wird. Bei der ersten Methode entspricht 1 Zentimeter des Entwurfs auch einem Zentimeter der künftigen Einrichtung, deshalb 1:1, während bei dem zeichnerischen Entwurf 1 Zentimeter auf der Zeichnung 20 Zentimeter in der Natur entspricht, deshalb auch 1:20.

Der 1:1-Entwurf

Wenn Sie bereits das Fahrzeug besitzen, können Sie die Entwurfsarbeit natürlich noch im Fahrzeug vornehmen, da hat die Sache gleich mehr praktischen Nutzen. Da im Normalfall aber oft das Fahrzeug nicht zur Hand ist, sondern erst beschafft werden muß, reicht für die ersten Entwürfe auch das Wohnzimmer oder ein anderer Raum. Wichtig ist nur, daß man eine freie Fußbodenfläche hat in der Größe des künftigen Wohnmobil-Innenraums. Nun nehmen Sie sich eine Rolle *Isolierband* oder *Kreppklebeband* und ein *Bandmaß* zur Hand und kleben auf dem Fußboden möglichst genau die Innenmaße des künftigen »Wohnteils« auf. So haben Sie schon einmal eine erste Vorstellung, auf wie wenig Platz Sie später in Ihrem Campingbus

leben wollen und wie wichtig eine zweckmäßige Einrichtung ist.

Jetzt geht es ans Entwerfen. Sie wissen, *wieviel Personen* im Campingbus mitreisen sollen. Sie kennen auch die *Körpergröße* aller Mitreisenden (wichtig wegen der Bettlängen!) und die besonderen *Wünsche* der einzelnen. Nicht zuletzt wissen Sie auch die *Hauptreiseziele* für Ihr Fahrzeug. Auch das ist wichtig, weil ein Campingbus für Fernreisen beispielsweise mehr *Platz* für Ersatzteile, Treibstoff und Trinkwasservorräte braucht als ein Fahrzeug für Kurzreisen in Europa, wo an jeder Straßenecke eine Tankstelle für Reparaturen, Wasser und Treibstoff zu finden ist.

Deshalb schneiden Sie sich nunmehr die erforderlichen »Möbel« in ihren Grundmaßen einfach aus *Packpapier* oder alten Zeitungen aus und legen diese Einzelteile wie ein Puzzlespiel innerhalb der Wohnteil-Umrisse auf dem Fußboden aus.

Um Ihnen die Arbeit zu erleichtern, zeigt Bild 21 eine Reihe Möbel und Einrichtungen, wie sie in Campingbussen eingesetzt werden können, mit den erforderlichen Maßen in Millimeter. Natürlich gibt es noch viel mehr Teile und auch mit anderen Abmessungen im Zubehörhandel. Aber es soll ja nur erst einmal eine Entwurfsarbeit gemacht werden, die Feinheiten lassen sich dann immer noch verwirklichen. Durch das Auslegen der Möbel-Maße (natürlich lassen sich die Möbelabmessungen auch mit Klebeband auf dem Boden aufkleben) bekommen Sie jetzt einen Überblick, wie der Platz am zweckmäßigsten aufgeteilt werden kann, wo eine *Sitzgruppe* stehen soll (die nachts zu Einzel- oder Doppelbetten umgebaut wird), wo die *Küche* hinkommt, der *Kleiderschrank* usw. und nicht zuletzt, wo die Gehflächen sind. Die in Bild 21 dargestellten *Möbelmaße* sind zum Teil noch *abwandelbar*. So braucht ein Sitz natürlich nicht 650 × 600 mm Grundfläche haben, sondern es genügen auch schon 500 × 500 mm. Aber da die meisten Menschen zum Sitzen eine bestimmte Bequemlichkeit haben wollen (es handelt sich ja nicht um einen Stuhl, sondern um Sitze ähnlich Sesseln), werden auch bestimmte Maße als angenehm und ausreichend erachtet. Genau so ist es mit dem Einzelbett. Der eine kommt mit einer Bettlänge von 1,80 Meter noch gut aus, der andere braucht mindestens zwei Meter. Auch Tisch und Kleiderschrank sind Teile, die sich leicht in den Maßen verändern lassen, weil man sie nicht fertig bezieht, sondern nach Maß selber baut. Anders dagegen bei den Küchen. Da kann man sich zwar die aussuchen, die man haben möchte oder platzmäßig unterbringen kann. Aber es wird sich kein Fabrikant finden, der Ihnen individuell eine *Edelstahl-Koch-/Spül-Kombination* nach Ihren Maßen fertigt. Entweder nehmen Sie eine der vielen käuflichen Serien-Küchen oder Sie müssen sich individuell eine Küche selber machen (Bild 191). Aber darauf kommen wir gleich noch zu sprechen. Zunächst einmal sollen auch die zeichnerischen Entwurfsmöglichkeiten besprochen werden.

Der 1:20-Entwurf

Das ist die Spielwiese für den Schreibtisch oder Wohnzimmertisch. Sie brauchen nämlich nichts weiter als ein Stück *Transparentpapier* (Butterbrotpapier) und ein *Lineal.* Und einen *Bleistift.* Wenn Sie transparentes Millimeterpapier oder Karopapier haben, brauchen Sie noch nicht einmal ein Lineal.

Jedes Karo Ihres Papiers ist fünf Millimeter lang. Das entspricht bei einem Maßstab von 1:20 einer Größe von 10 Zentimeter in der Natur. Wenn Sie kein Karopapier haben, so müssen Sie nun die Innenabmessungen des Fahrzeug-»Wohnteils« so auf dem durchsichtigen Transparentpapier aufzeichnen, daß jeweils 10 Zentimeter Ihres Fahrzeugs durch 5 Millimeter auf dem Papier dargestellt werden. Ist das Fahrzeug beispielsweise innen drei Meter lang, so ergibt das auf dem Papier eine Strecke von (300 cm: 20 =) 15 Zentimetern.

Ist der Innenraum beispielsweise noch 1,8 Meter breit, so haben Sie nun auf dem Papier ein Rechteck von 15 × 9 Zentimeter Kantenlänge aufgezeichnet.

Dieses Rechteck legen Sie nun auf Bild 21 und zeichnen die durch das Transparentpapier durchscheinenden einzelnen Möbel einfach durch, die für Sie in Frage kommen. Denn Bild 21 ist im Maßstab 1:20 gedruckt. Sie können sich natürlich auch die einzelnen Möbel *abpausen* oder *fotokopieren* und *ausschneiden.* Dann können Sie die Teile wie ein Puzzle zu Ihrem Einrichtungs-Entwurf zusammensetzen.

Natürlich klappt das nicht auf Anhieb perfekt. Aber das ist ja das Schöne und Interessante bei dieser Entwurfsarbeit, daß Sie sich Ihren Campingbus so gestalten können, wie er Ihnen am liebsten ist. Wie das am zweckmäßigsten und schnellsten zu schaffen ist, sehen Sie in den folgenden Kapiteln.

Körpermaße:

Wie ich schon erwähnte, sind die Maße jedes einzelnen Menschen recht unterschiedlich. Bei der Kleidung ist das sehr entscheidend, weil die absolut passen muß. Bei der Einrichtung des eigenen Campingbusses ist das zwar auch wichtig, aber nicht in ganz so engen Toleranzen. Man sollte natürlich darauf achten, daß die *Sitzhöhe,* die *Bettlänge* usw. den eigenen Maßen gerecht werden müssen. Man sollte aber, selbst wenn man nicht zu den Riesen zählt, sondern eher etwas kurz geraten ist, keinesfalls die Maße der Einrichtung zu sehr auf die eigenen Maße abstimmen, weil man ja eines Tages den Campingbus wahrscheinlich wieder verkaufen will und der nächste Interessent vielleicht etwas größer geraten ist als man selbst. Umgekehrt ist es dagegen nicht so schlimm. Ein Kurzer paßt immer in das Bett eines Langen. Aber dies nur vorab.

Der *Normalfall* ist der mittelgroße Mensch von

etwa *1,75 Meter Körpergröße.* Dieser Mensch braucht beispielsweise eine Bettlänge von mindestens 1,85 Meter, besser sogar von 1,9 Meter. In zu kurzen Betten, in denen man oben und unten fast anstößt, kann man zwar kurzzeitig mal probeliegen, aber nicht auf Dauer bequem schlafen. Die Füße selbst sind ja im Liegen ausgestreckt, wodurch sich schon eine größere Länge ergibt. Und mit dem Kopf möchte man auch nicht dauernd an die Rückwand stoßen. Aus diesem Grund sollte als Regel für die *Bettlänge* gelten: *Körpergröße + 10 bis 15 Zentimeter* sind das *Mindestmaß.*

Was die *Bettbreite* betrifft, sollte ein Einzelbett keinesfalls schmaler als *70 Zentimeter* sein, eher breiter. Bei einem Doppelbett, sofern die Betreffenden nicht allzu breit sind, genügen meist schon 140 Zentimeter, in Ausnahmefällen oder bei knappem Platz auch mal 130 Zentimeter. Auch hier ist aber etwas mehr Platz immer angenehmer.

Nun ist es im Campingbus ja fast immer die Regel, daß die *Sitzgruppe* so konstruiert ist, daß man sie abends als *Schlaffläche* herrichten kann. Somit richtet sich die Breite der Sitze nicht nur nach den Körpermaßen, sondern auch nach dem Bettbedarf. Werden also, wie im nächsten Abschnitt noch näher erläutert, zwei *Längsbetten* (Betten in Richtung der Wagen-Längsachse, also in Fahrtrichtung) benötigt, um ein Beispiel anzuführen, so müssen drei Sitze zusammengenommen (oder zwei Sitze und ein Tisch dazwischen) jeweils so groß sein wie ein Bett.

Bei *Querbetten* (meist als Doppelbett ausgeführt) ergeben dann jeweils zwei gegenüberstehende Doppelsitze in Verbindung mit der dazwischen absenkbaren Tischplatte und einer Zusatzplatte ein Doppelbett. Bei den in der Möbelzeichnung (Bild 21) dargestellten Sitzen von 650 mm Breite ergäbe sich dann ein Doppelbett von 130 cm Breite. Die Länge richtet sich nach der inneren Fahrzeugbreite, was nicht immer ausreichend ist! Auch die Bemessung manch anderer Einrich-

tungsteile ist in vieler Hinsicht von den Maßen der Mitreisenden abhängig. Wo beispielsweise für schlanke Menschen ein *Waschraum* (oder Dusch- bzw. Sanitärraum von *65 cm Breite* und *ein Meter Länge* ausreicht, kann für korpulente Leute so ein Mini-Raum zu einer Mausefalle werden, aus der sie im Notfall nicht mehr rauskommen, wenn sie sich doch irgendwie reingezwängt haben sollten. Viel weniger können solche Menschen sich in dem Waschraum bewegen oder gar waschen. Hier muß also in jedem Fall der Mensch das Maß aller Dinge sein. Für den Fall, daß Sie den Grundriß-Entwurf 1:1 auf dem Fußboden aufgetragen haben, können Sie natürlich durch Bewegen innerhalb der markierten Bereiche feststellen, ob der Platz ausreichend bemessen ist. Wenn Ihnen durch die aufgeklebten Linien die Raumvorstellung noch nicht deutlich genug wird, können Sie sich beispielsweise durch eine ausgehängte Stubentür, die Sie in einer Raumecke aufstellen, die Maße so eines Waschraums leichter verständlich machen. Die Tür wird im richtigen Abstand von der Wand (von einer Hilfsperson) gehalten. So ergibt sich ein auf drei Seiten geschlossenes Kabinett. Die offene vierte Seite benützen Sie als Zugang und können sich nun vorstellen, wie eng es in so einem Kämmerchen zugeht, in dem auch noch ein Waschbecken (evtl. ein Klappwaschbecken) und eine Campingtoilette unterkommen müssen.

Auch für die übrige Einrichtung können Sie sich durch echte Möbel eine *Raumvorstellung* verschaffen. Als »Sitz« kann auch ein (am besten höhenverstellbarer) Bürostuhl fungieren. Da kann man gleich prüfen, welche Sitzhöhe (später für Möbelbau wichtig) richtig ist. Die Maße für den Kleiderschrank können Sie in Ihrem eigenen Schrank abnehmen, also die Bügellänge für die Schranktiefe, die Mantellänge für die Schrankhöhe usw. Die Schrankbreite richtet sich dagegen nach dem im Bus vorhandenen Platz bzw. nach der Frage, wieviel Garderobe man mitnehmen will. Und so gibt es noch viele Möglichkeiten, sich

51

Maße für den eigenen Campingbus-Entwurf zu beschaffen. Schauen Sie sich in Ihrer Wohnung um, bedenken Sie aber auch, wie wenig Platz der Bus hat!

Zweckmäßige Möbel-Anordnung:

Die ideale Campingbuseinrichtung kann es ebenso wenig geben, wie es je den idealen, genormten Menschen geben wird.

Das ist einerseits ganz gut. Andererseits würde es vieles erleichtern, so auch die Planung einer optimalen Einrichtung für Campingbusse. Aber wir müssen uns mit den Realitäten abfinden und den Menschen so nehmen, wie er ist. So vielseitig der Mensch auch sein mag und so unterschiedlich seine Gewohnheiten und Ansprüche sind, so haben sich doch im Laufe der Jahre für Campingbusse einige »Standard«-Grundrisse als besonders zweckmäßig erwiesen. Es kommt nun darauf an, diese bewährten Grundmuster so abzuwandeln, daß daraus für Sie ein optimaler Grundriß, eine für Sie zugeschnittene Einrichtung wird.

Hierbei werden wir sowohl die ganz kleinen, mehr als Notbehelf dienenden »Wohnmobilchen« auf PKW-Basis als auch die großen »Ottos« auf der Basis von Omnibussen oder Möbelwagen usw. nur am Rande mitbehandeln.

Das eigentliche Thema sind nach wie vor die *mittleren Camping-Busse,* basierend auf Fahrzeugen wie etwa den Mercedes-Transportern, den VW-LT-Modellen, dem Ford-Transit, Opel-Bedford-Blitz, den Fiat 238/242 und ähnlichen Typen, nicht zuletzt auch dem »kleinen« VW-Bus/Transporter (Typ 2), der allerdings durch seine Heckmotor-Anordnung eine gesonderte Behandlung erfahren muß. Zunächst also die »üblichen« Basismodelle mittlerer Größe: Hier haben sich zwei Einrichtungs-Varianten als besonders erfolgreich erwiesen, nämlich einmal die *Sitzgruppe im Wagenheck* mit Stau- und Nutzräumen hinter den Fahrersitzen in Wagenmitte. Zum zweiten die

Sitzgruppe unmittelbar *hinter den Fahrersitzen* mit den im Heck angeordneten Stau- und Nutzräumen.

Wie so eine Hecksitzgruppen-Ausführung aufgebaut werden kann, zeigt Bild 22. Der Hauptzugang zum Fahrzeug (dicker Pfeil) erfolgt über die Beifahrertür, als Nebenzugänge dienen die Fahrertür und für Notfälle auch eine evtl. vorhandene Hecktür (kleine Pfeile). Das setzt natürlich voraus, daß sich entweder der Beifahrersitz gut wegklappen läßt oder daß man anders an dem Beifahrersitz bequem vorbeikommt. Wenn man eine so unglückliche Motoranordnung wie im VW-LT hat, muß man auf den Haupteingang im Fahrerhaus verzichten und eine Lösung ähnlich Bild 23 oder Bild 24 vorziehen. Doch zunächst weiter mit der Anordnung nach Bild 22. Unmittelbar hinter dem Beifahrersitz ist der *Küchenblock (K)* so installiert, daß man eine evtl. dort vorhandene Schiebe- oder Flügeltür gut als Zugang zu den technischen Details im Küchenblock (Gasflasche, Kühlschrank usw.) benutzen kann und ein ebenfalls meist vorhandenes Fenster (das gegen ein ausstellbares Doppelfenster ausgetauscht wird) als Belichtung für die Küche dient. Direkt neben dem Küchenblock wird der *Vorratsschrank (V)* angebracht, der so tief ist wie die Sitze, aber in seiner Breite den je nach Fahrzeug unterschiedlichen Platz zwischen Küchenblock und Sitzgruppe füllt.

Auf der anderen Seite, hinter dem Fahrersitz, wird der *Waschraum (WR)* untergebracht, der ebenfalls ein kleines, ausstellbares Lüftungsfenster bekommt, das mit milchigen oder opalen Scheiben zwar Licht und Luft, aber keinen Einblick ermöglicht.

Neben dem Waschraum wird der *Garderobenschrank (G)* mit etwa gleichen Maßen wie gegenüber der Vorratsschrank untergebracht. Diese ganzen Möbel bilden durch ihre Installationen, durch die darin untergebrachten Einrichtungen ein ziemliches Gewicht. Aus diesem Grund ist es von Vorteil, sie in Wagenmitte, also zwischen Vor-

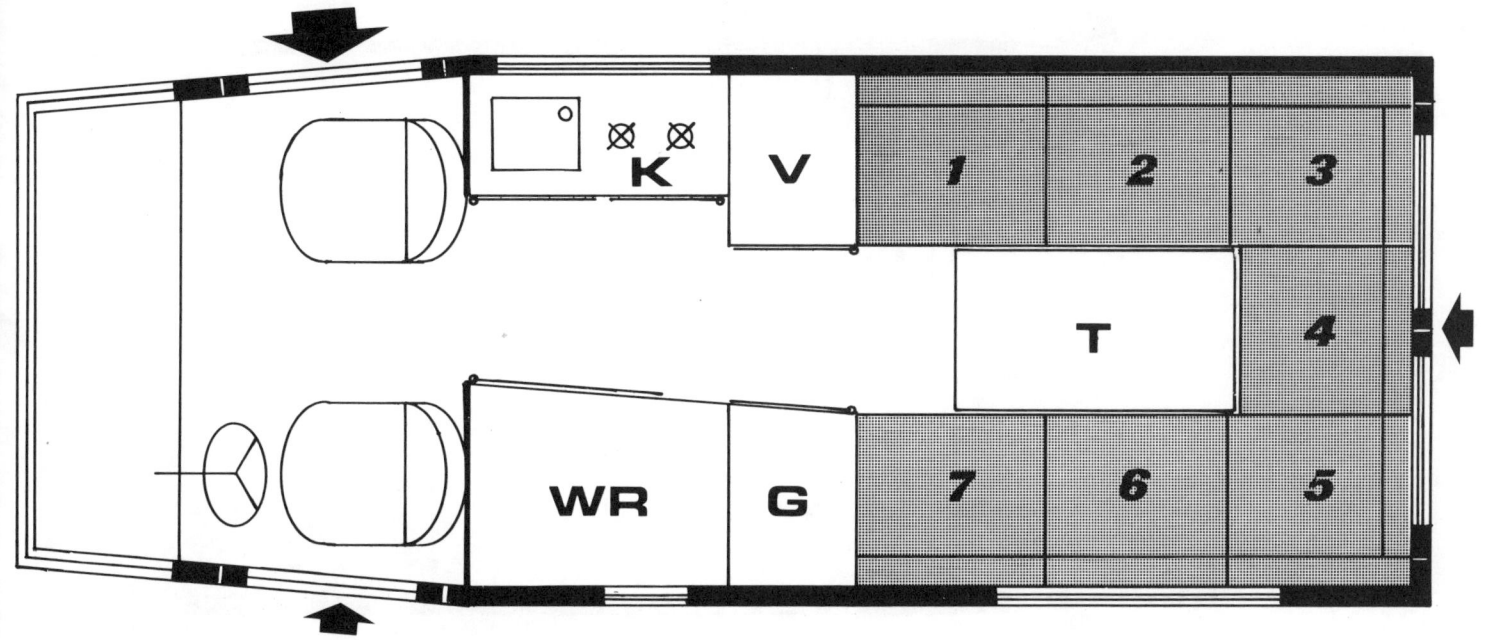

Bild 22: Ein bewährter Grundriß mit Sitzecke im Fahrzeugheck.

der- und Hinterachse, vorzusehen, weil auf diese Weise der Schwerpunkt recht günstig verteilt wird.

Im Wagenheck schließlich ist die *Sitzgruppe* untergebracht. Sie besteht hier im Bild 22 aus einer Rundsitzgruppe mit den Sitzen 1 bis 7 und in der Mitte mit dem Hub- oder Schwenktisch (T). An Stelle der Rundsitzgruppe kann man natürlich auch den Sitz 4 weglassen, bekommt dadurch einen zweiten Zugang über die meist vorhandene Hecktür und verliert lediglich etwas Stauraum, weil ja auch in Sitz 4 wie in den anderen Sitzen Staumöglichkeiten vorhanden sind, da diese Sitze immer als Sitzkisten (Bild 23) gebaut werden. Für die Nacht wird die Tischplatte (T) abgesenkt, eine Zusatzplatte dazugefügt und es ergibt sich aus den gesamten Sitzen sowie den Polstern der Rückenlehnen eine *Schlaffläche* in Größe der Heckfläche. Hier im Bild 22 sind jeweils drei Sitze nebeneinander angeordnet. Dadurch kann man in Längsrichtung des Fahrzeugs schlafen und nötigenfalls sogar in der Mitte zwischen den zwei möglichen Schlafplätzen noch einen schmalen Gang belassen, man kann aber auch nur eine große Schlaffläche schaffen.

Werden *weitere Schlafplätze* benötigt, kann man, je nach Bauhöhe des Fahrzeugs, Klappbetten so oberhalb der Sitze 1 bis 3 und 5 bis 7 anbringen, daß sie beim Sitzen nicht stören und nur abends zum Schlafen auf halbe Raumhöhe herunterklappt werden. So ergeben sich dann zwei weitere Schlafmöglichkeiten in Form von Doppelstockbetten (Bild 182).

Benötigt man nur ein *Kinderbett* zusätzlich zu den beiden Betten im »Erdgeschoß«, so reicht wahrscheinlich auch ein oben über den Sitzen 3, 4, 5 quer angebrachtes Bett, das so lang ist wie der Wagen breit.

53

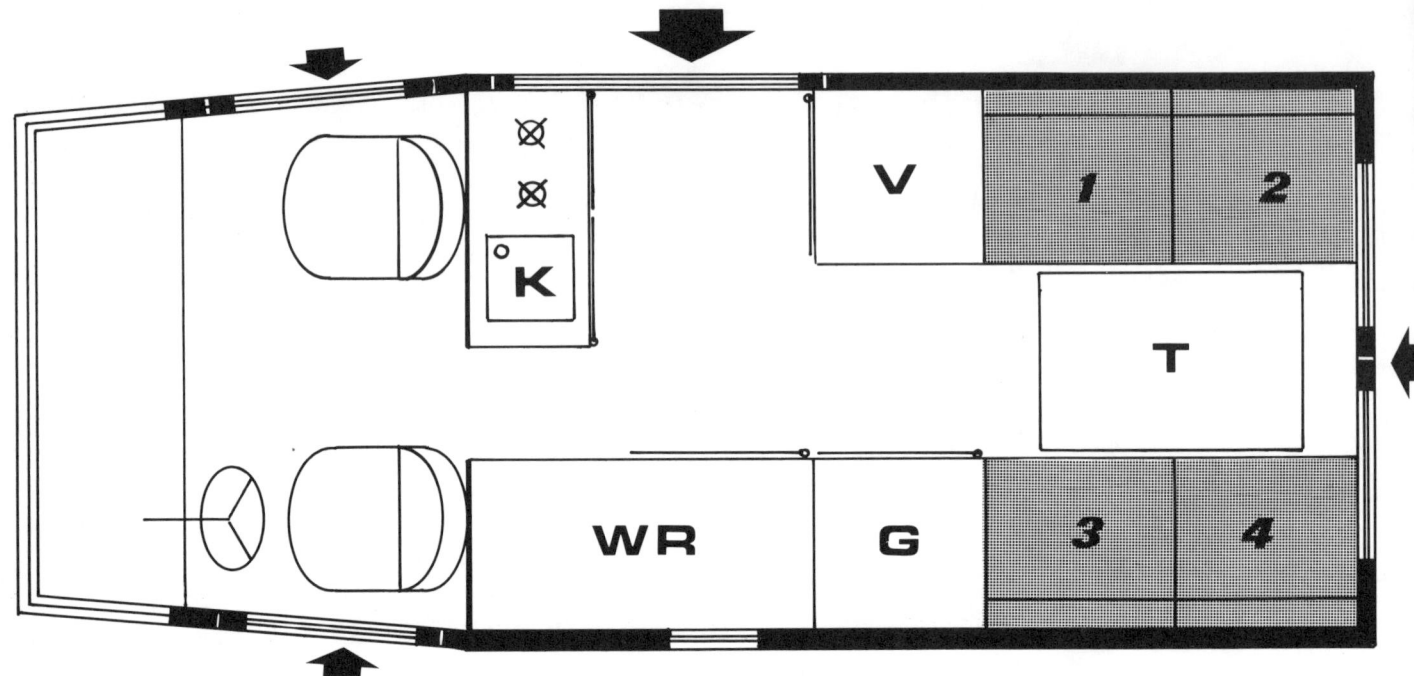

Bild 23: Wenn der Haupteingang durch das Fahrerhaus nur umständlich zu bewältigen geht, muß man die seitliche Schiebetür als Haupteingang nutzen. Das kostet allerdings Stellfläche.

Benötigt man keine Zusatzbetten, so kann man sehr gut den Raum über den Sitzen (Kopffreiheit lassen!) mit *Hängeschränken* ausbauen (Bild 163), in denen sich vorzüglich der ganze Kleinkram wie Unterwäsche, Strümpfe, Pullover usw. verstauen läßt.

Noch ein Wort zu den *Sitzkisten.* Wenn eine Hecktür im Fahrzeug vorhanden ist (und das ist meist der Fall), sollte man sich diese zunutzen machen und als Belademöglichkeit für die Sitzkisten 3, 4 und 5 betrachten. Es gibt immer auf Reisen Gelegenheit, ein sandiges Schlauchboot, ein paar Liegestühle, ein Klappfahrrad oder den Außenbordmotor unterbringen zu müssen. Wenn man diese oder andere Teile von hinten in die Sitzkisten packt (die dann natürlich zum Wagenheck hin offen sein müssen), so wird kein Schmutz in den Wagen gebracht und man kommt auch viel leichter an die Teile heran. In den Sitzkisten 1 und 2

sowie 6 und 7 werden dann die Wassertanks, Reservekanister, Pumpen usw. installiert bzw. diese Kisten können als zusätzlicher Stauraum für Schuhe o. ä. genutzt werden.

Auch über die Unterbringung der *Heizung* muß noch gesprochen werden, denn ohne Heizung ist das schönste Wohnmobil nur eine kalte Kiste. im Sommer mag das unbegreiflich erscheinen, da wird es ohnehin warm im Fahrzeug. Aber oft sind ja auch die Nächte kühl oder man fährt im Frühling bzw. Herbst oder sogar im dicken Winter. Dann weiß man eine vernünftige Heizung zu schätzen. Wo man die Heizung unterbringt, hängt von verschiedenen Gesichtspunkten ab wie zum Beispiel Heizungsart (Warmluft mit oder ohne Umwälzung, Warmwasserheizung, elektronisch gesteuerte Kompaktheizung usw.) und auch von den Möglichkeiten, wie man sie im Fahrzeug anordnen kann, ohne daß sie stört und daß sie auch

54

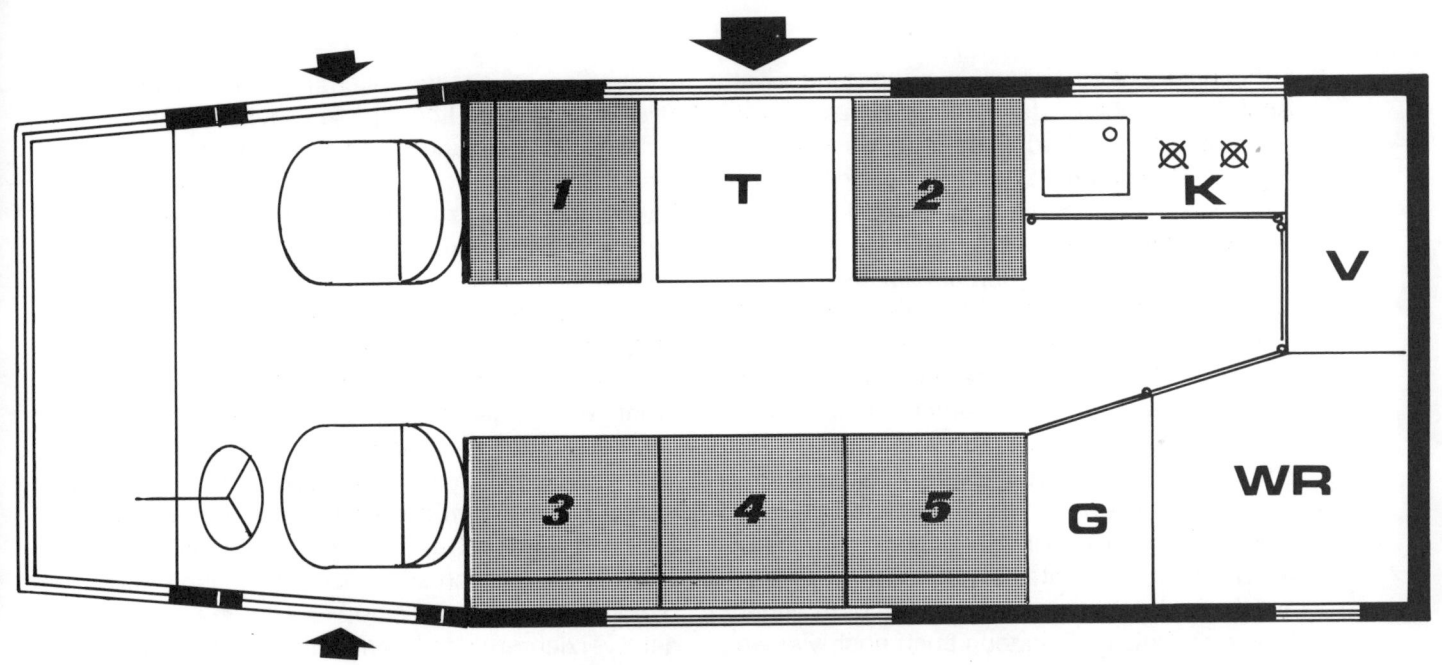

Bild 24: Bei seitlichem Hauptzugang und vorderer Sitzgruppe kann man die Möbel so anordnen, daß der Tisch zum Durchgehen seitlich weggeschwenkt werden kann.

(falls erforderlich) an der geeigneten Stelle durch den Wagenboden installiert werden kann. Bitte lesen Sie hierüber ausführlich im Kapitel »Heizung-Kühlung-Lüftung« nach, bevor Sie den endgültigen Plan zeichnen. Ein Bekannter von mir hat die Heizfrage als relativ nebensächlich angesehen bei der Planung seines alten Post-Kastenwagens. Jetzt, wo die Einrichtung fertig ist, bekommt er durch die Gestaltung der Fahrzeug-Unterseite (siehe Bild 25) seine Heizung nirgends mehr unter und jammert mir ständig die Ohren voll, ich möge doch eine Lösung »finden«! Aber das nur am Rande, um Ihnen zu zeigen, wie wichtig und ausschlaggebend manchmal kleine Details sein können.

Betrachten wir uns zunächst einmal Bild 24. Das ist die Einrichtungslösung mit der *Sitzgruppe hinter dem Fahrerhaus*. Bei dieser Sitzgruppe geht es insofern etwas problematisch zu, als man ständig zwischen den beiden Sitzreihen hindurch muß, wenn man von dem Fahrerhaus zum »Wirtschaftsbereich« im Wagenheck will. Wird deshalb dieser Durchgang auch noch mit einem Tisch verstellt, wird es echt zu einer Quälerei. Deshalb hat sich die dargestellte Lösung mit den beiden Sitzen 1 und 2 sowie einem Hubtisch (oder *Schwenktisch*) (T) dazwischen als günstige Variante erwiesen. Man bekommt so nämlich eine kleine Eß-Sitzgruppe Sitz 1, Tisch (T) und Sitz 2 und eine Sitzbank aus den Sitzen 3, 4 und 5. Soll man auf Sitz 3 bis 5 mit am Tisch sitzen können, wird eine zweite Tischplatte an einem Klappfuß und an dem Tisch (T) befestigt. Dann ist allerdings der Durchgang behindert, aber das muß man halt in Kauf nehmen. So oft wird dies meist nicht vorkommen, im allgemeinen genügt die kleine Sitzbank an der rechten Wagenseite. Die lange Sitzgruppe kann dann auch als ständige

Schlafgelegenheit benutzt werden. Eine zweite Schlafgelegenheit entsteht durch Umbau der Sitze 1 und 2 mit der Tischplatte (T). Weitere Betten ergeben sich durch die Anbringung von Klappbetten oberhalb der Sitze oder durch eine zweite Schlafebene in einem Hub- oder Aufstelldach.

Im Wagenheck untergebracht ist der Küchenblock (K), der Vorratsschrank (V), der Waschraum (WR) und der Garderobenschrank (G). Durch die Anordnung dieser gewichtigen Möbel im Wagenheck entsteht natürlich eine gewisse Hecklastigkeit, das Fahrzeug wird unter Umständen dadurch in Kurven etwas schaukeliger zu fahren sein, aber auch daran kann man sich gewöhnen. Viel unvorteilhafter dagegen erscheinen mir bei dieser Variante die nutzlosen Laufflächen zwischen den Sitzgruppen, die von dem ohnehin knappen Platz im Fahrzeug auch noch viel wegnehmen. Da ist die Anordnung nach Bild 22 doch wesentlich rationeller. Allerdings ist bei der in Bild 24 gezeigten Lösung die Möglichkeit angedeutet, den Hauptzugang (dicker Pfeil) durch eine meist vorhandene Schiebe- oder Klapptür an der Fahrzeugseite vorzunehmen. Das ist dann wichtig, wenn das Fahrerhaus zu verbaut ist und ein bequemer Durchgang von dort ins Wagenheck nicht so leicht möglich ist. Bei dieser Zugangsmöglichkeit durch eine seitliche Tür im Wohnbereich wird dann der Tisch (T) mit seinem Schwenkrohr beiseite geschwenkt und der Durchgang ist frei. Verwendet man dagegen einen Hubtisch, bei dem das Gestell ja auf dem Boden steht, so muß er halt beiseite gerückt oder aus dem Wege genommen werden. Das ist nicht ganz so praktisch, aber auch möglich. Bei der Möglichkeit nach Bild 24 kann man auf eine Hecktür im Fahrzeug ganz verzichten. Man kann auch eine vorhandene Hecktür dazu benutzen, die im Waschraum (WR)

Bild 25: So kompliziert sieht ein normaler Transporter von unten aus (VW-Bully). Da fällt es schon schwer, Abwassertank, Gasheizung usw. an den gewünschten Stellen zu installieren.

stehende *Bordtoilette* zwecks Entleerung oder Reinigung herauszunehmen, einen vielleicht im Vorratsschrank (V) befindlichen *Frischwassertank* oder die *Gasflaschen* zu beschicken usw.

Eine Abwandlung der Heck-Sitzgruppenlösung zeigt Bild 23. Hierbei wird aber erforderlich, daß der Wagen breit genug ist, um in dem Wagenheck *quer schlafen* zu können. Durch Absenken der Tischplatte (T) und Einlegen einer Zusatzplatte wird jeweils aus den Sitzen 1 und 3 sowie 2 und 4 ein Querbett. Insgesamt ergibt sich also eine Schlaffläche, die der Breite der zwei Sitze auf jeder Seite entspricht und in der Länge der inneren Wagenbreite. Der hinten im Wagenheck Schlafende muß allerdings, wenn er nachts einmal aus seiner gemütlichen Ecke heraus will, immer über das vordere Bett klettern. Das ist, bei älteren Menschen zumindest, nicht immer die optimale Lösung. Andererseits erhält man natürlich bei einer solchen Sitz/Bett-Anordnung viel Platz im Fahrzeug, den man für Bewegungsflächen und Stauräume nutzen kann.

So ist es dann möglich, den Küchenblock (K) quer hinter dem Beifahrersitz aufzustellen und den Vorratsschrank (V) vor dem Sitz 1. Dadurch bleibt ein bequemer Zugang durch die meist sowieso vorhandene seitliche Fahrzeugtür erhalten.

Hinter dem Fahrersitz wird dann entweder der Waschraum (WR) und daran anschließend der Garderobenschrank (G) installiert oder man tauscht die Anordnung dieser beiden um. Dann kann auch der Garderobenschrank hinter dem Fahrersitz stehen und der Waschraum kommt in Fahrzeugmitte zur Aufstellung. Das würde ich immer dann vorschlagen, wenn der *Warmwasserbereiter* mit Motor-Kühlwasser (Bild 143) betrieben werden soll und aus diesem Grund das Gerät in Motornähe installiert werden muß. Es würde dann unten im Garderobenschrank untergebracht werden können. Aber davon später mehr im Kapitel »Wasser und Abwasser«.

Noch ein Wort zum Thema Hecktür im Zusam-

menhang mit dieser Einrichtungsvariante: Man kann bei dieser Lösung natürlich ebenfalls auf eine Hecktür verzichten. Aber ist sie nun einmal vorhanden, sollte man sie entweder als zusätzlichen Zugang nutzen oder als Stau-Tür, indem man zwischen den Sitzen 2 und 4 eine weitere Sitzkiste anordnet und wie schon bei der ersten Einrichtungslösung beschrieben zum Unterbringen von sperrigen oder schmutzigen Gegenständen die Sitzkisten nach hinten offen läßt. Auch ein *Zusatzbett* läßt sich *im Wagenheck quer* gut über den Sitzen 2 und 4 installieren, das als Klappbett ausgeführt über Tag nicht stört und abends schnell bereitet ist. Je nach Wagendach-Ausführung kann man sich dort in der »zweiten Etage« dann sogar ein breiteres Bett leisten.

Da in diesem Zusammenhang grade das Stichwort *Wagendach* fiel, möchte ich nicht versäumen, Sie auf die verschiedenen Dachausführungen hinzuweisen. Die »normalen« Transporter haben nämlich fast nie ausreichende Stehhöhe im Fahrzeug. Deshalb ist es entweder erforderlich, ein vom Zubehörhandel erhältliches Hub- oder Aufstelldach einzusetzen. Das sind die komischen Segeltuch-Konstruktionen mit einer festen Dachschale aus Polyester. Oder man erwirbt möglichst gleich ein Fahrzeug mit sogenanntem Hochdach. Dann ist im gesamten Fahrzeug durch die höhere serienmäßige oder nachträglich angebrachte Hochdachausführung Stehhöhe vorhanden (Bild 7). Ein Campingbus ohne Stehhöhe ist rausgeschmissenes Geld, um es einmal ganz deutlich zu sagen. Nur mit Stehhöhe im Fahrzeug wird man auf Dauer auskommen. Näheres hierüber und über die Vor- und Nachteile der einzelnen Dächer finden Sie im Kapitel »Stehhöhe«. Die Einrichtung eines Waschraums, wie er in den hier gezeigten Grundriß-Vorschlägen vorgesehen ist, setzt immer volle Stehhöhe im Fahrzeug, also Hochdach voraus. Ich habe nämlich noch keinen Camper gesehen, dem es Spaß gemacht hätte, in gebückter oder hockender Stellung die Zähne zu

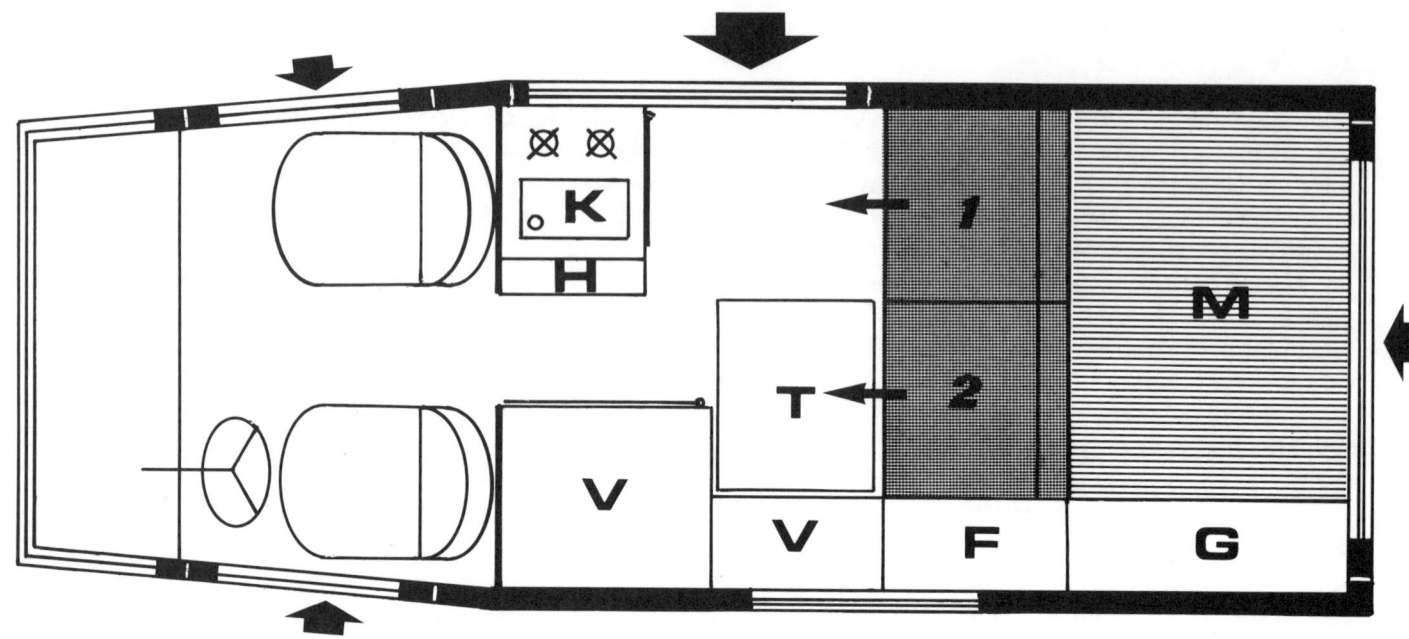

Bild 26: Fahrzeuge mit Heckmotor wie z. B. der VW-Transporter bedingen eine andere, aber auch vielfach bewährte Sitzanordnung.

putzen, sich zu waschen oder zu rasieren.

Um nun auch noch auf die Einrichtung der weit verbreiteten und aus verschiedenen Gründen auch durchaus interessanten *VW-Typ 2*- Modelle zu kommen, zeigt Bild 26 einen möglichen Einrichtungsvorschlag.

Das Problem bei diesen Fahrzeugen liegt noch nicht einmal so sehr in den kleineren Abmessungen, die vorwiegend eine Nutzung von zwei Personen empfehlenswert erscheinen lassen, sondern in der Anordnung eines luftgekühlten Motors im Wagenheck. Diese Anordnung mag für Winterbetrieb und unwegsames Gelände durchaus Vorteile bringen. Für den Ausbau zum Campingbus bringt sie keine Vorteile, sondern ein paar Probleme. Dabei muß allerdings anerkannt werden, daß die neueren Ausführungen einen wesentlich flacheren Motorraum aufweisen als die früheren Typen.

Das neue VW-Modell ist auch etwas breiter und durch Verlegung des Reserverads ins Fahrerhaus noch geräumiger geworden. Das kann man bei diesem Modell für die Einrichtung aber auch gut gebrauchen.

Ein im Prinzip schon bei den Vormodellen lange bewährter Einrichtungsvorschlag ist in Bild 26 zu sehen.

Der Hauptzugang zum Wohnteil erfolgt über die obligatorische seitliche Schiebetür (dicker Pfeil), während die durch kleine Pfeile gekennzeichneten Nebenzugänge über die Fahrerhaustüren sowie durch die sehr große Heck-Klappe erfolgen können.

Im Fahrzeug-Inneren hat es sich als praktisch erwiesen, einen kompakten *Küchenblock* (K) mit daran angesetzter *Heizung* (H) direkt hinter den Beifahrersitz zu stellen. Hinter dem Fahrersitz wird dann ein großer *Vorrats-* oder *Garderoben-*

58

schrank aufgestellt. Der Durchgang zum Fahrerhaus sollte aber unbedingt frei bleiben. Mag er auch noch so eng sein, bei schlechtem Wetter oder wenn man nachts im Notfall schnell wegfahren muß, ist so ein Durchgang bares Geld wert, wenn nicht mehr. Je nach Fahrzeug-Modell wird nun die *Sitzbank* (1 und 2) entweder vor den Motorraum (M) plaziert oder bei den neuen Modellen auch auf einen Teil des Motorraums. Der neue VW hat nämlich einen so flachen Motorraum, daß es durchaus denkbar ist, die Sitzbank mit auf diesen Motorraum zu verlegen. Dadurch gewinnt man mehr Platz im Bewegungsraum zwischen Küchenblock und Sitzbank. Bei der Planung dieser Einrichtung sollte man allerdings das Bettenbau-Prinzip unbedingt beachten! Hier wird nämlich das Bett als Doppel-Längsbett aus den in Pfeilrichtung vorgezogenen Sitzen 1 und 2, der dazwischen abgelegten Rücklehnenpolsterung und der auf dem Motorraum (M) liegenden Matratze gebildet. Das heißt, die Sitze werden so weit in den Bewegungsraum vorgezogen, bis die Sitzlehne umklappt und sich aus Sitzpolster, Lehnenpolster und Motorraummatratze eine ebene Liegefläche ergibt. Dazu ist es erforderlich, daß der *Schwenktisch* (T) entfernt wird und dadurch bis zu dem großen *Vorratsschrank* (V) genügend Platz geschaffen wird. Aus diesem Grund dürfen auch die *kleinen Schränke für Vorräte* (V) und die *Kühlbox* (F) nicht weiter ins Wageninnere vorragen. Der im Wagenheck gezeichnete *Garderobenschrank* (G) verläuft in gleicher Linie, er kann aber auch etwas breiter sein und schränkt dann den Fußraum der Bettfläche etwas ein. Über Tag kann die *Fläche* (M) gut als Ablage für Bettzeug, Gepäck usw. genutzt werden, das nachts notfalls auch im Fahrerhaus verstaut werden kann.

Der endgültige Plan

Praktische Entwurfs-Kontrolle:
Nachdem Sie vermutlich in letzter Zeit viel Papier und Radiergummis verbraucht haben, um einen passenden Einrichtungs-Entwurf hinzubekommen, wird es nun langsam ernst. Zumindest haben Sie an Hand ihrer Entwürfe eine Vorstellung davon, wie Ihr Campingbus einzurichten geht und welche Forderungen Sie im einzelnen an die Einrichtung stellen.

Als nächste Arbeit steht deshalb an, einen vernünftigen, maßgerechten Plan der Einrichtung zu schaffen, nach dem Sie später dann die Möbel auch bauen können. Nur wenn Sie fertige Bausatz-Möbel oder fertige Baupläne verwenden, können Sie dieses Kapitel übergehen.

Die in den vorangegangenen Kapiteln geschaffenen Entwürfe sind zwar einigermaßen maßstabsgerecht, aber für den Möbelbau dennoch zu ungenau. Auch die Systemgrundrisse (Bild 22 bis 24) sind ja nur vereinfachte Zeichnungen, die weder die unterschiedlichen Innenmaße noch die Höhen des Fahrzeugs und schon gar nicht die Wandkrümmungen innerhalb der Basisfahrzeuge berücksichtigen, sondern von idealen, graden Wänden ausgehen. Spätestens jetzt also, wenn sie dieses Buch nicht nur lesen, sondern danach arbeiten, müßten Sie das *Basisfahrzeug* mit allen Maßen *zur Hand* haben. Zumindest die Maße sollten vorhanden sein, die im Abschnitt »Aufmaß« aufgezählt sind, außerdem aber müssen Sie noch wissen, wo die einzelnen Verstrebungen der Fahrzeugwände sitzen, wie die Unterseite des Wagens beschaffen ist (Bild 25), wie die Wandkrümmungen gestaltet sind, welche Versteifungen im Fahrzeug notfalls entfernt werden dürften usw.

Unabhängig vom Fahrzeug aber müssen auch jetzt schon Klärungen erfolgen, *aus welchen Werkstoffen* beispielsweise *die Möbel* gebaut werden sollten. Über die Vor- und Nachteile der einzelnen Materialien lesen Sie bitte sonst zuerst im Kapitel über die »Einrichtung« die Abschnitte »Sitz- und Liegemöbel« sowie »Schränke und Staufächer«, vor allem aber den Abschnitt »Möbelbau allgemein«. Das ist deshalb wichtig, weil es bei der endgültigen Planung auf jeden Zentimeter ankommen kann. Da ist es dann schon von ausschlaggebender Wichtigkeit, daß man weiß, wie dick die einzelnen Möbelplatten sein müssen. Denn diese Möbelwände müssen ja mit berücksichtigt werden bei der Zeichnung. Sonst bekommen Sie womöglich später bei der Montage den Kühlschrank nicht in den Ausschnitt oder die Küchenabdeckung paßt nicht auf das Unterteil!

Aber es kann bei ungenügender Planung durchaus noch mehr häßliche Überraschungen geben! Denken Sie beispielsweise einmal daran, daß ja die *Wände* noch *verkleidet* werden müssen. So kommt bestimmt auf die Verrippung der Fahrzeugkarosserie innen nochmals auf jeder Seite eine Verkleidung von mindestens 4 bis 5 mm drauf, wenn man Sperrholz oder Hartfaserplatten verwendet. Womöglich noch mehr bei anderen Materialien. Und der *Fußboden* bekommt nicht nur eine *Dämmschicht,* sondern noch eine wenigstens 10 mm dicke *Grundplatte* und darauf noch den Belag, ob es nun Teppichboden oder PVC-Filz oder Strukturbelag ist! Die *Decke* des Fahrzeugs wird ebenfalls mit Plattenmaterial verkleidet. Und dann staunt der Laie oft, daß sein Fahrzeug auf einmal innen ein ganzes Ende enger geworden ist als ursprünglich gemessen.

Über die Wand-Dach- und Fußbodenverkleidungen sollten Sie daher auch erst noch ausgiebig nachlesen, bevor es an den Plan geht. Ich möchte bereits an dieser Stelle auch nicht versäumen, Ihnen einen *Tip* zu geben, der Ihnen unter Umständen viel Zeit erspart: Wenn Sie in Ihrem Fahrzeug zunächst den Fußboden bis auf den Teppichbelag (o. ä.) fertigstellen, läßt sich auf dieser ebenen graden Platte des Fußbodens erstens viel genau-

er messen und anzeichnen als in einem Plan und zweitens haben Sie die größte Maßveränderung (nämlich den Fußboden-Aufbau) schon hinter sich und können so leichter und genauer die tatsächlichen Maße ermitteln. Die Durchbrüche, die dann noch später im Fußboden gemacht werden müssen, lassen sich auch durch den Zwischenboden hindurch herstellen. Allerdings hat die Sache auch einen Haken, der nicht verschwiegen werden darf: Sollten Sie in dem Bereich zwischen Fahrzeugboden und Zwischenboden Leitungen, Kabel o. ä. verlegen wollen, müssen diese zurerst verlegt werden. Ist die Platte erst einmal drin, läßt sie sich nur sehr umständlich wieder rausnehmen. Die Grundrißplanung kann immer im Fahrzeug erfolgen. Wenn Sie die Fußbodenzwischenplatte also schon einbauen, können Sie darauf mit Hilfe von Bleistiftlinien oder auch durch Aufkleben von Isolierbandstreifen in der Breite der Möbelplatten den Grundriß nachzeichnen und dabei prüfen, inwieweit Ihr Papierentwurf zu realisieren geht.

Wenn der Zwischenboden noch nicht eingebaut wird, das ganze aber doch schon praxisnah probiert werden soll, so legen Sie den Fahrzeugboden vollständig mit Packpapier (oder Pappe) aus, das Sie mit Kreppklebeband oder doppelseitigem Teppichklebeband am Fahrzeugboden fixieren. Dann können Sie darauf weiter zeichnen, um zumindest erst einmal den Grundriß in Natura zu bekommen.

Da Sie gerade in Ihrem Fahrzeug den Möbel-Grundriß auf dem Fußboden anzeichnen, sollten Sie sich auch gleich Gedanken über ein sehr wichtiges Thema machen: Die *Befestigung der Möbel* und Einrichtungen am Fahrzeug. Alle Teile im Fahrzeug müssen ja so befestigt sein, daß sie auch im Falle eines (hoffentlich nie eintretenden) Unfalls fest an ihrem Standort verankert bleiben und nicht wie Geschosse durch den Innenraum segeln. Es sind schon recht handfeste Befestigungen erforderlich, um so etwas zu verhindern!

Hochraum-Kombi

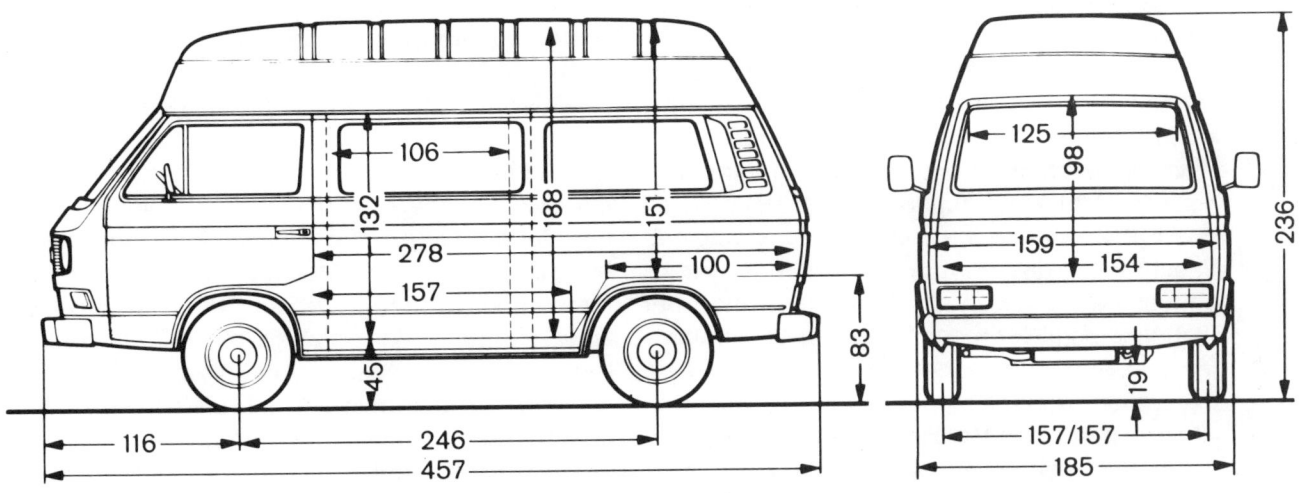

Hochraum-Kombi LT 28

A= 255 cm   B= 67 cm

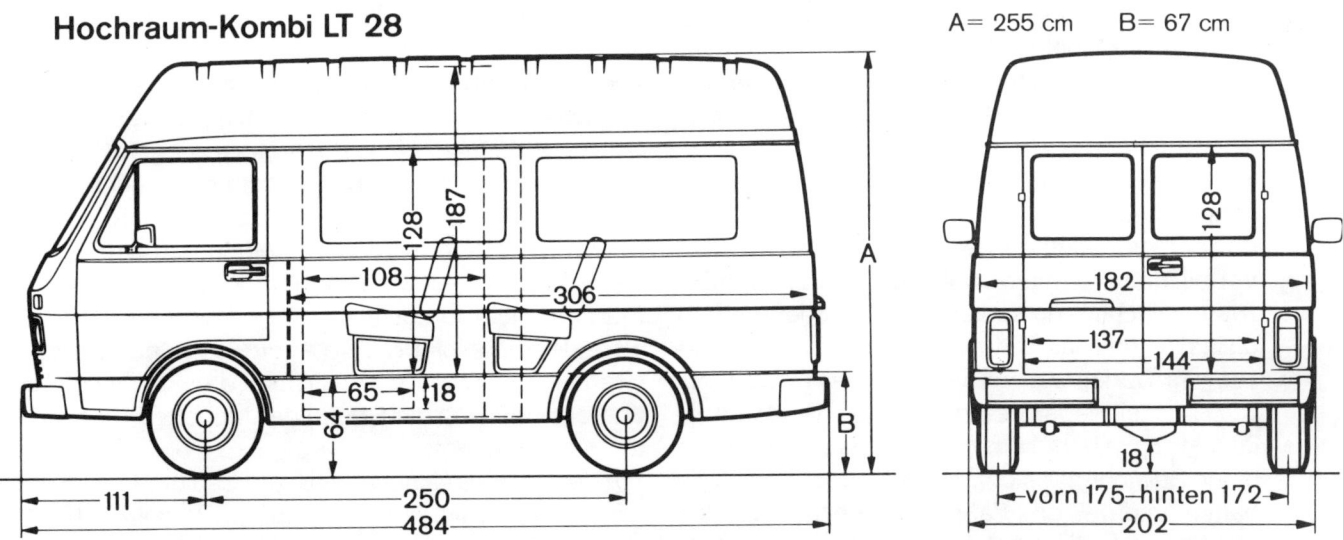

Bild 27: Oben die Hauptabmessungen vom VW-Transporter als Hochraum-Kombi. Darunter zum Vergleich der VW LT 28 ebenfalls in der Hochraum-Kombi-Ausführung. Beide Fahrzeuge sind bei Selbstausbauern beliebt. Den VW-Transporter gibt es auch in einer Allrad-Version.

Die Möbelbefestigung sollte deshalb jetzt schon abgeklärt werden, weil davon der weitere Ausbau abhängen kann.

Es gibt nämlich *drei hauptsächliche Arten,* Möbel und Einrichtungen im Fahrzeug zu befestigen. Jede Art hat ihre Vor- und Nachteile und jede Art erfordert bestimmte Vorkehrungen im Fahrzeug. *Die erste Art* der Befestigung sieht vor, daß die Haupt-Möbelwände wie z. B. die Querwände des Waschraums, des Vorratsschranks, des Garderobenschranks und auch die Seitenwände der Sitzbänke seitlich an den Fahrzeug-Verstrebungen und Rippen befestigt werden. Das ist eine sehr solide Befestigung, da ja die Möbelplatten mit durchgehenden Metallschrauben und Muttern an der Verstrebung befestigt werden oder zumindest doch lange Blechschrauben für die Befestigung an den Rippen benutzt werden. Der Nachteil bei dieser Methode ist nur, daß sowohl die Isolierung der Fahrzeugwände als auch die Wandverkleidung erst nach dem Befestigen der Möbelwände erfolgen kann und das ist eine ziemliche Fummelei.

Die zweite Methode der Möbelbefestigung erfolgt so, daß die Möbel als fertige, stabil gebaute Elemente in das Fahrzeug eingesetzt und gegenseitig so verschraubt und versteift werden, daß sie sich aneinander abstützen und durch Preßkraft im Fahrzeug gehalten werden. Zusätzlich werden dann nur noch ein paar Befestigungen an der Karosserie vorgesehen. Diese Methode hat den Vorteil, daß sich die Möbel – bei Mehrzweckfahrzeugen wichtig – in kurzer Zeit aus- oder einbauen lassen und das Fahrzeug sodann als Nutzfahrzeug für Transporte o. ä. verwendet werden kann. Der Nachteil dieser Methode ist, daß die Möbel relativ stabil gebaut sein müssen (das bringt auch mehr Gewicht mit sich), um sich gegenseitig zu halten, und daß das Fahrzeug unter Umständen nicht als Sonder-Kfz-Wohnwagen, sondern als Lkw zugelassen wird, weil die Möbel nicht dauerhaft mit dem Fahrzeug verbunden sind.

Deshalb bevorzuge ich persönlich eine *dritte Methode.*

Sie funktioniert folgendermaßen: Das Fahrzeug wird innen vollständig isoliert und verkleidet. Elektrische Leitungen aller Art werden ebenfalls vorher in den Wänden verlegt und vor dem Anbringen der Wand- und Dachverkleidungsplatten wird mit Bleistift der Verlauf der einzelnen Blechrippen und Verstrebungen dünn auf diesen Platten markiert. Dann werden die Möbel (entweder vorher zu Elementen zusammengebaut oder als einzelne zugeschnittene Möbelplatten) mit aufgeschraubten Leisten oder besser noch mit soliden Stahlwinkeln (die innerhalb der Schränke oder Möbel liegen) mittels Blechschrauben an den markierten Blechrippen, außerdem an der massiven Fußboden-Zwischenplatte und an der Dachverrippung angeschraubt.

Wenn ich bei dieser Befestigungsart die Möbel innerhalb des Fahrzeugs zusammensetze, habe ich auch noch die Möglichkeit, die Teile so genau passend einzubauen, daß sie sich zusätzlich an den Karosserie-Verstrebungen abstützen. Dadurch wird die Verwindungssteifigkeit des gesamten Fahrzeugs verbessert.

Allerdings muß man dann auch sehr solide arbeiten, sonst führt womöglich die immer etwas vorhandene Verwindung der Karosserie beim Fahren zu Knarrgeräuschen innerhalb der Möbel.

Was das alles mit dem endgültigen Plan zu tun hat? Nun, ohne das Wissen, welche Befestigung der Möbel für Sie die richtige ist, können Sie den Plan gar nicht fertigstellen. Weil davon auch die Tiefe der Möbelplatten, die Anordnung der Möbel (wenn man sich nach den Rippen des Fahrzeugs richten muß) und die Stärke der Möbelwandplatten usw. abhängt.

Für die *Methode Nummer Eins* (Einbau der Möbelwände zwischen den Verstrebungen) geben Ihnen die Bilder 152 und 154 ein paar Beispiele. *Die zweite Methode* wird gern bei fertigen Bausatzmöbeln für herausnehmbare Einrichtungen ange-

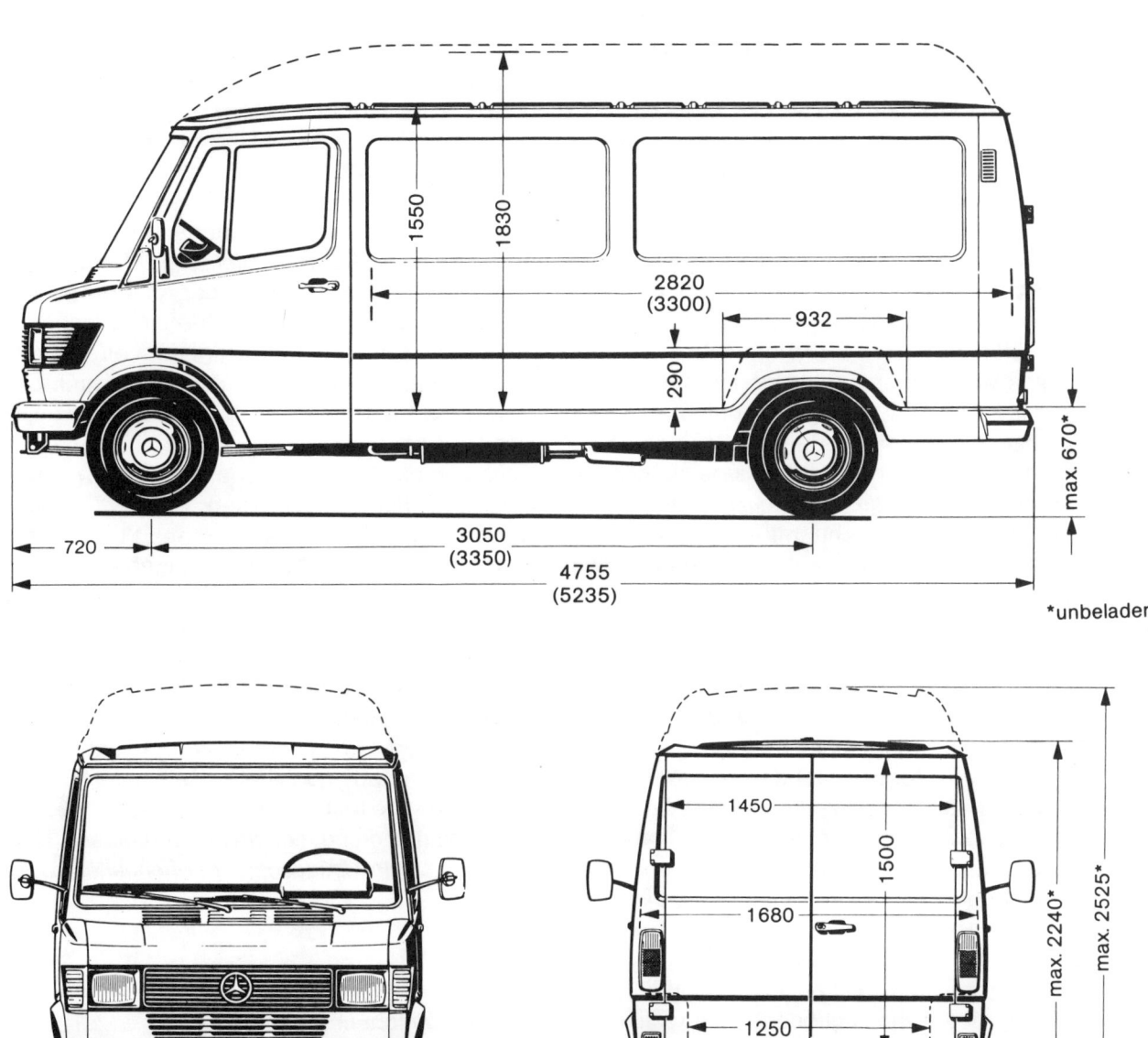

Bild 28: Der Mercedes 207 D/307 D/208/308 mit Normal- und Hochdach ist eines der beliebtesten Ausbaumodelle, besonders in der Ausführung Hochdach mit langem Radstand.

63

wandt, weil da ja komplette Möbel rasch im Fahrzeug befestigt werden müssen. *Die dritte Methode* wird in den folgenden Kapiteln hauptsächlich behandelt, weil sie von jedem einsetzbar ist und auch nachträgliche kleine Anpassungs- oder Änderungswünsche ermöglicht. Beim Aufzeichnen oder Aufkleben des von Ihnen entworfenen Grundrisses im Fahrzeug können Sie nun auch noch *die dritte Dimension,* die Höhe der einzelnen Möbel usw., in Betracht ziehen. Zum Beispiel können Sie jetzt prüfen, ob da, wo Sie in Ihrem Entwurf einen Schrank vorgesehen haben, nicht grade ein *vorhandenes Fenster* sitzt, das durch den Schrank mit verdeckt würde. Oder ob dort, wo Sie ein Fenster für die Küche oder die Sitzgruppe wünschen, nicht gerade *tragende Verstrebungen* der Karosserie sitzen, die nicht entfernt werden dürfen.

Da solche Probleme oft auftauchen und es dem Karosserie-Laien manchmal nicht möglich ist zu entscheiden, welche Verrippung tragend ist und welche nicht, sollten Sie im Zweifelsfalle lieber die *Fachwerkstatt* aufsuchen oder sich von einem Karosserieschlosser beraten lassen. Optimal wäre es sogar, wenn Sie sich mit einem Foto der betreffenden Karosseriewand (von innen mit Blitz fotografiert) an das *Fahrzeug-Herstellerwerk* wenden. Dort kann man Ihnen in jedem Fall raten, ob eine bestimmte Verrippung entfernt werden darf oder nicht oder ob anstelle einer Rippe eine Verstärkung an anderer Stelle vorgenommen werden kann.

Aber nehmen wir einmal an, Ihr Entwurf läßt sich oberhalb des Fahrzeugbodens gut realisieren, auch die Fensterfrage, die Stehhöhe, die Bettenzahl usw. sind geklärt und auch die Heizung hat schon einen vorbestimmten Platz. Dann sollten Sie (je nach Heizungsmodell) zusätzlich prüfen, ob Sie an der Stelle, wo die *Heizung* hinsoll, eventuell einen *Durchbruch* durch den Wagenboden vornehmen können. Weil nämlich viele Heizungen ihre Frischluft unterhalb des Wagenbodens ansaugen müssen. Oft sieht es aber dann so unter

dem Boden aus, daß ausgerechnet an der Stelle Leitungen liegen, Seilzüge, Rippen, Auspuffrohre oder sonst etwas. In solchen Fällen muß man entweder zu einem anderen Heizungsmodell greifen oder den Standort der Heizung verlegen.

Aber auch die *Gasflasche* erfordert schon bei der Planung aufmerksame Überlegungen. Sie erfordert nämlich eine *unverschließbare Öffnung* im Boden oder direkt am Boden in der Außenwand des Fahrzeugs von wenigstens *100 cm^2* Fläche zur Entlüftung. Besonders günstig wäre es natürlich für die Kontrolle Ihres Entwurfs auf Durchführbarkeit, wenn Sie bereits die großen, sperrigen Objekte wie etwa die Koch-Spül-Kombination, den Kühlschrank, die Gasflasche, den Frischwassertank, das Handwaschbecken, eine evtl. Duschwanne usw. schon haben und an Ort und Stelle an die geplanten Einbauplätze legen können.

Das setzt natürlich voraus, daß Sie in etwa schon wissen, ob der Entwurf bis auf kleine Änderungen (die unvermeidlich sind) durchführbar ist und daß Sie sich beim Zubehörhändler die Möglichkeit offengehalten haben, Teile (solange sie unbenutzt sind) nötigenfalls umzutauschen. Es kann Ihnen nämlich durchaus noch beim Ausbau selbst passieren, daß Sie feststellen, dieses oder jenes Teil würde sich doch besser verwenden lassen. Deshalb immer ein *Umtauschrecht offenhalten,* wenn es geht.

Die Plan-Zeichnung:

Nach so viel Tüftelei und Kontrolle und Überlegung steht es nun fest: So und nicht viel anders sieht die Einrichtung aus. Deshalb wird die ganze Geschichte jetzt auch so sauber wie möglich zu Papier gebracht, damit man an Hand der Zeichnung die erforderlichen Materialmengen ermitteln kann.

Der für den Entwurf verwendete Maßstab von 1:20 erscheint mir für eine saubere Planungs-

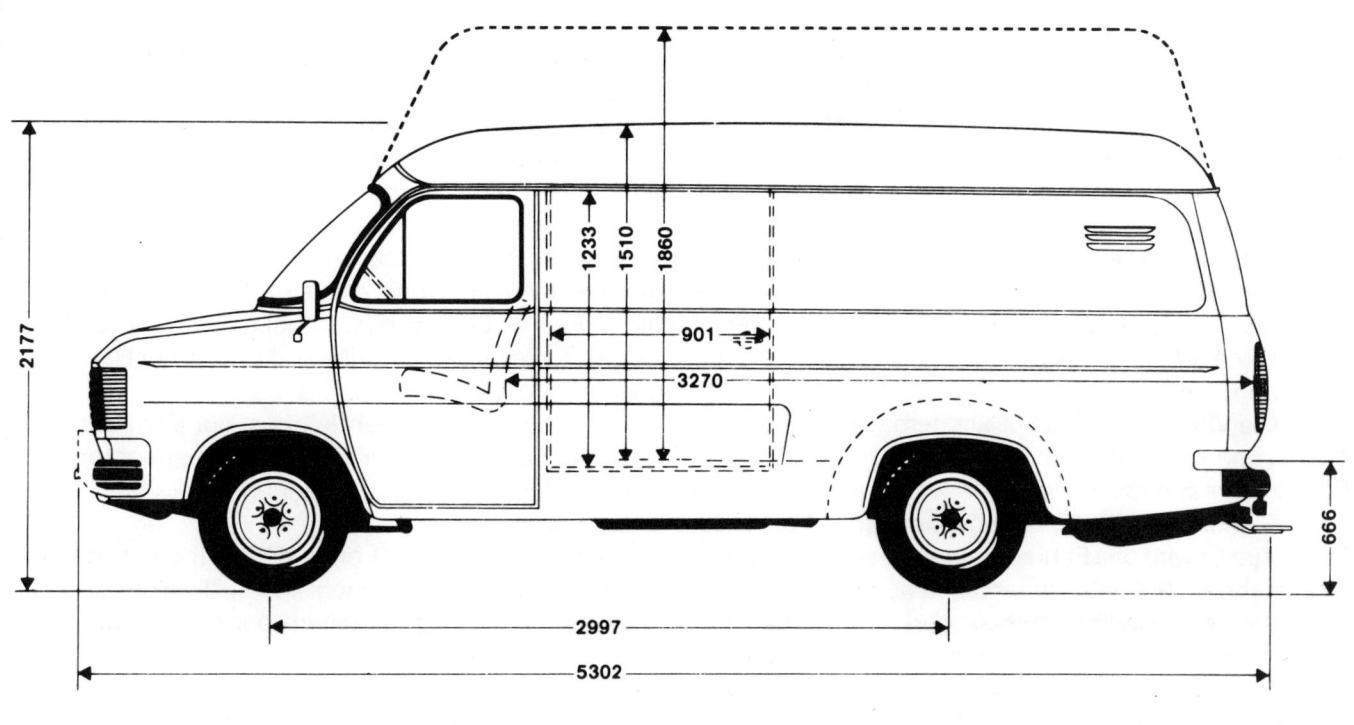

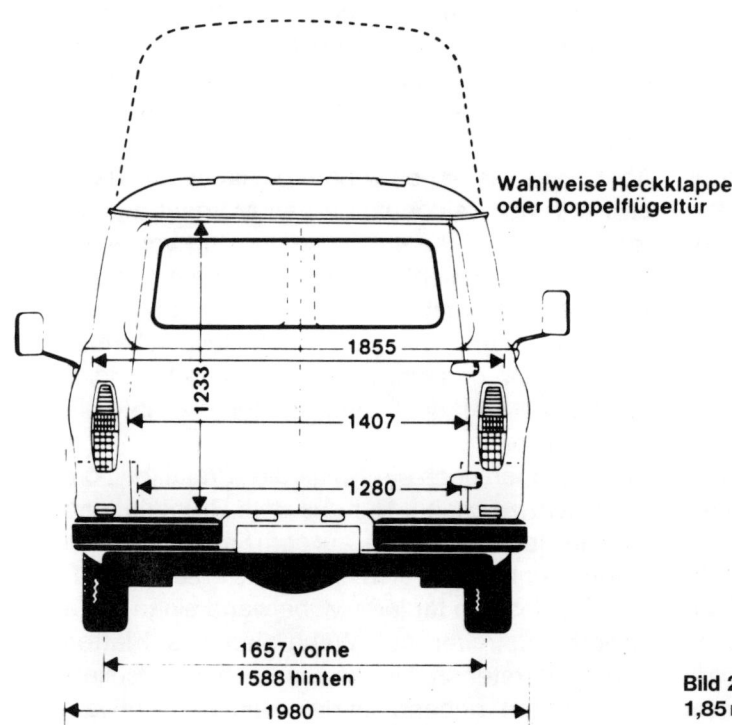

**Wahlweise Heckklappe
oder Doppelflügeltür**

1855

1233

1407

1280

1657 vorne
1588 hinten

1980

**Bild 29: Der Ford Transit 100 L hat 3,27 m Innenlänge und
1,85 m Innenbreite, damit läßt sich schon allerhand anfangen.**

zeichnung doch etwas zu klein. Es sollte daher, damit man auch mal was aus der Zeichnung herausmessen kann, wenigstens ein *Maßstab von 1:10* verwendet werden. Das bedeutet, daß jeweils 1 Zentimeter auf der Zeichnung einer Stekke von 10 Zentimeter in Ihrem Bus entspricht. Da die meisten Campingbusse innen nicht viel länger sind als etwa 3,5 bis 4 Meter, kommt man für die Zeichnung mit ein paar Bogen *Millimeterpapier im DIN A 3-Format* (das entspricht etwa 30 × 42 cm) bequem aus.

Die Verwendung von Millimeterpapier ist insofern angenehm, als man sich akkurat nach dem Linienraster richten kann. Jeder Millimeter auf dem Papier entspricht einem Zentimeter im Fahrzeug. Zuerst wird das Fahrzeug-Innere nach den im Abschnitt „Aufmaß" abgenommenen Maßen so genau wie möglich aufgetragen, wobei man zunächst wieder nur den Grundriß und die Maße am Boden des Fahrzeugs zeichnet. An Hand der Entwürfe und der notierten Korrekturen aus der Entwurfs-Kontrolle werden nun die einzelnen *Möbelstücke* mit ihren *Wandstärken(!)* so eingezeichnet, daß die noch zu kaufenden oder schon vorhandenen Zubehörteile wie Duschwanne, Koch-Spül-Kombination usw. mit ihren Maßen genau in bzw. auf die Möbel passen.

Wenn Sie die nötigen Teile aus dem Zubehörhandel noch nicht besitzen, müssen Sie zumindest an Hand der Maßangaben aus den Katalogen der Händler den erforderlichen Platz lassen.

Hierbei kann es nicht schaden, sich für eventuelle *Maßdifferenzen* der zu kaufenden Teile eine kleine Reserve zu lassen, indem man vorsichtshalber mit ein bis drei Millimeter Unterschied bei den Teilen rechnet (gegenüber in den Prospekten enthaltenen Angaben).

Mit einem mittelharten Bleistift, einem vernünftigen Lineal und etwas Geduld dürfte es meiner Ansicht nach fast jedem möglich sein, auf die oben beschriebene Weise eine halbwegs brauchbare Zeichnung zusammen zu bekommen, wenn man

die Hinweise aus diesem Buch zu den einzelnen Problemen beachtet.

Wenn die Grundriß-Zeichnung 1:10 fertig ist, sollten Sie sich auch noch die Mühe machen und ähnlich wie in Bild 20 dargestellt auch noch zwei bis drei *Querschnitte* Ihres Fahrzeugs zeichnen. Wieder auf Millimeterpapier und diesmal so genau wie möglich. Dann zeichnen Sie auch noch die Möbel im Schnitt ein, so bekommen Sie die Höhe der einzelnen Möbelteile, die Form der Hängeschränke usw.

An Hand dieser Angaben können Sie jetzt, aus Grundriß und Schnitten zusammen betrachtet, die erforderlichen Materialmengen für die Möbel errechnen.

Natürlich gibt es auch Leute, denen technische Zeichnungen überhaupt nicht liegen, die sich darunter nur sehr wenig vorstellen können und lieber praxis-betont arbeiten.

Nun, diese Leute haben ja das Basisfahrzeug vor der Tür stehen und können die Maße für jedes einzelne Brett, für jede Platte direkt am Wagen-Inneren abmessen und notieren. Das können natürlich auch die Leute, die Zeichnungen lieber haben.

Aber bequemer ist es schon, zu Hause am Tisch an Hand der Zeichnungen das Material auszurechnen als im leeren Fahrzeug. Und vor allem wird zu Hause nicht so leicht etwas vergessen. Beim Materialermitteln im Bus soll es schon vorgekommen sein, daß ganze Möbelteile »übersehen« wurden und man zweimal zum Holzhändler mußte, weil man doch mehr Platten brauchte als angenommen.

Deshalb auch noch ein Tip für die „Praktiker", die nicht gern zeichnen: Nur aus dem Grundriß, den man aus Isolierband o. ä. auf dem Fahrzeugboden aufgeklebt hat, läßt sich nicht alles ersehen. Kleben Sie deshalb für jede Möbelwand einen extra Isolierbandstreifen auf. Wenn also zwei Platten aneinanderstehen, kleben Sie auch zwei Isolierbandstreifen nebeneinander. Und noch etwas:

Sie können sich vielleicht eine *bessere Raumvorstellung* machen, wenn Sie die Möbel »plastisch« vor sich sehen. Zu diesem Zweck kann man die Haupt-Möbelteile wie Schränke, Waschraum usw. dreidimensional darstellen, indem man die Möbelecken durch an der Wagendecke befestigte und zum Fußboden gespannte Bindfäden (ankleben!) nachahmt. Halbhoch waagerecht verlaufende Möbelkanten wie z. B. die Oberkante der Sitze oder die Küchenblock-Oberseite werden dann durch waagerecht an die senkrechten Bindfäden geknotete Bindfadenenden dargestellt. So schafft man sich ein »Netzwerk«, das einen wesentlich besseren Raumeindruck verschafft und Pannen verhindern hilft.

Wenn Sie nun an Hand des Planes die einzelnen Plattengrößen und Materialsorten für jedes Möbelstück und jedes Einrichtungsteil herausschreiben, denken Sie bitte dabei an zweierlei: Erstens an den *Verlauf der Maserung* bei Tischler- oder Sperrholzplatten. Es sieht nämlich nicht nur häßlich, sondern vor allem auch unfachmännisch aus, wenn bei ein und demselben Möbelteil oder bei zwei nebeneinanderstehenden Möbeln die Maserung mal hochkant und mal quer verläuft. Zweitens denken Sie bitte auch an den *Verschnitt,* der automatisch beim Zurechtsägen der einzelnen Teile anfällt. Deshalb empfehle ich immer, sich beim Holzhändler die lieferbaren Plattengrößen des gewünschten Materials angeben zu lassen. Dann kann man auf Millimeterpapier die Platten einzeichnen und gleich die einzelnen Möbelplatten dazu. So sieht man, wieviele Platten man braucht, weil nämlich ganze Platten beim Holzhändler billiger zu haben sind als Zuschnitte. Und zuschneiden kann man doch wirklich selber im Zeitalter von Stichsäge und Metermaß! Aber davon später mehr, wenn es an die einzelnen Arbeiten geht.

Wenn man das bestellte Material aus Platzgründen zu Hause nicht unterbekommt, fragen Sie Ihren Holzlieferanten doch, ob Sie die Platten nicht auf einmal bestellen und bezahlen können (wegen des Mengenrabatts!) und die noch nicht benötigten Platten je nach Arbeitsfortschritt bei ihm abholen dürfen. Fragen kostet nichts.

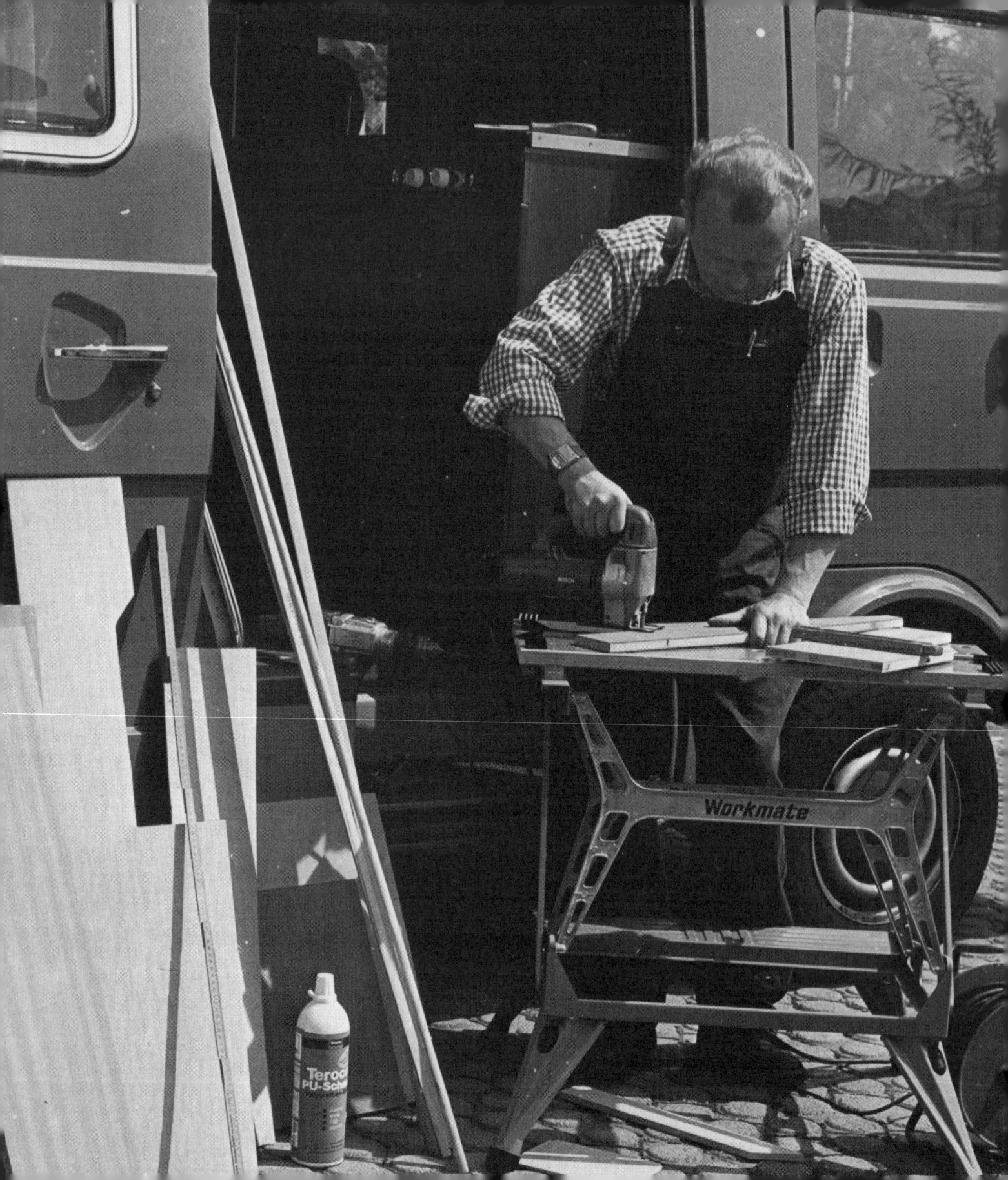

Der Grundausbau

Arbeitsplatz und Werkzeug

Der Arbeitsplatz:

Den Idealfall, daß jemand zum Eigenbau des Campingbusses eine komplette Werkstatt oder ausreichend große, hell und womöglich geheizte Garage zur Verfügung hat, wird man nur in den seltensten Fällen antreffen.

Der Normal-Fall sieht so aus, daß man froh sein kann, wenn man sein Basisfahrzeug irgendwo in einer Ecke abstellen darf und dann daran auch noch arbeiten kann.

Aus diesem Grund sollte man sich auch von vornherein darauf einrichten, daß die meisten *Arbeiten im Fahrzeug* selbst ausgeführt werden müssen.

Das bedeutet aber wiederum, daß man ohne elektrischen Strom, also ohne *Netzanschluß* (evtl. über eine provisorische Leitung mittels *Kabelrolle* oder Verlängerung) gar nicht auskommt. Besteht auch diese Möglichkeit nicht, weil man das Fahrzeug zu weit abgelegen abstellen muß, kann man sich vielleicht von einem Händler ein *Notstromaggregat* leihen oder im schlimmsten Fall nur mit dem Strom der Fahrzeugbatterie arbeiten. Letzteres hat den Nachteil, daß entweder nur 12 Volt Gleichstrom zur Verfügung stehen und dann die Bohrmaschine usw. ebenfalls nur für diese Spannung zur Verfügung stehen muß. Oder man muß den Gleichstrom über einen *Wandler* auf eine Spannung von 220 Volt Wechselstrom bringen. Diese Wandler sind aber nicht sehr leistungsfähig und können je nach Modell nur bis etwa 500 Watt belastet werden. Außerdem muß man dann jeden Tag die Fahrzeugbatterie mit nach Hause nehmen und über ein Ladegerät wieder auf volle Kapazität bringen. Besser ist also in jedem Falle ein Netzanschluß.

Gibt es mit der Strombeschaffung Probleme, stellt sich vielleicht auch die Möglichkeit, die Möbel und andere größere Arbeiten zu Hause auszuführen und im Fahrzeug nur Montage- und Feinarbeiten vorzunehmen. Hat man aber im Fahrzeug Stromanschluß, sollte man zumindest für eine vernünftige *Beleuchtung* im Fahrzeug sorgen, indem man sich provisorisch eine wenigstens 60 Watt starke Leuchtstoff-Lampe anbringt. Notfalls tut es auch

◄ **Bild 30: Mit zu den wichtigsten Elektro-Werkzeugen gehören für den Campingbus-Eigenbau die Stichsäge und die Bohrmaschine. Eine vernünftige transportable Werkbank erleichtert die Arbeit ebenfalls beträchtlich.**

eine Handlampe mit normaler Glühbirne, aber das Licht ist nicht so gleichmäßig und angenehm beim Arbeiten. Für den Fall, daß man in der kalten Jahreszeit den Ausbau vornimmt, empfiehlt sich die Beschaffung eines *Heizlüfters,* der für das richtige »Arbeitsklima« sorgt. Und noch etwas zum Thema Strom: Besorgen Sie sich am besten auch gleich noch eine Dreifach-Steckdose oder ähnliche *Verteilung,* sie wird bestimmt gebraucht.

Das Werkzeug:

Das meiste für den Campingbus-Ausbau erforderliche Werkzeug dürfte sich in fast jedem normalen Handwerkskasten finden. Ich denke da an *Schraubendreher* (besser bekannt als »Schraubenzieher«), *Schraubenschlüssel, Kombizange, Hammer,* ein oder zwei *Feilen, Metermaß, Bleistift* und *Sandpapier.* Vielleicht finden Sie auch noch ein paar *Pinsel,* eine *Holzraspel* und ein alter *Zirkel* aus längst vergangener Schulzeit. Und einen Metallwinkel. Damit sind Sie schon recht gut ausgerüstet und brauchen nun noch ein paar Werkzeuge, um deren Kauf Sie kaum herumkommen, wenn Sie sich diese nicht irgendwo im Freundes- oder Bekanntenkreis leihen können. Aber die Werkzeuge, auf die es hier ankommt, kann man als normaler Heimwerker früher oder später immer mal gebrauchen, so daß die Anschaffung nicht nur auf den Campingbus angerechnet werden darf.

Außerdem sollten Sie bei der Beschaffung dieser paar Werkzeuge bedenken, welche Einsparungen dadurch möglich werden, daß Sie die Teile selbst fertigen bzw. einbauen! Wenn das ein Fachbetrieb oder ein Wohnmobil-Hersteller machen sollte, würden Sie vermutlich über die Kosten doch erstaunt sein, die da rasch zusammenkommen.

Die Werkzeuge, die beim Ausbau eines eigenen Wohnmobils einschließlich der eigenen Möbelfertigung gebraucht werden, sind erstens eine *elek-*trische *Handbohrmaschine.* Am besten eine elektronisch stufenlos geregelte mit wenigstens 450 Watt, aber für die knappe Kasse tut es auch eine billige Maschine für weit unter hundert Mark Anschaffungskosten. Dazu brauchen Sie natürlich noch einen Satz guter (!) *Spiralbohrer,* die Sie im Set in *HSS-Ausführung* kaufen sollten. Das zweite wichtige Werkzeug ist eine elektrisch betriebene *Stichsäge,* die es ebenfalls schon sehr preiswert gibt. Man kann natürlich auch einen Stichsägevorsatz für die Bohrmaschine erwerben. Aber diese Dinger sind erstens etwas unhandlicher zu bedienen und zweitens auch nicht viel billiger als eine komplette Stichsäge mit integriertem Motor (Bild 30). Die ständige Umbauerei fällt einem nämlich nach ganz kurzer Zeit so auf den Wecker, daß man dann doch zu einer Motor-Stichsäge greift. Und dann liegt der Vorsatz sinnlos rum.

Ich habe die Erfahrung gemacht, daß es sich für einen Heimwerker immer lohnt, gutes und qualitativ hochwertiges Werkzeug zu kaufen. Im Endeffekt hat man nämlich dann immer noch billiger gekauft als wenn man Schund erwirbt, den man von Zeit zu Zeit doch wegschmeißt und mit dem man sich in der Zwischenzeit bloß herumquält, weil er nicht genügend leistet.

Ich will damit nicht etwa sagen, daß manches preiswerte Werkzeug nichts taugt oder daß man unbedingt nur im Fachhandel kaufen sollte. Auch in Kaufhäusern oder im Versandhandel kann man Qualitätswerkzeug erwerben. Meist sind dort die Werkzeuge sogar noch eine ganze Portion preiswerter.

Zu der eben erwähnten Stichsäge brauchen Sie noch *Sägeblätter.* Nehmen Sie *für die Holzbearbeitung* und für das Sägen von *Metall* (Karosserieblech usw.) jeweils ruhig gleich ein Dutzend, Sie werden sie brauchen. Hat Ihr Basisfahrzeug ein Hochdach aus Polyester, so brauchen Sie für den Einbau von Dachluken oder Lüftungsklappen noch *Sägeblätter für Kunststoff.* Die gibt es dafür in

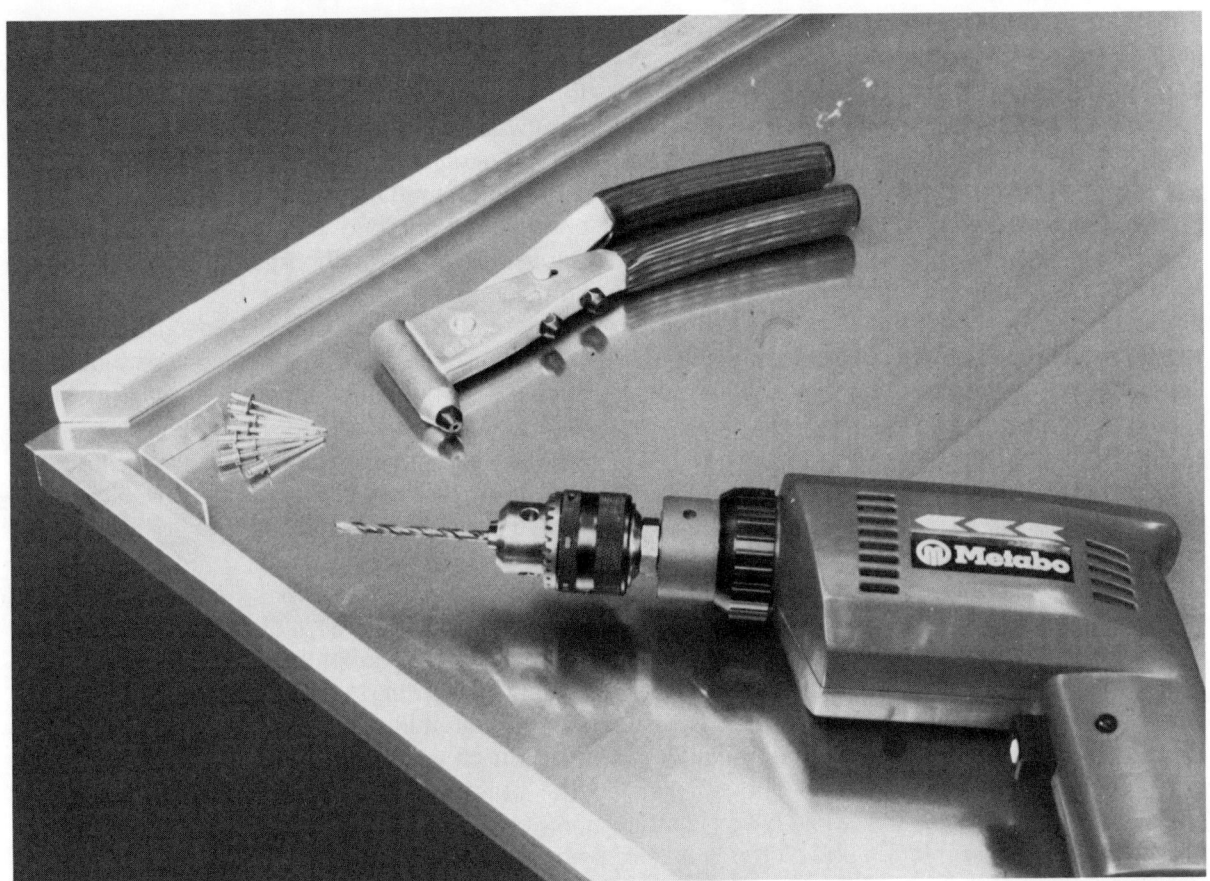

Bild 31: Ein wichtiges Hilfsmittel bei den verschiedenen Metallverbindungen sind Blindniete, die mit einer speziellen Blindnietzange in vorgebohrten Löchern gesetzt werden.

grobzahniger Ausführung. Die feingezahnten Kunststoff-Sägeblätter kann man für die Bearbeitung von Kunststoffplatten (z.B. Resopal o. ä.) verwenden.

Einen guten *Hobel* sollten Sie sich auch noch leisten. Es muß kein teurer elektrischer sein, ein ganz normaler Handhobel mittlerer Größe mit einem Qualitätsmesser drin tut es allemal. Und noch etwas ist unumgänglich. Sie brauchen *Schraubzwingen.* Vier kleinere bis mittelgroße und zwei große brauchen Sie bestimmt beim Bau von

Möbeln, Sie können die praktischen Dinger auch später immer mal wieder verwenden. In Baumärkten und Kaufhäusern bekommt man sie meist recht preiswert, hier gibt es meines Wissens keine so schwerwiegenden Qualitätsunterschiede. Ein paar im Laufe der Arbeiten vielleicht noch erforderliche Spezialwerkzeuge wie *Blindnietzange, Rohrbiegezange, Schwingschleifer, Rohrabschneider* usw. kann man sich bei Handwerkern sicher für ein paar Mark leihen oder die Arbeiten auf andere Weise ausführen. Praktisch wäre auch noch

71

an Werkzeug eine elektrische *Handkreissäge* (obwohl sich das Meiste auch mit der Stichsäge machen läßt), eine elektrisch beheizte *Klebepistole* (obwohl es auch in fast allen Fällen der gute alte Weißleim tut) und eventuell (je nach Möbel-Bauweise) ein *Fräsvorsatz* für die Bohrmaschine, um Plattenkanten fräsen oder mit einer Nut versehen zu können.

Halt, das Wichtigste hätte ich fast vergessen! Sie brauchen noch einen *Notizblock.* In den schreiben Sie sofort all das hinein, was Ihnen im Laufe der Arbeiten noch an Material oder Kleinteilen fehlt. Das erspart Ihnen manchen Weg, wie ich aus eigener Erfahrung berichten kann.

Material-Fragen

Wer sich zum ersten Mal an das Abenteuer wagt, einen Campingbus von A bis Z auszubauen, steht wahrscheinlich zunächst ein wenig hilflos vor der großen Zahl von Werkstoffen und Materialien, die der Handel anbietet.

Andererseits ist aber nicht alles, was da manchmal angeboten wird, optimal für den Einsatz im Campingbus geeignet.

Es gibt nämlich eine ganz beträchtliche Reihe von teilweise sich widersprechenden Forderungen. *Material,* das im Campingbus eingesetzt werden soll, *muß:*

1.) *Leicht* sein, damit die Nutzlast möglichst groß ist und nicht das tote Gewicht der Einrichtung. Das ist nicht nur eine Frage der Nutzlast, sondern betrifft zugleich die Beschleunigung des Fahrzeugs, den Schwerpunkt (Fahrverhalten in Kurven usw.), den Treibstoffverbrauch und die möglichst kurzen Bremswege, falls das einmal nötig wird.

2.) Material muß *Nässe vertragen* können, ohne sich dabei zu verziehen, zu quellen oder zu verrotten. Weil im Fahrzeug durch Atemluft, durch Kondenswasser, durch Kochdünste usw. immer Feuchtigkeit vorhanden ist.

3.) Material muß *haltbar* sein, weil die Beanspruchung im Fahrzeug durch den relativ kleinen Raum und durch die Vibrationen beim Fahren relativ hoch sind.

4.) Material muß sich *gut verarbeiten* lassen, also sowohl die Bearbeitung einzelner Zuschnitte als auch die Verbindung der Teile untereinander muß leicht möglich sein.

5.) Material muß *pflegeleicht* sein und gut aussehen, denn nur dann wird auf längere Zeit der Ausbau zufriedenstellen und der Wiederverkaufswert hoch sein.

6.) Material muß *flammwidrig* sein, es darf also nicht bei einem immer mal möglichen Feuer im Fahrzeug (was hoffentlich nie passiert) sofort lichterloh wie Zunder brennen.

7.) Material muß *unfallverhindernd* sein, darf also nicht durch scharfe Kanten (wie z. B. bei Blech) oder durch besonders harte Oberfläche (wenn man bei einem Crash dagegen fliegt) die Insassen gefährden.

8.) Material muß nach Möglichkeit *wärme- und kältedämmend* sowie *geräuschmindernd* sein, außerdem wenn möglich auch klapperfrei und dennoch leicht auswechselbar (bei Reparaturen o. ä.).

9.) Material muß möglichst *preiswert* sein, weil sonst schon der Materialpreis vielen Heimwerkern die Möglichkeit zum Ausbau nimmt.

Wenn Sie diese Punkte (und es lassen sich noch ein paar mehr finden) alle unter einen Hut bringen wollen, brauchen Sie einen Wunderwerkstoff, den es noch nicht gibt.

Deshalb müssen Sie Kompromisse schließen und sich entweder von der einen oder anderen Eigenschaft des Materials trennen oder Sie müssen (und das ist der richtigere Weg) die *Werkstoffe* so *miteinander kombinieren,* daß Sie zum Schluß doch fast alle Forderungen erfüllt haben, wenn auch nicht mit einem einzigen Werkstoff.

Betrachten Sie in diesem Zusammenhang einmal Bild 82. Das ist ein Schnitt durch eine Fahrzeug-Ecke, bei dem unten ein Stück des Fußbodens und links ein Stück Wand gezeichnet ist. Beim Fußboden beispielsweise ist die mit Nr. 1 bezeichnete dunkle Linie der profilierte Blechboden des Wagens. Die karierten Bereiche darüber (U) sind der Unterbodenschutz, der auf den Boden aufgetragen wird, um Rost zu verhindern. Mit Nr. 3 wird eine aufgelegte Bitumenfilzplatte markiert, die sowohl geräusch- wie auch Wärme-/Kälte-dämmend wirkt und zugleich ein sattes, klapperfreies Aufliegen des stabilen Holzbodens (Nr. 7) gestattet. Auf dem Holzboden schließlich liegt für die Schönheit und Bequemlichkeit im Fahrzeug dann der Bodenbelag oder Teppich (Nr. 17). Auch der Wandaufbau ist nach ähnlichen Gesichtspunkten erfolgt. Die Karosserie-Außenhaut (Nr. 0) wird mit einer Isolierschicht (Nr. 10) gefüllt. Gegen die Luftfeuchtigkeit im Fahrzeug (damit weder die Isolierschicht feucht wird noch das Blech) dient eine Dampfsperre (Folie o. ä.), mit der Nr. 12 gekennzeichnet. Als schöne und haltbare Wandverkleidung, die zusätzliche Aufgaben wie Geräuschdämmung, Isolierwirkung, aussteifende Verstärkung der Karosserie, Untergrund für Kacheln, Tapeten, Stoffbespannung o. ä. übernehmen muß, dient eine mit Nr. 13 bezeichnete Wandplatte aus Sperrholz oder ähnlichen Werkstoffen.

Sie sehen also, daß die Auswahl der Werkstoffe schon mit einer gewissen Überlegung vorgenommen werden sollte, wenn man hinterher auch noch lange Freude an seinem Fahrzeug haben will. Nicht zuletzt sollten die einzelnen Werkstoffe, sofern sie im Fahrzeug auch später sichtbar sind, aufeinander abgestimmt sein und eine harmonische Gesamtwirkung ergeben.

Deshalb ist es wichtig, sich rechtzeitig Gedanken zu machen, aus welchen Materialien der Bus-Ausbau bestehen soll. Ein Beispiel dazu: Sie bekommen für die Wandverkleidung des Fahrzeugs preiswert Paneelplatten in Eiche-Dekor, was sicher sehr gut aussieht.

Derartige Platten lassen sich zudem noch sehr gut und einfach verarbeiten. Sie haben außerdem fast immer schon fertig behandelte Oberflächen. Aber woraus wollen Sie später die Möbel bauen? Die für den Möbelbau sehr empfehlenswerten Tischlerplatten sind fast nur im Limba- oder Macorè-Furnier erhältlich. Beides paßt nicht zu Eichendekor. Eichenfurnierte Tischlerplatten sind fast unerschwinglich teuer. Und Platten selbst mit Dekormaterial zu überziehen ist erstens nicht billig, zweitens eine sehr aufwendige Arbeit und drittens wird man doch immer einen Unterschied zu den Paneelen erkennen.

Deshalb sollte man bei der Materialwahl davon ausgehen, sowohl das Plattenmaterial für Decke und Wände als auch das Material für den Möbelbau entweder mit der gleichen Oberfläche zu erwerben oder aber bewußt Kontraste zu setzen, indem man beispielsweise Möbel aus furnierter Tischlerplatte baut und die Wände und das Dach innen mit Webpelz, Langflor-Teppich oder Korkplatten verkleidet. Anderslang geht es auch. Daß man nämlich die Wände aus Sperrholzplatten fertigt und die Möbel aus beliebigem Material, das anschließend durch aufgeklebtes Kunstleder o. ä. kaschiert wird.

Um Ihnen jetzt und hier die Entscheidung noch nicht so schwer zu machen, gehe ich auf die verschiedenen Materialen und ihre Eigenschaften – positiv wie negativ – bei den einzelnen Kapiteln ein. Speziell bei den Kapiteln über Wände, Dach und Fußboden und erst recht nachher im Kapitel Möbelbau.

Wo keine Hinweise auf spezielle Materialien gegeben sind, sollten Sie sich bei der Werkstoff-Auswahl immer die unter Punkt 1 bis 9 gemachten Forderungen vor Augen halten und danach entscheiden.

Fahrerhaus und Durchgang

Fahrerhaus:

Einen großen Teil Ihrer Reisen werden Sie vermutlich im Arbeitszimmer Ihres Campingbusses, also im Fahrerhaus verbringen.

Deshalb sollten Sie diesem Raum auch besonderes Augenmerk schenken und ihn nicht als notwendiges Übel betrachten. Sie haben nämlich mehr von Ihren Fahrten, wenn Sie entspannt, sicher und bequem fahren können.

Deshalb ist es wichtig, das Fahrerhaus so auszustatten, daß man während der Fahrt alles problemlos zur Hand hat.

Nicht nur die Dinge, die der Gesetzgeber sowieso für das Führen von Kraftfahrzeugen vorschreibt. Fangen wir gleich mit dem Wichtigsten an, dem *Fahrersitz* (und auch dem *Beifahrersitz*). Bei einem Neufahrzeug haben Sie vielleicht schon daran gedacht, trotz der relativ hohen Anschaffungskosten einen vernünftigen *Schwebesitz* statt des Seriensitzes zu erwerben. Weil Ihnen auf die Dauer Ihre Bandscheibe wichtiger ist als ein paar hundert Mark. Oder nicht? Aber bei den gebrauchten Basisfahrzeugen ist die Anschaffung eines solchen Sitzes zumindest für den Fahrer noch wichtiger als bei Neufahrzeugen (weil deren Sitze meist schon recht brauchbar sind). In gebrauchten Fahrzeugen ist meist der Sitz nur noch eine Ansammlung von abgewetztem Plastik und durchgesessenen Federn. Die Folge: Der Körper hat weder richtigen Sitz noch guten Seitenhalt, die Bandscheiben schmerzen nach kurzer Zeit und der ganze Organismus ermüdet rascher.

Deshalb wenn irgendwie erschwinglich: Einen Schwingsitz für Ihr Fahrzeug erwerben und auf den Originalschienen einbauen. Für die meisten Fahrzeuge gibt es entweder passende Untergestelle am Schwingsitz daran oder Zwischenstükke, die einfach eingesetzt werden. Wenn schon kein Schwingsitz (oder Schwebesitz) möglich ist,

sollte man zumindest darauf achten, einen in Höhe, Fahrtrichtung und Lehnenanstellwinkel *verstellbaren Sitz* zu bekommen. Grade bei den Nutzfahrzeugen wird da gern seitens der Hersteller gespart! Notfalls sollte man sich mal bei Auto-Verwertern oder auf Schrottplätzen nach einem passenden Sitz umsehen! Man kann sich auch im allerschlimmsten Fall mit festschnallbaren *Auflagen* behelfen, die die Schenkel und die Wirbelsäule stützen, wenn man sich schon nicht ganz von seinem Sitz trennen will.

Sehr praktisch sind die meist als Sonderausstattung angebotenen Kunstlederbezüge der Sitze, allerdings müssen sie gut perforiert sein, sonst schwitzt man leicht darauf.

Wenn man an einen Wiederverkauf des Fahrzeugs denkt oder wie ich einen Hund mit auf die Fahrten nimmt, sind diese Bezüge in Verbindung mit echten Schaffell-Auflagen das Praktischste.

Für die Sicherheit im Fahrerhaus gedacht sind auch die Kopfstützen und die Sicherheitsgurte. Auf beides sollten Sie keinesfalls verzichten, schon weil es in einigen Ländern vorgeschrieben ist. Aber abgesehen davon, könnte ich vermutlich diese Zeilen gar nicht schreiben, wenn ich nicht in meinen Fahrzeugen auf erstklassige Dreipunkt-Automatikgurte Wert legen würde. Wenn es erst einmal richtig gekracht hat und man angeschnallt war, weiß man den Wert dieser Dinge zu schätzen. Auch die Umgebung des Fahrer- und Beifahrersitzes sollte so weit wie möglich unfall- und schadensmindernd sein. Für laufend benötigte Dinge wie Landkarten, Sprach- oder Reiseführer, Taschenlampe, Naschereien, Erfrischungsgetränke, Sonnenbrille, Kleingeld usw. sollte man sich in Griff-Nähe entweder passende Taschen

Bild 32: Im Campingbus ist das Fahrerhaus das Arbeitszimmer. Während der Urlaubsfahrt hält man sich hier auf, deshalb sollte das Fahrerhaus so bequem und wohnlich wie möglich ausgestattet werden.

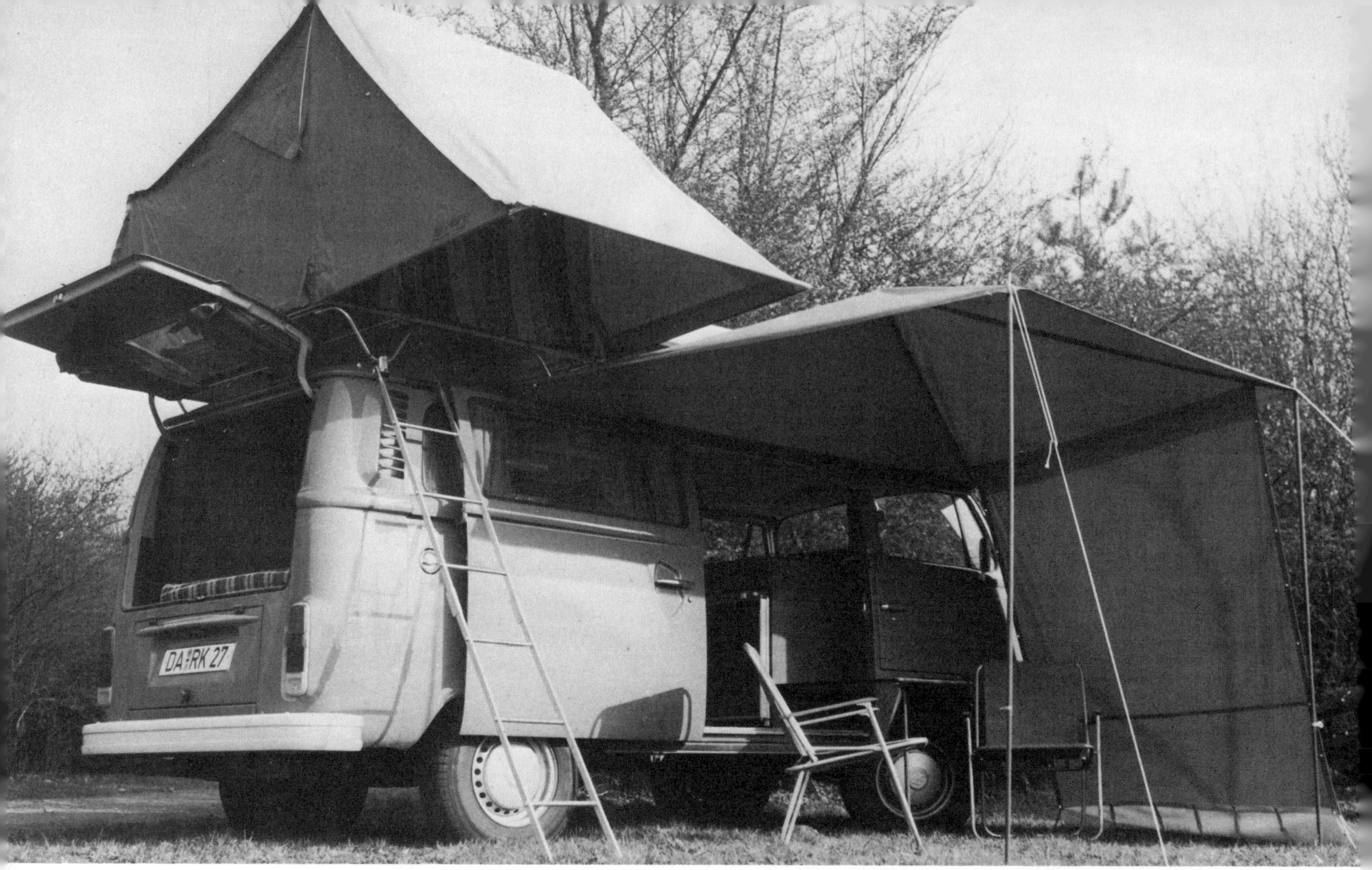
DA RK 27

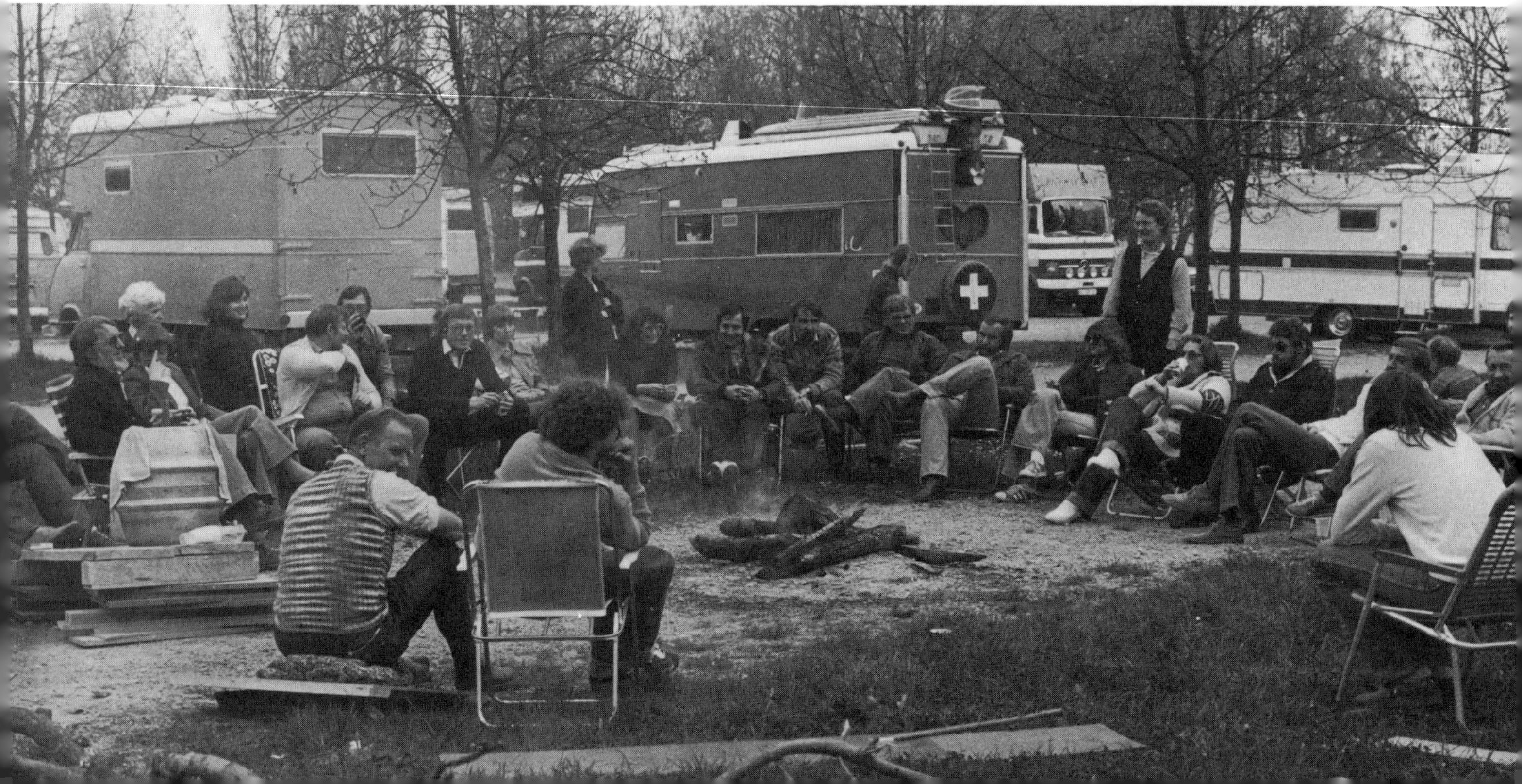

oder Boxen anbringen oder seitlich am Fahrersitz bzw. Beifahrersitz aus Segeltuch eine Zubehörtasche anhängen, in der sich so etwas auch gut verstauen läßt. Griffbereit ist deshalb wichtig, weil weder der Fahrer noch der Beifahrer durch Sucherei während der Fahrt abgelenkt werden darf. Eine Möglichkeit, solche Dinge wie Landkarten usw. griffbereit unterzubringen, ist das Dach über dem Fahrersitz. Entweder werden dort Taschen angeschraubt oder breite Gummibänder. Man kann auch eine etwas tiefer hängende Acrylglasplatte (Plexiglas oder transparentes bzw. klares PVC-Glas) so anschrauben, daß die Landkarten dadurch wie in einer Lade liegen, durch deren Boden man sie sehen kann. So läßt sich jeweils die erforderliche Karte einlegen und man kann durch kurzes Heben des Kopfes sofort die Route verfolgen.

In jedem Fall müssen derartige Dinge aber so unfallsicher wie möglich gebaut werden, man kann ja nie wissen…

Weiter müssen Sie im Fahrerhaus das Bordwerkzeug (ergänzt um Spezialwerkzeuge, die Sie vielleicht für Reparaturen des Fahrzeugs im Ausland oder für den Wohnteil brauchen) unterbringen. Dafür gibt es praktische Werkzeugtaschen, die weder klappern noch alles durcheinanderfliegen lassen und die gut hinter oder unter dem Sitz verstaut werden.

Dahin gehört auch das *Warndreieck* und das *Abschleppseil* sowie die *Warnblinkleuchte*. Unter dem Beifahrersitz dagegen ist meiner Ansicht nach ein guter Platz für den Verbandskasten, sofern sich

nicht ein noch besserer Platz findet oder werksseitig schon etwas vorgesehen ist. Es gibt grade für den *Verbandskasten* auch sehr praktische Plastikboxen, mit denen man den Kasten im Fußraum des Fahrerhauses anbringen kann.

Mit zu den wichtigsten Dingen im Fahrerhaus eines Campingbusses zähle ich (außer einer netten Beifahrerin) einen vernünftigen *Feuerlöscher!* Hoffentlich braucht man ihn nie, aber wenn man ihn wirklich einmal braucht, muß er erstens funktionieren, zweitens groß genug sein (um wirklich zu löschen und nicht nur ein paar Sekunden (!) »pschschscht« zu machen. Drittens schließlich sollte man sich in seiner Handhabung auskennen, weil sonst auch ein guter Feuerlöscher nicht viel nutzt. Die Mindestgröße für einen Feuerlöscher im Campingbus ist m. E. ein 2-kg-Löscher, bei größeren Fahrzeugen lieber sogar ein größeres Modell!

Der Löscher sollte ebenfalls sowohl vom Fahreroder Beifahrersitz als auch vom Wohnteil leicht und ohne Sucherei zu erreichen sein. Hier kann es um Sekunden gehen!

Ein guter Platz ist in dem Fahrerhaus in der Nähe des Durchgangs nach hinten. Bei der Montage so eines schwergewichtigen Apparats achten Sie bitte unbedingt sowohl auf eine sehr *solide Befestigung* (sonst fliegt er beim nächsten Crash durch die Windschutzscheibe und ist weg) als auch auf eine *unfall- und verletzungssichere Polsterung* oder Anbringung. Wenn Sie mit dem Kopf gegenknallen, weil Ihnen jemand in die Wagenseite kracht, nutzt der Löscher Ihnen vermutlich nicht mehr viel!

Überhaupt sind mir scharfe Kanten jeder Art im Fahrzeug ein Greuel. Nicht nur, daß man beim Unfall unter Umständen schwerste Verletzungen oder mehr einkassiert. Aber auch im normalen Campbetrieb bleibt man auf der relativ kleinen Bewegungsfläche leicht hängen, zerreißt sich die Sachen oder holt sich zumindest blaue Flecke. All das ist aber nicht Sinn einer Urlaubsfahrt. Im Ge-

Bilder 33: Was ist Glück? Wenn man mit ein paar Zeltbahnen, Leinen und Stangen aus einem alten VW-Transporter ein luftiges Wohnmobil bastelt? Oder wenn man aus gebrauchten Lastwagen gewichtige Campingbusse baut, wie hier auf dem Foto von einem Treffen des Campmobilclubs? Alles ist Glück.

genteil, man möchte bequem und angenehm reisen. Dazu zählt beispielsweise auch das *Autoradio.* Hier sollte man zu einem Modell mit Kassetten-Einrichtung greifen, weil es doch bei längeren Fahrten im Ausland recht ermüdend sein kann, ausführlichen Kommentaren in unbekannter Sprache zu lauschen.

Je trennschärfer das Gerät ist und je besser die Ausstattung, umso mehr Freude wird man haben, wenn man auch in ferneren Ländern heimatliche Laute hört. Daher sollte man auch auf ein Gerät bedacht sein, das außer Mittelwelle und Kurzwelle bzw. sogar UKW auch noch *Langwellenbereiche* empfangen kann.

Dann können Sie statt dessen bequem darauf verzichten, ein Gerät mit CB-Funk zu benutzen. Im Ausland bekommt man mit derartigen Dingen doch meist Ärger und im Inland hört man vor lauter „Mitsprache-Berechtigten" meist nur wildes Rauschen und Knattern. Also was solls.

Das Radio in Ihrem Fahrzeug hat außer den sowieso angeschlossenen Lautsprechern im Fahrerhaus fast immer auch noch einen Anschluß für einen externen Lautsprecher, bei Stereo-Radios zwei Anschlußbuchsen. Bauen Sie sich einen *Überblend-Regler* (gibt es in jedem Radio-Zubehörgeschäft) oder einen Umschalter ein und legen Sie ein entsprechendes Kabel in den Wohnteil Ihres Fahrzeugs. Dann haben Sie ohne große Probleme oder Mehrkosten die Möglichkeit, hinten ein paar Lautsprecher einzubauen und Musik oder Nachrichten in noch bequemerer Umgebung zu hören. Das entsprechende Kabel kann man gut vom Armaturenbrett verlaufend unter den Gummimatten im Fahrerhaus nach hinten verlegen, wo es zwischen den Blechrippen der Karosserie durchgeschoben wird bis zu der Stelle, wo es später beim Anbringen der Wandverkleidung durch eine Bohrung bis zu dem Lautsprecher geführt wird. Befestigen kann man derartige Kabel wie auch andere Elektrokabel (siehe Kapitel »Bord-Elektrik«) an den Karosserie-Blechwän-

den sehr gut, indem man die Kabel mit breitem Klebeband oder plastischer Karosseriedichtungsmasse festklebt. Das braucht nur solange zu halten, bis später die Wandisolierung oder die Wandverkleidung die Kabel hält und verdeckt.

Bei der Gelegenheit können Sie auch überlegen, womöglich eine *Gegensprechanlage* zum Wohnteil hin zu verlegen, falls sich während der Fahrt dort Kinder oder andere Mitreisende aufhalten und Sie sich mit Ihnen verständigen wollen.

In dem Zusammenhang wäre auch eine Überlegung, das eine oder andere Gerät mittels *Fernbedienung* vom Fahrerhaus aus betätigen oder kontrollieren zu können. Ein Beispiel: Wenn Sie einen Absorberkühlschrank haben, der sowohl mit Gas als auch mit Strom (12/220 Volt) betrieben wird, könnten Sie über eine Kontrolleuchte im Fahrerhaus prüfen, ob das Gas während der Fahrt ausgeschaltet und die Stromzufuhr eingeschaltet ist. Aber es gibt noch mehr Dinge, die im Fahrerhaus von Wichtigkeit oder doch zumindest von einer gewissen Nützlichkeit sind. Denken Sie beispielsweise einmal daran, wenn Sie Ihr Fahrerhaus besteigen und Ihnen der richtige *Griff* zum Hochziehen oder Festhalten fehlt. Solche Griffe, die mit ein paar soliden Blechschrauben festgemacht werden, bekommen Sie für ein paar Pfennige auf jedem Auto-Friedhof. Sie bekommen derartige Dinge natürlich auch für mehr Geld im Zubehör- oder Autohandel.

Grade wenn man später auf schlechten Wegstrecken über Stock und Stein holpert und der Beifahrer verzweifelt nach einem festen Halt sucht, kommt einem die Nützlichkeit solcher kleinen Dinge erst zu Bewußtsein. Auf langen graden Straßen dagegen weiß ich als Fahrer ebenso wie die Beifahrerin eine an der Tür-Innenseite angebrachte *Armlehne* zu schätzen, wo man seinen Ellenbogen ausruhen kann. Derartige aus weichem Plastik gefertigte Armstützen, die meist auch als Türgriff mitverwendbar sind, bekommt man oft sogar vom Fahrzeughersteller auf Wunsch mitgeliefert oder man montiert sich aus einem alten Fahrzeug welche aus und schraubt sie mit ein paar Schrauben an die Türverkleidung. Achtung, die ist meist aus kunstlederkaschierter Pappe. Es empfiehlt sich, die Verkleidung abzubauen und zur Befestigung der Armlehnen Metallschrauben mit Muttern und breiten Unterlegscheiben zu benutzen. Dann kann man beruhigt die Verkleidung wieder montieren. Zumindest die Armlehnen halten! Vor dem Anbringen sollten Sie aber unbedingt die bequemste Position für die Armlehne probieren, sonst bringt die ganze Arbeit hinterher keinen Nutzen. (Siehe hierzu Pfeile im Bild 32. Nun, da Sie schon einmal die Verkleidung Ihrer Fahrerhaustüren abhaben, sollten Sie sich auch gleich anschauen, ob sich dort noch so viel Platz findet, etwas für die *Geräuschdämmung* im Fahrerhaus zu tun. Lassen sich in den Türen noch Anti-Dröhn-Platten oder Schalldämpfungsmatten einkleben? Solche Platten bekommt man im Handel in selbstklebender Ausführung. Sie brauchen nur noch passend geschnitten werden und werden aufs Blech geklebt. Man kann auch, was zwar nicht ganz so viel hilft, aber doch etwas nützt, Schaumstoffplatten (am besten mit Sprühkleber oder Kontaktkleber) auf die freien Blechflächen heften.

Dasselbe empfiehlt sich auch im Motorraum, allerdings sollte man hier unbedingt die Wärmeentwicklung des Motors bedenken und spezielle Materialien oder aufstreichbare Antidröhnmasse einsetzen.

Ein weiteres geräuschminderndes Mittel im Fahrerhaus sind auch dicke *Paßform-Matten* auf dem Fußboden oder ein mit *Schaumstoffmatten* unterlegter schwerer *Teppichboden,* der in der farblichen Abstimmung mit dem Wohnteil harmonieren sollte und zusätzlich den Vorteil aufweist, daß man nicht nur beim Fahren keine kalten Füße hat, sondern auch durch den Teppichboden wie durch eine Schmutzschleuse keinen Dreck mehr ins Wohnteil des Campingbusses schleppt.

Da jede Form von textilen oder anderen weichen, strukturierten Werkstoffen ebenfalls geräuschmindernd wirkt, sollten Sie sich noch mehr gönnen und im Fahrerhaus all die nackten, kalten *Blechwände* mit *Polsterfolie, Textiltapete, Webpelz* oder *Korkplatten* bekleben. Desto besser ist nun die Geräuschdämmung und der Lärmpegel vom Motor und der Fahrbahn wird geringer. Außerdem wird das Fahrerhaus auch noch gemütlicher und optisch ansehnlicher. Zum Aufkleben der einzelnen Werkstoffte kann man die speziellen Kleber verwenden, die der Handel dafür anbietet. Man kann aber auch sehr haltbar dieser Materialien mit *Kontaktkleber* auf das Blech bringen. Ich verwende hierfür sogar den *Sprühkleber* gern, weil er einen dünnen gleichmäßigen Auftrag auf Blech und Werkstoff ermöglicht. Bei allen Kontaktklebern muß man allerdings zwei Dinge beachten: Erstens darf der Werkstoff nicht durch den Kleber abgelöst oder gar aufgelöst werden. Zweitens muß man die paßgenau geschnittenen Bahnen ganz akkurat (am einfachsten durch Unterlegen von Silikonpapier) auflegen, bevor sie mit den Klebeflächen in Berührung kommen. Wo Kontaktkleber erst einmal zugepackt hat, ist keine Korrektur mehr möglich. Das eben erwähnte Silikonpapier wird z. B. als Kaschierung von Selbstklebefolien usw. verwendet. Es bleibt übrig, wenn wir mit solcher Folie unsere Vorratsschränke im Bus auskleben. Die Kanten der textilen Beläge im Fahrerhaus kann man gegen Ausfransen (oder Abbröckeln bei Kork) gut schützen, indem man entweder flache Leisten oder PVC-Streifen aufklebt (oder aufschraubt) oder indem man eine passende Borte oder *Kordel* verwendet, die ebenfalls gut aufzukleben geht. Hierzu gleich noch ein Tip, weil derartige Kordeln auch im Wohnteil gut zum Abdecken von Möbelecken zu verwenden gehen. Ich klebe solche Kordeln oder auch Borte an, indem ich zuvor in der gewünschten Verlegerichtung einen dünnen Streifen dauerelastische Dichtungsmasse aus einer Kartusche auftrage.

Dahinein wird dann die Kordel sanft gedrückt und haftet sofort. Kleine Korrekturen sind noch möglich, solange die Masse nicht aushärtet.

Wenn Sie Ihr Fahrerhaus nachts beispielsweise als *Ablage* für Gepäck oder Garderobe benutzen oder wenn etwa Kinder auf einem *Notbett* dort schlafen, ist es angenehm, die Fenster des Fahrerhauses zuzuhängen. Derartige *Vorhänge* haben grade im Fahrerhaus mit seiner Einscheiben-Verglasung eine Menge weiterer Vorteile. Sie dienen nicht nur als Sichtschutz, sondern ersetzen weitgehend auch die Isolierverglasung, wenn sie richtig ausgewählt und angebracht werden. Sie wissen selbst, was für eine Affenhitze im Fahrerhaus herrscht, wenn draußen die Sonne in die Fenster knallt. Noch unangenehmer ist es nachts oder wenn es draußen kühl ist, weil dann die Luftfeuchtigkeit im Fahrzeug in kurzer Zeit als Kondensat an den kalten Scheiben runterläuft und sich früher oder später als Rostfraß oder in Form von elektrischen Störungen bemerkbar macht.

Ein paar helle, freundliche aber dennoch dichte Vorhänge schaffen weitgehende Abhilfe. Befestigen kann man die Vorhänge mit den sogenannten »Tenax-Knöpfen« aus dem Camping- oder Zubehörhandel. Die Unterteile dieser Knöpfe werden in vorgebohrte Löcher in den Fensterrahmen wie Blechschrauben eingedreht. Die Oberteile der Knöpfe werden wie Druckknöpfe im Stoff befestigt und auch wie Druckknöpfe an die Unterteile angeknöpft. Wenn man rechts und links im Fahrerhaus an jedem Fenster zwei Knöpfe oben anbringt und auch noch drei für die Frontscheibe, so ist im Handumdrehen das Fahrerhaus geschützt. Für den Fall, daß im Fahrerhaus jemand schlafen will (Kinder in Notbetten quer über den Sitzen o. ä.), so empfehle ich den Stoff für die Vorhänge doppelt zu nehmen. Außen hell in einer Pastellfarbe, die dem Außenlack des Fahrzeugs angepaßt ist. Die Innenbahn des Vorhangs sollte dagegen möglichst dunkel und lichtdicht sein, damit man auch unter einer Straßenlaterne oder gegen Morgen noch ungestört schlafen kann.

Sie sehen, was so alles bei einem Fahrerhaus bedacht sein will. Um nun aber das Fahrerhaus auch wirklich optimal nutzen zu können, ist etwas von außerordentlicher Bedeutung: Der Durchgang vom Fahrerhaus nach hinten in den Wohnteil.

Durchgang:

Bei manchen LKW's oder Kastenwagen ist das Fahrerhaus vom hinteren Aufbau getrennt und es ist noch nicht einmal nachträglich möglich, einen Durchgang zu schaffen. Dabei ist so ein Durchgang nicht nur angenehm, sondern kann in *Notfällen* sogar *lebenswichtig* werden. Natürlich ist es angenehm, bei schlechtem Wetter trocken und sauber aus dem Fahrersitz nach hinten zu klettern, wo der Kaffee auf dem Tisch steht. Es ist genau so schön, wenn die Kinder von hinten mal rasch zu Muttern nach vorn krabbeln können oder wenn der Beifahrer während der Fahrt mal eine Erfrischung aus dem Kühlschrank holen will.

Auch als Schmutzschleuse – sozusagen als Hausflur für das Wohnmobil – läßt sich das Fahrerhaus nur dann nutzen, wenn man von dort aus in den Wohnteil gelangen kann. Geradezu lebenswichtig aber kann so ein Durchgang dann werden, wenn man nachts auf seinem Parkplatz belästigt oder gar angegriffen wird und mit dem Fahrzeug schnellstens wegwill.

Damit dürfte klar sein, wie wesentlich so etwas für jeden Campingbus sein kann. Die meisten Fahrzeuge weisen so einen Durchgang bereits auf oder zumindest kann man ihn bei Neufahrzeugen in fast allen Modellen auf Wunsch bekommen.

Bei Gebrauchtfahrzeugen passiert es allerdings öfters, daß man einen Durchgang erst nachträglich schaffen muß. Aber keine Bange, das läßt sich fast immer bewerkstelligen.

Zuerst sollte man die Planung des Wohnteils entwerfen, um den möglichen Durchgang festzulegen. Dann sollte man im Fahrzeug prüfen, ob sich der Durchgang dort wie vorgesehen realisieren läßt oder ob beispielsweise der Beifahrersitz, der Motor oder gar eine Sitzbank im Fahrerhaus im Wege sind. Bei einem einzelnen Beifahrersitz wird sich meist ein Zugang nach hinten in der Mitte des Fahrerhauses schaffen lassen oder man baut einen Sitz ein, dessen Rücklehne abklappbar ist.

Ist der Motor oder ein anderes Aggregat störend in Wagenmitte installiert, muß man sowieso entweder einen Durchschlupf zum »Drüberklettern« machen oder doch hinter den Beifahrersitz ausweichen. Ein Beispiel dafür sehen Sie in Bild 34, wo in der Fahrzeugmitte nur notfalls ein Stolperdurchgang zu schaffen wäre und deshalb die Entscheidung fiel, hinter dem Beifahrersitz die Rückwand zwischen den Verstrebungen aufzutrennen.

Bild 34: Wenn zwischen Fahrerhaus und Wohnteil ein Durchgang geschaffen werden soll, muß für diesen Durchbruch ein geeigneter Platz gefunden werden. Hier fand er sich hinter dem Beifahrersitz.

Bild 35: Ein Problem bei der Schaffung eines Durchgangs sind die aus statischen Gründen erforderlichen Verstrebungen aus Blechprofil. Sie werden nach Klärung mit dem Kfz-Hersteller oder einem Karosseriefachmann herausgestemmt.

Wenn eine Sitzbank im Fahrerhaus den Durchgang erschweren sollte, kann man prüfen, ob sich die Sitzbank nicht gegen nur einen Einzelsitz austauschen läßt. Den kann man sich vom nächsten Autofriedhof besorgen. Damit die Sitze im Fahrerhaus auch alle gleich aussehen, werden sie mit Lammfell oder notfalls Webpelz überzogen. Braucht man im Fahrerhaus den dritten Sitz, gibt es drei Möglichkeiten. Entweder man montiert einen *zweiten einzelnen Beifahrersitz.* Oder man befestigt am Beifahrersitz einen als Notbehelf dienenden *Klappsitz,* der bei Nichtgebrauch hochgeklappt wird. Die dritte Möglichkeit schließlich ist eine *gepolsterte Staukiste,* die mit ein paar Flügelschrauben am Wagenboden befestigt wird. Ist sie im Wege, kann man sie rasch entfernen. Sonst dient sie als dritter Sitz. Als Rückenlehne wird eine Platte gepolstert und mit ein paar Lederschlaufen oder Blechschellen rechts und links an die Seriensitze angehängt. Zur Benutzung des Durchgangs kann man die Rückenlehne leicht aushängen. In jedem Fall muß aber auch für den dritten Sitz ein einwandfreier Sicherheitsgurt installiert werden. Aber weiter mit dem Durchgang. Soll eine Blechwand entfernt werden, müssen Sie sich vorher vergewissern, ob die stets vorhandenen *Blechverstrebungen* (Bild 34), durch Pfeile gekennzeichnet, ohne Beeinflussung der Karosserie-Stabilität entfernt werden können. Irgendeine tragende oder versteifende Funktion hat jede Verrippung, sonst würde der Hersteller sie bestimmt sparen! Ihr Weg sollte deshalb auch auf jeden Fall zu dem Kfz-Händler oder der Vertragswerkstatt führen, die für Ihr Basisfahrzeug zuständig ist. Der dort tätige Meister oder Karosserieklempner ist der Mann, der Ihnen mit Rat und notfalls auch Tat weiterhilft. Er sagt Ihnen zumindest, ob die Streben entfernt werden dürfen und welche Ersatz-Verstrebungen dafür angebracht werden müssen.
Wie Sie sehen (Bild 35), kann man nach Klärung der Strebenprobleme mit Hammer und *Stemmei-*

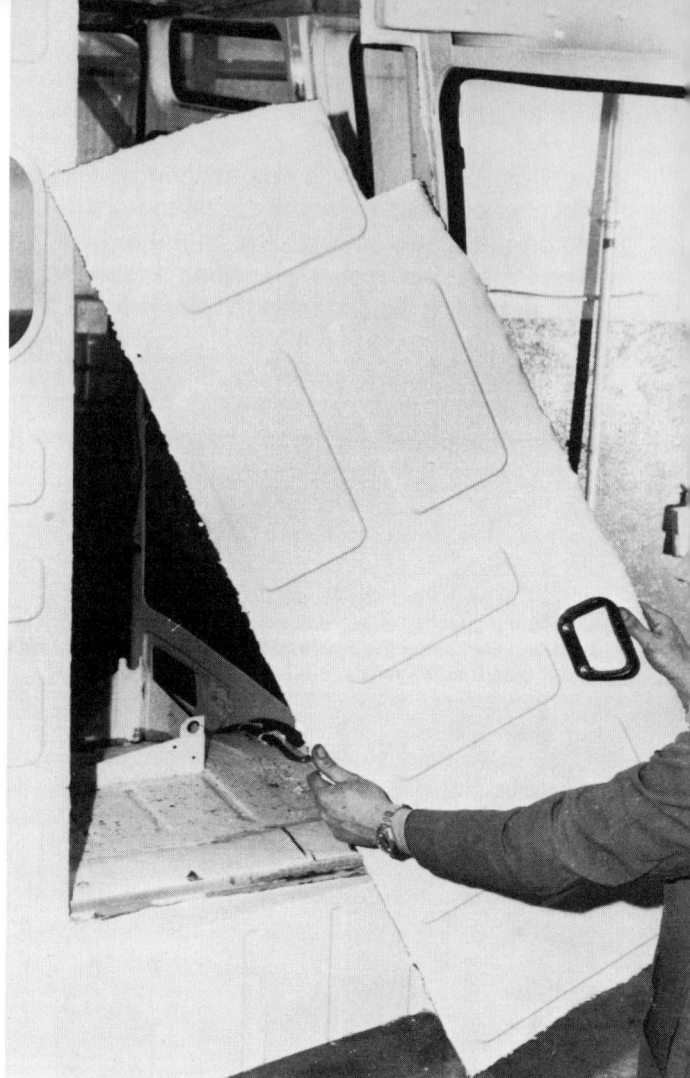

Bild 36: Nach mühseliger Stemmarbeit ist das Blechfeld endlich draußen, der Durchgang vorhanden.

sen (notfalls Stechbeitel) sowohl die Rippen als auch die Blechwand selbst herausmeißeln. Dabei sollte das Schneidwerkzeug immer unter einem möglichst spitzen Winkel angesetzt werden, um nicht unnötig die Blechteile zu verformen und sich die Arbeit zu erschweren. Glatte Blechflächen lassen sich auch gut mit dem *Metallsägeblatt in der Stichsäge* heraustrennen, wenn man in den Eckpunkten zuvor ein Loch gebohrt hat, um das

Bild 37: Als Ersatz für die entfernten Blechprofilstreben werden rund um den Durchbruch U-Profile aus stabilem Blech eingesetzt.

Bild 38: Auch unten kommt als Schwelle ein solches U-Profil hin, das natürlich ebenso sauber eingepaßt werden muß wie die übrigen Rahmenteile.

Sägeblatt dort anzusetzen. Beim Arbeiten mit der Stichsäge und Metallsägeblättern sollten Sie unbedingt eine Schutzbrille tragen, die winzigen Metallspäne im Auge sind sehr schmerzhaft. Eine dritte Möglichkeit, die Blechteile, besonders Rippen, herauszutrennen, ist ein *Winkelschleifer.* Mit einer Trennscheibe für Metall läßt sich die Arbeit ebenfalls mühelos bewältigen, allerdings ist auch hier die Schutzbrille und evtl. sogar das Tra-

gen von Schutzhandschuhen unbedingt anzuraten! Mit einer *Blechschere* zu arbeiten, ist bei so großen und relativ graden Schnitten sehr mühevoll, für kleine Ausschnitte wie z. B. für Luken oder kleinere Fenster dagegen durchaus angebracht. In jedem Fall sollte man nach dem Ausschneiden des Blechfeldes (Bild 36) daran gehen und die scharfgratigen Kanten der stehenbleibenden Blechteile mit einer Feile grob entgraten und mit

Rostschutz (Bleimennige) und einem *Decklack* (beliebiger Farbe, hier kann man gut Reste aufbrauchen!) gegen Rosten zu schützen! Wie Sie in Bild 37 sehen, wird die verlorene Stabilität durch das Einsetzen eines *rundum laufenden Blech-U-Profils* wiederhergestellt. Die Teile werden genau passend zugeschnitten (Bild 38) eingesetzt und mittels Blindnietzange (Bild 39) und *Blindnieten* am verbleibenden Blechrand befestigt. Man kann auch Rohrprofile oder einen stabilen Holzrahmen verwenden, man braucht auch nicht zu nieten, sondern kann die neue Versteifung mittels *Schweißen* (natürlich nicht bei Holz!) oder mit *Blechschrauben* anbringen. Wie solide und sorgfältig so etwas gemacht wird, sehen Sie im Detail (Bild 40). Den U-Profilrahmen wird man möglichst

Bild 39: Das umlaufende Versteifungsprofil wird nach dem Bohren mit der Blindnietzange und soliden Blindnieten am Blech befestigt. Man kann statt dessen auch stabile Blechschrauben einsetzen.

Bild 40: So solide muß eine vernünftige Verstrebung befestigt werden, wenn sie als echter Ersatz für entfernte Blechverstrebungen dienen und wenn der Wagen nicht durch Pfuscharbeit in seiner Verwindungssteifigkeit leiden soll.

Bild 41: Bei großzügig bemessenen Wohnmobilen kann eine Falttür ebenso zur Raumteilung verwendet werden wie auch als Abtrennung von Fahrerhaus zu Wohnteil.

ebenfalls, wie auch sonst jede metallisch blanke Stelle im Fahrzeug-Blech, wieder gegen Rost schützen.

Wie breit oder schmal so ein Durchgang wird, ist im Grunde belanglos. Natürlich ist ein breiter Durchgang bequemer, man kann sich weder stoßen noch verletzen. Allerdings sollte er auch nicht so breit sein, daß dadurch im Wohnteil wichtige Stellwände verloren gehen.

Schließlich bleibt noch eine letzte Arbeit, nachdem man den Durchgang grade geschaffen hat: Man muß ihn wieder zumachen können! Ich sagte schon, daß die Isolation der Einscheibenverglasung im Fahrerhaus nicht grade vorteilhaft ist. Deshalb und auch als Sichtschutz ist zwischen Fahrerhaus und Wohnteil zwar ein Durchgang, aber auch die Möglichkeit einer Abtrennung der

beiden Räume voneinander wichtig. Diesen Zweck kann meist schon ein dicker, möglichst lichtdichter Vorhang erfüllen. Man kann auch gut eine Tür einbauen oder eine Falttür (Bild 41), die wenig Platz braucht. Auch an die Doppelnutzung einer Tür beispielsweise des Waschraums kann man denken.

Wenn die Waschraumtür rechtzeitig so geplant wird, daß sie in geöffneter Stellung den Durchgang verschließt, spart man eine gesonderte Tür am Durchgang.

Wenn Sie diese doppeltgenutzte Tür oder aber auch eine Extra-Durchgangstür sehr solide ausführen (Tischlerplatte o. ä.) und mit einem vernünftigen Schloß im Durchgangsbereich (oder einem vom Wohnteil her zu betätigenden Riegel) versehen, haben Sie gleich noch einen handfesten *Einbruchsschutz*. Die normalen Kfz-Türschlösser sind ja ganz gut und schön, aber ein Experte bekommt sie im Handumdrehen auf. Sie lassen sich auch nicht so gut gegen solidere austauschen. Deshalb wähle ich lieber die oben erwähnte Möglichkeit, die Durchgangstür mit einem sehr soliden *Sicherheitsschloß* auszurüsten und die anderen Türen vom Wohnteil nach außen mit Riegeln zu sichern. Dann ist der Durchgang vom Fahrerhaus nach hinten der Haupteingang, der entsprechend gesichert ist. Selbst wenn ein böser Bube in das Fahrerhaus eindringt, kommt er zumindest nicht so bequem an den weiteren Inhalt des Fahrzeugs. Hiervon unabhängig sind natürlich weitere Sicherheitsmaßnahmen wie Alarmanlagen usw.

Schließlich sollten Sie noch an eine letzte, aber nicht unwichtige Arbeit im Durchgangsbereich denken, nämlich an die Sicherheit für Sie. Wer erst einmal in Gedanken mit Volldampf gegen eine zu niedrige Durchgangsöffnung gerannt ist und sich anschließend eine hübsche Beule an der Stirn kühlen mußte, weiß, was ich meine. Man sollte deshalb auch den oberen Bereich des Durchgangs auf beiden Seiten, also im Fahrerhaus und im Wohnteil, mit Schaumstoff und darüber gespanntem Kunstleder oder Stoff polstern. Solche »Kopfschoner« lassen sich sehr gut aus einem rechteckigen Stück Sperrholz fertigen, das mit zwei bis drei Zentimeter starkem Schaumstoff beklebt wird. Rund um diesen Schaumstoff und das Sperrholz zieht man dann ein Stück farblich passendes, auf die Einrichtung abgestimmtes Kunstleder, das auf der Holzrückseite mit dem Tacker befestigt wird. Diese Polsterplatte wird dann entweder mit Kontaktkleber oder ein paar Blechschrauben an der Wand über dem Durchgang befestigt.

Verwendet man Blechschrauben, sollt man allerdings breite, verchromte Unterlegscheiben unter die Schraubenköpfe legen, damit das Kunstleder nicht ausreißt.

Hat man keine feste Tür im Durchgang, sondern nur einen Vorhang, so kann man rundum den Türrahmen auch durch einen längs aufgeschnittenen Gummi- oder Plastikschlauch polstern, der einfach um den Türrahmen geklebt oder geschraubt wird.

Steh-Höhe im Fahrzeug

Ein Campingbus ohne Stehhöhe zumindest im Wohnteil ist kein Campingbus, sondern einfach ein Zumutung.

Selbst junge Leute, die sich mit ein paar Mark einen alten Kastenwagen halbwegs wohnlich einrichten, werden spätestens für die zweite Reise irgendeine Möglichkeit schaffen wollen, sich mal im Fahrzeug, sei es zum Essenkochen oder zum Waschen oder Anziehen aufrecht hinstellen zu können.

Das Resultat solcher Überlegungen ist dann meist ein entweder urkomisch oder lebensgefährlich aussehender Dachaufbau. Manchmal wird zu dem Zweck vom Autofriedhof ein Pkw-Oberteil besorgt und auf dem Kastenwagen aufgeschweißt oder man befestigt einen kistenähnlichen Gegenstand aus Sperrholz und Polyester auf dem Dachausschnitt. Das alles sind Notbehelfe, die nicht nur dem TÜV graue Haare verursachen, sondern oft auch den Benutzern. Infolge mangelnder Isolierung bildet sich Kondenswasser, das munter ins Fahrzeug tropft oder die Konstruktion ist nicht regendicht oder das Fahrzeug bekommt durch die strömungsungünstige Aufpropfung ein riskantes Fahrverhalten usw.

Deshalb sollte man in jedem Falle vorher die Stehhöhe einplanen! Es gibt dafür eine ganze Reihe Möglichkeiten, die man der Reihe nach gegeneinander abwägen sollte:

1. Das Hochdach:

Das ist für den, der eine genügend hohe Garage und eine ebenfalls ausreichend hohe Garagentür hat, die *optimale Lösung*. Man kann zwar mit einem Hochdach-Kastenwagen in kein Parkhaus mehr hereinkommen, man wird auch etwas mehr Treibstoff verbrauchen wegen der größeren Frontpartie und man wird auch mit etwas stärkerer Seitenwindempfindlichkeit zu kämpfen haben. Aber das alles ist nebensächlich, wenn man den Platz im Fahrzeug sieht! Man kann nun bequem einen Waschraum einplanen, man kann Doppelstock-Betten einbauen, Hängeschränke und vergrößerte Staufächer. Über der Koch-Spülkombination der Küche läßt sich problemlos eine Dunsthaube vorsehen und least not least kann man sowohl im Waschraum als auch beim Kochen oder Anziehen im ganzen Fahrzeug aufrecht stehen, wenn man nicht grade ein Riese ist. Die Stehhöhe der serienmäßig gegen Aufpreis lieferbaren Hochdach-Konstruktionen aus Blech oder Glasfaser-armiertem Kunststoff liegt meist bei etwa 1,85 Meter (Bild 27 bis 29).

Manche Karosserie-Fabriken liefern auch Sonder-Hochdächer eigener Fertigung für bestimmte Wagenmodelle, die man entweder dort gleich fertig montieren lassen kann oder notfalls auch selbst aufbringt. Eine *nachträgliche Anbringung* eines solchen Hochdachs ist *in der Hand eine Karosserie-Fachmanns* immer in den besseren Händen, denn nur er kann auch gleich für den Einbau von Ersatzverstrebungen sorgen, wenn die Rippen im ursprünglichen Dach entfernt werden müssen.

Wer unbedingt selbst ein Hochdach montieren will, sollte sich vielleicht ein Modell aussuchen, bei dem nur das Mittelfeld des Fahrzeugs volle Stehhöhe erlaubt und die vordere oder hintere Partie des Kunststoff-Hochdachs als Dachgepäckwanne ausgebildet sind. Dann kann man zusätzlich Gepäck aufs Dach packen. Aber viel wichtiger ist, daß man die tragenden Querverstrebungen des alten Dachs nach Möglichkeit unangetastet lassen kann und nur im Mittelbereich notfalls eine Rippe herausnimmt. Die vorn und hinten im Wagendachbereich stehenbleibenden Rest-Dachflächen werden mit Kunstleder oder anderen Materialien beklebt und nach Möglichkeit als Staufächer genutzt.

Den Dachausschnitt, den man im Mittelbereich schaffen muß, sollte man jedoch so groß wie möglich machen. Die Herstellung so eines Dachausschnittes geht im Prinzip ähnlich vor sich wie beim Heraustrennen eines Blechfeldes im Durchgangsbereich beschrieben. Schauen Sie sich in diesem Zusammenhang auch die Bilder 75 bis 81 an, bei denen es um den Einbau einer Dachluke geht.

Beim Aufsetzen eines Hochdachs auf das vorhandene Dach sollte man nach Möglichkeit immer den ringsum laufenden Rand des neuen Dachteils in der »Regenrinne« des alten Dachs aufsetzen. Zuvor wird ein Streifen Dichtungsband in den Auflagebereich gelegt, der durch das Gewicht des neuen Dachs schon erst mal eine gewisse Dichtigkeit liefert. Nach dem Befestigen des neuen Dachs (mittels Klebung und Verschraubung bei Kunststoffdächern oder Schweißung bzw. Nietung bei Blechdächern) wird der Übergangsbereich ringsum satt mit dauerelastischer Dichtungsmasse (Silikon-Kautschuk) aus der Kartusche abgedichtet. Zuvor muß der Bereich natürlich einwandfrei gereinigt werden, Fettspuren oder Schmutz und Feuchtigkeit verhindern die Haftung der Dichtungsmasse. Diese verminderte Haftfähigkeit kann man sich beim Auftragen des Silikon-Kautschuks zunutze machen. Wenn der aufgetragene Dichtungsmasse-Strang ringsum aufliegt, wird mit einem nassen (!) Lappen oder dem angefeuchteten Finger die Masse geglättet. Zwischendurch immer wieder den Finger naßmachen, dann bleibt auch nichts an der Fingerkuppe hängen und die Dichtung wird völlig gleichmäßig und sauber.

87

Erst wenn das neue Hochdach fix und fertig und vor allem solide befestigt und abgedichtet ist, kann der innere Ausbau beginnen. Vor allem muß der noch sichtbare *Blechrand* des Dachausschnittes *entgratet* und *verkleidet* werden, damit man sich nicht verletzt. Vor dem Verkleiden des Randes mittels aufgeschraubtem Holzrahmen oder aufgeklebter Weichplastikprofile wird natürlich noch der *Rostschutz* der blanken Blechränder ausgeführt.

2. Das Hubdach:

Grade bei kleineren Campingbussen ist das Hubdach sehr verbreitet, weil es erstens *wenig Platz* benötigt, wenn es auf dem Blechdach des Kastenwagens oder Busses aufliegt. Weil es zweitens recht *preiswert* ist und weil es drittens *ohne allzu große Probleme* von jedem halbwegs begabten Heimwerker eingebaut werden kann. Hubdächer sind diese komischen Gebilde, bei denen eine feste Plastikschale aus Glasfaser-verstärktem Polyester die Dachfläche bildet und die Seitenwände des angehobenen Dachs aus mehr oder weniger schönem Segeltuch bestehen. Meist sind Hubdächer auch nur so bemessen, daß sie im Mittelfeld des Fahrzeugs, wo meist die Küche mit Waschbecken und Gaskocher installiert ist, eine Stehhöhe gestatten. Das ist nicht weiter schlimm, im Bereich der Sitzbänke oder Betten braucht man meist genau so wenig Stehhöhe wie im Fahrerhaus. Deshalb ist diese Lösung aus Preisgründen oder für Selbermacher unbedingt praktisch. Dadurch, daß der Dachausschnitt bei den meisten nachträglich einzubauenden Hubdächern auch nur relativ klein ist (etwa im Bereich von 900 mal 1300 mm), brauchen auch fast nie die Blech-Traversen im Dachbereich entfernt zu werden. Das erleichtert natürlich den Selbst-Einbau erheblich und man bekommt weder Ärger mit dem TÜV noch mit einer instabilen Karosserie.

Eine ganze Reihe Zubehörfirmen oder auch Firmen, die selbst Campingbusse bauen, liefern fertig montierte Hubdächer oder Einzelteile als Bausatz. Zunächst wird der Ausschnitt in der Dachfläche von innen angezeichnet, als Schablone kann meist der mitgelieferte Verstärkungsrahmen verwendet werden. In den Ecken (je nach Rundung) werden Bezugslöcher durch das Dachblech gebohrt. An Hand dieser Bezugslöcher kann man dann von oben nochmals den Verstärkungsrahmen auflegen und den Dachausschnitt mit Filzstift anzeichnen. Mit Metallsägeblatt in der Stichsäge wird nun von oben, weil man dort besser arbeiten kann, der Dachausschnitt so sauber wie möglich herausgetrennt. Hierbei auch an die vorgesehenen Radien denken und notfalls die angezeichneten Schnittkanten nochmals mit der mitgelieferten Gummidichtung vergleichen. Lieber vorher prüfen als nachher jammern!

Wer beim Sägen Bedenken hat, er könnte mit der Stichsäge abrutschen und den Lack zerkratzen, der kann den Schnittverlauf vor dem Markieren und Sägen noch mit breitem Kreppklebeband abkleben. Nach dem Sägen wird dann das Klebeband natürlich wieder entfernt und der Blechrand entgratet und gegen Korrosion geschützt. Bei manchen Hubdächern wird auch zusätzlich ein Kantenschutz mitgeliefert. Wenn nicht, muß man sich entweder so ein Plastikprofil besorgen oder zumindest die Kante mit Leinen-Klebeband o. ä. umkleben, um Verletzungen auszuschließen. Das Hubdach wird meist von sogenannten Scheren in seiner Offen-Stellung gehalten. Diese Scheren müssen am Blechdach angeschraubt werden, was je nach Hubdach-Ausführung verschieden erfolgt. Meist werden sie gemeinsam mit dem Verstärkungsrahmen zusammengeschraubt, der von innen gegen den Rand des Dachausschnitts geschraubt werden muß. Nach Montage der Hubscheren wird das Hubdach selbst montiert und zum Schluß auch noch der Leinwandbalg innen am Verstärkungsrahmen befestigt. Abschließend

Bild 42: Wer in einem normalen Transporter Stehhöhe haben will, um ihn als Campingbus zu nutzen, kommt um ein Hub- oder Aufstell-Dach nicht herum. Wer es sich nicht selbst einbauen will, kann sich an eines der spezialisierten Karosseriewerke wenden. Im Foto zum Beispiel ein Hubdach der Firma Voll KG auf dem Bedford Blitz.

kommen die restlichen Beschläge zum Arretieren des offenen bzw. geschlossenen Hubdachs und die Verkleidungsprofile dran.

Wo es erforderlich ist, den Dachausschnitt im Bereich des Verstärkungs- oder Dachrahmens zu-

sätzlich abzudichten, tritt wieder die Kartuschen-Pistole mit Silikon-Kautschuk in Aktion. Da jeder Hersteller von Hubdächern eine andere Art der Montage für sein Modell vorschreibt und auch andere Konstruktionselemente verwendet, kann hier nur eine allgemeine Beschreibung erfolgen. Genaue Montageanleitungen bekommen Sie von dem Hubdach-Lieferanten selbst (Bild 42).

So gibt es beispielsweise Hubdachkonstruktionen, die so groß und schwer sind, daß sie sich nur mit Hydraulik-Zylinderchen aufstellen lassen (und schließen lassen). Das ist zwar eine feine und praktische, aber auch teure Sache.

Andere Hubdach-Scheren werden durch Federkraft gehalten oder rasten nur in den Endstellungen ein. Hier sollte man sich bei den Lieferanten umschauen und auf Messen informieren, damit man wirklich das Beste bekommt. Bei manchen Hubdächern muß der Einbauer z. B. erst noch die Rahmen oder die Hubdachschale der Wagendachkrümmung anpassen, bevor er montieren kann.

3. Das Aufstelldach:

Im Prinzip ähnlich wie das Hubdach ist auch das Aufstelldach gebaut. Nur ist es meist wesentlich *größer* und bietet daher auch mehr Bewegungsfreiraum im Dachbereich. Das wird bei vielen Modellen dazu genutzt, im Aufstelldach ein *Doppelbett* unterzubringen. Diese Aufstelldächer klappen schräg auf, eine Seite ihrer festen Dachschale ist mit dem Wagendach durch Scharniere verbunden. Die Gegenseite wird durch Federdruck aufgestellt und durch eine Scherenkonstruktion o. ä. gehalten. Die drei offenen Seiten des Aufstelldachs sind aber wie beim Hubdach durch Textilbahnen verkleidet, in denen meist auch noch Gazefenster untergebracht sind.

Werden in solchen Aufstelldächern Doppelbetten untergebracht, so ist die Raumnutzung bei warmer Witterung sicher optimal. Bei kaltem Wetter allerdings kann es den im Dachgeschoß Schlafenden passieren, daß sie mehr mit den Zähnen klappern als schlafen. Die dünne Zelt-Leinwand oder Textilbahn hält nämlich problemlos die Mücken oder Fliegen ab und läßt auch gut Kochdün-

ste und Wärme aus dem Fahrzeug entweichen, aber sie kann nicht isolierend wirken. Und noch ein Nachteil dieser Aufstelldächer sollte erwähnt werden: Bei manchen Dachformen bzw. Fabrikaten fühlt man sich nicht nur im Dachgeschoß, sondern auch im Fahrzeug selbst bei starkem Wind mehr wie auf einer Segeljacht im Sturm als in einem Campingbus auf festem Boden. Die Windangriffsflächen sind oft sehr groß und rauben einem durch die ständige Schaukelei des Fahrzeugs den Schlaf, wenn man nicht ausgesprochen seetüchtig veranlagt ist. Aber wie gesagt ist das von Hersteller zu Hersteller verschieden und man sollte in jedem Fall, bevor man ein solches Fahrzeug mit Aufstelldach erwirbt, ein paar Nächte probeschlafen!

Diese Aufstelldächer sind nämlich fast alle nur ab Wohnmobil-Hersteller fertig eingebaut lieferbar, weil der erforderliche große Dachausschnitt Probleme wegen der Versteifung schafft. Und wenn ein Zubehörhändler ein größeres Aufstelldach für den Selbstausbau liefert, sollte man sich unbedingt von ihm für das betreffende Fahrzeugmodell den zulässigen Dachausschnitt angeben lassen und ebenso die einzubauenden Ersatz-Streben.

Noch ein weiteres Problem bringen derartige Aufstelldächer für den Selbstausbauer mit sich: Wer im Dach schlafen will, muß erst einmal da hoch kommen. Dafür braucht man entweder eine *Anlegeleiter* oder Strickleiter oder aber man muß die Möbel im Fahrzeug bereits so bauen, daß Tritte eingelassen sind und man über die Möbel ins Dachgeschoß gelangt. Allerdings ist diese Kletterei wirklich nichts für etwas gesetztere Menschen, während Kinder geradezu einen Heidenspaß haben, unter dem luftigen Dach zu hausen. Natürlich nur bei stehendem Fahrzeug, denn für die Fahrt muß das Dach wie auch jedes andere Hub- oder Klappdach eingezogen werden.

Ich für meine Person halte nicht nur aus dem Grunde nicht allzu viel von Hub- oder Aufstelldächern (die Hersteller mögen mir dies verzeihen), und zwar aus folgenden Überlegungen: Erstens ist so ein aufgestelltes Dach für jeden, der es sieht, ein Zeichen dafür, daß in diesem Campingbus jemand „wohnt", während es mir am liebsten ist, wenn mein Campingbus außen wie ein harmloser Kastenwagen aussieht. Zweitens ist so eine Leinwandfläche für einen Dieb geradezu eine Herausforderung, mit dem Taschenmesser einen kurzen Schnitt zwecks Aufbesserung seiner Vermögenslage zu machen. Drittens ist die Schaukelei des Fahrzeugs bei ungünstiger Stellung zum Wind nicht jedermanns Sache. Viertens ist mir eine regulierbare Lüftungsöffnung wie z. B. eine Dachluke oder ein Klappfenster im Dachbereich lieber, als die große, heizkostenfressende Stoff-Fläche bei Reisen in kühleren Jahreszeiten oder in kühlen Nächten.

Fünftens kostet so ein Aufstelldach auch nicht viel weniger als ein Serien-Hochdach und bietet nicht dessen Stauraum und auch nicht dessen Haltbarkeit.

4. Das Klappdach:

Eine gute Alternative zwischen den großen Hubdächern und den Hochdächern bieten einige Fahrzeug-Ausbaufirmen mit der Konstruktion des Klappdachs. Das besteht aus einer festen, ebenfalls recht großen Dachschale und rundum vier festen und isolierten, aber über Scharniere klappbaren Seitenwänden.

Dach und Seitenwände sind meist in Sandwichbauweise gut isoliert und bieten damit neben leichter Bauweise gute Dämmwirkung und stabile Konstruktion. Leider sind diese Dächer nicht für alle Fahrzeugtypen erhältlich. Außerdem sind sie nicht gerade billig und auch kaum selbst einzubauen.

Diese Klappdächer sehen meist auch etwas ekkig und verbaut aus, was aber ihren praktischen Nutzen nicht einschränkt.

5. Das pneumatische Hubdach:

Eine völlig neuartige Lösung des Problems Stehhöhe bietet das pneumatische Hubdach, das auf einem Patent des Autors beruht. Bei dieser Konstruktion ist eine feste und isolierte Dachschale über einen geschlossenen, rechteckigen Ring luftgefüllter Gummi- oder Plastikschläuche (ähnlich einer Luftmatratze oder einem aufblasbaren Badebecken) mit dem Fahrzeugdach verbunden. Zum Aufstellen des Hubdachs genügt es, die Luftkammern aufzublasen. Das schafft jeder Auto-Staubsauger oder Kleinkompressor, es geht auch genau so gut mittels Auspuff-Abgasen oder einer Druckluftflasche, zur Not natürlich auch mit der Fußluftpumpe, wie man sie für das Schlauchboot o. ä. verwendet. Abgesenkt wird das Hubdach dann einfach durch Öffnen des Ventils und Ablassen der Luft aus den Kammern. Der Vorteil dieser Hubdachkonstruktion ist, daß sie sich durch die elastischen Schläuche jeder Dachkrümmung anpaßt, daß sie sowohl wärme- als auch kältedämmend ist, daß sie völlig unempfindlich gegen Feuchtigkeit ist, daß sie sich preiswert herstellen läßt und daß durch ihr System gleichzeitig ein Hub- oder Haltemechanismus überflüssig ist. Merkwürdigerweise hat sich noch kein Hersteller in Deutschland dafür gefunden...

6. Das Sonder-Dach:

Gemeint sind damit all die Möglichkeiten, sich für sein Fahrzeug *eine erhöhte Dachkonstruktion selbst zu schaffen.*

Das setzt allerdings sowohl eine *vorherige Klärung* mit dem *TÜV* voraus als auch eine ganze Portion Wissen beim Umgang mit Glasfasermatten, Polyesterharz und Formenbau.

Da es sich in den meisten Fällen ja um eine einmalige Sonderkonstruktion handeln wird (nämlich nur für dies eine Fahrzeug), lohnt sich der Bau einer speziellen Negativform natürlich nicht. Der einfachste Weg dürfte der sein, daß man sich aus wenigstens 10 mm starkem, wasserfest verleimten Sperrholz einen Aufbau auf dem vorher entsprechend aufgeschnittenen Dach herstellt und diesen Aufbau besonders sorgfältig mit den aufgestülpten Blechrändern des Dachausschnitts verschraubt, nachdem zuvor Dichtungsstreifen aus dauerelastischer Masse zwischengelegt wurden. Die Eckverbindungen der Sperrholzplatten untereinander werden durch massive Holzleisten von cirka 40 mm bis 50 mm Kantenlänge hergestellt, die natürlich entsprechend der Neigung der Sperrholzplatten zueinander vorher ebenfalls schräg zurechtgehobelt werden müssen, damit sie vollflächig an den Platten anliegen. Sie werden verleimt und verschraubt, bis sich eine absolut verwindungssteife Kastenform (so weit wie möglich windschlüpfig geformt) ergibt. Dann werden alle Kanten gut gerundet und mit Sandpapier geschliffen. Nach Entfernung des Schleifstaubs außen wird der gesamte Kasten auf allen Außenflächen mit einer *Einkomponenten-Haftgrundierung* auf Polyurethan-Basis (z. B. das »G4« der Fa. Voss-Chemie Uetersen) satt eingestrichen. Nach cirka *30 Minuten* muß dann *innerhalb* weiterer *zweieinhalb Stunden* die Beschichtung des grundierten Holzkastens mit der ersten *Lage Glasfaser* und *Polyesterharz* (mit Härterzugabe nach Lieferantenvorschrift) erfolgen. Die evtl. nötigen weiteren Lagen können dann in Ruhe aufgebracht werden. Als Abschluß der Beschichtung wird das reine Polyesterharz mit Härterzugabe und einer Farbstoff-Beimengung (meist weiß) aufgetragen. Wichtig ist beim Aufbringen der Glasfasermatten, daß sie satt mit Harz getränkt werden (Roller oder harten Pinsel zum Tupfen verwenden) und sich nicht irgendwo abspreizen. Die *Ecken* sollten *überlappend* durch die Matten *beschichtet* werden.

Nach dem Aushärten der letzten Schicht wird man sich mit Schleifkork und größeren Mengen Schleifpapier an die Arbeit machen müssen und die *Oberfläche* eben *schleifen.* Das ist eine unangenehme Arbeit. Leider bleibt sie nicht erspart, da man ja mangels Negativform keine glatte Oberfläche bekommt.

Nach dem Schleifen kann man entweder nochmals eine eingefärbte Feinschicht aufrollen oder den ganzen Aufbau mit einem *Zwei-Komponenten-Kunststoff-Lack* spritzen.

Durch diese Eigenkonstruktion hat man natürlich die Möglichkeit, den Dachaufbau ganz nach eigenen Vorstellungen zu gestalten und Dachgepäckwanne, Bootshalterung o. ä. gleich mit einzuformen. Wer sich näher mit dieser Materie befassen will, sollte sich allerdings die Spezialliteratur über Arbeiten mit Polyesterharz besorgen, eine genaue Anleitung würde hier zu weit führen.

Der innere Ausbau dieser eigenkonstruierten Hochdach-Ausführung erfolgt dann wie bei einer normalen Wand auch durch Aufbringen der Isolation und einer Dampfsperre sowie durch anschließendes Verkleiden mit Sperrholz oder anderen Dekorplatten.

Zuvor wird man natürlich noch für eine Lüftungs- und Belichtungsmöglichkeit durch Einbau einer Dachluke oder Klappe sorgen.

Der Fußboden

Um mit System den weiteren Ausbau des Campingbusses voranzutreiben, ist erst einmal im Wohnteil die Schaffung einer vernünftigen *Ausgangsbasis* erforderlich. Ich meine damit einen glatten, ebenen und bis auf den Teppichbodenbelag o. ä. fertiggestellten *Zwischenboden,* auf dem man bereits Maße nehmen kann, auf dem sich die Einrichtung anzeichnen läßt, auf dem man Durchbrüche im Fußboden markiert usw. und der für die

Höhenangaben der Öffnungen und Durchbrüche in den Karosseriewänden der Ausgangspunkt ist.

Bei einem gebrauchten Basisfahrzeug hatten wir bereits den Fahrzeugboden im Wohnteil mit einem *Schutzanstrich* versehen (Kapitel »Aufarbeitung gebrauchter Fahrzeuge«), und zwar auf seiner Unterseite als auch von innen. Wenn sie stolzer Besitzer eines Neufahrzeugs sind, so wird der meist aus Stahlblech bestehende Fahrzeugboden im Inneren nur mit einer Grundierung versehen sein, die Rostansatz vorerst verhindert. Aber das ist nicht genug! Denn wenn so ein Zwischenboden erst einmal fest montiert ist und die Möbel darauf stehen, kommt kein Mensch mehr ohne wochenlange Arbeit der Demontage an den Fahrzeugboden von innen heran. Deshalb sollten Sie diesen, ja nur aus Blech bestehenden, Fahrzeugboden auch von innen so gut wie irgend möglich gegen jeden Schaden durch Feuchtigkeit usw. schützen. Feuchtigkeit setzt sich besonders gern in verwinkelten Ecken und in Ritzen zwischen Blechteilen fest. Deshalb sollten sie den gesamten Fußboden möglichst an einem warmen und trockenen Tag innen gründlich trocken reinigen, möglichst sogar mit einem Staubsauger auch die letzten Krümel aus den Ecken hervorholen und anschließend mit einem mittelgroßen Pinsel und *Antidröhnmasse* oder *Bitumenspachtelmasse* die ganzen Ecken und Winkelchen im Fußbodenbereich gründlich zuschmieren. Dabei schadet es auch nicht, im Gegenteil ist es sogar vorteilhaft, das Beschichten der Ecken bis auf eine Höhe von zwei bis drei Zentimetern rundum an den Fahrzeug-Außenwänden hochzuziehen, weil dieser Bereich durch das Einlegen des Zwischenbodens und das Verkleiden der Wände sowieso verdeckt ist. Durch diese »wannenähnliche« Beschichtung, die durch das *Anstreichen* des Fußbodenblechs mit *Unterboden-Schutzmasse* (auf Bitumenbasis) vervollständigt wird, kommt man im Wohnbereich des Fahrzeugs zu einem absolut *wasserdichten Boden-Schutz.* Sobald der Bitumenantrich angetrocknet ist, prüft man noch einmal sorgfältig, ob auch wirklich nirgends Poren oder Fehlstellen in der Anstrichschicht vorhanden sind. Wenn man absolut sicher ist, kommt als nächstes das *Einlegen der Dämmschicht.* Diese Schicht hat nicht nur die Aufgabe, den Fußboden gegen *Temperatureinflüsse* von außen zu isolieren, sondern sie dient gleichzeitig als *Ausgleichsschicht* für die oft mit Sicken versehenen Profilierungen des Blechbodens oder die auf das Blech aufgeschweißten Blechlaschen für etwaige Sitzbefestigungen usw. Würde man diese Dämmschicht nicht aufbringen, würde der Zwischenboden beim Auflegen die Bitumenschicht zerkratzen und der Rostschutz wäre fehlerhaft und damit sinnlos. Aber die Dämmschicht soll auch noch mehr bewirken. Durch das Material entsteht auch gleichzeitig eine *schalldämmende Wirkung,* so daß Fahrgeräusche von der Wagen-Unterseite nicht so im Fahrzeug stören und zusätzlich auch der Trittschall beim Laufen im Fahrzeug nicht nach außen dringen kann. Eine Menge Aufgaben für ein Material, das auch noch möglichst *gegen Feuchtigkeit* und *Wärme* halbwegs beständig sein soll, möglicherweise preiswert ist und sich auch noch gut verarbeiten läßt.

Ich verwende für diese Dämmschicht am liebsten die sogenannten Bitufilzplatten, eine cirka 8 mm starke, *bitumengetränkte Wollfilzplatte* aus dem Baustoffhandel. Sie ist nicht ausgesprochen billig, aber erfüllt meiner Ansicht nach ihre Aufgabe sehr gut. Außerdem ist sie durch den Bitumenanteil geradezu ideal geeignet, in den Bitumenanstrich auf dem Fußboden gelegt zu werden, ohne daß hier irgendwelche Störungen oder Zersetzungen entstehen.

Verwendet man nämlich, wie manchmal festzustellen, billige *Hartschaumplatten* für diesen Zweck, so passiert es, daß durch Lösemittelanteile des Anstrichs die Hartschaumplatten angegriffen werden und auch im Laufe der Zeit durch die Belastung von oben (Begehen, Gewicht der Möbel und Geräte usw.) eine Verdichtung oder sogar ein Zerkrümeln des Hartschaums eintritt.

Sind keine Bitumen-Filzmatten aufzutreiben, kann man sich im Handel nach ähnlichen *Weichfasermatten* umsehen, die aber auf jeden Fall möglichst kein Wasser aufsaugen sollten oder anders gegen Feuchtigkeit geschützt werden müssen.

Eine Möglichkeit ist das Auslegen von sich überlappender ungesandeter *Dachpappe,* auf die dann eine *Dämm-Matte* (Filz, Weichfaser, notfalls Hartschaum oder Schaumstoff von 10 mm Stärke) aufgelegt wird. Darauf kommt dann nochmals entweder eine weitere Lage ungesandete Pappe oder eine solide *Plastikfolie,* um das Dämm-Material gegen Nässe von oben zu schützen.

An Stelle der eben erwähnten Werkstoffe zur Dämmung läßt sich auch besonders vorteilhaft (aber etwas teuer) *Kork* einsetzen. Man bekommt ihn als Meterware oder in Platten. Für derartige Isolierarbeiten kommt es nicht auf Schönheit an, man kann also die billigste Ausführung oder eine zweite Wahl kaufen.

Die Platten sollten etwa 8 bis 10 mm dick sein. Bekommt man nur dünneres Material, muß man eben mehrere Schichten übereinander legen, wobei sich die Fugen möglichst durch Überlappung der einzelnen Lagen verdecken sollten.

Man kann die Korkschicht sogar aufkleben (zumindest die erste), indem man die Platten so dicht und fugenlos wie möglich in den noch frischen Bitumenanstrich des Blechbodens einlegt oder die Fläche nochmals kurz mit Bitumenanstrich versieht. Kork braucht wegen seiner geringen Wasseraufnahmefähigkeit keine abdeckende Schutzschicht vor dem Auflegen des Zwischenbodens.

Um Ihnen nun die weiteren Arbeiten etwas verständlicher zu machen, um Ihnen den Aufbau des Fußbodens und die Anfertigung des schon mehrfach erwähnten Zwischenbodens zu erleichtern, betrachten Sie bitte Bild 82. Das Bild zeigt im Schnitt einen Teil des Fußbodens und der Fahrzeugwand. Die einzelnen Positionen oder Teile sind durch Zahlen gekennzeichnet. So ist der Blechfußboden des Fahrzeugs mit der Ziffer 1 versehen, der Fahrzeugrahmen aus Blechrohr hat die Ziffer 2 usw. Der vorhin vorgenommene Bitumenanstrich mit Unterbodenschutz ist durch den Buchstaben U als karierte Fläche dargestellt, auf dem dann die Dämmschicht 3 liegt.

Der Zwischenboden 7 wird nach dem Einpassen mit Schloß-Schrauben 4, den dazu passenden Muttern 5 und breiten Unterlegscheiben 6 am Fahrzeugboden festgemacht.

Was nun den *Zwischenboden* betrifft, so muß er wenigstens 10 mm stark sein, aus möglichst wasserbeständigem, haltbaren Material bestehen, nicht zu schwer sein und sich leicht bearbeiten lassen. Für solche Aufgaben hat sich entweder die Verwendung von wasserfest verleimten *Sperrholz* (sogenanntes Boots-Sperrholz), kunstharzgebundenen *Spanplatten* (schwer!) oder *Tischlerplatten* (Mindeststärke 16 mm) bewährt. Die Tischlerplatten bekommt man auf Wunsch auch in einer etwas wasserbeständigeren Ausführung, die normale Tischlerplattenausführung würde ich nicht als Material für den Zwischenboden wählen. Am besten arbeitet es sich mit wasserfestem Sperrholz, das relativ leicht ist, sich gut sägen und schrauben läßt und fast überall zu bekommen ist.

Ebenfalls gut zu verarbeiten ist die *kunstharzgebundene, wasserfeste Spanplatte.* Sie ist allerdings sehr schwer und auch etwas bruchanfälliger als Sperrholz.

Dennoch würde ich sie verwenden, wenn kein wasserfestes Sperrholz erhältlich ist. Das hohe Gewicht ist zwar beim Hantieren hinderlich und verringert auch die Nutzlast. Aber zumindest wird die Schwerpunktlage des Fahrzeugs nicht ungünstig beeinflußt. Wegen der höheren Bruchgefahr würde ich allerdings bei Spanplatten mindestens auf 12 mm Stärke, notfalls sogar auf 15 mm zurückgreifen.

Nehmen wir an, Ihr Fahrzeug ist im Wohnteil 3,2 m lang und 1,8 m breit. Eine so große Platte läßt sich nur selten in einem Stück in das Fahrzeug hineinbekommen, weil die Türen meist kleiner sind. Deshalb wird die Platte zunächst waagerecht irgendwo ausgelegt. Dann werden die genauen Maße des Fußbodens aus dem Fahrzeug auf die Platte übertragen. Dabei kann man die gemessenen Einzelmaße an den Außenseiten der Platte um etwa ein bis zwei Zentimeter kleiner antragen, damit die Platte später mit etwas Luft rundum im Fahrzeug aufliegt. Die Plattenränder sollten an den Stellen, wo im Fahrzeug Rippen bis unten gehen, ausgeklinkt werden, damit der Boden auch noch bis zwischen die einzelnen Verrippungen greift. Wenn rundum die Platte zugeschnitten ist, prüft man, welches Plattenmaß man durch die Türen in das Fahrzeuginnere bekommt. Meist wird man die Platte einmal teilen müssen, möglichst quer zur Fahrtrichtung. Das Zuschneiden der äußeren Ränder und das Zerteilen der Platte läßt sich gut mit der Stichsäge ausführen. Am besten arbeitet es sich, wenn die Platte für den Zuschnitt auf ein paar Böcken liegt wie ein Tisch. Nach dem Zuschnitt sind oft die Plattenränder etwas ausgefranst. Mit einem kleinen Hobel oder mit Sandpapier wird der Rand gebrochen. Dann wird die Platte im Fahrzeug ausgelegt. Nun kann sie entweder gleich endgültig am Boden des Fahrzeugs mittels Schloßschrauben (4, 5, 6) befestigt werden oder man läßt sie bis nach dem Anbringen der Durchbrüche im Fahrzeugboden (siehe Kapitel »Luken, Klappen und andere Öffnungen«) lose im Wagen liegen und macht sie dann erst fest.

Zur Befestigung der Zwischenbodenplatte noch ein Hinweis: Die Schloßschrauben sind deshalb vorteilhaft, weil sie einen breiten und recht flachen Kopf haben, der nach dem Versenken in der Zwischenbodenplatte dennoch guten Halt gibt. Das versenkte Loch wird nach dem Anziehen der Mutter (5) verspachtelt. Die Mutter (5), die Unterlegscheibe (6) und das Ende der Schraube selbst (4) werden anschließend von der Wagen-Unterseite her mit Bitumenspachtelmasse oder Antidröhnmasse dick gegen Korrosion geschützt. Dadurch kann man auch noch nach Jahren jederzeit wieder die Schrauben lösen.

Ich würde auch die Löcher für die Befestigung der Platte von der Unterseite des Wagens her bohren, also durch den Fahrzeugboden, die Dämmschicht und die ausgelegte Zwischenbodenplatte hindurch. Dadurch erspart man sich das umständliche Messen oben, ob beim Bohren auch unten nichts kaputt geht. Denn im Grunde ist es egal, an welcher Stelle genau die Schraube oben im Zwischenboden sitzt, das Loch wird ja doch zugespachtelt und verschwindet unter dem Bodenbelag oder den Möbeln.

Aber unten unter dem Fahrzeug kann man sich so die günstigsten Stellen zum Bohren aussuchen. Beim Bohren aber Schutzbrille tragen! Insgesamt müßte es reichen, wenn man die Zwischenbodenplatte mit sechs bis acht Schloß-Schrauben M 8 festmacht. Zwei der Schrauben sollten im Mittelfeld der Platte sitzen, die anderen rundum etwa 20 Zentimeter vom Rand weg.

Verwendet man relativ dünne Sperrholzplatten von 10 mm Stärke, sollte man mehr Befestigungsschrauben einsetzen. Außerdem kann man in solchem Fall auch auf Schloßschrauben M 6 zurückgehen, weil dort die Köpfe kleiner sind und sich noch in dem dünneren Material des Sperrholzes unterbringen lassen. Wenn die Schloßschraubenköpfe innerhalb der Möbelteile sitzen, brauchen die Löcher überhaupt nicht versenkt zu werden, die Köpfe stören dann ja nicht.

Und noch etwas: Wenn Sie die Platte aus Montagegründen teilen mußten, sollten Sie bei der Montage in dem Stoßbereich der Plattenteile darauf achten, daß die Plattenränder nicht hohl liegen, sie würden sich sonst früher oder später dort einbiegen. In dem Fall empfiehlt es sich, entweder ein Stück dünneres Sperrholz (4 bis 5 mm stark) oder einen Streifen 2 mm dickes Alu- oder Messingblech als Druckverteilung unter den Stoß zu legen. Es läßt sich auch die Sache verbessern, indem man im Stoßbereich gleich mehrere Schloßschrauben auf jeder Seite anbringt und damit die einzelnen Plattenteile fest an den Fahrzeugboden preßt.

Somit hat man sich durch den Einbau eines stabilen Zwischenbodens eine vernünftige Ausgangsbasis für den weiteren Ausbau des Wagens geschaffen. Von hier aus lassen sich alle Höhenmaße korrekt ermitteln, alle Durchbrüche lassen sich genau anzeichnen und man hat eine stabile Standfläche und Arbeitsplatte.

Damit diese Standfläche auch rundherum stabil ist, prüfen Sie bitte abschließend noch, ob im Randbereich der Bodenplatte an den Türen oder im Durchgang nach vorn zum Fahrerhaus diese Zwischenbodenplatte fest aufliegt. Hohlräume in diesem Bereich sind nämlich unangenehm, weil sich die Platten dort beim Gehen immer durchbiegen. Deshalb sollte im Falle eines Nichtaufliegens der Bodenplatte eine passende Leiste satt mit Bitumenspachtelmasse oder Antidröhnmasse eingestrichen und zwischen Blechfußboden und Zwischenboden eingeschoben werden. Durch die hart werdende Bitumenmasse verklebt sie dort und kann nicht verrutschen.

Sollten Sie Leitungen, Rohre oder Kabel im Dämmbereich des Zwischenbodens verlegt haben, empfehle ich, den Verlauf dieser Leitungen usw. vor dem endgültigen Befestigen des Zwischenbodens mit dickem Filzstift (damit es auch dann noch auffällt, wenn man viel auf den Markierungen rumgelaufen ist) anzuzeichnen. Dann kann es Ihnen nicht passieren, daß Sie beim nachträglichen Bohren oder bei Durchbrucharbeiten die mühsam verlegten Leitungen zerstören.

Solche kleinen Tips hören sich für den Fachmann manchmal vielleicht ein wenig überflüssig an, aber lieber mal ein für Sie nicht erforderlicher Tip als eine kaputte Leitung unter dem Fußboden.

Fenster und Türen

Fenster:

Im Campingbus sind Fenster, in der richtigen Ausführung und an den günstigsten Stellen sachgerecht eingebaut, ein wesentlicher Bestandteil guter Nutzbarkeit.

Fenster bringen *Licht* und *Sicht* und *frische Luft* ins Fahrzeug, sie schaffen Helligkeit und *verbessern* zweifellos *das Aussehen* eines Campingbusses innen wie außen.

Aber Fenster sollten auch mit Bedacht und Zurückhaltung eingeplant werden, denn Fenster bringen auch *Nachteile* mit sich. Doch zunächst eine Klarstellung: Wenn von Fenstern im Zusammenhang mit Wohnmobilen die Rede ist, so sind immer die für den Wohnteil vorgesehenen speziellen Wohnwagen- oder *Wohnmobilfenster mit Kunststoff-Doppelscheiben* oder in Sonderfällen mit Sicherheitsglas-Doppelscheiben gemeint. Achten Sie beim Fensterkauf auf die Wellenlinien-Markierung im Glas, ein Zeichen für typgeprüfte Ausführung, andere sind nicht zulässig! Sie kosten etwa 150 bis 450 DM. Fenster müssen dort eingebaut werden, wo sie wirklich gebraucht werden und die Karosserie es zuläßt (Bild 43 und 44).

Wichtig ist in jedem Fall ein *ausstellbares Fenster* (oder eine ausstellbare Dachhaube) im *Kochbereich,* wo zum Hantieren gutes Tageslicht nötig ist und wo Kochdünste usw. schnellstens abziehen können. Aus diesem Grunde wird es oftmals von Vorteil sein, den Küchenblock in den Bereich hinter dem Beifahrersitz zu stellen, weil hier meist

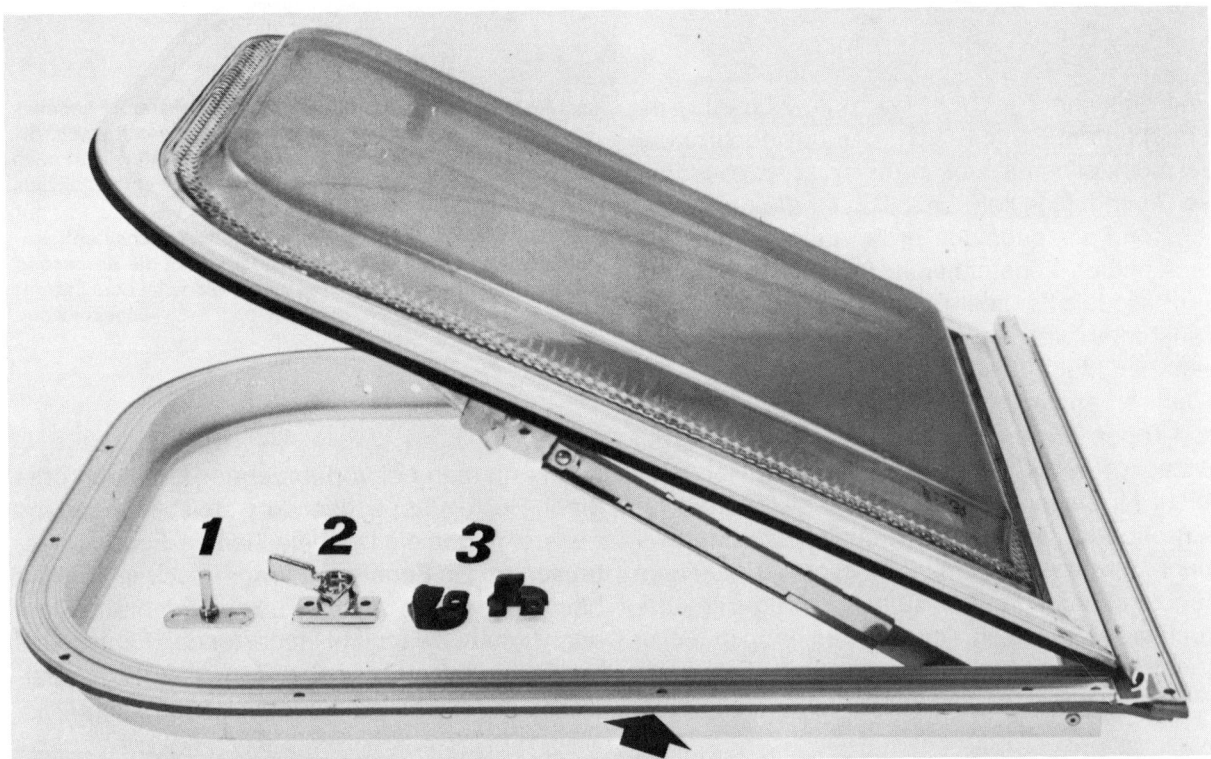

Bild 43: Ein kleines Ausstellfenster (Hamer) mit selbstrastendem Feststeller. Der im Rahmen zu montierende Stift (1) ergibt in Verbindung mit dem Feststeller die Möglichkeit, das Fenster in Lüftungsstellung sicher zu arretieren. Der Hebel (2) gestattet festes Schließen des Fensters. Die Plastikteile (3) werden nach Montage des Fensters in die obere Rahmenleiste eingeschoben, um Verletzungen zu vermeiden und den Abschluß schöner zu gestalten. Die rundum laufende Dichtung (Pfeil) ist selbstklebend.

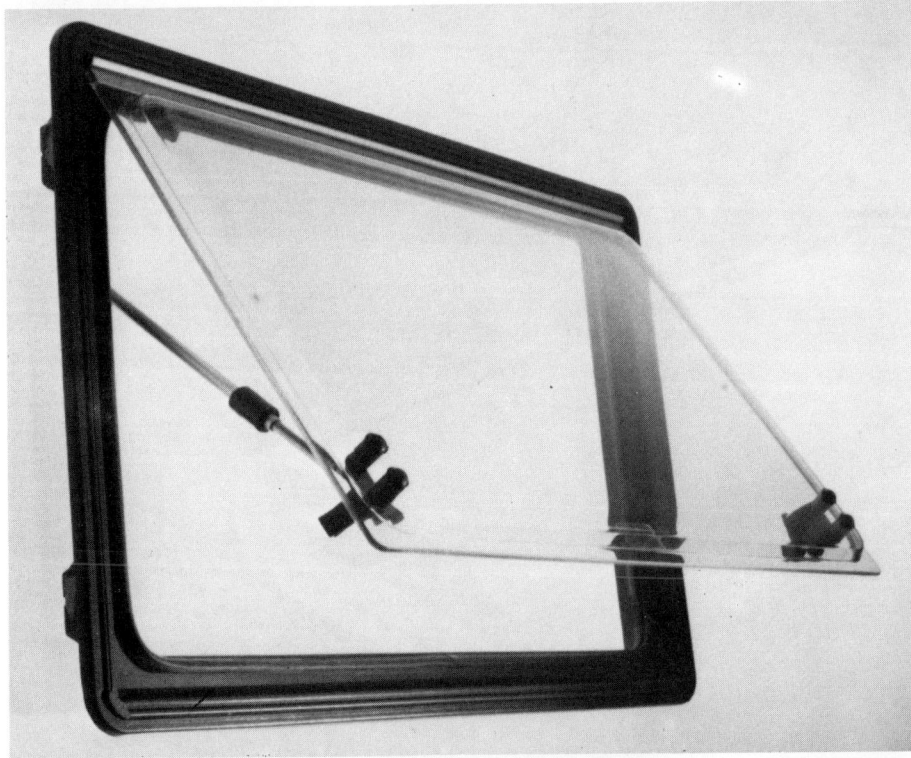

Bild 44: Es muß nicht immer Alu sein, woraus der Rahmen besteht. Hier ein Fenster (Bofors) mit maßgeschäumtem PU-Kunststoffrahmen (wärmedämmend) mit Alu-Verstärkungen im Kunststoff. Eine sehr formschöne und praktische Ausführung.

97

eine seitliche Tür (Schiebe- oder Klapptür) mit eingebautem Fenster sitzt, das nur noch gegen ein ausstellbares Isolierfenster auszutauschen ist. Die Industrie liefert nämlich für die gebräuchlichsten Fahrzeugmodelle die Ausstell- und Isolierscheiben-Fenster bereits in den richtigen Größen. In jedem Fall sollte man sich deshalb vor dem Fensterkauf von der benötigten Fenstergröße die genauen Maße besorgen!

Weitere Fenster sind im *Sitzbereich* wichtig, weil dort Tageslicht am Eßplatz und zur Belichtung der Sitzecke wünschenswert ist. Normalerweise reicht für diesen Zweck ein Ausstellfenster entsprechender Größe, mehr Fenster bringen zwar mehr Licht und auch mehr Möglichkeit, aus dem Fahrzeug nach draußen zu sehen. Zugleich aber auch die Möglichkeit, von draußen nach innen zu sehen, was wiederum nicht jedermanns Sache ist. Wird die Sitzecke im Fahrzeugheck angeord-

Bild 46 (oben): Für den Einbau der Fenster ist genaues Maßnehmen die Grundvoraussetzung, damit weder die Einrichtungsplanung über den Haufen geworfen wird noch wichtige Verstrebungen entfernt werden müssen.

Bild 47 (unten): Die exakt dem Fensterausschnitt entsprechende Schablone wird mit Klebeband auf die Karosserie geheftet und der Ausschnitt mit einer Reißnadel oder Filzstift angezeichnet.

net, kann man bei vorhandenen Hecktüren oder einer Heck-Klappe das dort meist vorhandene Fenster gegen ein Doppelscheiben-Fenster austauschen. Ein Fenster im Wagenheck ermöglicht beim Rangieren oder Rückwärtsfahren Sicht nach hinten. Zwar nicht immer für den Fahrer, weil die Fenster oft recht hoch sitzen. Aber für den Beifahrer, der hierfür nach hinten gehen kann.

Bild 45: Wer genaues Arbeiten bevorzugt, fertigt sich für jedes Fenster eine Schablone aus Blech oder starker Pappe an.

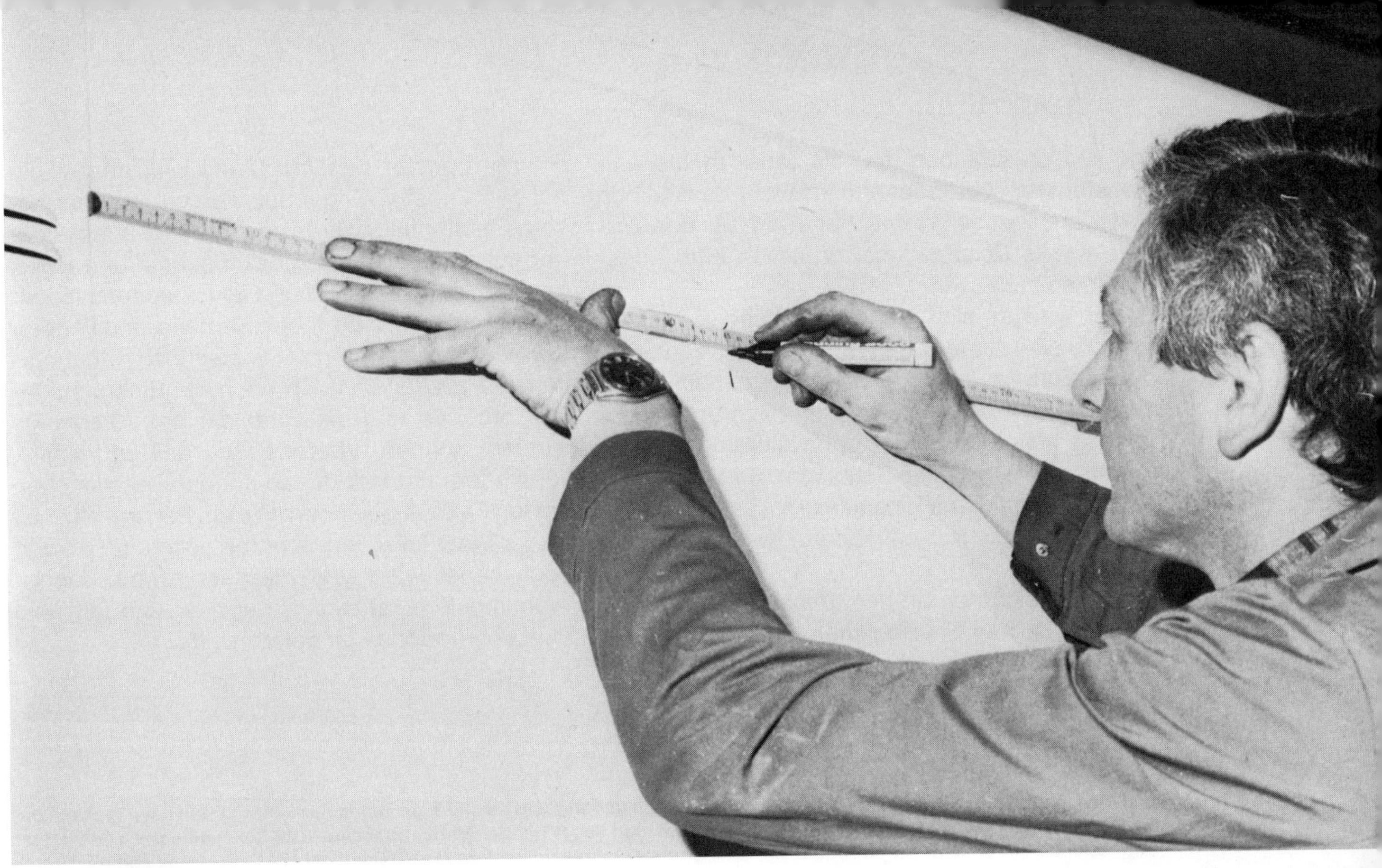

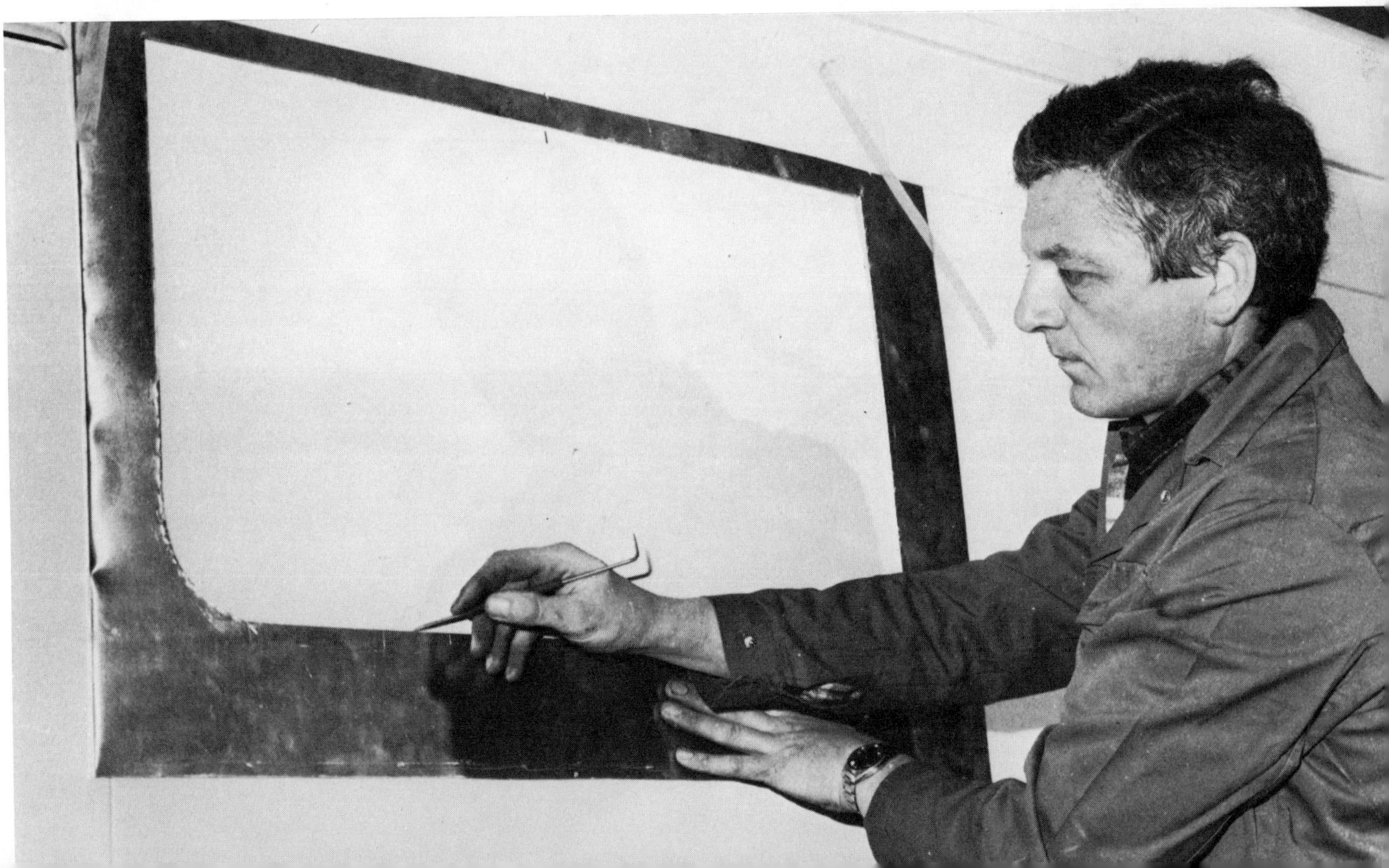

Die Doppelscheiben für die Ausschnitte der Heckfenster sind leider oftmals nicht ausstellbar. Das wäre aber sehr wünschenswert, um den Wagen mittels *Durchzug* mal gründlich lüften oder abkühlen zu lassen.

Daher wird es sich manchmal nicht vermeiden lassen, eine andere Lüftungsmöglichkeit vorzusehen. Das kann ein Ausstell-Fenster seitlich am Wagen sein, entweder an der Sitzgruppe oder auch im Waschraum (dort dann allerdings mit undurchsichtigen, opalen Scheiben). Das kann aber auch erfolgen durch Einbau einer Ausstell-Dachhaube, über die im kommenden Kapitel noch zu sprechen ist.

Bevor sie sich nun an den Einbau von Fenstern machen, sollten Sie nochmals an die Nachteile solcher Fenster denken. Damit wirklich nur die nötigen Fenster eingebaut werden. Erstens kosten Fenster in isolierter Ausführung, ausstellbar und mit zusätzlichem Moskitoschutz und Rollo, eine ganz schöne Stange Geld. Zweitens macht der Einbau allerhand Arbeit. Drittens sind Fenster trotz Doppelscheiben fast immer noch Kältebrükken, die zusätzlich auch noch die Einbruchsgefahr erhöhen und die Stabilität des Fahrzeugs mindern können. Viertens, und das ist wichtig, vermindern Fenster die so knappen Stellflächen an den Fahrzeugwänden. Wo ein Fenster sitzt, ist weder Platz für einen Schrank noch eine Ablage noch sonst was. Und Platz ist etwas, das im Wohnmobil meist recht knapp ist und mit dem man sehr rationell umgehen sollte.

Bild 48: Innerhalb des Ausschnitts wird zunächst ein Loch gebohrt und mit der Blechschere erweitert. Dann kann man mit der Blechschere den gesamten Ausschnitt herstellen. Will man lieber mit der Metall-Stichsäge arbeiten, sollte der Verlauf des Sägeschnitts mit breitem Krepp-Klebeband sauber abgeklebt werden, damit die Säge nicht die Lackierung zerkratzt.

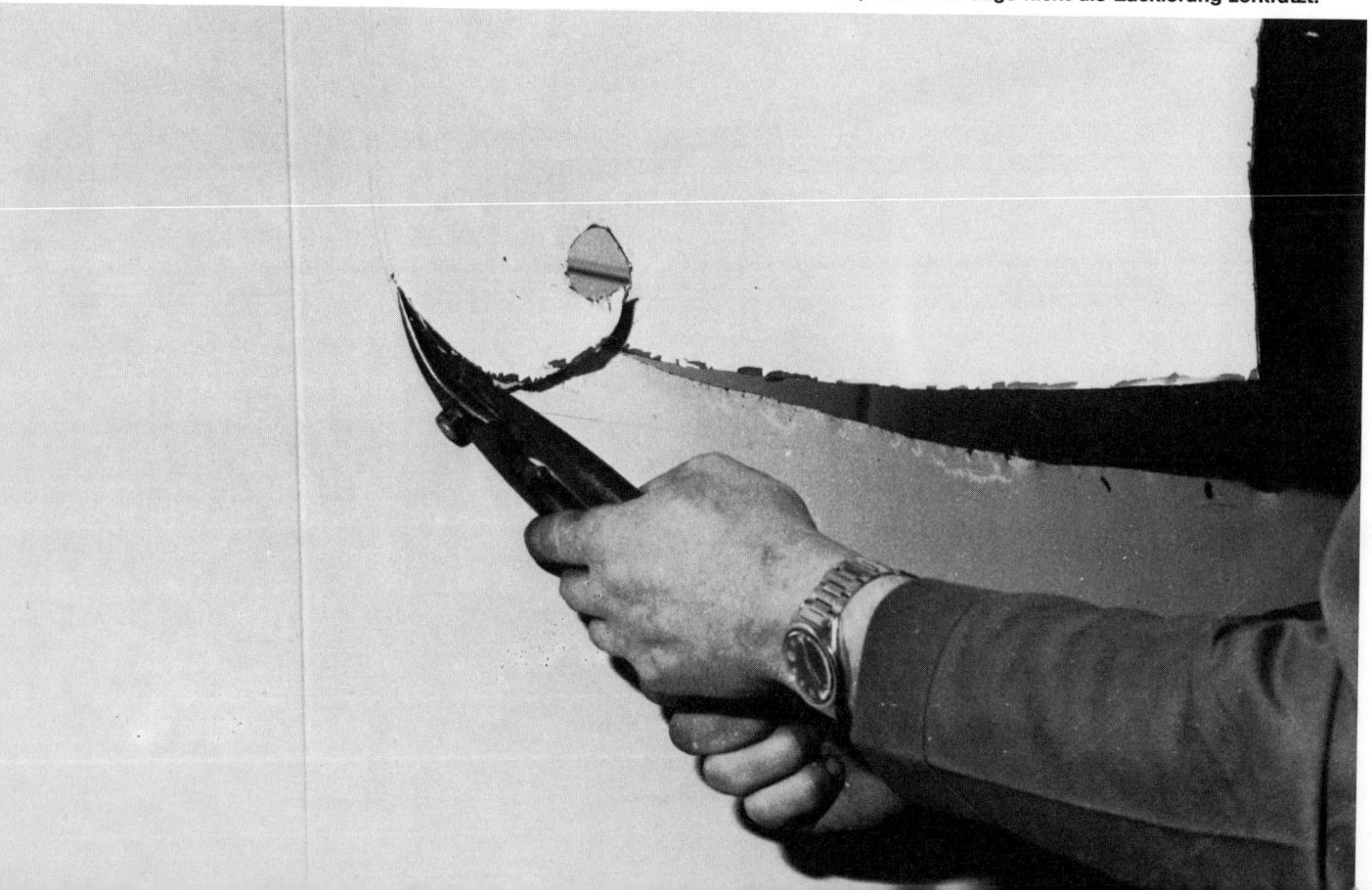

Bild 49: Im Fensterausschnitt befindliche Verstrebungen muß man herausmeißeln, sofern die Stabilität des Fahrzeugs nicht darunter leidet. Besser setzt man Fenster nur an unproblematischen Stellen ein oder begnügt sich mit Dachluken.

Bild 50: Beim Heraustrennen der Verstrebung sollte man so glatt wie möglich am Blech ansetzen, damit kein scharfer Grat stehen bleibt, der im übrigen auch beim Fenstereinbau unnütz stören würde.

Aber diese Aufzählung soll Sie nun nicht abschrecken, überhaupt noch Fenster einzubauen. Für einen Campingbus, der nur für kleine Reisen innerhalb Europas gebraucht wird, kann man aus den oben erwähnten Gründen auch deshalb mehr Fenster einbauen als bei einem Campingbus für

Fernreisen, wo man auch schon mal mit steinewerfenden Halbstarken oder Schlimmerem rechnen muß, wo sowieso Staub und Hitze (oder Kälte) durch jede Fuge und Ritze dringt, wo Ungeziefer eindringen kann und wo es keine Ersatzscheiben gibt, wenn mal ein Fenster zu Bruch gegangen ist. So, wie baut man aber nun Fenster ein? Über die meist im Wege sitzenden lästigen Blech-Verstrebungen habe ich ja schon mehrfach gesprochen, und auch darüber, ob und wie man sie entfernen kann bzw. darf.

In jedem Fall sollten Sie versuchen, möglichst wenig Verstrebungen zu entfernen! Versuchen sie lieber, eine Fenstergröße zu bekommen, die zwischen die Verstrebungen paßt.

Das wird zwar nicht immer möglich sein, aber man kann es zumindest versuchen. Sie sparen sich dadurch nämlich eine ganze Portion Arbeit.

In jedem Fall ist es erforderlich, zunächst einmal die Fenster selbst zu *beschaffen.* Diese sind von Hersteller zu Hersteller in ihrer Ausführung, ihren Abmessungen und der Art des Einbaus oft sehr *unterschiedlich.* Deshalb kann ich auch hier keine Angaben für ein bestimmtes Modell machen, sondern nur allgemeine Einbauhinweise geben. Genaue Angaben macht Ihnen der Händler, bei dem Sie Ihre Fenster beziehen. Viele Händler haben sogar komplette *Einbau-Anleitungen* zur Hand, die Sie sich mitschicken lassen sollten.

Aber beim Fensterkauf sind noch ein paar Dinge zu beachten: Erstens würde ich, damit das Fahrzeug rundum gut aussieht, alle Fenster möglichst des *gleichen Fabrikats* verwenden. Außerdem wird dadurch der Einbau vereinfacht, weil die Arbeiten immer dieselben sind.

Zweitens würde ich beim Händler auch gleich die innen im Fahrzeug anzubringende *Rollo-Vorrichtung* (Rahmen mit eingebautem Lichtschutzrollo und Insektengaze) mitbestellen, falls er sie hat. Dann paßt nämlich (hoffentlich) alles zusammen und man kann sofort die Maximal-Maße abmessen.

Bild 51: Besser als der Stechbeitel-ähnliche Meißel ist ein solider, mit dickem Handschutz versehener Spezialmeißel. Die Mehrkosten dafür spart man am Heftpflaster meist wieder ein.

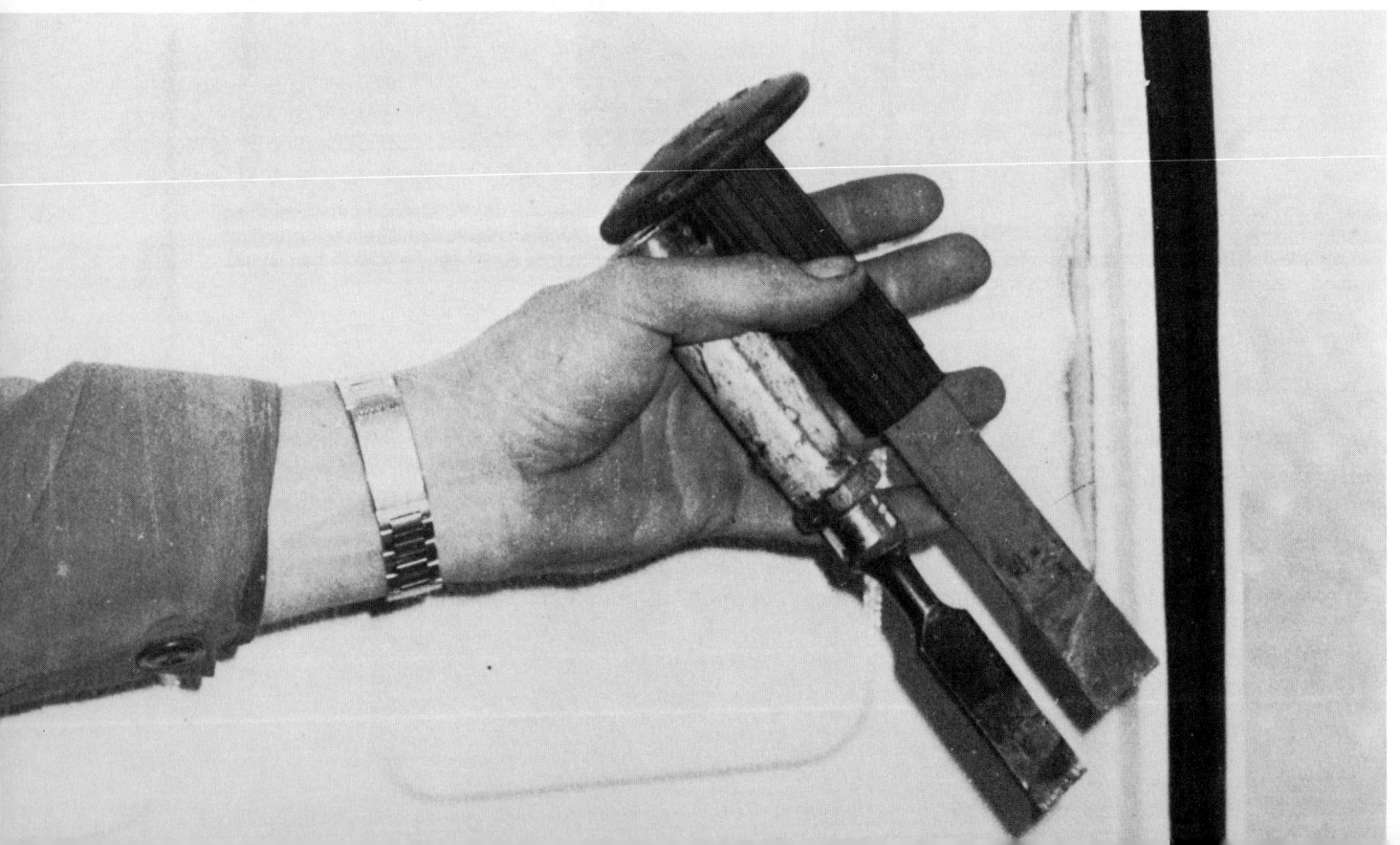

Diese Rollos sind außerordentlich praktisch. Sie werden als komplette Einheit innen an die innere Wandverkleidung rund um das Fenster wie ein Rahmen angeschraubt. In der oberen Rahmenseite verbirgt sich ein meist aus Kunststoff-Folie gefertigtes Licht-Sicht-Schutzrollo, das zu Verdunklungszwecken einfach herabgezogen werden kann wie ein normales Springrollo. Die Innenseite des Rollo-Materials ist meist beige oder zartgrün getönt und paßt fast zu jeder Einrichtung. Außen sind die Kunststoff-Rollos oft mit einer wärmereflektierenden silberfarbenen Beschichtung versehen. In der unteren Rahmenhälfte ist meist noch ein Rollo angebracht, aber diesesmal aus einer feinmaschigen Insektenschutz-Gaze. Bei ausgestelltem Fenster kann dann kein Ungeziefer eindringen, während die frische Luft ungestört Zutritt hat.

Man kann natürlich an Stelle dieser Rollo-Rahmen auch andere Arten von Lichtschutz oder Insektenschutz anbringen. Auf diese Vorrichtungen möchte ich aber erst später eingehen, hier geht es zunächst immer noch erst um den *Einbau* der Fenster selbst.

Beginnen wir mit dem Einbau eines Fensters in eine vorher geschlossene Blechwand des Fahrzeugs. Zunächst muß ein *Ausschnitt* hergestellt werden, durch den man das Fenster einsetzen kann. Das bringt aber eine kleine Schwierigkeit mit sich: Innen im Fahrzeug kann man prima messen, ob das Fenster an der vorgesehenen Stelle paßt, aber von außen läßt sich der Ausschnitt viel leichter herstellen. Deshalb kommt es darauf an, *das genaue Maß* für den Ausschnitt *nach außen zu übertragen.* Ich mache das meist so, daß ich mir innen die genaue Höhe und Breite des erforderlichen Ausschnitts (*Schablone* aus Pappe o. ä. am Fenster (Bild 45) zurechtschneiden und innen anlegen) anzeichne. Dann bohre ich im Bereich des künftigen Ausschnitts mittig ein Loch durch die Karosseriewand (Spiralbohrer mit 2 bis 3 mm Ø). Nun kann ich innen von der Lochmitte ausge-

hend nach oben und unten sowie nach rechts und links die Maße bis zu den Ausschnitträndern abmessen. Diese Maße kann ich dann außen, wieder von derselben Lochmitte ausgehend, seitengerecht auf dem Karosserie-Blech anzeichnen. Zum Anzeichnen läßt sich gut ein nicht zu dicker *Filzstift* oder *Faserschreiber* verwenden (Bild 46). Die ausgeschnittene Pappschablone wird nun an die angezeichneten Linien angesetzt, waagerecht ausgerichtet und der Ausschnitt (Bild 47) mittels *Reißnadel* ins Blech eingeritzt oder mit dem Faserschreiber angezeichnet. Achtung! Wenn Sie den Ausschnitt mit der Stichsäge herstellen, hat es sich bewährt, im Sägebereich zuvor einen breiten Streifen *Kreppklebeband* o. ä. aufzukleben und darauf den genauen Schnittverlauf anzuzeichnen. Dann kann man erstens auch mit Bleistift oder Kugelschreiber den Verlauf markieren und zweitens wird beim Sägen selbst bei einem gelegentlichen Ausrutscher nicht das stehenbleibende Blech bzw. der Lack zerkratzt. Bei dunklen Lacken ist diese Methode des Abklebens sowieso besser, weil man dann die markierte Sägelinie besser auf dem hellen Klebeband sieht.

Wichtig ist dabei, daß auch der genaue Verlauf der Radien eingezeichnet und nachgeschnitten wird, damit hier später nirgends größere Spalten zwischen Fensterrahmen und Karosserieblech entstehen. Dann wird, wie auch schon beim Herstellen des Durchgangs vom Fahrerhaus beschrieben, das Blech entweder mit der Blechschere (Bild 48), einer Blechknabber (bequem), einer Stichsäge mit Metallsägeblatt (bequem, aber unbedingt Schutzbrille aufsetzen!) oder notfalls sogar mit Hammer und Meißel innerhalb der Markierungen herausgetrennt.

Die Hammer-Meißelmethode würde ich aber wirklich nur anwenden, wenn keine anderen Möglichkeiten bestehen. Man kann dabei nämlich nicht nur leicht abrutschen und den Lack zerkratzen, sondern auch beim ungeübten Arbeiten das stehenbleibende Blech so einbeulen, daß man spä-

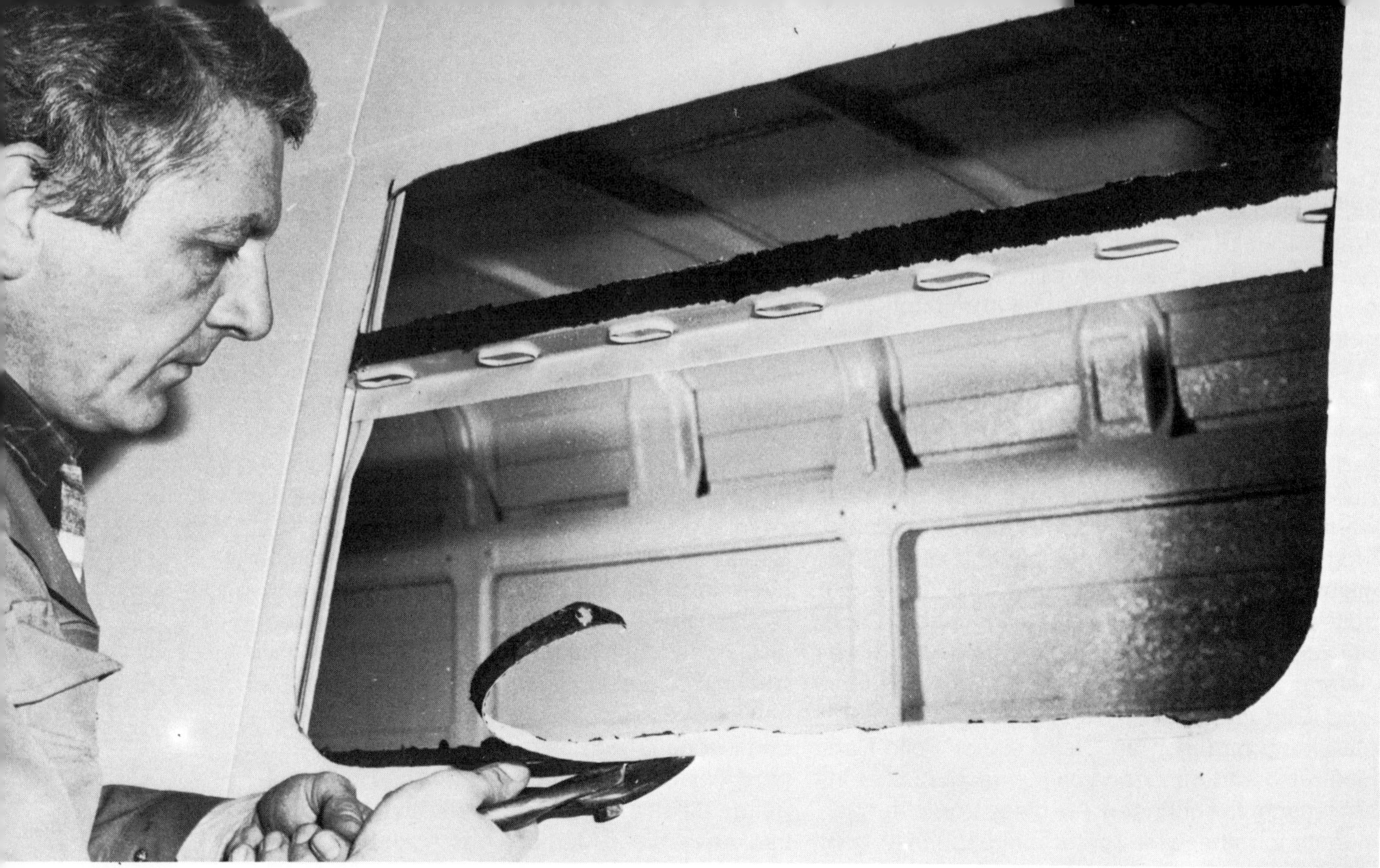

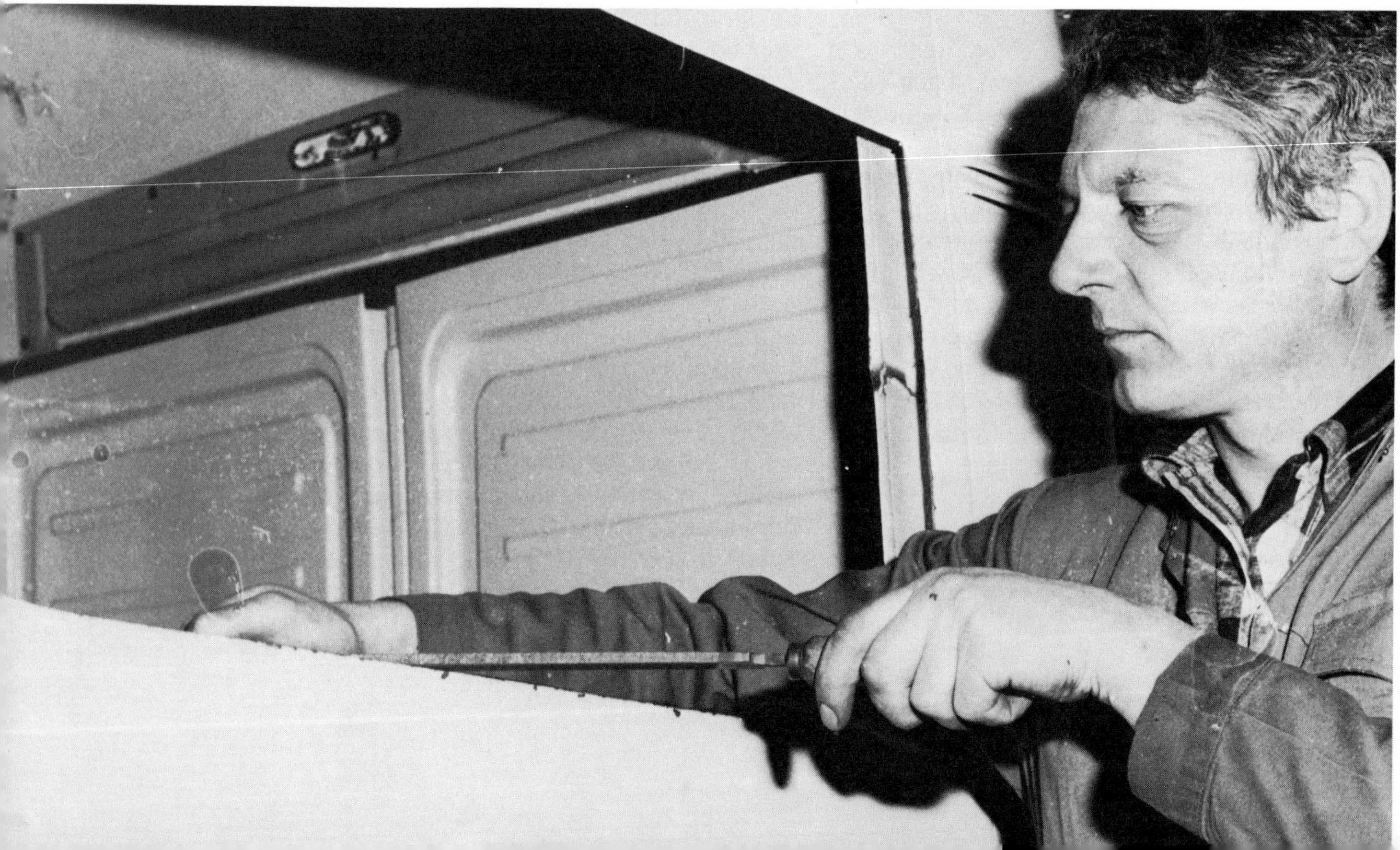

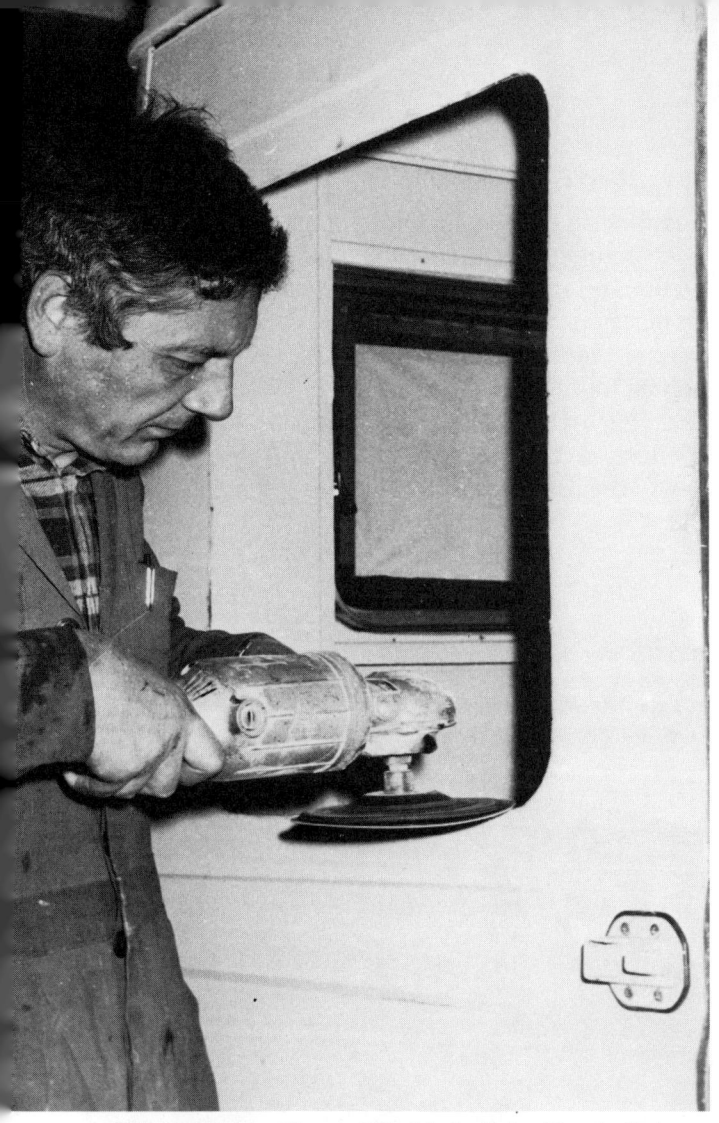

Bild 54: Leicht entfernen läßt sich der Schneidgrat mit einem Winkelschleifer oder einem Schleif-Vorsatz für die Bohrmaschine. Die runden Schleifblätter verschleißen allerdings recht rasch, wenn man nicht beim Arbeiten aufpaßt.

Bild 55: Besonders bei nicht so gut zu erreichenden Stellen ist ein Schleifsteller eine feine Sache. Allerdings sollte man bei derartigen Arbeiten immer eine Schutzbrille tragen, wenn man zum Schluß noch etwas von der Arbeit sehen will!

Bild 52 (oben): Je genauer man beim Ausschneiden arbeitet, umso weniger Nacharbeit hat man anschließend.

Bild 53 (unten): Der vom Ausschneiden noch vorhandene scharfe Blechgrat muß sorgfältig entfernt werden. Meist geht das schon mit einer einfachen Flachfeile.

ter beim Fenstereinbau Abdichtungsprobleme bekommt. Am leichtesten arbeitet es sich mit einer Blechknabber, die man auch als *Vorsatzgerät* für die Bohrmaschine bekommt. Ähnlich wie auch bei dem Einsatz der Stichsäge wird dazu in den Ecken jeweils ein Loch von 8 bis 10 mm Ø gebohrt und von dort aus die Knabber oder Stichsäge angesetzt.

Beim Einsatz der Stichsäge allerdings darf man möglichst keine Blechrippen mit durchsägen. Meist ist nämlich das Sägeblatt nicht lang genug, auch die Verstrebungen mit durchzuschneiden. Es bricht dann leicht ab oder läßt die Säge schlagen. Da ist es dann schon bequemer, die Rippen beim Sägen zunächst auszusparen und später entweder mit einem normalen Sägeblatt (aus der Metall-Bügelsäge) oder mit einer Trennscheibe (Winkelschleifer) herauszunehmen. Auch Her-

ausmeißeln ist möglich (Bild 49, 50, 51). Das Heraustrennen des Ausschnittes sollte im Randbereich so akkurat wie möglich erfolgen. Notfalls ist es besser, zunächst den *Ausschnitt* etwas *kleiner* zu machen und den *Randbereich* dann nochmals sauber *nachzuschneiden* (Bild 52). Einen Ausschnitt kann man nämlich immer größer machen, aber nur schwer kleiner! Wenn der Ausschnitt rundum sauber fertiggestellt ist und der scharfe Grat vom Sägen durch *Abfeilen* (Bild 53) oder

Bild 56: Mit einer elektrischen Punktschweißzange, die man sich evtl. bei einer Kfz-Werkstatt o. ä. leihen kann, werden beim Ausschneiden locker gewordene oder neu einzusetzende Versteifungen am Fensterausschnitt angeschweißt.

Bild 57: Wer den Umgang mit solchem Gerät nicht gewohnt ist, wie es eine solche Punktschweißzange darstellt, der wird in jeder Kfz-Werkstatt für ein paar Mark die erforderlichen Arbeiten bequemer erledigen lassen.

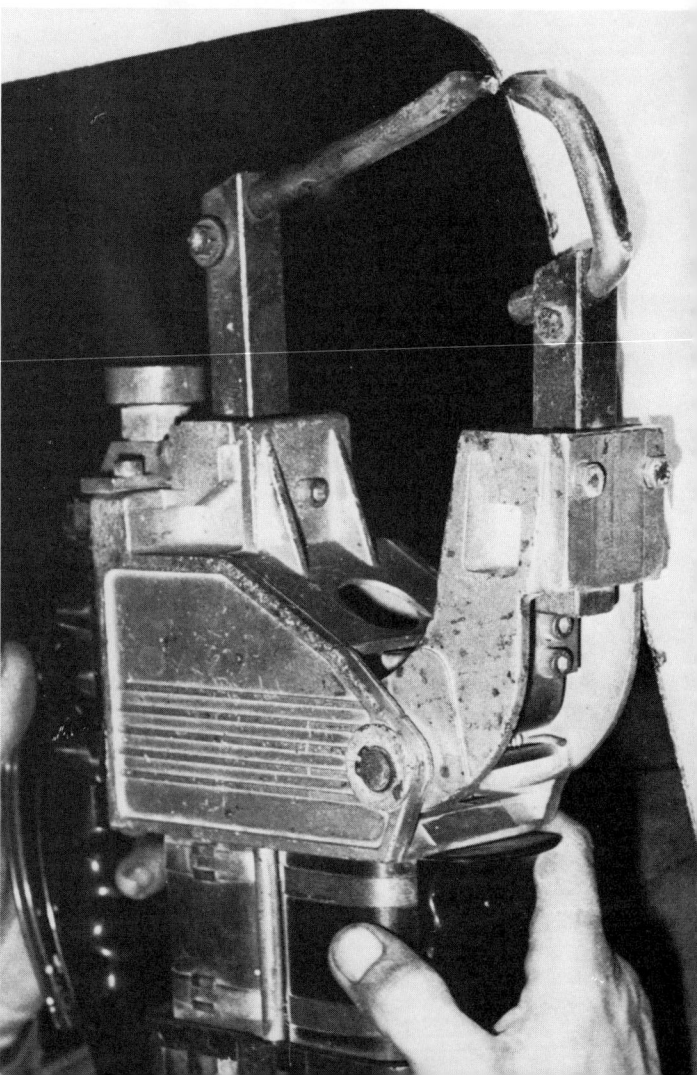

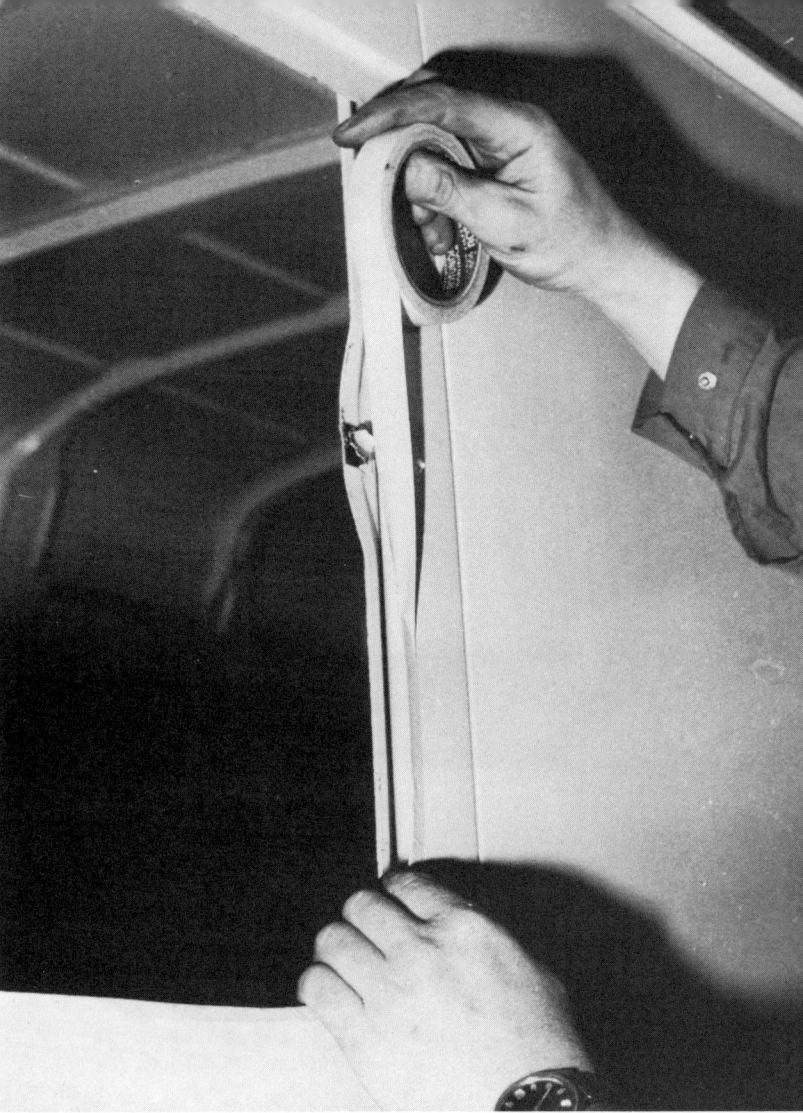

Bild 58: Besonders wichtig ist nach Fertigstellung der Feil- oder Schleifarbeit die Wiederherstellung eines guten Rostschutzes an den metallisch blanken Schnittkanten.

Bild 59: Mit Kautschukband oder einem anderen selbstklebenden Dichtungsband werden die scharfen Blechkanten überklebt, damit die Verletzungsgefahr beim Fenstereinbau geringer wird und sich außerdem der Rostschutz durch die Metall-Umrahmung des Fensters nicht wieder abscheuert.

aber auch durch *Abschleifen* (Bilder 54 und 55) entfernt ist, werden lose aneinander liegende Blechteile (Rippenrand an Karosserieblech o.ä.) durch *Punktschweißen* (Bild 56, 57) oder *Hartlöten* miteinander verbunden. In Ausnahmefällen kann man auch auf gut gereinigten Flächen mit einem *Zweikomponentenkleber* arbeiten, allerdings soll-

ten anschließend der Fensterrahmen und der evtl. nötige innere Gegenrahmen aus Holz besonders gründlich miteinander *verschraubt* werden.
Nach Abschluß dieser Arbeiten müssen wieder wie bei jeder metallisch blanken Stelle der Karosserie die Blechrandstellen sorgfältig mit *Rostschutz* (Bild 58) versehen werden! Das ist billiger

107

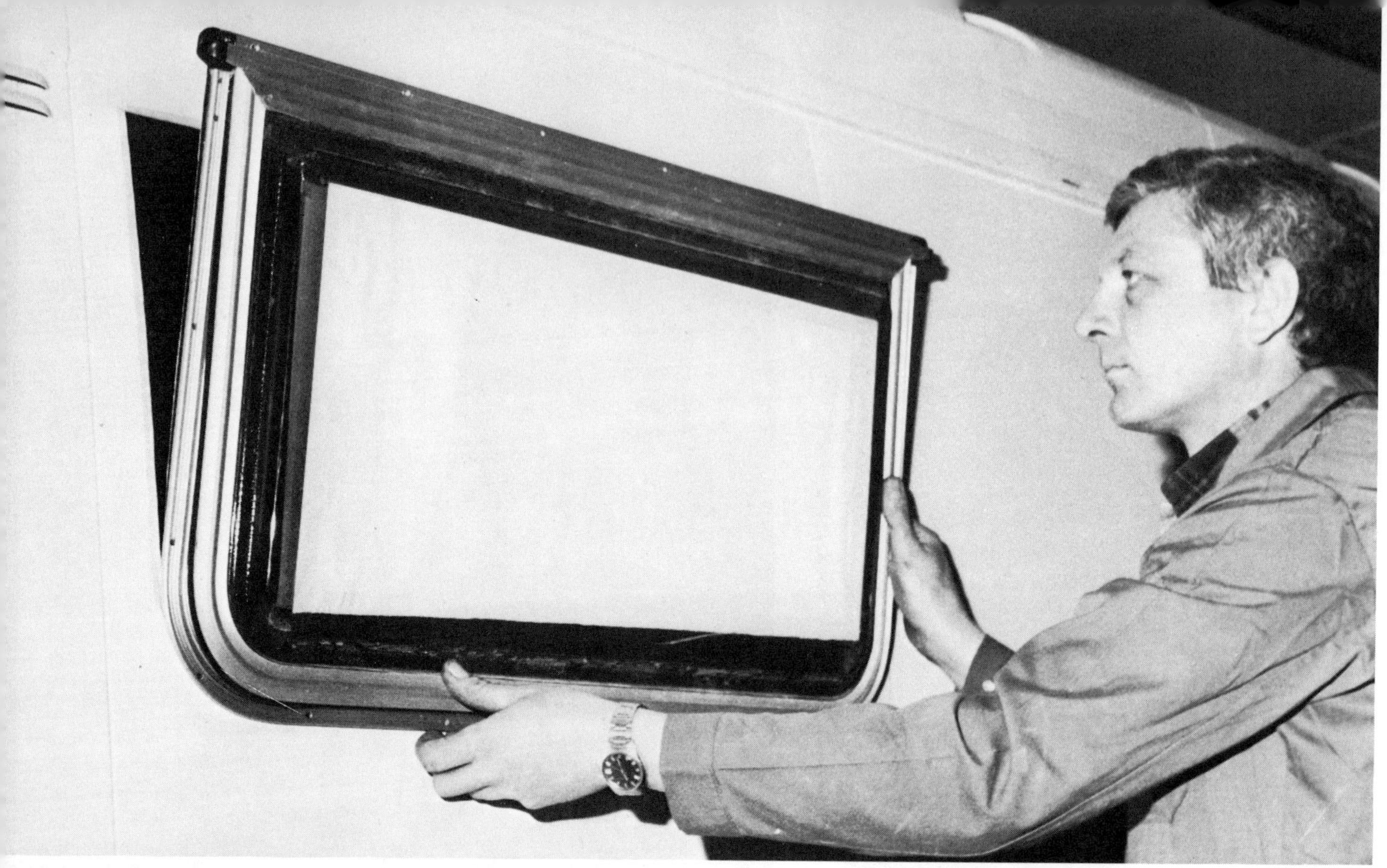

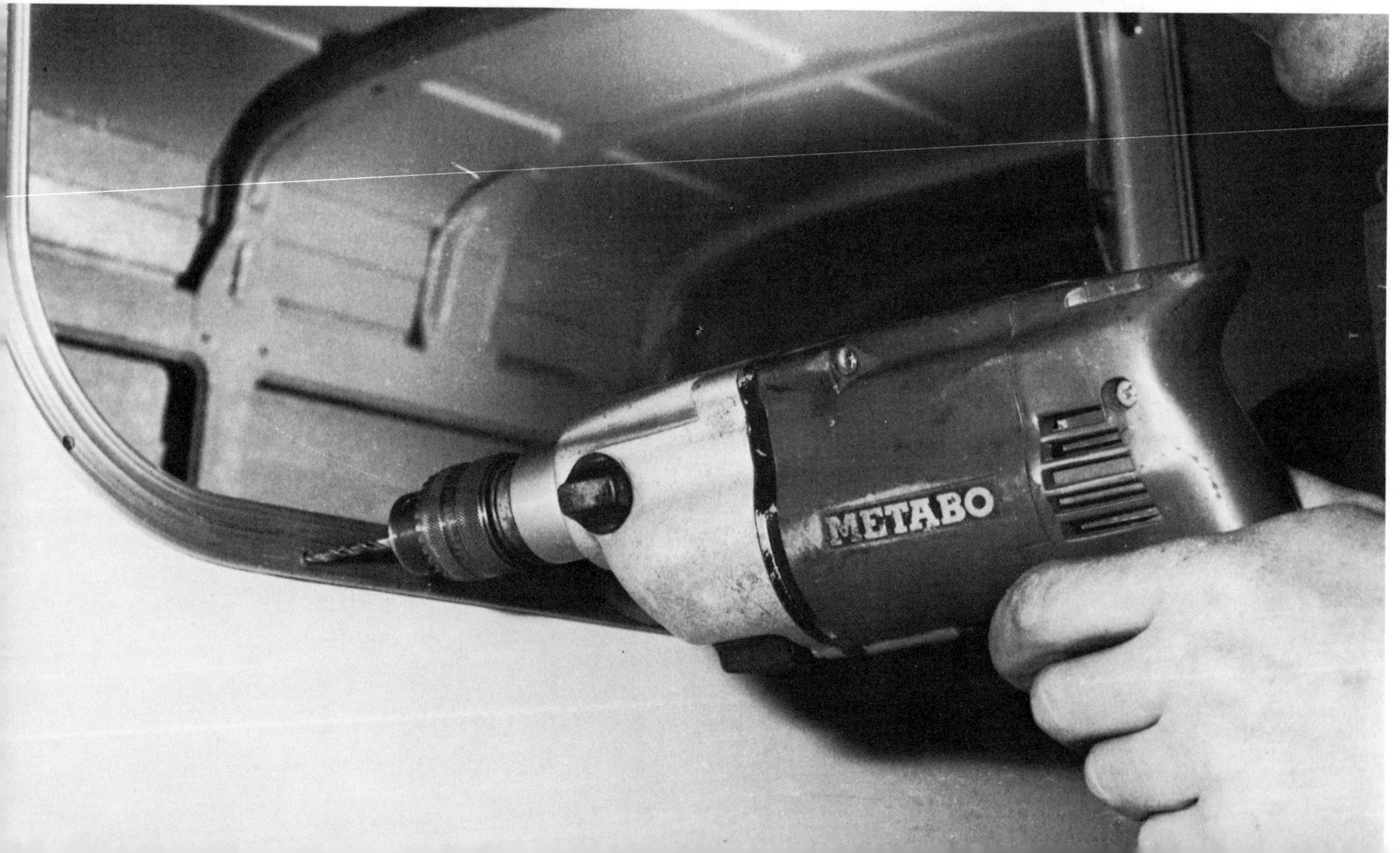
METABO

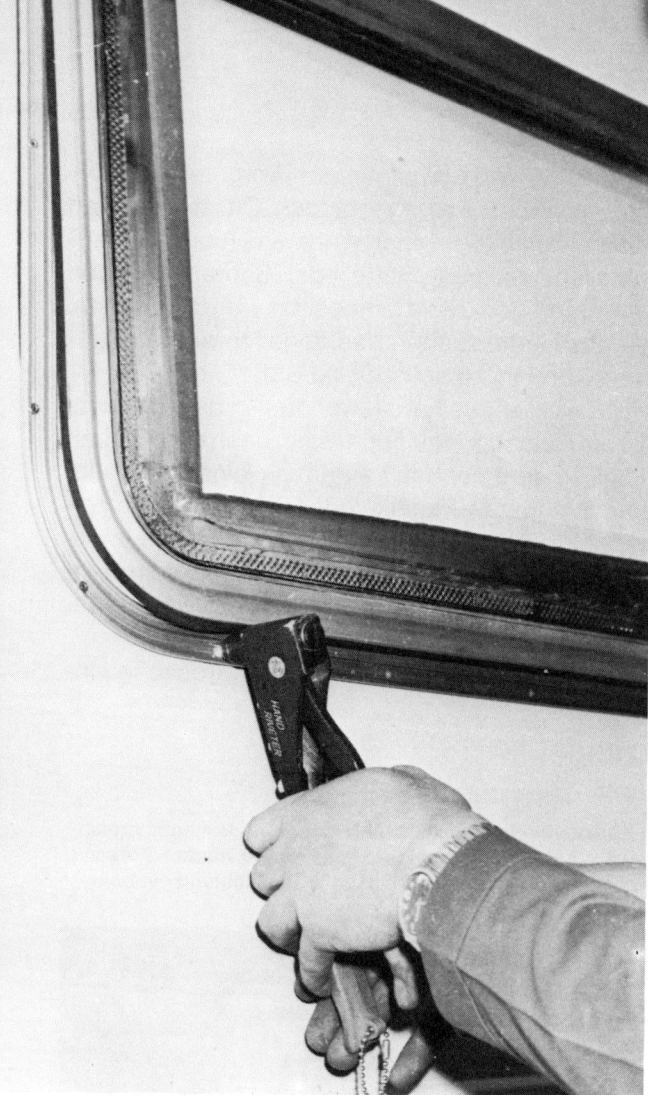

Bild 62: Ein eingenieteter Fensterrahmen läßt sich von Dieben nicht herausschrauben! Allerdings hat man auch selbst viel Arbeit, wenn für Reparaturen mal das Fenster ausgebaut werden muß.

Bild 60 (oben): Ausstellbare Fenster haben einen festen Rahmen, mit dem sie am Karosserie-Ausschnitt befestigt werden. Das Fenster wird zu diesem Zweck von außen eingesetzt.

Bild 61 (unten): Das eingesetzte Fenster wird geöffnet. Dann werden die im Rahmen sichtbaren Löcher mittels Bohrmaschine paßgenau auch in das Karosserieblech gebohrt. Der Bohrdurchmesser richtet sich danach, ob der Fensterrahmen angeschraubt (Blechschrauben) oder mit Blindnieten aufgenietet wird.

als wenn einem später die braune Brühe aus dem Fensterrahmen tropft. An solchen kleinen Dingen wird meist aus Bequemlichkeit gern gespart, weil »man es ja nicht sieht«. Zumindest im Moment nicht, aber später?

Eine weitere Maßnahme zu dem Zweck, das Fenster fachgerecht einzubauen, sieht man auf Bild (59).

Hier wird der Blechrand des Ausschnittes rundum mit *Kautschukband* beklebt. *Isolierband* geht natürlich auch. Das hat die Aufgabe, beim Einbau des Fensters den eben erst aufgetragenen Rostschutz nicht wieder abzuschrammen. Außerdem ist so ein Kantenschutz hautfreundlich, weil man sich nicht beim Arbeiten die Hände an den meist immer etwas scharfen Blechkanten verletzen kann. Eine kleine Arbeit mit gutem Nutzen!

Jetzt geht es daran, das Fenster einzusetzen. Schauen Sie sich die Innenseite des Fensterrahmens einmal an. Entweder befindet sich dort eine rundumlaufende Gummidichtung oder ein rundum aufgeheftet Streifen *Selbstklebe-Dichtungsband*. Liegt die Gummidichtung nur lose als Zubehör bei, muß sie sorgfältig um den Rahmen gelegt werden. Bei dem selbstklebenden Dichtstreifen muß vor dem Einsetzen des Fensters das *Schutzpapier* entfernt werden, sonst kann das Dichtband nicht am Karosserieblech haften, und die Dichtung dichtet nur ungenügend. Dann wird das Fenster von außen eingesetzt (Bild 60).

Auf gleichmäßiges *Anliegen der Dichtung* zwischen Fensterrahmen und Karosserieblech sollte man nochmals achten. Nun können sie durch die im Rahmen befindlichen *Befestigungslöcher* die Löcher (Bild 61) in dem Karosserieblech paßgenau bohren. Dabei kommt es darauf an, wie das Fenster befestigt werden soll. Beim *Blindnieten* (Bild 62) werden die Löcher entsprechend dem Durchmesser des Nietschafts gebohrt. Will man dagegen das Fenster mit *Blechschrauben* festmachen, darf der Bohrdurchmesser nur so groß wie der Kerndurchmesser der Blechschraube sein. Bei den relativ dünnen Blechwänden kann man auch noch einen Trick anwenden: Wenn man die Blechschrauben besonders haltbar befestigen will, kann man das Loch kleiner als der Kerndurchmesser verbohren und mit einem Körner das vorgebohrte Loch etwas nach innen hin einbeulen. So findet die Blechschraube mehr »Fleisch« zum Festkrallen und die Schraube kann nicht so leicht ausreißen.

Blechschrauben sind eine feine Sache, wenn man das Fenster eines Tages mal auswechseln muß. Aber genau so kann auch ein Dieb mit Geduld und Spucke das Fenster ausbauen, wenn er sonst keine Möglichkeit hat, nach innen zu kommen. Deshalb sind bei den meisten Wohnmobil-fenstern *Ausbausicherungen* vorgesehen. Die sind von Fall zu Fall verschieden. Oft ist es so, daß nur innerhalb des Fensterrahmens (von innen zugänglich) ein paar Stifte oder Schrauben oben und unten senkrecht eingesetzt werden können, die das Herausziehen des abgeschraubten Fensters verhindern sollen (Bild 63).

Meist werden die Fensterrahmen in dem Bereich, wo die Befestigungslöcher sind, nach dem Einbau des Fensters noch mit einem einklipsbaren oder einschiebbaren Plastik- oder Gummistreifen abgedeckt (Bild 64), damit sich keine Nässe in die Befestigungslöcher ziehen kann. Außerdem sieht es hübscher aus, wenn die Löcher unsichtbar sind.

Wird ein Fenster an Stellen in die Karosserie ein-

Bild 63: So wird das Fenster von außen montiert. Die Sicken im Karosserieblech müssen entweder im Ausschnittbereich glattgeklopft oder nach der Fenstermontage mit Silikonkautschuk bzw. Auto-Spachtelmasse verschlossen werden. Aufgenietete Fenster brauchen keine Ausbausicherung. Aufgeschraubte dagegen bekommen von innen in Pfeilrichtung ein paar zusätzliche Schrauben in den umlaufenden Holzrahmen.

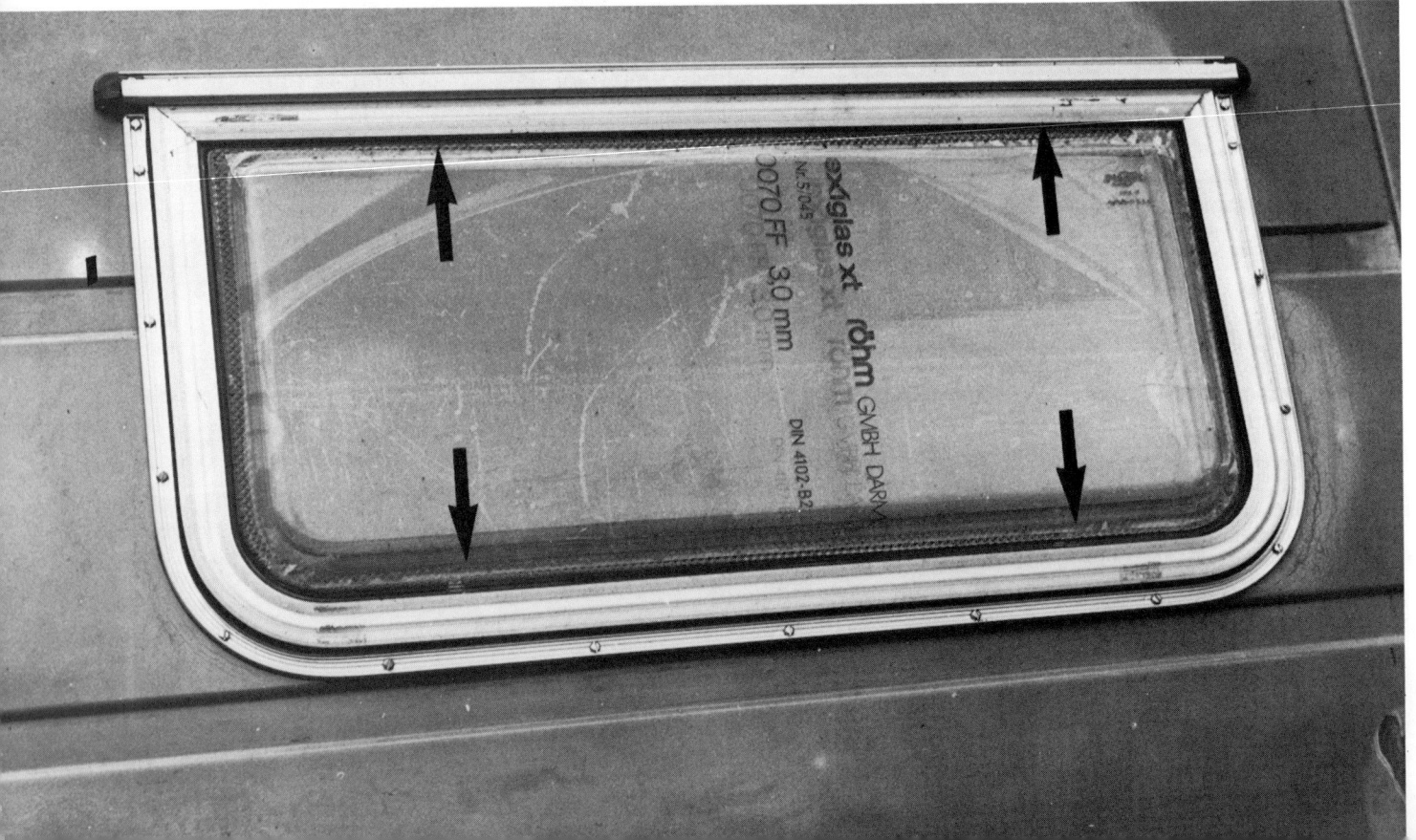

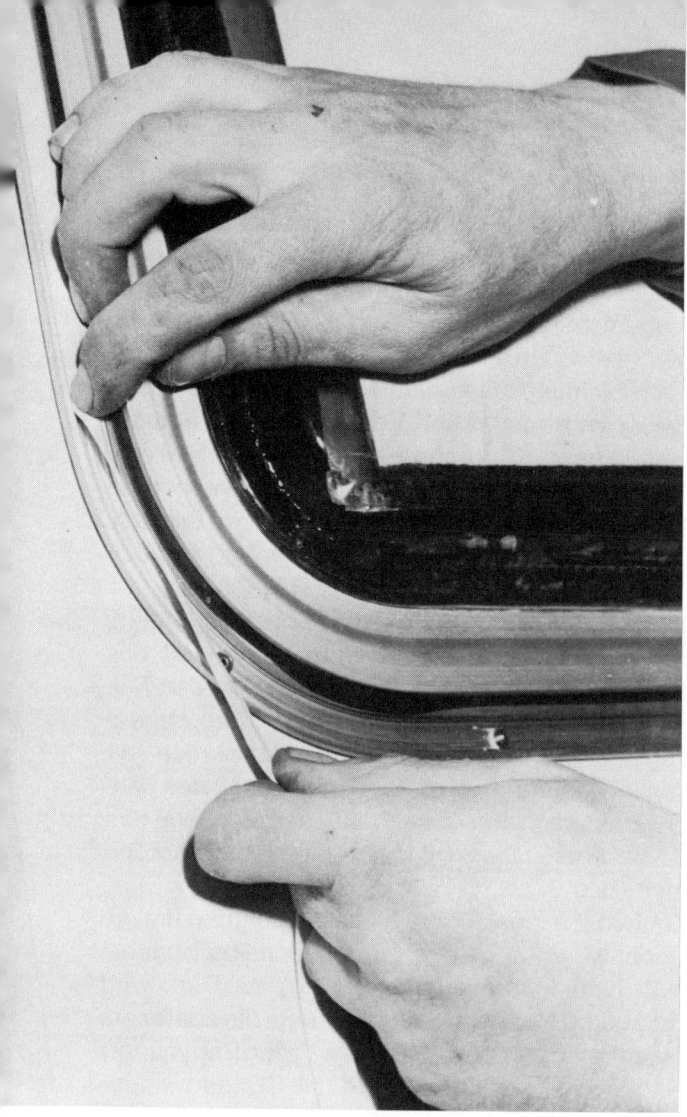

Bild 64: Ein ringsum in die Metallnut eingedrückter Plastik-streifen verdeckt die Befestigungsstellen und schützt zugleich die Bohrungsränder vor Feuchtigkeit, damit nicht zum Schluß doch noch irgendwo Rost auftritt.

Bild 65: Nicht nur aus Stabilitätsgründen empfiehlt sich rings um das eingebaute Fenster ein Holzrahmen, sondern auch, um später die Innenwand-Verkleidung sauber rundum am Fenster befestigen zu können. Der Holzrahmen sollte so stark sein, daß die Innenwand-Verkleidung glatt aufliegt.

gebaut, wo *Blechsicken,* Vertiefungen oder Ansätze die Oberfläche der Karosserie stören, so müssen im Auflagebereich des Fensterrahmens diese Sicken entweder *ausgespachtelt* oder *ausgehämmert* werden.

Wie so etwas gemacht wird, ist im Kapitel Dachluken beschrieben. Wie schließlich die fertige Ar-

beit in diesem Bereich aussieht (Fenster im »Rohbau« eingeschraubt, Schraubenköpfe noch nicht abgedeckt, Sicken nur im Rahmenbereich entfernt), zeigt Bild 63. Und wie sieht die Geschichte nun innen im Fahrzeug aus? Wie man auf Bild 65 erkennen kann, ragt nur das Innenteil des Fensterrahmens durch den Ausschnitt.

111

Bild 66: Das Fenster wird von außen eingesetzt. Innen wird zwischen Karosserieblech und Innenraum-Verkleidung ein Holzrahmen eingesetzt, der das Fenster hält. Der Übergang zwischen Fenster und Innenraum-Verkleidung erfolgt durch PVC- oder Metallabdeckung.

Weil aber später von innen auch noch die *Wandverkleidung* aufgebracht werden soll und im Bereich des Fensterrahmens *befestigt* werden muß, empfiehlt sich schon aus diesem Grunde der Einbau eines rund um den Fensterrahmen sitzenden *Holzrahmens.* Dieser Holzrahmen kann schon vor dem Einsetzen des Fensters mit Senkkopf-

Blechschrauben (oder Holzschrauben) von außen befestigt werden. Er läßt sich aber auch noch nachträglich montieren, indem er durch quer in den inneren Raum eingebrachte Holzschrauben rundum befestigt wird. Gegen mögliches Klappern zwischen Holz und Blech muß man zuvor noch *Dichtungsband* oder Karosseriedichtmasse zwischen Rahmen und Karosserieblech aufbringen. Dieser von innen anzubringende Holzrahmen sollte so stark sein, daß er der Höhe der übrigen Blechrippen entspricht (Pfeile in Bild 66). Dann erst ist es möglich, später die Wandverkleidung problemlos an ihm festzuschrauben.

Nun werden noch die Beschlagteile des Fensters wie *Arretierhaken, Aussteller* usw. montiert und der Fenstereinbau ist vorerst fertig. Bei den Fällen, wo *Doppelscheibenverglasung* statt vorhandener Einscheibenfenster eingesetzt werden soll, kommt es darauf an, die Gummidichtung des neuen Fensters in den Ausschnitt der Karosserie hineinzuziehen. Das geht recht gut mit dem Kordeltrick (Bild 67).

Zunächst einmal wird die Gummidichtung um die Doppelscheibe gelegt, bis die Scheibe ringsum glatt in der Innennut der Dichtung sitzt. Dann wird die äußere Nut der Gummidichtung, die später am Blech anliegt, gut mit Talkum (oder Babypuder) eingepudert oder aber auch mit Glycerin eingestrichen.

In diese Nut wird dann eine stabile Schnur oder Kordel rundum eingelegt. Die Schnur muß länger sein als die Nut, sie wird an der Stelle wo sich beide Schnurenden treffen, auf der Fenster-Innenseite (Bild 68) heraushängen gelassen. Dann wird das Fenster von außen gegen den Ausschnitt gedrückt und die Schnur mit den beiden Enden langsam so nach innen gezogen, daß sich die Dichtungslippe um den Blechausschnitt stülpt (Bild 69).

Damit sich keine Dichtungsprobleme ergeben, kann man anschließend noch zusätzlich mit *Silikonkautschukmasse* (aus einer üblichen Kartuschenpistole oder Tube) die *Außennut* der Gummidichtung ausspritzen.

Damit ist der Einbau der Fenster abgeschlossen. Zum Schluß wird noch die Schutzfolie, die die Scheiben vor Verkratzen bewahrt, abgezogen. Man kann diese Folie aber auch dran lassen bis das Fahrzeug komplett ausgebaut ist, dann schont man die wertvollen Acrylglasscheiben noch länger.

Was nun den Einbau von anderen Lichtschutz- und Sichtschutzeinrichtungen außer den vorhin bereits angesprochenen Rollos betrifft, so kann man sich aus der reichen Palette der Möglichkeiten das aussuchen, was man selbst fertigen kann und was die speziellen Aufgaben am besten bewältigt.

Als Sichtschutz eignen sich neben den schon erwähnten *Rollos* mit Kunststoff-Folie oder Rollostoff auch *Jalousetten, Vorhänge, Blenden, Gardinen* und *Reflexfolien.*

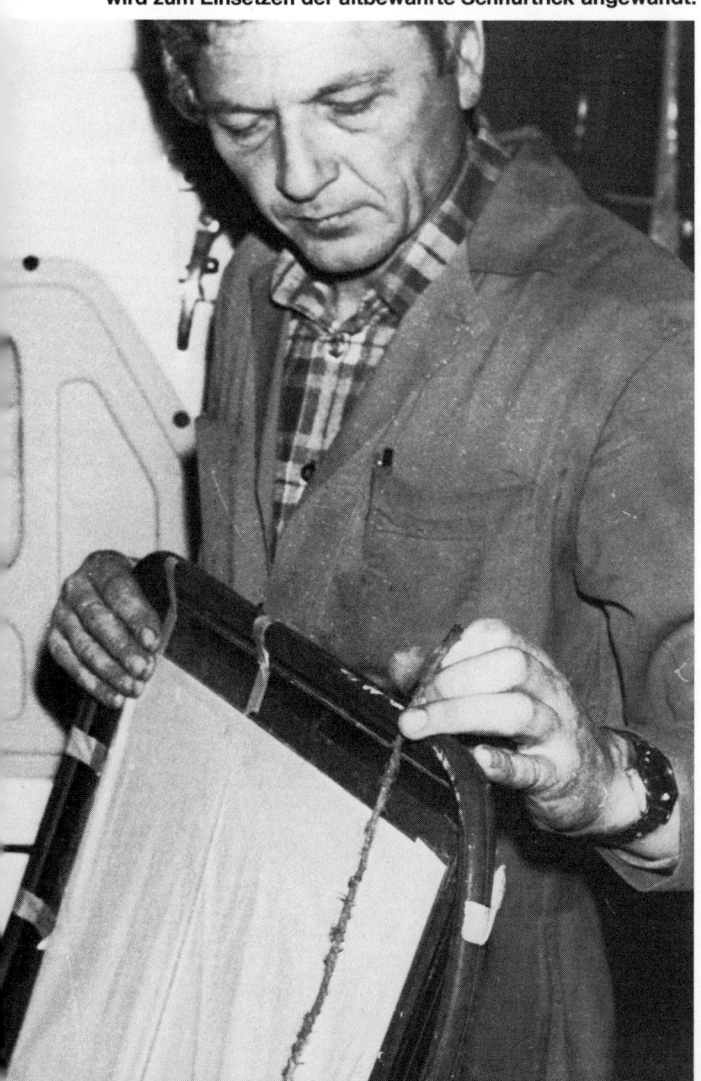

Bild 67: Bei feststehenden Fenstern, die nur mit einer Gummidichtung in den Blechausschnitt eingesetzt werden, wird zum Einsetzen der altbewährte Schnurtrick angewandt.

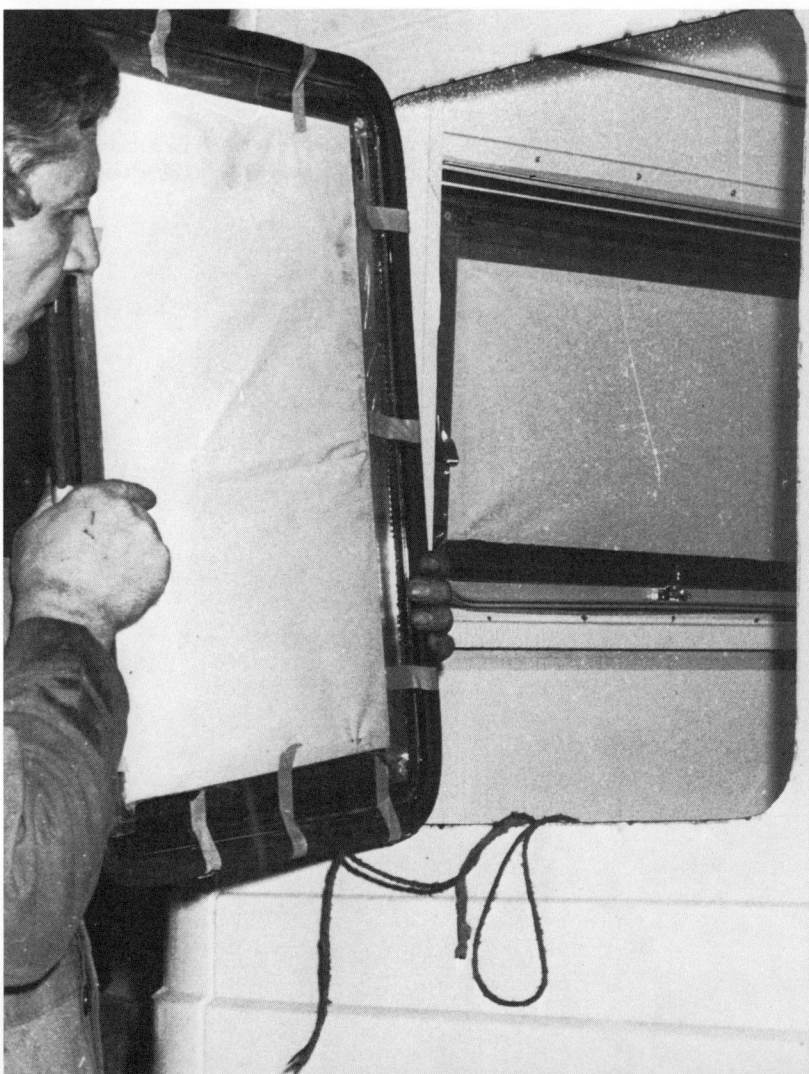

Bild 68: Nach dem Einlegen der kräftigen Schnur rundum in die Dichtungsnut wird das Fenster an den Ausschnitt in der Karosserie angedrückt.

Jalousetten kann man nachträglich innen an der Verkleidung der Wände oder an der Unterseite von Hängeschränken leicht montieren. Sie gestatten gute Lichtregelung, verhindern den Einblick, lassen sich aber nicht lichtdicht schließen und erzeugen auch durch ihre Lamellen bei der Fahrt unter Umständen leichte Klappergeräusche. Besser sind *Vorhänge,* die aus Stoff (Möbelstoff, Dekostoff) gefertigt werden und entweder an *Vorhangschienen* oder *Spannschnur* vor das Fenster gezogen werden können. Damit die Vorhänge nicht flattern oder auch nachts durch Gegenkommen verschoben werden können, werden entweder Druckknöpfe (Tenax-Knöpfe) oder kleine Magnete angebracht, die dann auf dem Karosserieblech oder einem Stück aufgeklebten Blech haften. Man kann auch an der Unterseite des Fensters eine weitere Spannschnur (plastiküberzogene Spiralfeder) anbringen, unter die dann einfach der Vorhang geklemmt wird.

Bei leichten Vorhangstoffen empfiehlt es sich, unten eine *Bleischnur* einzunähen, damit sie besser fallen und auch nicht so bei ausgestelltem Fenster flattern können.

Aber leichten Vorhangstoff würde ich gar nicht erst nehmen! Warum? Weil ich der Ansicht bin, daß ein Vorhang nicht nur gut aussehen soll, sondern vor allem seine Aufgaben erfüllen muß. Erstens soll er einfallendes Sonnenlicht möglichst reflektieren, damit nicht im Sommer die Sonne das Fahrzeug unnütz aufheizt. Dafür eignet sich ein heller Stoff, der auf die Karosseriefarbe abgestimmt in Pastelltönen sehr schick aussehen kann. Den würde ich als äußere Lage eines dop-

Bild 69: Von der Gegenseite wird durch behutsames Ziehen an einem Schnurende die Gummidichtung um den Fensterausschnitt gestülpt. Mit einem breiten Schraubenzieher o. ä. wird die Dichtung rundum nochmals glatt an das Blech gelegt.

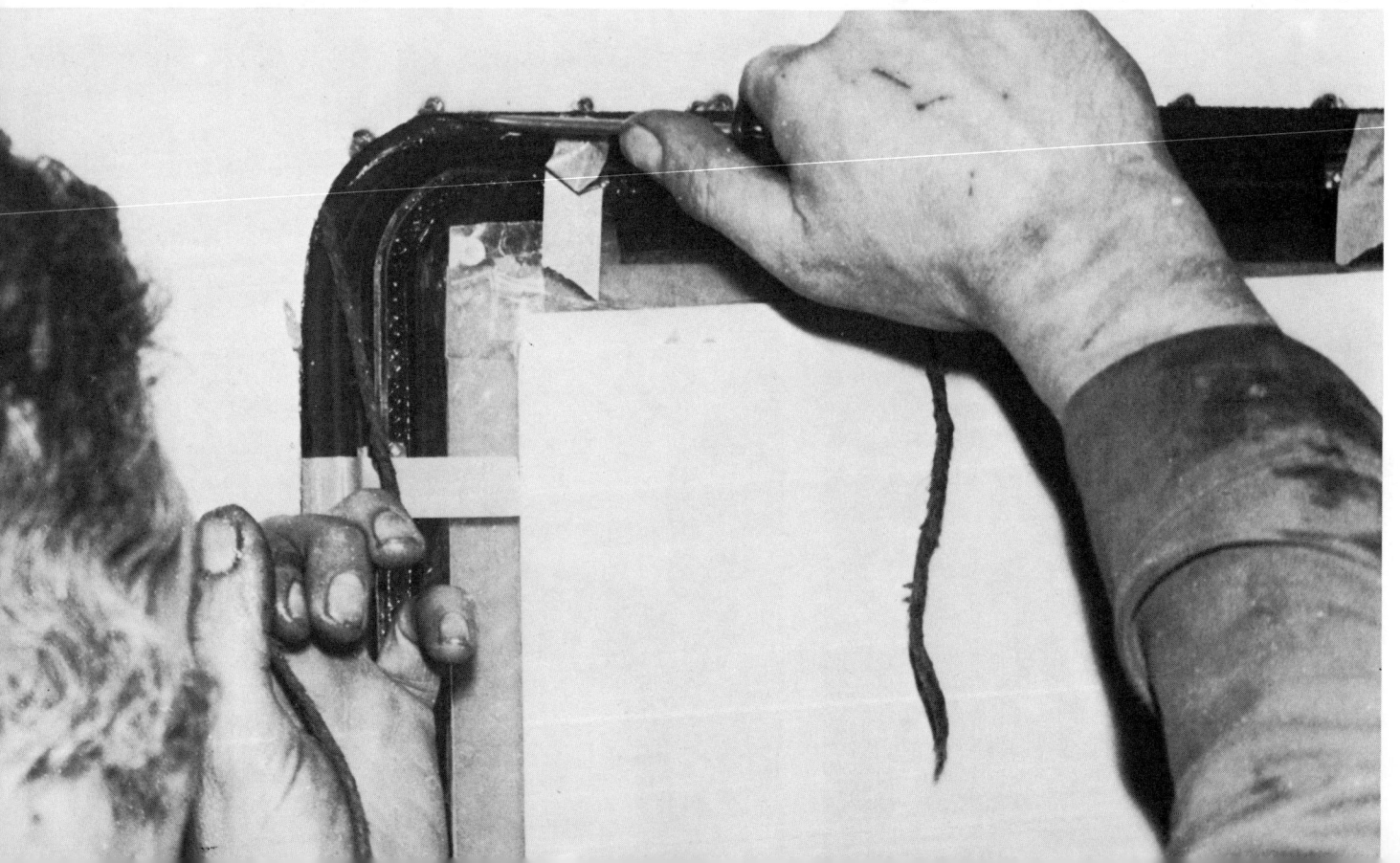

Bild 70: Es ist geschafft! Das Fenster ist fertig, es bringt Licht und Luft in die fahrbare gute Stube, schützt vor Insekten und neugierigen Blicken und gewährt eine gute Aussicht.

pellagigen Vorhangs verwenden. Für Innen würde ich dann einen dichten, dunklen Samtstoff wählen. Samt läß nicht viel Licht durch. Dann kann erstens keiner abends sehen, ob in meinem Campingbus noch Licht brennt. Das ist auch ein Sicherheitsfaktor! Zweitens lasse ich mich morgens nicht allzu gern von den ersten Sonnenstrahlen wecken. Drittens schließlich sind Samt-

vorhänge auch recht brauchbar als wärme- bzw. kältedämmende Materialien. Die Isolierwirkung des Doppelfensters wird durch den Stoff erhöht. Als reinen Sichtschutz dagegen kann man die dünnen, weißen *Gardinen* bzw. Stores betrachten, die sich zusätzlich zu anderen Vorhängen noch mit Hilfe der Spannschnüre oder Gardinenleisten anbringen lassen.

Wenn man dagegen sein Fahrzeug lichtdicht machen will (dann kann man es unterwegs auch als Dunkelkammer für Fotozwecke verwenden, denn Licht und Wasser ist sowieso vorhanden!), wird man leichte und absolut lichtdichte *Blenden* anbringen. Das kann dünnes Sperrholz sein, daß man außen mit Alufarben streicht (Sonnenlicht reflektierend) und innen mit dunkler Selbstklebefolie (notfalls schwarz) beklebt. Man kann auch dünnes Blech, Kunststoffplatten (Möbeldekorseite innen, außen Alubronze-Anstrich) oder notfalls Pappe verwenden. Die Befestigung richtet sich nach dem Material. Entweder sieht man *Tenax-Knöpfe* oder *Haken* oder *Magnete* vor , man kann auch mit gutem Erfolg die flexiblen *Magnetstreifen* einsetzen, die es als Meterware im Handel gibt. Sie sind zweiteilig. Eine Seite des Streifens wird am Fahrzeug befestigt (selbstklebend oder mit Kontaktkleber). Der andere Streifen wird an der Blende auf gleiche Weise festgemacht.

Bei anderen Befestigungen muß man darauf achten, evtl. vorhandenen Abstand zwischen Blende und Wandverkleidung mit elastischen Dichtungsstreifen abzudunkeln.

In Campingbedarfs-Fachgeschäften und auch in Kaufhäusern wird gelegentlich sogenannte »Reflexfolie« oder »Spiegelfolie« angeboten, die ganz einfach mit einer Kontaktlösung von innen auf Fensterscheiben aufgezogen wird. Der Erfolg ist, daß die Einsicht von außen nach innen sehr erschwert wird und außerdem ein Großteil der Sonneneinstrahlung so reflektiert wird, daß es innen nicht zu warm wird. Leider ist diese Folie für Campingbusse nicht erlaubt (!), weil nach Meinung der TÜV-Experten durch das Aufbringen dieser Folie die Bauart-Genehmigung des betreffenden Fensters (Wellenlinie) erlischt. Das kann bei einem Unfall womöglich Ärger mit der Versicherung geben. Auch die Polizei ist gegen die Folie, weil auch Scheinwerferlicht von anderen PKWs usw. reflektiert wird und durch die mögliche Blendung anderer Verkehrsteilnehmer eine Beeinträchtigung der Verkehrssicherheit entstehen könnte. Dies zur Information einer sonst guten Idee.

Für diejenigen Campingbus-Ausbauer, die ihr Fahrzeug im Fensterbereich *gegen Einbruch schützen* wollen, sind stabilere *Holzblenden* (Mehrzweckaufgaben für Tischplatte, Schranktür usw.?) oder *Sperrholzplatten* (die man sonst unter die Sitze legen kann) oder auch mit Flügelschrauben von innen zu befestigende *Lochbleche* aus Aluminiumblech eine gute Möglichkeit, sich zu schützen. Oft wird jedoch eine brauchbare *Alarmanlage* (siehe Kapitel Bord-Elektrik) die einfachere und auch gewichtsmäßig leichtere Lösung sein.

Abschließend noch etwas zum Thema *Insektenschutz*-Vorrichtungen. Wer je eine Nacht in der Nähe eine ruhenden Gewässers oder gar am Rande eines Sumpfgeländes verbracht hat, während blutgierige Mücken und andere Insekten unterwegs waren, weiß ein Moskitonetz zu schätzen. Leichter geht es, wenn man bereits alle Öffnungen im Fahrzeug, also auch die ausstellbaren Fenster, mit einem Insektenschutz versieht. Bei manchen Fertig-Rollos ist so etwas (Bild 70) bereits eingebaut. Andernfalls muß man aus Mücken- bzw. *Fliegengaze* (aus Kunststoff oder verzinktem Stahldraht) entsprechende Flächen schneiden, mit einem Rahmen oder aufgeklebten Rand (Textilklebeband) die Ränder gegen Ausfransen schützen und diese Platten mittels Klettband, Magnethaftstreifen oder Schrauben am Fensterrahmen befestigen. Dabei muß aber bedacht werden, daß der Zugang zu den Bedienungsgriffen des Fensters jederzeit möglich ist. Normale *Gardinen* oder Stores sind zwar auch ein gewisser Insektenschutz, liegen aber rundum meist nicht dicht an. Man kann sie aber durch Anbringen der Magnetstreifen ebenfalls gut abdichten. Eine weitere Möglichkeit sind *Streifenvorhänge,* wie sie in südlichen Ländern gern gegen Insekten verwendet werden. Man kann derartige Vorhänge im Zubehörhandel in allen möglichen

Größen und Farben kaufen und innen vor Türen und Ausstellfenstern anbringen. Solche *Streifenvorhänge* lassen sich aber auch sehr gut (und billiger) *selbst nach Maß* anfertigen, und zwar aus klarer oder farbiger Plastikfolie. Mehrere Lagen davon werden übereinander auf eine Pappe oder Hartfaserplatte ausreichender Länge gelegt und oben und unten mit Klebeband fixiert. Dann wird mit einem Universalmesser und einem Stahllineal (Tapezierschiene) die Folie in ein bis zwei Zentimeter breite Längsstreifen geschnitten. Oben und unten bleiben quer jeweils ein paar Zentimeter unzerschnitten. Oben braucht man dies, um damit den Vorhang am Fahrzeug festzumachen. Unten kann der Querstreifen nach Schneiden aller Längsstreifen abgeschnitten werden. Wieder mit Stahllineal und rechtwinklig, um alle Streifen so auf gleiche Länge zu bekommen.

Diese Streifenvorhänge lassen ungehindert Frischluft ins Fahrzeug, wenn Tür oder Fenster offen sind. Insekten dagegen werden durch die im Luftzug flatternden Streifen abgehalten.

Bild 71: So ein Aufkleber oder notfalls ein handgeschriebenes Schild gehört in den Sichtbereich jeden Ausstellfensters!

117

Türen:

Alle Türen, die von außen in das Fahrzeuginnere, speziell in den Wohnteil, führen, sind *Kältebrücken* ersten Grades. Sie sind innen nicht isoliert und lassen auch schlecht den Einbau einer Isolierung zu, weil sie aus Stabilitätsgründen meist stark verrippt oder sogar doppelwandig sind. Dennoch muß man hier etwas unternehmen, sonst nutzt die aufwendige Isolierung der anderen Flächen im Wohnteil überhaupt nichts. Dünnes Blech läßt nun einmal ungehindert Wärme oder Kälte hindurch. Das gilt es zu ändern. Da diese Türen oft innen eine Verkleidung aus Pappe oder Kunstleder-beschichteter Hartfaser haben, muß diese zunächst abgenommen werden. Nun liegt (hoffentlich) das Türinnere offen vor uns. Da die Türen hinten im »Wohnteil« meist keine Kurbelfenster aufweisen, braucht man auch nicht auf deren Mechanismus wie in den Fahrerhaustüren Rücksicht zu nehmen. Aber der Mechanismus für das Türschloß muß von unseren Isoliermaßnahmen ausgespart werden. Am besten klebt man innen die Türen so weit wie zugänglich mit *Schaumstoffplatten* von wenigstens zwei Zentimeter Stärke aus. Besser nimmt man die Schaumstoffplatten noch dicker, dann isolieren sie besonders gut. Zum Ankleben kann man entweder *Kontaktkleber* oder bequemer einen *Sprühkleber* einsetzen. Kontaktkleber wird mit einem alten breiten Pinsel auf Blech und Schaumstoff aufgetragen (dünn!) und nach dem Ablüften der Klebstoffschicht (bei Raumtemperatur etwa 10 Minuten) werden die Schaumstoffteile auf die Blechteile aufgedrückt. Mit Sprühkleber geht es etwas leichter (aber teurer), weil er sich besser auftragen läßt. Wenn die Türen doppelwandig sind und man keinen Schaumstoff einkleben kann, sollte man entweder die Hohlräume mit *Schaumstoff-Flocken* (bekommt man oft billig aus Resten) ausstopfen oder mit einem *Polyurethanschaum* (Isolierschaum) aus der Sprühdose ausschäumen. Wo man schlecht rankommt, kann auch eine Bohrung

von etwa 10 mm Ø angebracht werden, durch die man das Sprührohr der Dose steckt. Ist der Schaum hart, wird das Loch mit Spachtel geschlossen, geschliffen und lackiert oder durch die später aufzubringende Wandverkleidung bzw. Türverkleidung sowieso verdeckt.

Wenn die Türen isoliert sind, kommt entweder die vorherige Türbekleidung wieder drauf, die man zusätzlich durch Überziehen mit Kunstleder, Teppichboden, Kork, Textiltapete oder Polsterfolie der späteren Innenraum-Verkleidung farblich und im Material angepaßt hat. Oder man schneidet (nach einer Pappschablone oder nach Aufmaß) aus 3 mm starker Sperrholzplatte (in derselben Holzart, wie später die Möbel sind) Abdeckungen zurecht, die so weit wie möglich alle Blechteile der Tür verdecken. Diese Sperrholzplatte kann man mit Blechschrauben (Unterlegscheiben verwenden, siehe Bild XX) befestigen oder aber auch mit den von der früheren Verkleidung her stammenden Clips. Ich halte Blechschrauben für besser, weil man sie da anbringen kann, wo es nötig ist und nicht nur da, wo grade ein Clipsloch ist. Apropos Blechschrauben!

Selbstverständlich verwenden Sie nur *vernickelte* oder *verchromte* bzw. *Edelstahl-Blechschrauben.* Alles andere rostet nach kurzer Zeit und versaut Ihnen die schöne Arbeit.

Übrigens sollten Sie beim Verkleiden von einer Schiebetür immer prüfen, ob sie mit Verkleidung überhaupt noch aufgeht. Bei manchen Türmodellen ist die Luft zwischen Tür und Karosserie im geöffneten Zustand sehr knapp.

Türen vom Wohnteil nach außen stellen außer einer Kältebrücke aber auch noch weitere Ärgernisse dar. So sind sie zum Beispiel eine zusätzliche *Einbruchsgefahr,* der man durch Einbau eines Sicherheitsschlosses zusätzlich zum vorhandenen Schloß oder durch Einbau von Riegeln von innen begegnen kann.

Man kann auch eine andere Möglichkeit wählen und den meist für die Fahrzeug-Innenbeleuch-

118

tung vorhandenen Türkontakt als Kontakt einer noch einzubauenden Alarmanlage benutzen. Doch davon später.

Luken, Klappen und andere Öffnungen

Außer Fenstern und Türen gibt es in einem Campingbus noch eine ganze Anzahl anderer Öffnungen nach draußen, die teils sichtbar und teils verborgen angebracht sind.

Diese Öffnungen sind zum Teil vorgeschrieben bzw. dringend anzuraten, andere sind nur nützlich oder angenehm.

Fangen wir mit den vorgeschriebenen bzw. erforderlichen Öffnungen an. Für Campingbusse ist die Verwendung von Propan- oder Butan-Gasgeräten zum Kochen, Backen, Heizen, Kühlen, zur Beleuchtung und für die Warmwasserbereitung sehr verbreitet. Das liegt daran, daß Gas nicht nur eine relativ preiswerte und bequeme Energiequelle ist, sondern auch noch einigermaßen leicht zu transportieren geht, vielseitig einzusetzen ist und weder Schmutz noch Abfall hinterläßt.

Allerdings gibt es, aus gutem Grund, auch ein paar Vorschriften, auf die im Kapitel »Gas-Versorgung« noch näher eingegangen wird. Hier interessiert nur zunächst einmal, daß für Gasflaschen innerhalb des Campingbusses im Gasflaschenschrank *eine unverschließbare Öffnung von wenigstens 100 cm² freiem Querschnitt im Boden oder in unmittelbarer Bodennähe nach draußen* vorhanden sein muß. Das bedeutet für uns, daß an der Stelle, wo unsere Vorrats-Gasflasche in einem nach innen abgedichteten Kasten oder Schrank aufgestellt werden soll, im Fußboden

oder in der Fahrzeugseitenwand direkt über dem Fußboden eine unverschließbare, also ständig offene Entlüftungsöffnung angebracht werden muß. Diese Öffnung muß mindestens 100 cm² groß sein, also beispielsweise eine Öffnung von 10 cm Länge und 10 cm Breite. Der Einfachheit halber würde ich den Gasflaschenkasten so in der Einrichtung einplanen, daß die Luftöffnung seitlich in der Karosseriewand sitzt. Da braucht man nur direkt über dem Zwischenboden bzw. Fußboden eine Öffnung in das Blech zu sägen, die so groß ist, daß sie noch von außen mit einem *Kiemenblech* aus Aluminium abgedeckt werden kann und trotzdem einen freien Querschnitt von wenigstens 100 cm² hat, lieber sogar etwas größer. Gegen den Eintritt von Insekten oder anderem Ungeziefer legt man zwischen Karosserieblech und Kiemenblech noch ein Stück passend geschnittene Drahtgaze (Fliegengittergaze) und dichtet das Kiemenblech vor dem Anschrauben (Blechschrauben) rundum mit elastischem Karosserie-Dichtband (gibt es als Meterware im KFZ-Zubehörhandel) ab. Dieses Dichtband wird passend geschnitten und rundum auf das Kiemenblech gelegt. Beim Anschrauben zieht es sich dann dichtend mit dem Gazegewebe hinein. Solche Kiemenbleche sehen Sie außen am Fahrzeug auf Bild 42.

Es gibt aber noch eine weitere Möglichkeit: Man kann nämlich anstatt der relativ kleinen Öffnung seitlich am Wagen auch eine entsprechend größere in die Außenwand schneiden. So groß, daß sich die Gasflasche von außen in den nach innen gasdichten Gasflaschenkasten hineinsetzen läßt. Die Öffnung in der Außenwand wird dann mit einer fix und fertig käuflichen Klappe verschlossen. Solche *Kofferklapptüren* bekommt man in verschiedenen Größen einschließlich Rahmen, sie werden ähnlich wie ein Fenster eingebaut. Wenn man sie nicht in Kiemenblech-Ausführung (Bild 72) bekommt, muß man sie im unteren Bereich mit einem entsprechenden Kiemenblech

Bild 72: So sauber kann eine eingebaute Klappe aussehen, hinter der gut zugänglich die Gasflaschen oder ein Notstrom-Generator oder andere Einrichtungen installiert werden können. Wichtige Klappen für Gasflaschen usw. müssen abschließbar sein.

zusätzlich versehen, um den Gasflaschenkasten vorschriftsmäßig zu entlüften. Da diese Kiemenbleche meist aus Aluminiumblech bestehen, kann man sie nach der Montage entweder so belassen oder man muß sie vor der Montage lackieren. Das läßt sich auf Aluminium aber nur dann haltbar machen, wenn man das Blech zuvor in einem Säurebad (1 Teil Salzsäure auf 8 Teile Wasser) anrauht und nach gründlichem Nachwässern zusätzlich entfettet (Tri, Aceton, Waschbenzin o. ä.). Man kann sie auch vor dem Lackieren statt Säurebad usw. mit Washprimer behandeln.

Eine dritte Möglichkeit, die Öffnung für den Gas-flaschenkasten zu schaffen, ist eine *Öffnung im Fußboden.* Dabei ist aber Verschiedenes zu beachten: Unter dem Fahrzeug sitzen Rippen, Leitungen, Kabel usw., deshalb muß zuerst geklärt werden, ob Platz für einen solchen Durchbruch vorhanden ist. Außerdem sollte sich keine weitere Öffnung im Wagenboden befinden, durch die womöglich Gas aus dem Gasflaschenkasten wieder ins Fahrzeug gelangen könnte (was zwar sehr unwahrscheinlich ist, weil Propan-Gas schwerer als Luft ist, aber sicher ist sicher). Schließlich sollte man bedenken, daß unter dem Wagenboden beim Fahren Staub, Dreck, Nässe usw. aufgewirbelt werden, die womöglich in die Öffnung gelangen könnten. Gegen das Aufwirbeln von Schmutz im Öffnungsbereich kann man sich schützen, indem man ein Prallblech (aus Alu oder anderem rostfreien Material) in Fahrtrichtung vor der Öffnung anbringt oder sogar einen nur nach hinten offenbleibenden Blechkasten entsprechender Größe. Die Öffnung im Fußboden wird am besten erst einmal im Blech des Fahrzeugbodens hergestellt (vorbohren in den Ecken, Blech mit Stichsäge heraussägen, entgraten, Rostschutz). Im später wieder einzusetzenden Zwischenboden wird sie nach Montage dieses Bodens an Ort und Stelle ebenfalls eingebracht. Die Öffnung im Fußboden sollte jedoch größer als nur 100 cm² sein, weil sie rundum noch, sobald der Zwischenboden wieder drin ist, mit dauerelastischer Dichtungsmasse oder mit Unterbodenschutz gegen Nässe usw. abgedichtet wird und der effektiv offenbleibende Querschnitt mindestens 100 cm² aufweisen muß. Außerdem empfiehlt sich die Anbringung eines Insektenschutzgitters oder zumindest eines Stücks Streckmetall (Bild 73) gegen Kleintiere, was nochmals den Querschnitt etwas reduziert.

So wie der *Gasflaschenkasten gegen den Innenraum absolut dicht* sein muß, so müssen auch die anderen mit Gas betriebenen Geräte (außer Herd, Kocher und Gaslicht) mit ihren *Verbrennungsräumen* gegen den Innenraum *absolut abgedichtet* sein, damit die Abgase nicht zu einem vorschnellen Ende des Campingbus-Besitzers führen. In diesem Zusammenhang ist zunächst die *Heizung* besonders wichtig, weil bei den meisten gasbe-

Bild 73: Gemäß »Technischen Regeln G 607« muß der Gasflaschen-Kasten in oder unmittelbar über dem Boden unverschließbare Öffnungen von mindestens 100 cm² freiem Querschnitt zur Außenluft haben. Man kann so eine Öffnung wie hier mit Streckmetall abdecken, besser gegen Ungeziefer usw. hilft jedoch eine Abdeckung mit Fliegengaze.

triebenen Heizungen die erforderliche Verbrennungsluft unter dem Wagenboden angesaugt werden muß. Bei einigen Heizungen wird sie auch unter dem Wagen als Abluft wieder ausgeblasen, bei anderen Modellen über eine Rohrleitung oberhalb des Wagendachs. Deshalb sollten Sie sich rechtzeitig klar werden, welche Heizung eingebaut wird (Kapitel »Heizung – Kühlung – Lüftung«) und dementsprechend die Öffnungen im Fahrzeug dafür anbringen. Das beste wäre sogar, die Heizung mit bei den ersten Besorgungen einzukaufen, dann kann man den Ausschnitt im Wagenboden bzw. für das Abgas auch im Wagendach gleich nach Maß vornehmen. Weil diese Öffnungen nämlich sehr genau gemacht werden müssen, um die Heizung mit ihrer Verbrennungskammer gegen den Wagen dicht zu bekommen.

Außerdem ist die Lage der Öffnung im Fußboden zu klären. Prüfen Sie von unten, ob die Öffnung an der gewünschten Stelle überhaupt möglich ist, ob der Ansaugstutzen für die Verbrennungsluft nicht direkt am Auspuff sitzt, ob die Wärme der Brennkammer oder gar die nach unten abgegebene Abluft mit ihrer Hitze irgendwelche wärmeempfindlichen Teile (Reserverad, Kabel, Rohre, Tanks usw.) in Mitleidenschaft ziehen kann und ob die Öffnung wenigstens etwa eineinhalb Meter von der Öffnung für den Gasflaschenkasten entfernt ist.

Auch für den *Warmwasserbereiter,* sofern er mit Gas betrieben wird, für die Zuluft und Abluft des *Kühlschranks* sowie das Abgas des Kühlschranks sind unverschließbare Öffnungen meist seitlich in der Karosseriewand vorzusehen. Die Größe die-

Bild 74: Für Lüftungszwecke voll ausreichend sind die kleinen Aufstellklappen bzw. Aufstell-Fensterchen, die bereits mit Moskitogitter ausgerüstet sind und von innen mit Handkurbel betätigt werden. Um die Verkleidung zwischen Klappenrahmen und Innenwandfläche kommt man allerdings auch hier nicht herum.

ser Öffnungen und ihre Anbringung geht aus den Einbau-Anweisungen der Gerätehersteller hervor. Deshalb ist es wichtig, derartige Geräte möglichst frühzeitig zu erwerben, sofern die Planung abgeschlossen ist. Für *Herde* und *Kocher,* wie sie in fast jedem Campingbus eingesetzt werden, müssen Lüftungsöffnungen von mindestens *150 cm²* freiem Querschnitt vorhanden sein. Diese Öffnungen können aber bei Nichtgebrauch der Geräte verschlossen werden. So genügt es daher meist, das in Kochernähe befindliche Ausstellfenster oder eine spezielle Lüftungsklappe zu öffnen. Wird dagegen ein *Gasbackofen* verwendet, so sind dessen Abgase durch eine Rohrleitung entsprechenden Querschnitts ins Freie abzuleiten und man muß hierfür eine entsprechende Öffnung vornehmen.

Gasleuchten werden nur noch in geringem Umfang eingesetzt in Campingbussen. Sind sie aber vorgesehen, so muß je Gasleuchte ebenfalls eine unverschließbare Öffnung von mindestens 10 cm² freiem Querschnitt angebracht werden, und zwar in unmittelbarer Nähe der Leuchte.

Soweit erst einmal die erforderlichen Öffnungen im Fahrzeug. Sofern weitere Geräte, die hier nicht aufgeführt sind, eingebaut werden sollen und diese eine Öffnung im Fahrzeug benötigen, sind natürlich auch hierfür die entsprechenden Durchbrüche anzubringen. In diesem Zusammenhang aber noch ein Hinweis: In der *Heckpartie* des Fahrzeugs würde ich nach Möglichkeit keine unverschließbaren *Öffnungen* anbringen, weil durch den beim Fahren entstehenden Sog am Heck immer die Gefahr besteht, daß hier Abgase, Staub, usw. in das Fahrzeuginnere gezogen werden.

Nunmehr möchte ich Ihnen noch das Thema Lüftungsklappen ans Herz legen. Weiter vorn erwähnte ich ja schon, daß Ausstellfenster ihre Nachteile haben können. Aber ohne eine gute Querlüftung kommt man im Fahrzeug nicht aus, weil sich leicht die Luft staut und man zumindest nachts beim Schlafen ständig Frischluft braucht,

wenn man nicht mit einem Brummschädel oder auch garnicht mehr aufwachen will. Da eignen sich sehr gut an der Fahrzeug-Außenwand installierte *Lüftungsschieber.* Sie sind aus Kunststoff oder Aluminium und meist zweiteilig. Die eine Hälfte wird außen auf die ins Karosserieblech geschnittene Öffnung geschraubt (Blechschrauben, Dichtungsstreifen unterlegen!). Die andere Hälfte des Schiebersets wird innen auf den entsprechenden Ausschnitt in der Wandverkleidung geschraubt und verdeckt den Ausschnitt. Diese Lüftungsschieber haben innen einen Verstellmechanismus (Bild 74), der die Öffnung beliebig verschließt, so daß man sich die gewünschte Luftmenge regeln kann. Diese Schieber sind relativ einbruchsicher und außerdem leichter zu montieren als ein Ausstellfenster. Deshalb werden sie auch gern im Dachbereich montiert, weil dort erstens die verbrauchte warme Luft hinsteigt und zweitens dort oben oft auch Betten installiert sind und die dort oben Schlafenden ja auch gern etwas Frischluft haben. Man bringt innen am Karosserieblech, genau wie bei Ausstellfenstern, auch wieder einen soliden *Holzrahmen* an. Dessen Ausschnitt entspricht dem Durchbruch in der Blechwand oder dem Dachausschnitt. Innen wird der Rahmen dann durch die aufgeschraubte Wandverkleidung bzw. die Innenhälfte des Schiebers verdeckt.

Diese Lüftungsschieber gibt es im Handel in *regengeschützter und anderer Ausführung.* Nehmen Sie für außen nur die regensichere, die andere Ausführung ist mehr für innen gedacht, beispielsweise für die Belüftung zwischen zwei Räumen usw.

An Stelle der Lüftungsschieber bekommt man im Handel auch die ebenfalls sehr praktischen, aus Blech geformten *Dachluftklappen.* Es gibt sie in zwei Größen mit und ohne Glasfenstereinsatz. Die kleinere Klappe benötigt ein Ausschnittmaß von 165×215 mm und ist außen 230×280 mm groß, die größere braucht einen Ausschnitt von

202×279 mm und hat 270×335 mm Außenmaß. Leider gibt es diese Klappen nicht in einer wärmegedämmten Ausführung und leider lassen sich diese Klappen auch von außen öffnen, wenn man nicht von innen eine Arretierung vorsieht. Die Klappen werden gern senkrecht so eingebaut, daß die Scharniere der Klappe oben sitzen. Dann lassen sich die Klappen sogar bei leichtem Regen noch öffnen, ohne daß etwas naß wird. Manche bauen die Klappen auch waagrecht auf dem Dach ein. Dann sollte das Scharnier in Fahrtrichtung sitzen, falls man mal bei schlechtem Wetter mit offener Klappe fährt und kein Regen ins Fahrzeug kommen soll.

Besser dagegen sind meiner Ansicht nach schon die richtigen *Dachluken,* die nicht nur wärmedämmend gebaut sind, sondern auch in großem Maße zur Belüftung und Belichtung des Fahrzeug-Innenraums geeignet sind. Diese Oberlicht- oder Dachluken haben eine *doppelwandige Acrylglashaube,* die mit Scherenaufstellern oder anderen Vorrichtungen aufstellbar ist und mit einem soliden Metallrahmen in einem Dachausschnitt befestigt wird. Andere als doppelwandige Ausführungen des Acrylglases sollte man gar nicht erst in Erwägung ziehen, weil sonst immer die Gefahr der Kondensatbildung besteht und außerdem das Fahrzeug im Sommer stark aufgeheizt und im Winter abgekühlt wird. Man bekommt sie ab etwa 130 DM bis zu 400 DM. Beim Einbau einer solchen Dachluke gehen wir ähnlich vor wie beim Einbau von Ausstellfenstern. Zunächst wird die Haube samt Rahmen in einer Größe beschafft, die keine Probleme mit den im Dachbereich vorhandenen Verrippungen schafft.

Dann wird Maß genommen und der Ausschnitt im Dach angebracht. Mit der Blechschere (Bild 75) arbeitet man recht gut von innen, wogegen die Arbeit mit einer Blechknabber oder der universellen Stichsäge (Metallblatt bei Blechdach, Kunststoff-Sägeblatt bei GFK-Dächern) sich viel leichter von außen oben bewerkstelligen läßt. Natürlich auch hier wieder zuerst das Bezugsmaß-Loch bohren, von dem aus dann der Ausschnitt vermaßt und angezeichnet wird. Dann bei der Stichsäge oder Knabber in den Eckpunkten (Radien beachten!) Bohrungen anbringen zum Ansetzen der Säge bzw. Knabber. Wenn Rippen oder Sicken die rundum glatte Auflage der Lukendichtung erschweren würden, müssen diese Sicken (Bild 76) entfernt werden. Bei *Kunststoffdächern* wird man sie mit *Polyesterspachtel* schließen und innen den Gegenrahmen entsprechend aussparen. Bei *Blechdächern* wie hier im Bild wird der Randbereich der Sicke mit einem Schweißbrenner oder einer Lötlampe *glühend* gemacht. Dann wird mit einem Hammer und einem Gegenlager (Bild 77) der Randbereich *flach geklopft.* Diese Arbeit sollte behutsam und genau erfolgen und von beiden Seiten vorgenommen werden (Bild 78). Die fertige Sickenbeseitigung sieht man in Bild 79. Nach der Rostschutzbehandlung wird die Dachluke eingesetzt (Bild 80, 81) und so weit wie möglich mit ihrer Gummidichtung auf die Dachaußenseite aufgepreßt. Nun läßt sich die Dachluke mit ihrem Rahmen entweder an einem untergesetzten Holzrahmen oder auch bloß so am Dachausschnitt mittels Blechschrauben oder Blindnieten befestigen. Die weitere Arbeit entspricht sinngemäß dem Fenstereinbau. Beim Einsetzen der Dachluke sollten Sie auf den Sitz der Aufstellbeschläge achten. Manche Dachluken lassen sich nämlich auch nur einseitig aufstellen, dann kann man sie sogar während der Fahrt bei schlechtem Wetter etwas geöffnet lassen. In jedem Fall werden Sie mit einer Dachluke stets eine vorzügliche Belüftung des Fahrzeugs und eine gute Lichtquelle besitzen. Der Vorteil der Dachluken ist nämlich nicht nur Lichtdurchlässigkeit und Belüftungsmöglichkeit, sondern die Tatsache, daß man Dachluken auch dann geöffnet lassen kann, wenn man das Fahrzeug irgendwo abstellt und möglichst niemand seine ungebetenen Finger hineinstecken soll. Weil diese Dachhauben

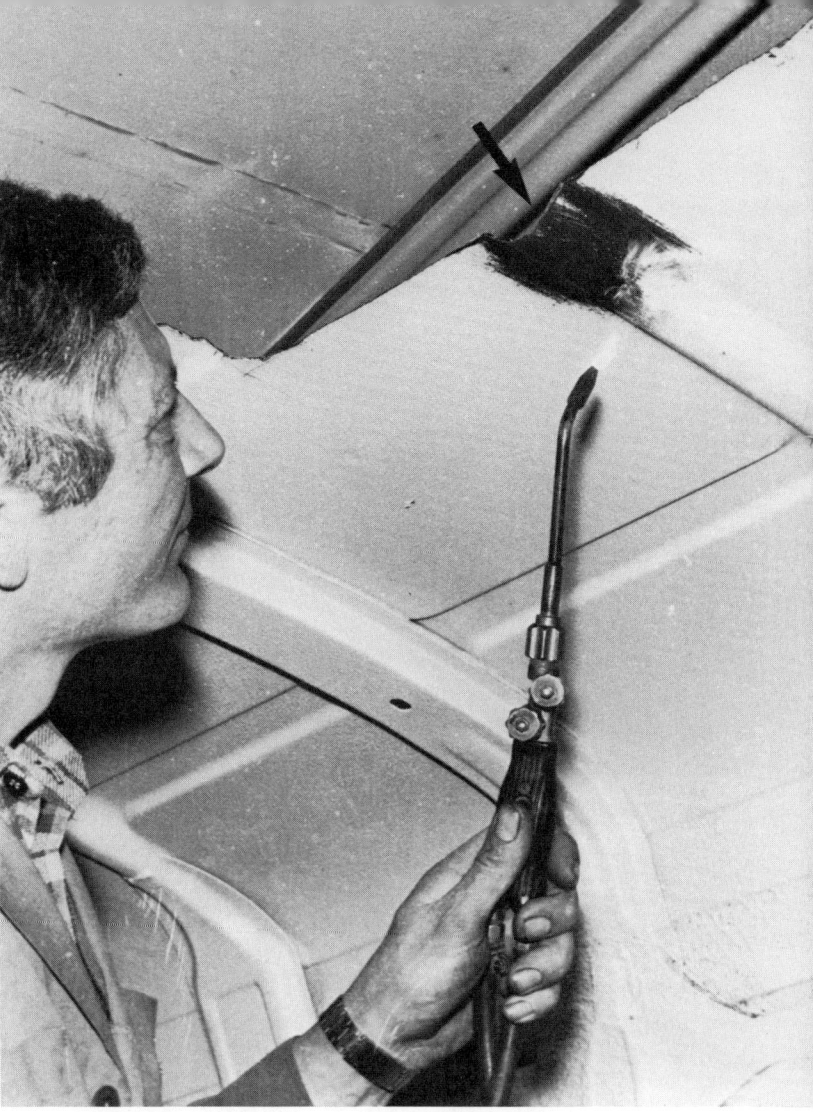

Bild 75: Für die Dachluke muß zunächst eine exakt bemesse-ne Öffnung ins Dach geschnitten werden, ohne daß hierbei Dachversteifungen (angesetzte Blechrippen) entfernt werden dürfen. Von innen arbeitet es sich recht gut mit der Blech-schere. Kann man von außen ans Dach kommen, ist eine Stichsäge mit Metall-Sägeblatt meist bequemer.

Bild 76: Meist wird man beim Einbau von Dachluken ein oder zwei eingeprägte Blechsicken mit heraustrennen müssen. Die dadurch entstehende Profilierung (Pfeil) der Dachfläche muß beseitigt werden, am besten durch Flachklopfen. Zuvor wird die Stelle mit einem Schweißbrenner oder Propanbren-ner glühend gemacht.

auf dem Dach schwer erreichbar sind, sind sie ei-nigermaßen sicher. Der erforderliche *Insekten-schutz* kann entweder durch ein unter der Luke angebrachtes Stück Gardine oder durch ein mit Magnetstreifen haftendes Stück Fliegengaze

o. ä. erfolgen. Im Zubehörhandel bekommt man auch komplette Rollos zum *Verdunkeln* und mit In-sektenschutz für die Dachluken. Diese Vorrich-tungen werden wie bei den Fenstern einfach un-ter die Verkleidung geschraubt. Da sie ja nun

125

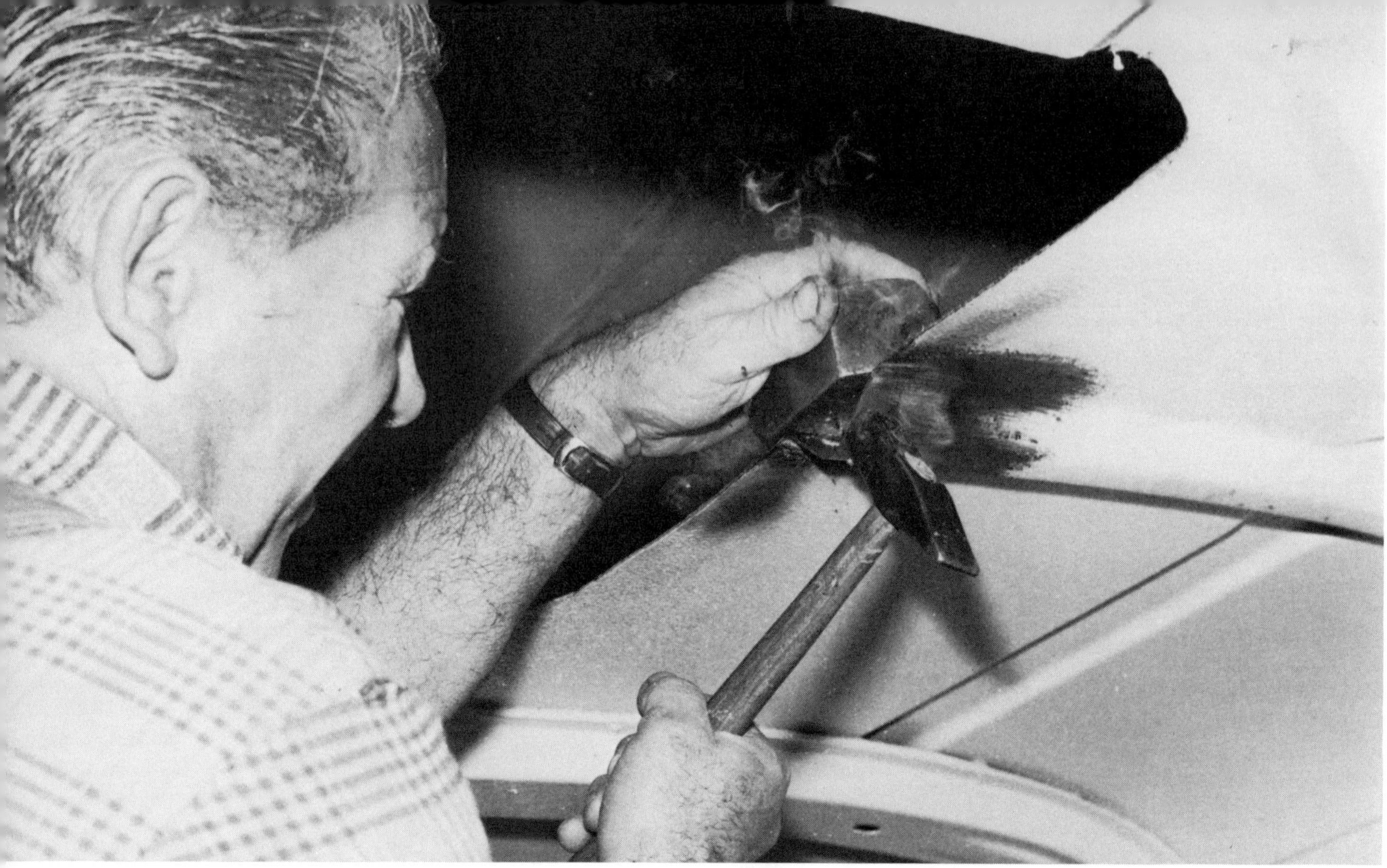
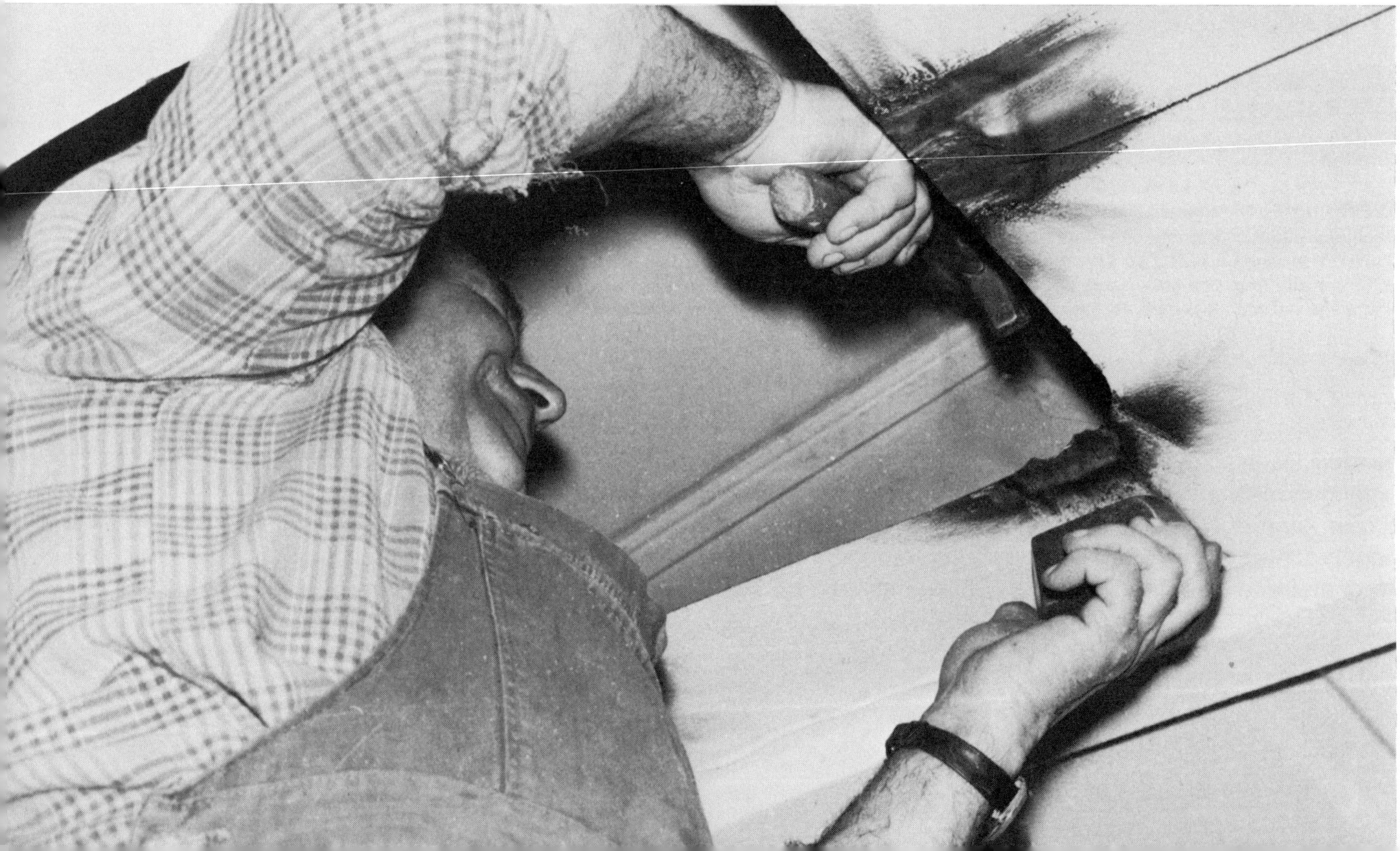

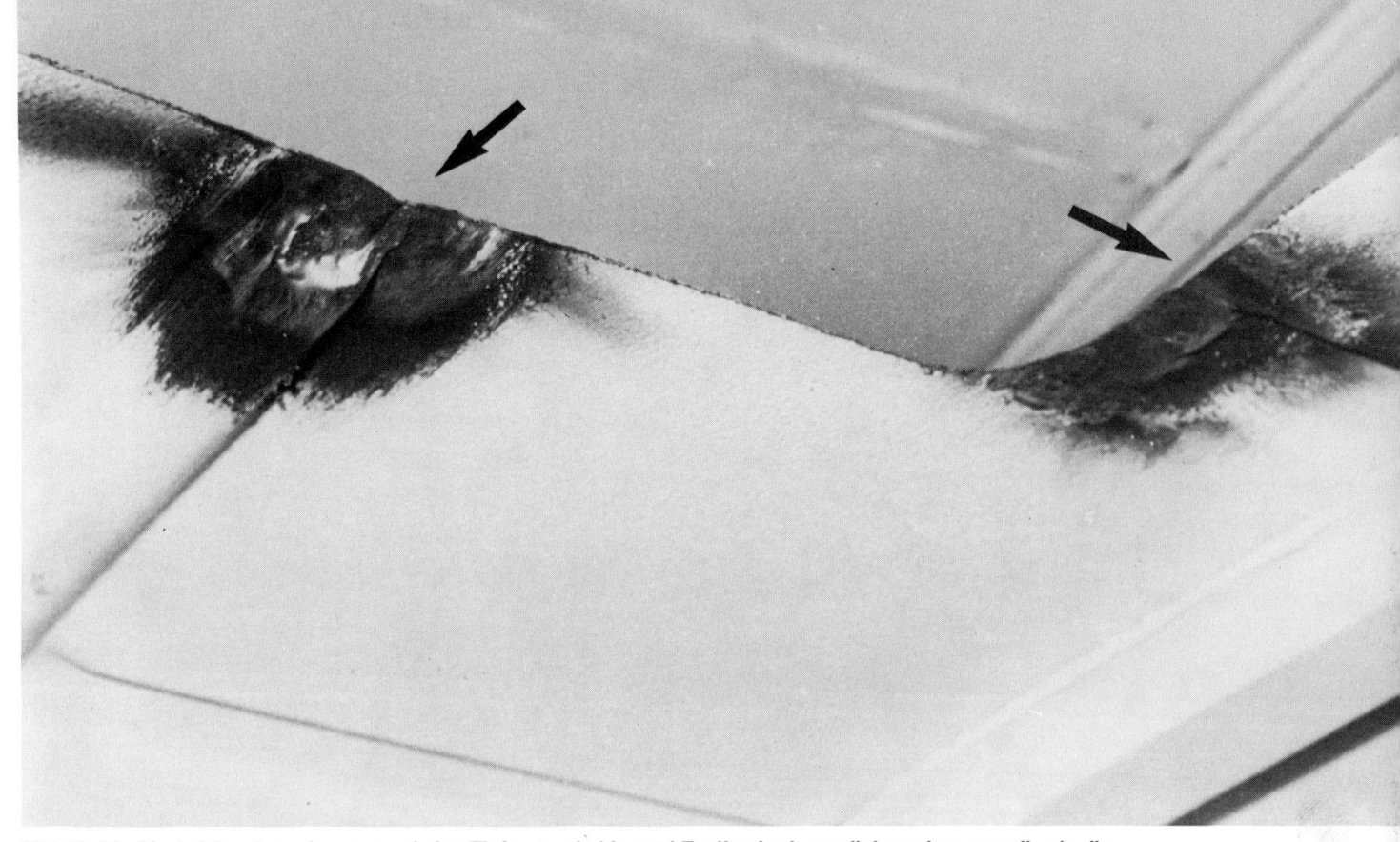

Bild 79: Die Blechsicken brauchen nur auf eine Tiefe von ein bis zwei Zentimeter begradigt werden, so weit, wie die Gummidichtung der Luke später ringsum aufliegt.

schon einige Übungen im Schneiden von Löchern in Ihrem Fahrzeug haben, wird es sicher nicht schwer fallen, auch noch ein paar weitere Öffnungen anzubringen.

Ich denke da zunächst einmal an die Löcher, die im Fußboden für das *Ableiten des Abwassers* vom

Bild 77 (oben): Die glühend gemachte Stelle wird mit dem Hammer flach geklopft. Als Gegenlager beim Hämmern dient ein Eisenblock, notfalls tut es aber auch ein solides Stück Hartholz.

Bild 78 (unten): Nach der groben Verformarbeit wird von der anderen Seite noch einmal sorgfältig das Blech geglättet, damit später der Dichtungsgummi der Dachluke glatt anliegen kann.

Handwaschbecken im Waschraum, für das Abwasser der Küchenspüle und das Wasser der Duschwanne erforderlich sind. Überall da muß ein Schlauch von etwa 25 mm Ø oder größer durch den Boden geführt werden, der aber möglichst innerhalb der Möbelteile liegen sollte, damit er später im Fahrzeug nicht so ins Auge fällt. Sie sehen, jetzt macht sich die gründliche Planung bezahlt. Denn Sie wissen ja bereits, wo einmal die einzelnen Möbel und deren Wände zu stehen haben. Denken Sie auch an den Frischwasser-Einfüllstutzen bei Tanks! Aber es gibt noch mehr Möglichkeiten sein Fahrzeug zu durchlöchern. Da ist beispielsweise noch der *Warmwasserbereiter*. Sollten Sie das an sich recht brauchbare Gerät von Atwood (Bild 141) einbauen, müssen Sie ein

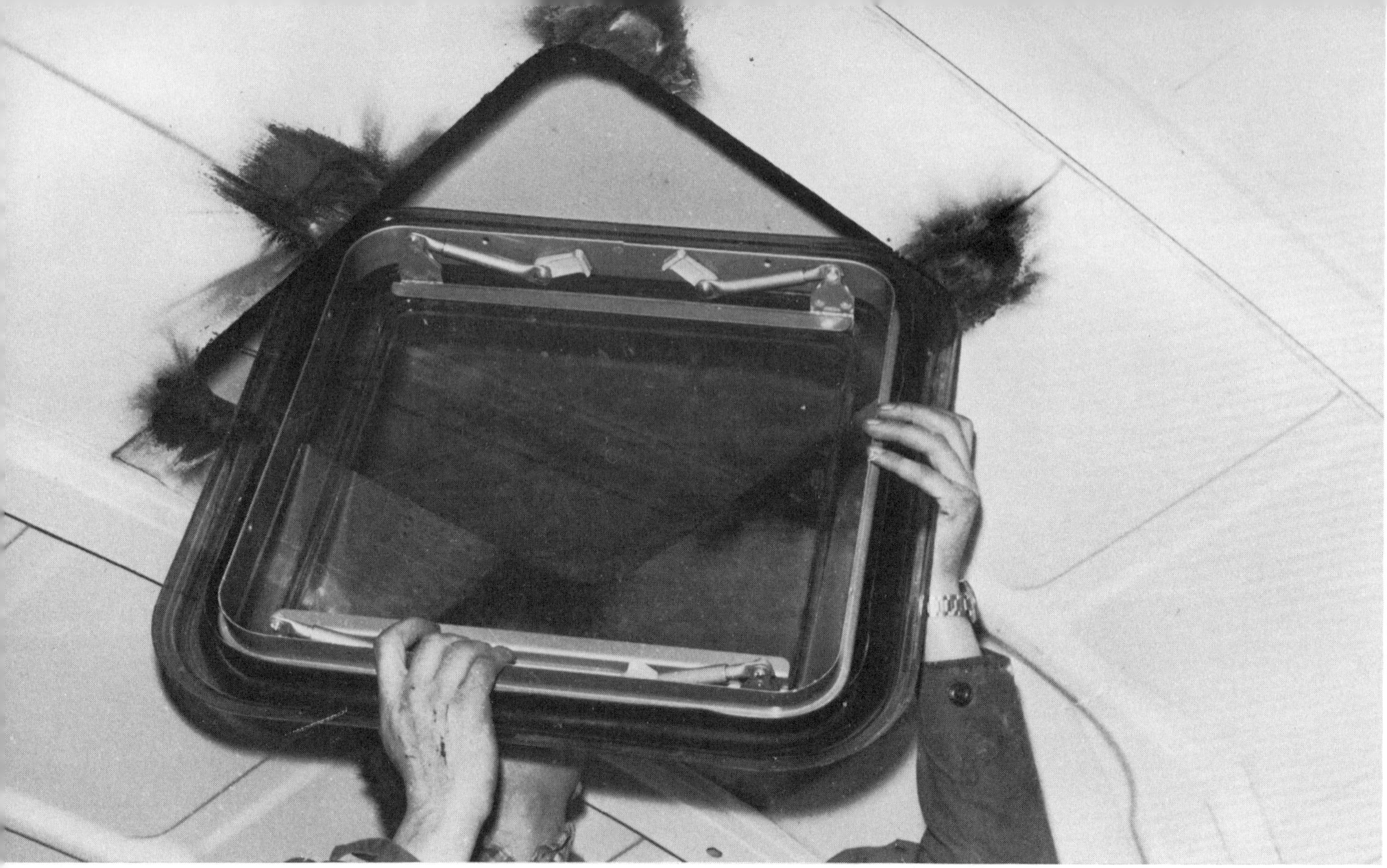

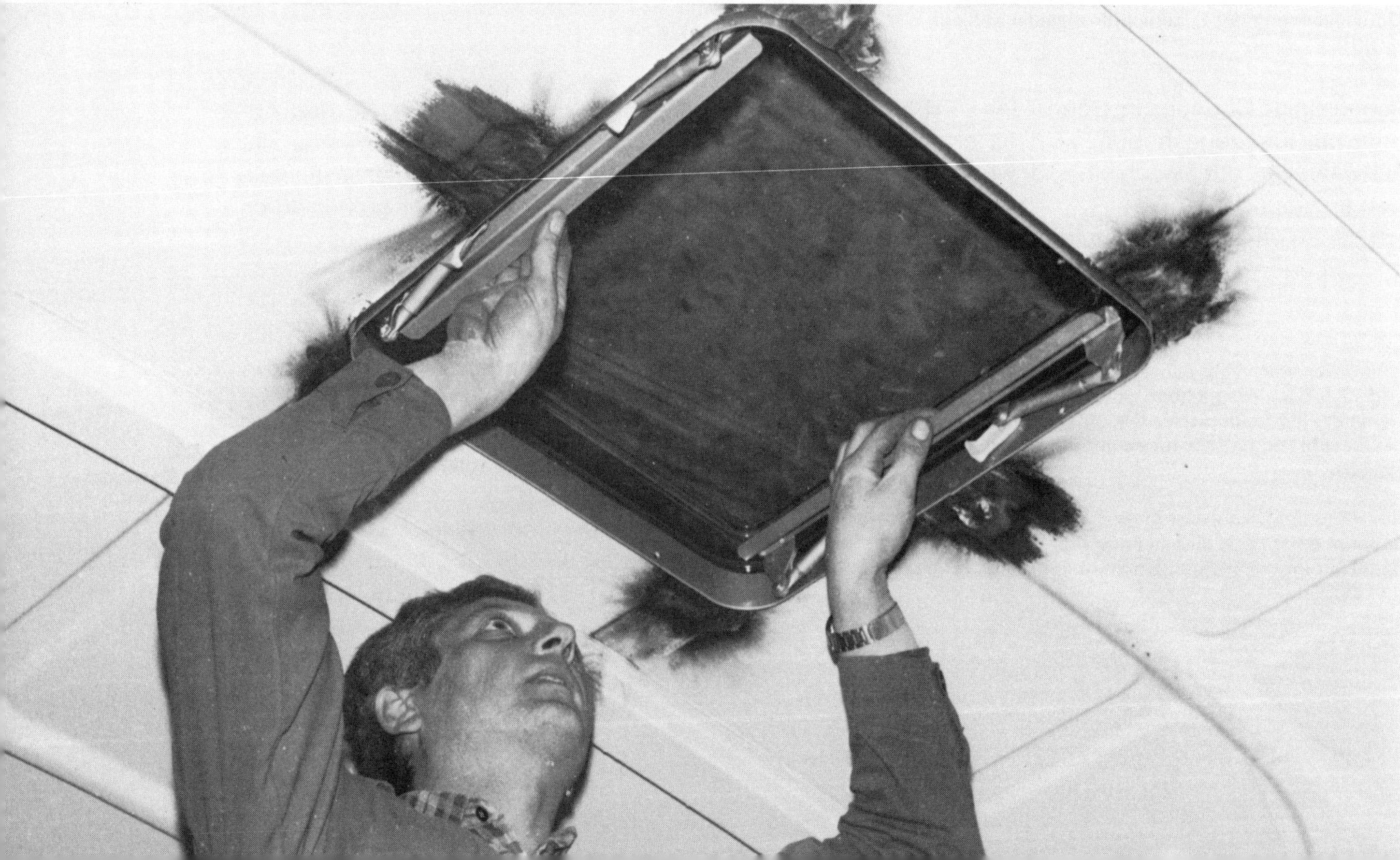

entsprechend großes Loch außen über dem Fahrzeugboden in die Karosserie schneiden, weil das Gerät von außen eingesetzt und bedient wird. Man sollte es in der Ausführung für Gas/Motorwärme immer dann nehmen, wenn man erstens in dem Fahrzeug einen wassergekühlten Motor hat und in Motornähe genügend Platz in einem Möbelstück findet (Bild 143).

Dieses Gerät hat eine eigene Klappe, so daß hier keine Fragen auftauchen. Anders dagegen mit den *Klappen,* die man in verschiedensten Größen in Aluminium (z. T. grundiert) zum Einbau in sein Fahrzeug verwenden kann. Diese bieten die Möglichkeit, von außen an bestimmte Stauräume des Fahrzeugs heranzukommen. Das ist sehr praktisch, weil man so nicht nur einen von außen zugänglichen Gasflaschenkasten schaffen kann, sondern beispielsweise auch einen Stauraum für das Schlauchboot oder den Außenbordmotor, das Kleinkraftrad, das Vorzelt oder die Campingmöbel für den Strand, also für Sachen, die möglicherweise schmutzig sind und deshalb nicht durch den Innenraum geschleppt werden sollten. Bei jeder Art von Ausschnitt im Karosseriebereich sollte man sich jedoch Gedanken machen, daß die Stabilität der Karosserie nicht leidet und weder beim Fahren hochgewirbelter Schmutz noch Regenwasser von oben, unten oder von entgegenkommenden Fahrzeugen ins Innere des Wagens oder in die Wärmedämmung gelangen darf! Hier etwas zu pfuschen kann einem später die Freude am Fahrzeug verhunzen und den Wert des Fahrzeugs für Campingzwecke mindern. Deshalb seien Sie auch bei der Auswahl der einzubauenden Klappen, Luken usw. wählerisch!

Bild 80 (oben): Die Dachluke wird eingesetzt.

Bild 81 (unten): Nach dem Einsetzen wird die Luke so weit als möglich nach innen gezogen, damit die Dichtung ringsum satt aufliegt. Danach wird der Metallrahmen der Luke je nach Modell befestigt, meist mit Blechschrauben oder Blindnieten.

Das Isoliermaterial

Das leere Basisfahrzeug würde selbst mit der schönsten Einrichtung kaum je ein brauchbares Wohnmobil abgeben, weil das Wohnklima unerträglich wäre. Schon bei etwas Sonne im Sommer würde man im Fahrzeug mehr oder weniger gegrillt. Denken Sie einmal daran, wie heiß es in einem PKW werden kann, wenn die Sonne aufs Dach brennt. Ist es dagegen draußen kühl, kommt die Kälte auch sofort durch das dünne Karosserieblech gekrochen und man bibbert drinnen. Außerdem schlägt sich sofort die Atemluft als Kondenswasser an den kalten Wänden nieder und das blanke Wasser läuft munter durchs Fahrzeug. Auch jedes Geräusch könnte von außen fast ungehindert nach drinnen dringen, wie man auch draußen jeden Ton aus dem Fahrzeug zu hören bekommt. Eine vernünftige Isolierung des Dachs, der Wände und des Fußbodens im Campingbus ist daher für einen zweckmäßig gebauten Campingbus eine Grundvoraussetzung. Man sollte auch nicht an dieser Sache »sparen« wollen, nur weil man die Isolierung später nicht sieht.

Es gibt eine ganze Reihe von *Dämmstoffen.* Einige sind für die Isolierung von Campingbussen brauchbar, andere weniger. Man muß dabei auch immer unterscheiden zwischen den Dämmstoffen für die *Wärmedämmung,* die möglichst leicht und porös sein sollten, und denen für die *Schalldämmung,* die wiederum nur durch ein hohes Gewicht und eine große Dichte schalldämmend wirken. Schon an Hand dieser Tatsachen sehen Sie, daß die Schalldämmung wegen des erforderlichen schweren Materials aus Gewichtsgründen nur in ganz geringem Umfang im Bus anwendbar ist und man sich vorwiegend auf eine gute Wärmedämmung beschränken muß. Eine gewisse Schalldämpfung bekommt man später noch durch die Wahl geeigneter Innenraum-Verkleidung, durch Polster und Vorhangstoffe.

129

Aber zunächst geht es um die Dämmstoffe zur Wärmedämmung der Karosserieseiten.

Als optimal hat sich hierbei trotz des hohen Preises immer wieder *Schaumstoff* erwiesen, weil er neben leichter Verarbeitung und guter Anschmiegung an die Verrippung der Karosserie auch eine recht gute Wärmebeständigkeit und Formbeständigkeit aufweist. Ich möchte das kurz erläutern. Das Schaumstoffmaterial bekommt man in verschiedenen Stärken, man kann es also in einer Stärke kaufen, die der Höhe der Blechrippen im Fahrzeug in etwa entspricht. Man kann es auch etwas dünner wählen oder notfalls in einer dickeren Ausführung als die Rippen sind.

Bei dünnerem Material muß man zwei oder mehr Lagen übereinander verkleben, das kann manchmal sogar recht zweckmäßig sein (Dach-Isolierung), kostet aber Zeit und Kleber. Das zu starke Material, wie es zum Beispiel ausrangierte Schaumstoffmatratzen darstellen, muß man vor dem Einkleben noch in der Stärke zumindest halbieren. Das macht sich recht gut, indem man die Schaumstoffmatte rundum so tief wie möglich mit einem elektrischen Küchenmesser oder einem besonders scharfen anderen Messer, ja sogar mit einer Feinsäge einschneidet. Dann hält ein Helfer die eine Seite der Matte fest auf den Boden und der andere zieht möglichst gleichmäßig die andere Mattenhälfte so ab, daß auch der unzerschnittene Mattenteil sich einigermaßen glatt von der unteren Hälfte abreißen läßt.

Mit dem erwähnten Elektromesser läßt sich auch die Schaumstoffplatte für die einzelnen Ausfachungen in der Karosserie recht gut zuschneiden, aber ein spezielles Messer in der Stichsäge schafft es ebenfalls. Das Material braucht ja nicht ganz exakt zugeschnitten werden, es ist weich und schmiegt sich leicht an die Blechverrippung an. Deshalb braucht es auch in vielen Fällen kaum angeklebt werden, es haftet zwischen den Rippen von selbst (außer am Dach, aber darauf kommen wir noch).

Die *Wärmebeständigkeit* des Schaumstoffes ist ebenfalls besser als beispielsweise bei Hartschaumplatten (Styropor u. ä.). Das ist dann wichtig, wenn man mit seinem Fahrzeug in tropische Gegenden fährt, wo die Sonne noch ein paar Grad heißer auf das Blech knallt. Da kommen direkt unter dem Karosserieblech schon Temperaturen zusammen, die in der Nähe des Schmelzpunktes von Hartschaum liegen können (je nach Grundstoff).

Auch die Schaumstoffe leiden unter dieser Temperatur etwas und altern auch, aber lange nicht in dem Maße, daß sie sich womöglich auflösen oder verformen.

Die *Formbeständigkeit* ist ebenfalls ein wichtiger Punkt. Als Beispiel: Wenn Sie Ihr Fahrzeug im Wandbereich mit (nicht kunstharzgebundenen) Steinwolle- oder Glaswollmatten ausfachen, kann es durch die ständigen Vibrationen beim Fahren dazu kommen, daß sich dieses Material etwas zusammenrüttelt und dadurch zwischen Verrippung und Isolierung Lücken in der Wärmedämmung entsteht. Schaumstoff und auch Schaumgummi dagegen bleiben elastisch und federn zurück.

Schaumgummi ist in der Anschaffung noch wesentlicher teurer als Schaumstoff und hat außerdem noch ein größeres Raumgewicht. Deshalb ist es nicht ganz so optimal wie Schaumstoff zum Isolieren geeignet, aber auch noch gut.

Die schon erwähnten *Hartschaumplatten* eignen sich weniger für Fahrzeug-Isolierungen, sofern sie als Platten im Fahrzeug angebracht werden. Eben wegen der möglichen Verformung, wegen der Gefahr, Isolationslücken entstehen zu lassen oder gar ganz zu schmelzen. Allenfalls kann man, um Schaumstoff zu sparen, zuerst auf das Karosserieblech eine dünnere Lage (wenigstens 10 mm dick) Schaumstoff kleben und den Rest der erforderlichen Isolierung zum Wageninneren hin mit Hartschaumplatten auskleben. Allerdings sollte man sich auch darüber klar sein, daß bei ei-

130

nem Kontakt zwischen Hartschaumplatten und Blech bei der steten Verwindung der Karosserie Quietsch- und Knarrgeräusche entstehen.

Auch *Glasfasermatten* oder *Steinwollmatten* sind gute Isolatoren, allerdings sollte man nur solche Matten wählen, die durch eine Tränkung in Kunstharz oder anderen Bindemitteln in sich etwas verfestigt sind und sich nicht zusammenrütteln können. Auch die auf Folie gesteppten Matten sind verwendbar, aber schon nicht mehr ganz so gut wie die gebundenen.

Lose Glaswolle oder Steinwolle kann man allenfalls zum Ausstopfen einzelner Lücken oder sonst schlecht zugänglicher Karosseriebereiche verwenden.

Filzmatten oder *Weichfaser-Dämmplatten* haben nicht ganz so hohe Dämmwerte wie die vorerwähnten Werkstoffe, sie eignen sich aber gut zur Isolierung des Fußbodens als Einlage zwischen Fahrzeugboden und Zwischenboden. Besonders muß in diesem Zusammenhang die sogenannte *Bitumenfilzplatte* erwähnt werden, die dank ihrer Bitumenbindung relativ nässebeständig ist.

Diese Platten kann man auch gut zur Entdröhnung der Karosserie und für Schalldämmungsaufgaben verwenden.

Man bekommt die meisten Werkstoffe im Baustoffhandel. Schaumstoffplatten bekommt man entweder in Kaufhäusern, Versandhäusern oder bei Fachgeschäften für Teppiche und Innendekoration sowie Polsterern. Hier sollte man in jedem Falle die Preise vergleichen und für Isolationsaufgaben das niedrigste Raumgewicht wählen, das man bekommen kann. Für Möbelpolster dagegen gelten andere Voraussetzungen.

Das schon einmal erwähnte *Ausschäumen* von hohlen Fahrzeugstreben mit Polyurethanschaum aus der Sprühdose bringt meiner Ansicht nach im Verhältnis zu Kosten und Aufwand relativ wenig. Hierauf sollte man nur bei Fahrzeugen zurückgreifen, die für extreme Temperaturbereiche vorgesehen sind.

Die Wände

Nachdem der Fußboden durch Einbau des isolierten Zwischenbodens bis auf den später aufzubringenden Bodenbelag fertiggestellt ist und auch das Thema Fenstereinbau, zumindest vorerst, abgeschlossen ist und nachdem schließlich auch Luken, Klappen und Öffnungen im Fahrzeug installiert sind, werden die Wände des Fahrzeugs als nächste Arbeit in Angriff genommen.

Auch hier hilft wieder die Zeichnung weiter (Bild 82), aus der unser Wandaufbau hervorgeht. Das Fahrzeug hat momentan im Wandbereich ja nur das dünne Karosserieblech vorzuweisen, das weder gegen Kälte noch Hitze und schon gar nicht gegen Schall schützt. Im letzten Kapitel wurden bereits die verschiedenen Dämmstoffe besprochen, hier nun sollen sie angebracht werden.

Doch *zuvor* eine Überlegung: Es gibt für die verschiedenen elektrischen Geräte, die Sie in Ihrem Fahrzeug installieren wollen, beispielsweise Leselampen, Zweitlautsprecher, Wechselsprechanlagen, Digitaluhr, Kontrolleinrichtungen usw., eine ganze Menge Leitungen zu verlegen. Natürlich lassen sich diese Leitungen auch später noch im Bereich der Möbel verlegen oder hinter zusätzlichen Blenden, aufgesetzten Leisten usw. verstecken.

Aber die Leitungen, die man sowieso braucht und deren Lage man jetzt bereits kennt, kann man genau so gut auch jetzt schon direkt auf das Karosserieblech von innen verlegen. Weil das nämlich im jetzigen Ausbaustadium noch gut zu machen ist. Zur Zeit sieht man nämlich noch genau, wo man die Leitungen unter der Verrippung durchführen kann oder sogar innerhalb der Blechrippen Platz für Kabel ist (Bild 65). Die Kabel brauchen auch nicht so akkurat verlegt und befestigt werden, als wenn sie in den Möbelwänden sichtbar bleiben. Welche Kabel Sie brauchen, wie man sie

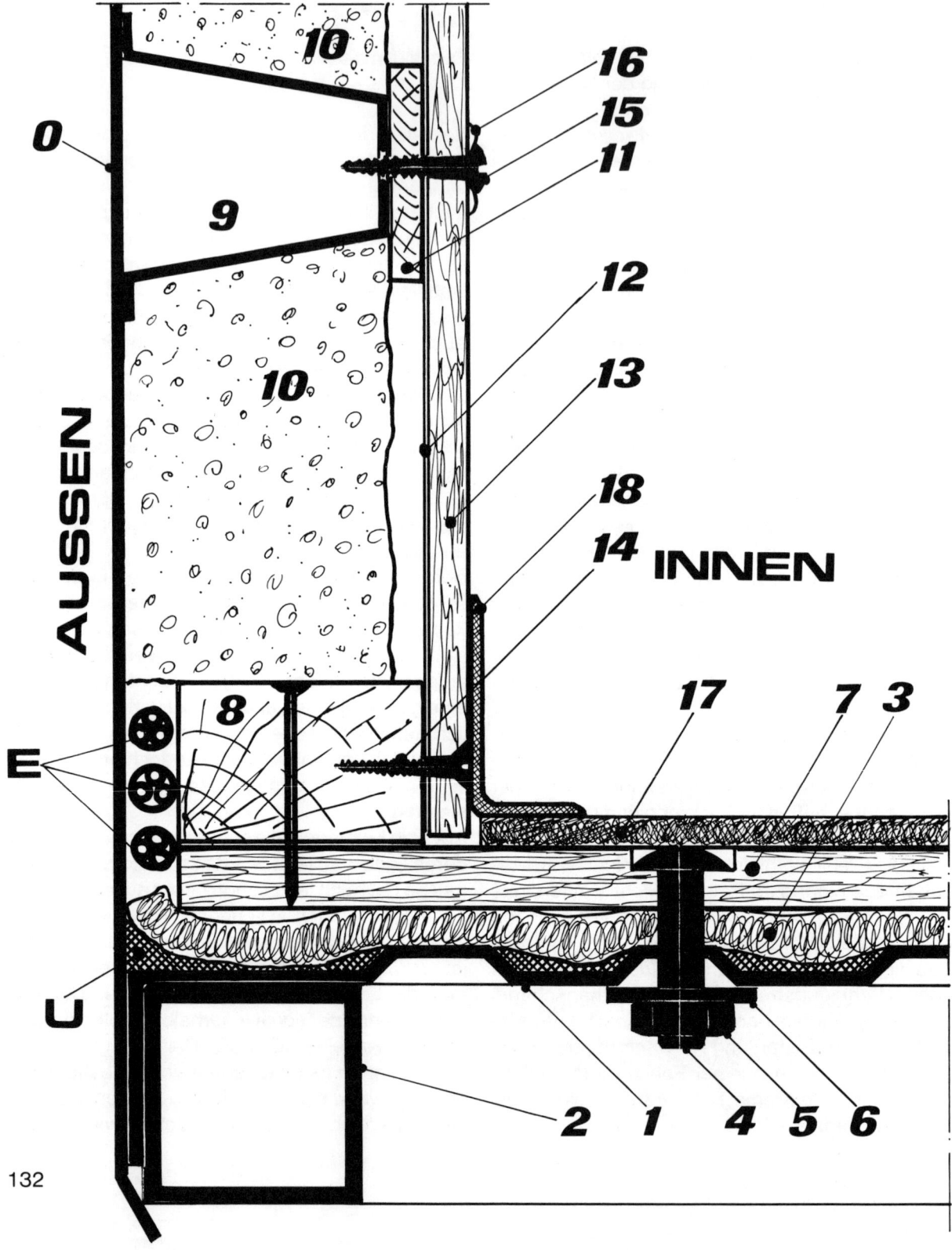

AUSSEN

INNEN

0

16

15

11

12

13

18

14

9

10

10

8

E

C

17

7

3

2

1

4

5

6

132

verlegt und was zu beachten ist, finden Sie im Kapitel über »Bord-Elektrik«. Hier ist nur wichtig, daß man sie dann möglichst noch vor dem Anbringen der Dämmstoffe verlegt und die *Kabelenden* so *lang* läßt, daß die Geräte später einwandfrei anzuschließen sind.

Und noch eine Arbeit steht Ihnen bevor, ehe es an das Ausfachen der Wände mit Dämmstoff geht. Jetzt müssen nämlich noch die *Befestigungsmöglichkeiten* für die später aufzubringende Wandverkleidung geschaffen bzw. ergänzt werden. Sehen Sie sich bitte nochmals Bild 82 an. Die noch anzubringenden Wandverkleidungen (13) lassen sich sicher zu einem großen Teil an den Fahrzeugrippen (9) anschrauben. Aber was ist oben unter der Dachkrümmung und unten unmittelbar über dem eingebauten Zwischenboden? Deshalb sollten an den Stellen, wo keine Befestigungsmöglichkeit für die Wandverkleidung besteht, solide *Holzleisten* (8) angeschraubt oder angenagelt werden. Sie werden mit der Oberseite der anderen Blechrippen bündig angebracht, damit die Wandverkleidungsplatten nachher rundum glatt aufliegen. Wo die Blechrippen des Fahrzeugs unterschiedlich hoch sind, werden zum Ausgleich Sperrholzstreifen (11) untergelegt bzw. jetzt

schon angeklebt an das Blech. Die bereits erwähnten Halteleisten (8) brauchen nicht bis innen an das Karosserieblech zu reichen, sondern sollen nur so stark sein, daß die Verkleidung später einwandfrei darauf festzumachen ist. Dann lassen sich sogar die Elektrokabel (E) noch dahinter sicher verstauen.

Nun endlich ist es soweit, die Dämmplatten aus Schaumstoff oder notfalls anderen Isoliermaterialien werden entsprechend den einzelnen Feldern zwischen den Blechrippen zugeschnitten (etwas größer als erforderlich, damit sich das Dämm-Material rundum glatt anlegt) und entweder mit Sprühkleber, dünnem Kontaktkleber-Auftrag oder auch bloß durch *Klemmwirkung* in den einzelnen Feldern angebracht. Diese Isolation (10) braucht ja nur solange von allein zu haften, bis sie nachher durch die Wandverkleidung in ihrer Lage gehalten wird. Ist allerdings die Isolation nicht so dick wie der Abstand zwischen Karosserieblech (0) und Wandverkleidung (13), so ist *Klebung* erforderlich. Andernfalls könnte das Isoliermaterial sich lockern und zusammensakken, die Isolierwirkung wäre dahin. Wie der (hier dunkle) Schaumstoff in den einzelnen Feldern angebracht ist, zeigt Bild 85. Auch wie er sich rund um die eingesetzten Fenster schmiegt, ist gut sichtbar (Bild 86).

Wenn alle Wandflächen rundum im Wohnteil, also auch im Wagenheck und in der Trennwand zum Fahrerhaus (sofern dort eine serienmäßige Trennwand aus Blech besteht) mit Isoliermaterial einwandfrei ausgefacht sind, werden für die Fensterausschnitte der Wandverkleidung Schablonen zugeschnitten (Bild 87), weil man ja nicht mehr von innen an die Fenster käme, sobald die Wandverkleidung ohne Ausschnitte montiert wäre.

Diese Schablonen, die natürlich auch für alle Durchbrüche und Luken erforderlich sind (dabei kann man aber auch oft die innen aufzuschraubenden Blendenteile usw. als Schablonen neh-

Bild 82: Schnitt durch eine Ecke der Außenwand und des Fußbodens mit Darstellung der einzelnen Materialien, die für eine zweckmäßige Wand- und Bodenausfachung erforderlich sind (Erläuterungen im Text).

Bild 83: Typisches Beispiel für komplizierte Innenwandkonstruktion ist der kleine VW-Transporter. Die verwinkelten Hohlräume lassen sich mit flexiblem Material wie Weichschaum oder Glaswolle ausstopfen oder ausschäumen.

Bild 84: Die großzügige grade Verrippung des Fahrzeugs läßt ein bequemes Isolieren der Wände und Dachflächen zu und auch die Verkleidung läßt sich an den Blechrippen leicht befestigen.

men), werden nun äußerst genau auf die Platten gelegt, die für die Wandverkleidung vorgesehen sind. *Ausgangsmaß* für das Anlegen der Schablonen ist dabei immer die untere Kante der Verkleidungsplatten, die ja später mit dieser Kante auf dem Zwischenboden aufstehen. Im Kapitel über Materialfragen wurde schon geklärt, aus was man

zweckmäßig die Wandverkleidung herstellt.

Ich ziehe meist *Sperrholz* in einer Stärke von 4 mm für die Wände und in 3 mm Stärke für das Dach vor, weil sich dieses Material einer Anzahl Vorteile rühmen kann. Es läßt sich sehr gut verarbeiten, ist stabil und dennoch so flexibel, daß es sich nicht zu starken Krümmungen im Fahrzeug anpaßt, es hat eine in vielen Holzarten erhältliche Naturholz-Oberfläche, es hat eine gewisse Wärmedämmung und ist auch beim Berühren kein kaltes Material wie z. B. Blech. Außerdem ist es leicht (kostet also wenig Nutzlast) und auch noch nicht unerschwinglich teuer. Natürlich ist es teurer als *Hartfaserpappe,* die man ebenfalls als Wandmaterial nehmen kann. Die Hartfaserpappen gibt es auch in einer wasserbeständigen Ausführung (ölgehärtet) wie das Sperrholz. Die Oberfläche ist allerdings meist nicht so schön wie eine Holzfläche und muß deshalb in den sichtbaren Flächen durch Stoff, Textiltapete, Kork, Kunstleder oder andere Materialien verkleidet werden.

Man bekommt die Hartfaserplatten aber auch mit einer *kaschierten Oberfläche,* entweder in *weiß*

oder als *Möbeldekor.* Man kann sie auch, zumindest für den Dachbereich oder die Innenverkleidung bei Schränken, als weiße *Lochplatten* (Bild 91) bekommen.

Auf diesem Bild 91 sehen Sie auch noch einmal, wie die Hilfsleisten zur Anbringung der Wand- oder Deckenverkleidungen (Pfeile) angebracht werden.

Egal, welches Material man nun für die Wandverkleidung nimmt, es wird nunmehr nach Maß zugeschnitten. Dabei sollte man auf die Lage der Stöße achten: wo zwei Wandverkleidungsplatten aneinanderstoßen, muß immer eine Befestigungsmöglichkeit für sie darunter sein (Bild 93) und die Stöße sollten bei den Wandverkleidungen, die später nicht durch einen Überzug kaschiert werden, innerhalb von Möbeln liegen.

Bild 85: Die Wandisolierung (hier aus Weichschaumplatten) muß allseitig so dicht wie möglich an die Verrippungen des Fahrzeugs herangehen, damit nirgends Kältebrücken verbleiben. Wer es ganz ordentlich machen will, schäumt zuvor noch die Rippen mit Isolierschaum aus.

Man kann natürlich auch die Stöße sichtbar lassen, aber selbst bei noch so korrekter Arbeit wird das doch immer als ein wenig störend empfunden. Man kann sich zwar in solchen Fällen (Bild 94) mit einem aufgesetzten PVC-Profil oder einer Leiste behelfen, aber schön ist es trotzdem nicht.

Die einzelnen Wandverkleidungsplatten werden angezeichnet und nach Maß geschnitten. Sollen die Plattenkanten noch gehobelt und geschliffen werden, muß man diese Bearbeitung als Übermaß berücksichtigen. Damit nachher auch alles wirklich paßt, ziehe ich es vor, *jede Platte einzeln auszumessen, anzuzeichnen, zuzuschneiden* und sofort *zu montieren,* bevor die nächste Platte an die Reihe kommt. Dadurch habe ich die Gewähr, daß auch mal kleine Korrekturen möglich werden, sei es in der Breite oder in der Höhe. Besonders wichtig ist, daß die Ausschnitte für Fenster usw. ganz genau passen, weil ja rund um den Ausschnitt die Wandverkleidung noch mit Schrauben (Blechschrauben mit Unterlegscheiben) befestigt werden muß (Bild 95).

Wenn Sie Ihrem Fahrzeug auf Dauer etwas Gutes zukommen lassen wollen und damit letztlich auch sich, so sollten Sie vor dem Montieren der Wandverkleidungen noch über die gesamten Wandflächen eine sogenannte *Dampfsperre* (Bild 82, Ziffer 12) spannen. Das ist eine simple *Klarsichtfolie* oder *Plastikfolie,* die verhindert, daß die Feuchtigkeit im Fahrzeug-Innern (Atemluft, Kochdämpfe, nasse Garderobe, verdunstendes Waschwasser usw.) durch die Wandverkleidung hindurch in die Isolierung wandert und diese Dämmschicht durchfeuchtet. Das geht natürlich nicht von heute auf morgen, bis die Isolierung feucht wird. Aber im Laufe einiger Monate kann diese Durchfeuchtung doch zu einem merklichen Abfall des Wärmedämmvermögens führen.

Man kann statt der Folie auch ungesandete *Dachpappe, Ölpapier, Alufolie* oder ähnliche Stoffe nehmen, die überlappend mit Kreppklebeband,

Bild 86: Gut sichtbar ist hier die isolierende Wandausfachung mit Weichschaum. Bevor die Wandverkleidung aus Sperrholz o. ä. montiert wird, muß man von den Fenstern Schablonen abnehmen, um die genauen Ausschnitte in der Verkleidung vornehmen zu können.

Sprühkleber oder anders an der Wand fixiert werden, bis sie schließlich durch die danach angeschraubten Wandverkleidungen dauerhaft gehalten werden. Beim Anbringen der Dampfsperre

136

werden die einzelnen Bahnen quer über die senkrecht aufsteigenden Blechrippen gespannt. Man beginnt unten und legt jede weitere Bahn etwas über die vorhergehende.

Nun werden die Wandverkleidungsplatten Stück für Stück montiert (Bild 88, 89, 90) und dabei sowohl die *Löcher für die Kabelenden* angebracht als auch der *Verlauf der Befestigungsrippen,* der zusätzlichen Holzleisten und andere womöglich wichtige Details außen dünn mit Bleistift auf der Wandverkleidung angezeichnet. Das ist sehr wichtig, weil diese Angaben später für die Befestigung der Möbelteile unbedingt gebraucht werden. Deshalb sollte man auch nicht bloß den Verlauf der Rippen andeuten, sondern sogar ihre nutzbare Breite, um später bei der Möbelmontage etwas Spielraum zu haben. Wenn Sie auch noch durch ein kleines »h« die Holzleisten und ein »b« die Blechrippen kennzeichnen, wissen Sie später sofort, welche Schraubensorte Sie für die Befestigung benötigen.

Nach Abschluß dieser Arbeiten sieht unser Campingbus schon viel freundlicher aus und man bekommt auch wieder neuen Schwung für die weitere Arbeit. Das *Finish,* also die Schlußbehandlung der Holzflächen oder das Beziehen mit Kunstleder o. ä. heben wir uns jedoch bis zum Abschluß der Möbel-Einbau-Arbeiten auf.

Bild 87: Die Fensterschablone wird so genau wie möglich auf die Wandverkleidungsplatten gelegt, angezeichnet und mit der Stichsäge (Ecken vorbohren!) ausgeschnitten.

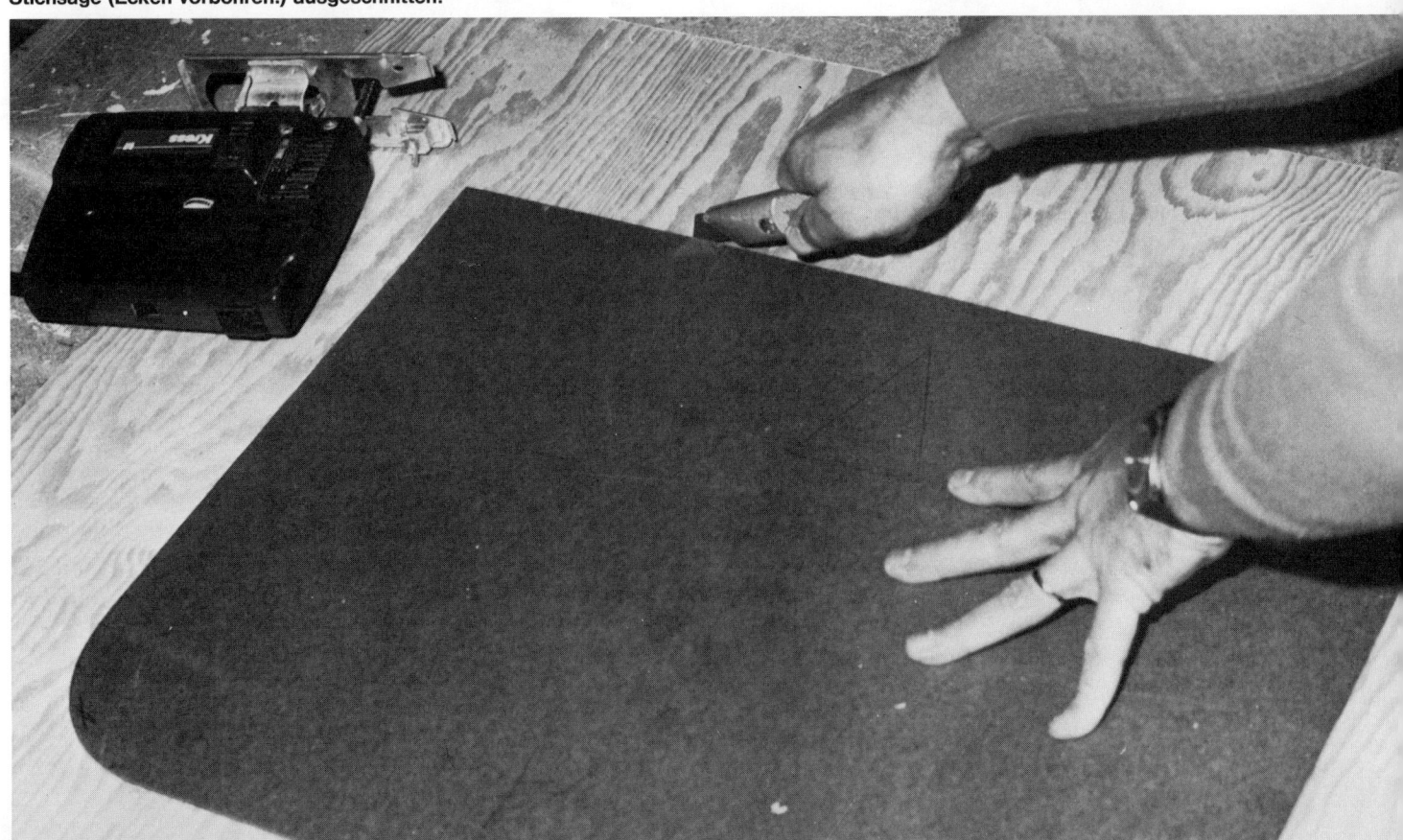

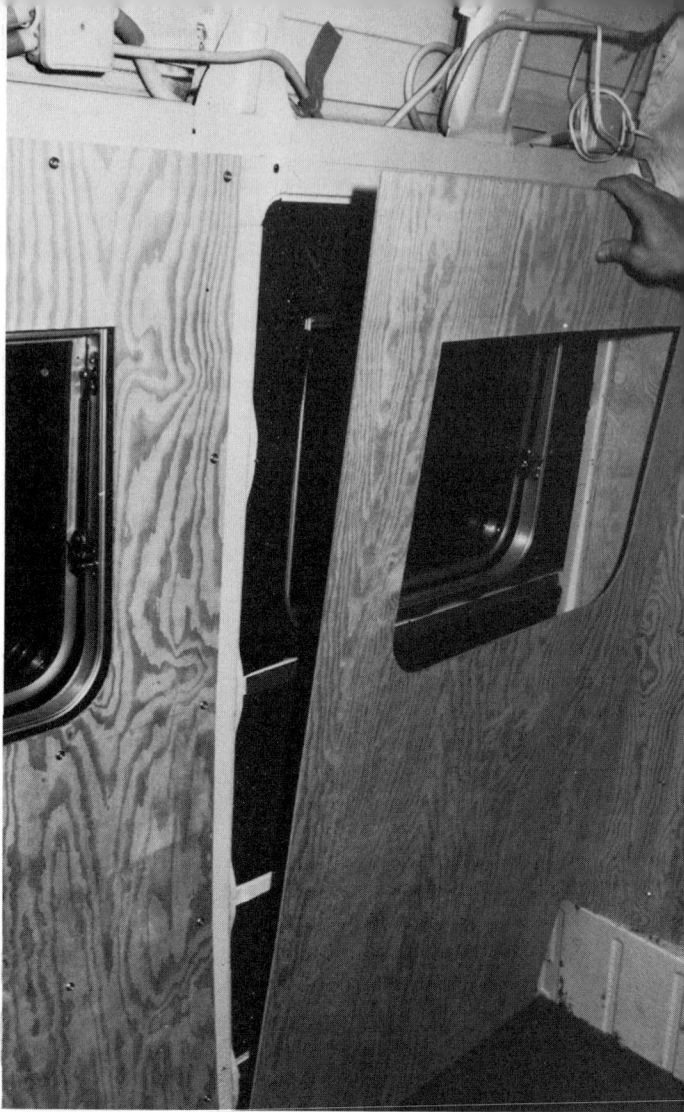

Bild 88: Vor dem endgültigen Befestigen der Wandverkleidungen wird nochmal überprüft, ob irgendwelche Durchbrüche vergessen wurden, ob Leitungen in der Wand einwandfrei verlegt sind und funktionieren, ob die Isolierung überall gut anliegt, ob Metallteile blank sind und rosten können usw.

Bild 89: Wenn mehrere Wandverkleidungsplatten sichtbar aneinanderstoßen, sollte auf eine möglichst kleine Stoßfuge geachtet werden. Das klappt nur, wenn die Platten exakt zugeschnitten sind. Nach Möglichkeit wird man die Stoßfugen so legen, daß sie hinter den Möbeln verschwinden.

Das Dach

Hierbei geht es nicht so sehr um das Dach selbst, denn das ist ja bereits vorhanden. Vielmehr han-

delt es sich nun darum, auch den *Deckenbereich* im Wohnteil zu *isolieren* und zu *verkleiden*. Das bringt allerdings eine Reihe von Problemen mit sich und ist etwas komplizierter, als es auf den ersten Blick erscheint. Die Dachflächen, egal ob es sich um ein Normal- oder Hochdach, egal ob es sich um ein Blechdach oder Glasfaser-Kunststoff-Ausführung handelt, sind räumlich stark gekrümmt.

Diese Krümmungen lassen sich kaum durch die typischen Verkleidungsplatten wie Sperrholz o. ä. nachgestalten, weil diese Platten meist nur in einer Richtung biegsam sind (und auch das noch nicht einmal so stark, wie es oft erforderlich wäre). Deshalb muß zur Verkleidung dieser Wölbungen eine andere praktikable Lösung gefunden werden.

Ein zweites Problem ist die Frage, woran man denn nun die Dachverkleidungsplatten festmachen soll, damit sie nicht durchhängen, damit die Stöße sauber aneinander sitzen und damit die Platten nicht bei den Fahr-Vibrationen eines Ta-

ges von selbst herunterkommen.

Für das erste Problem, die Verkleidung gewölbter Flächen, gibt es eine recht praktische Lösung. Doch zuvor noch eine Klärung der Frage, welche Wölbungen verkleidet werden sollen. Meist ist es doch so, daß der Fahrerhausbereich nicht zu verkleiden ist, weil dort entweder eine Trennwand zwischen Fahrerhaus und Wohnteil sitzt oder weil die Deckenfläche über dem Fahrerhaus schon verkleidet ist. Deshalb wird es sich vorwiegend um die beiden *seitlichen Deckenbereiche* und die *Heckpartie* des Wohnteils handeln, deren gekrümmte Dachbereiche verdeckt werden sollen. Die erwähnte praktische Lösung besteht einfach darin, die gewölbten Flächen überhaupt nicht als solche zu verkleiden, sondern durch das Versetzten von kleinen *Hängeschränken* seitlich oben im

Bild 90: Wenn alles klar ist und paßt, wird die Wandverkleidungsplatte mit Blechschrauben (und passenden Unterlegscheiben) an den Blechrippen der Karosserie befestigt. Auf gleichmäßigen Schraubenabstand achten, da die Schraubenköpfe ja sichtbar bleiben!

Bild 91: Hilfsleisten, die zuvor an die Karosserie-Rippen geschraubt werden, ermöglichen eine gleichmäßige, stabile Befestigung der Wand- oder Decken-Verkleidungen.

Wagen und auch hinten oben quer im Wagenheck die Rundungen verschwinden zu lassen. Wie so etwas in der Praxis aussehen kann, sehen Sie in den Bildern 161 bis 163.

Zuerst werden die seitlichen Hängeschränke montiert, wobei man als Abstützung dafür entweder den innen als Blechkante vorhandenen Dachansatz oder aber raumhohe Möbelwände (Kleiderschrank, Vorratsschrank oder Waschraumwände) nutzen kann. Allerdings ist bei der Anfertigung dieser kleinen Hängeschränke wichtig, die Kopffreiheit bei darunter befindlichen Sitzen zu beachten. Sonst rennt man sich jedesmal beim Aufstehen eine Beule an den Schädel.

Wenn es die Kopffreiheit erfordert, kann man sich vielleich dadurch helfen, daß man die Hängeschränke im Sitzbereich nicht so tief macht. Man steht ja aus dem Sitz nie senkrecht auf, sondern immer etwas nach vorn gebeugt. Dann muß die Schranktiefe eben so gewählt werden (evtl. abgeschrägte Türfront der Hängeschränke), daß die untere Schrankvorderkante sich nicht mehr im »Gefahrenbereich« befindet.

Bevor die Hängeschränke montiert werden, sind die gewölbten Dachinnenflächen noch mit Schaumstoff von wenigstens zwei Zentimetern Stärke auszukleben. Als Klebstoff kann wieder Sprühkleber, Kontaktkleber oder ein spezieller Kleber eingesetzt werden.

Als Abschluß im Wagenheck wird dann ebenfalls

140

ein genau zwischen die seitlichen Schränke passender Hängeschrank (Bild 162, 163) montiert, nachdem auch dort natürlich zuvor die Dachfläche ausreichend isoliert wurde.

Man kann an Stelle des Heck-Hängeschranks auch sehr gut nur eine Ablage oder eine flache Tafel anbringen, in der man die gesamten *Kontrolleinrichtungen* für den Technik-Bereich des Wohnteils wie in einer Schalttafel zusammenfaßt. Auch *Lautsprecher* usw. lassen sich in diesem Bereich praktisch unterbringen. Damit die Hän-

Bild 92: Bei den vielen Befestigungen innerhalb eines Campingbusses läßt es sich mit einem kabellosen Akkuschrauber besonders gut arbeiten.

geschränke sich genau der Wölbung anpassen, werden sie an Hand von Pappschablonen, die man sich fertigt, zugeschnitten. Damit die Weichschaumisolierung beim Öffnen der Schränke nicht sichtbar wird, kann man die Rückseite der Schränke ebenfalls mit Lochplatten (wie hier in den Fotos) oder mit Kunststoffplatten o. ä. verschließen, bevor sie montiert werden. Man kann statt dessen auch die auf die Dachinnenfläche geklebten Schaumstoffplatten abschließend mit Kunstleder bekleben, dann brauchen die Hängeschränke noch nicht einmal eine Rückwand, und außerdem kann man sich ein ganz genaues Anpassen ersparen, weil die Schrank-Seitenwände sich noch etwas in die weichen Schaummatten einpressen lassen.

Wer keine seitlichen Hängeschränke montieren will, sollte zumindest die Wagenheckpartie mit einem Hängeschrank oder einer schon erwähnten Ablage oder Kontrolltafel ausstatten. Dadurch bekommt er zumindest die Dachkrümmung im Heck weg und kann die seitlichen Dachkrümmungen durch biegsame Platten, wie beispielsweise dünnes Sperrholz oder angefeuchtete Hartfaserplatten oder auch durch auf der Rückseite längs angeritzte Lochplatten (dann lassen sie sich leichter biegen) verkleiden. Eine andere Möglichkeit der Deckenverkleidung, die auch engere Radien bewältigt, ist die Verwendung schmaler *Nut-Feder-Bretter,* die in Längsachse des Fahrzeugs unter das Wagendach an die Holme (und zusätzliche Befestigungspunkte) geschraubt werden. Man kann auch sehr gut die *Kunststoff-Hohlprofile* von Jalousienen verwenden, wie sie für normale Fenster eingesetzt werden. So ein kompletter Rolladensatz kostet nicht die Welt, man bekommt die Profile in jeder gewünschten Länge, die Profile sind gegen Nässe beständig und in verschiedenen Uni- oder Holztönen zu haben, sie wirken durch ihr Hohlprofil auch gleich noch isolierend. Man kann statt dessen natürlich auch schmale Holzleisten verwenden, die möglichst dicht anein-

141

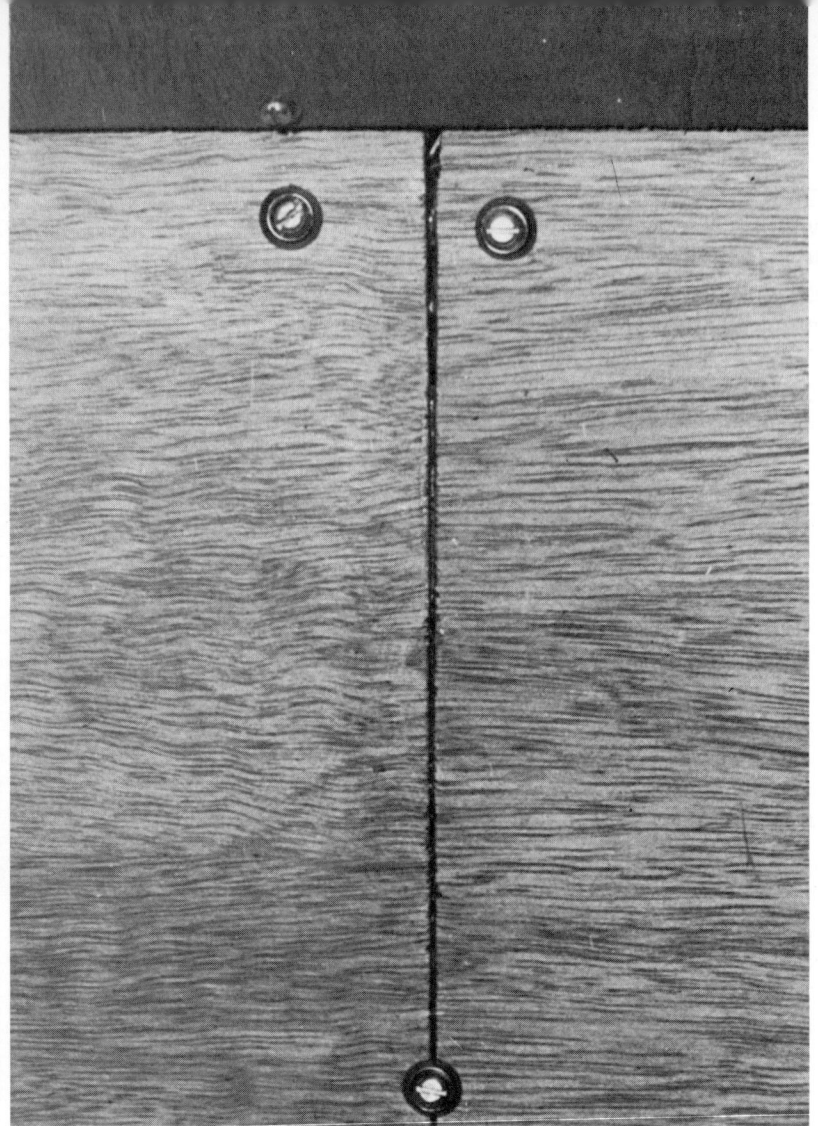

Bild 93: Plattenstöße müssen so akkurat wie möglich ausgeführt werden, sonst wirken sie später sehr störend!

Bild 94: Wo Hartfaser-Dekor- oder Sperrholzplatten aneinander stoßen oder enden, bildet ein aufgeschobenes PVC-Profil den sauberen Abschluß.

andergelegt werden. Zur verbesserten Haltbarkeit trägt bei, wenn man die Leisten rückseitig mit stabilem Leinen oder Stoff beklebt, bevor sie montiert werden. Bevor die Dachverkleidungen aber montiert werden, ist erst noch das zweite Problem, nämlich die Frage zu klären, woran man denn die Dachverkleidungsplatten oder Leisten

festmachen kann. Die Erschütterungen während des Fahrens belasten nämlich die Dachverkleidung besonders stark. Umso mehr, je schwerer das Verkleidungsmaterial ist.

Man kann für die gesamte Dach-Innenverkleidung zwei verschiedene Möglichkeiten der Montage und Befestigung wählen. Beide Möglichkei-

Bild 95: Nach dem Einbau des Fensters und vor dem Anschrauben des Kombinationsrollos von innen muß noch der Übergang zwischen Fensterrahmen und Kunststoffrahmen des Rollos sorgfältig verkleidet werden, entweder mit entsprechenden Plastikprofilen oder mit Holzleisten bzw. dünnem Sperrholz.

ten haben Vor- und Nachteile, die gegeneinander abzuwägen jeder selbst entscheiden muß.

Man kann erstens die Dachverkleidung *vor* der Montage der Möbel (oder zumindest der Haupt-Möbelwände) über die gesamte Fläche hinweg vornehmen. Man kann auch die Dachverkleidung erst *nach* der Montage der Möbel ausführen.

Solange noch keine Möbel im Fahrzeug stehen und die Montage der Dachverkleidung behindern, läßt es sich großzügiger und leichter arbeiten. Deshalb bevorzuge ich diese Methode. Das Problem dabei ist nur, daß man die Dachverkleidung nur an den Dachholmen, die quer unter dem Dach verlaufen, sowie vorn an der Trennwand zum Fahrerhaus und hinten an dem quer angebrachten Hängeschrank oder einer entsprechenden Stützplatte befestigen kann.

Weitere *Befestigungsmöglichkeiten* wären an einem Holzrahmen von der Dachluke (sofern vorhanden) oder durch zusätzlich aufgebrachte Befestigungsleisten zu schaffen. Diese Befestigungsleisten müßten natürlich auch erst einmal irgendwo befestigt werden. Man kann zu dem Zweck entweder *aus mehreren Streifen Sperrholz,* die quer unter der Dachhaut von Dachkante zu Dachkante stramm eingesetzt und miteinander verleimt werden, oder aber auch indem man sich aus hochkant genommenen dickem Sperrholz nach Maß *Holme zurechtsägt,* die rechts und links am Dach-Ansatz in die Blechkante gepreßt und durch Klebung oder zusätzliche Schrauben fixiert werden, entsprechende Befestigungsmöglichkeiten schaffen. Auch die Verwendung nach Maß gebogener Rechteck-Rohre oder Blechprofile ist denkbar.

Bei Dächern aus Glasfaser-Kunststoff gibt es eine noch bessere und einfachere Methode: Es werden kurze Leistenstücke dort, wo Befestigungspunkte erforderlich sind, mit Hilfe »übertapezierter« Glasfasermatten am Dach befestigt. Das muß vielleicht kurz erläutert werden: Man besorgt sich (als KFZ-Reparaturpackung oder auch in Hobbygeschäften erhältlich) ein Stück Glasfaser-Matte oder Roving-Gewebe (grob gewebte Glasfaser) sowie Polyesterharz und den dazu gehörenden Härter. Harz und Härter werden nach Vorschrift gemischt. Dann wird innerhalb der Topfzeit, in der das Harzgemisch verarbeitbar ist, ein Stück Glasfaser-Matte oder Rovinggewebe satt mit der Mischung getränkt. Diese durchgetränkte Matte wird nun schnellstens um die an den Befestigungspunkt gehaltene Leiste gelegt und allseitig angedrückt. Bis zum Aushärten des Hartgemischs muß die Leiste und die drübertapezierte Matte mit einem Brett o. ä. abgestützt werden, damit die Leiste auch wirklich glatt innen am Dach anliegt. Die Harzmatte sollte rund um die Leiste wenigstens 5 cm breit an der Dachfläche antapeziert werden, dann sitzt später der Befestigungspunkt auch wirklich bombenfest. Vor der Klebeaktion empfiehlt es sich, die zu klebenden Bereiche kurz mit Aceton oder einem ähnlichen Mittel von Staub und Fett zu befreien. Weitere Befestigungsmöglichkeiten für die Dachverkleidung lassen sich durch Anschrauben von quer verlaufenden Leisten an der Trennwand zum Führer-

Bild 97: Wird die Deckenverkleidung erst nach dem Montieren der Möbel angebracht, müssen für die Befestigung entsprechend zugeschnittene Formleisten an den Möbelwänden angeschraubt werden. Sie sind so hoch wie die Dachrippen und ermöglichen ein akkurates Anbringen der Deckenplatten.

Bild 98 (unten): Die gebogenen Dachverkleidungen lassen sich gut aus Lochplatten oder dünnem Sperrholz fertigen, das man aber in jedem Fall reichlich anschrauben sollte, um Knicke oder andere Fehlstellen zu vermeiden. Elektrische Abzweigdosen (Pfeil) werden zwecks Zugänglichkeit ausgespart.

haus und an der Platte oder dem Hängeschrank im Wagenheck schaffen. *Vor* der Anbringung der Dachverkleidung sollten noch evtl. benötigte Leitungen für Deckenleuchten und auch die Befesti-

Bild 96: Hecktüren sollten, schon aus optischen Gründen, grundsätzlich verkleidet werden. Bei dieser Gelegenheit läßt sich gut eine Ablagetasche in die Verkleidung mit einarbeiten.

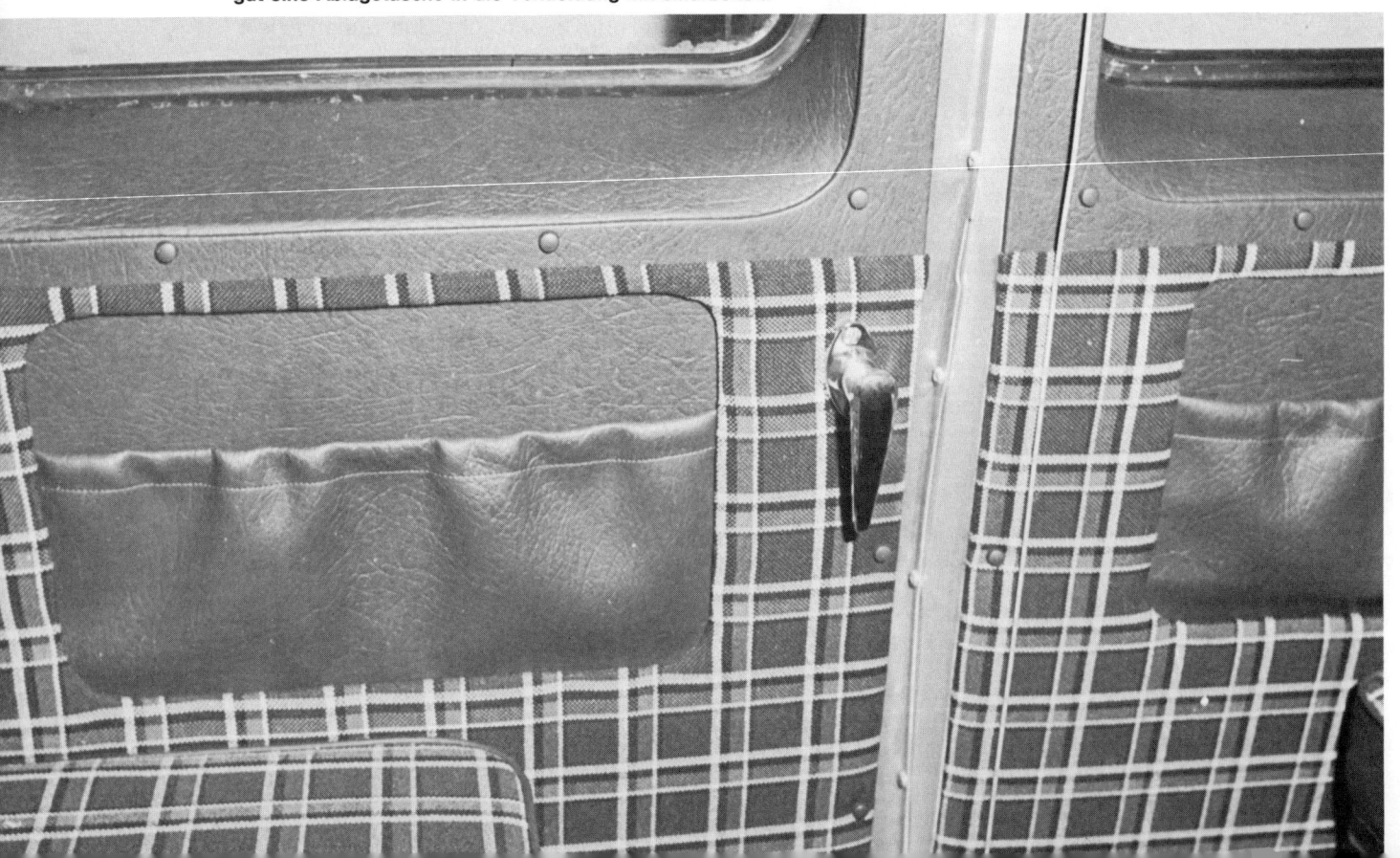

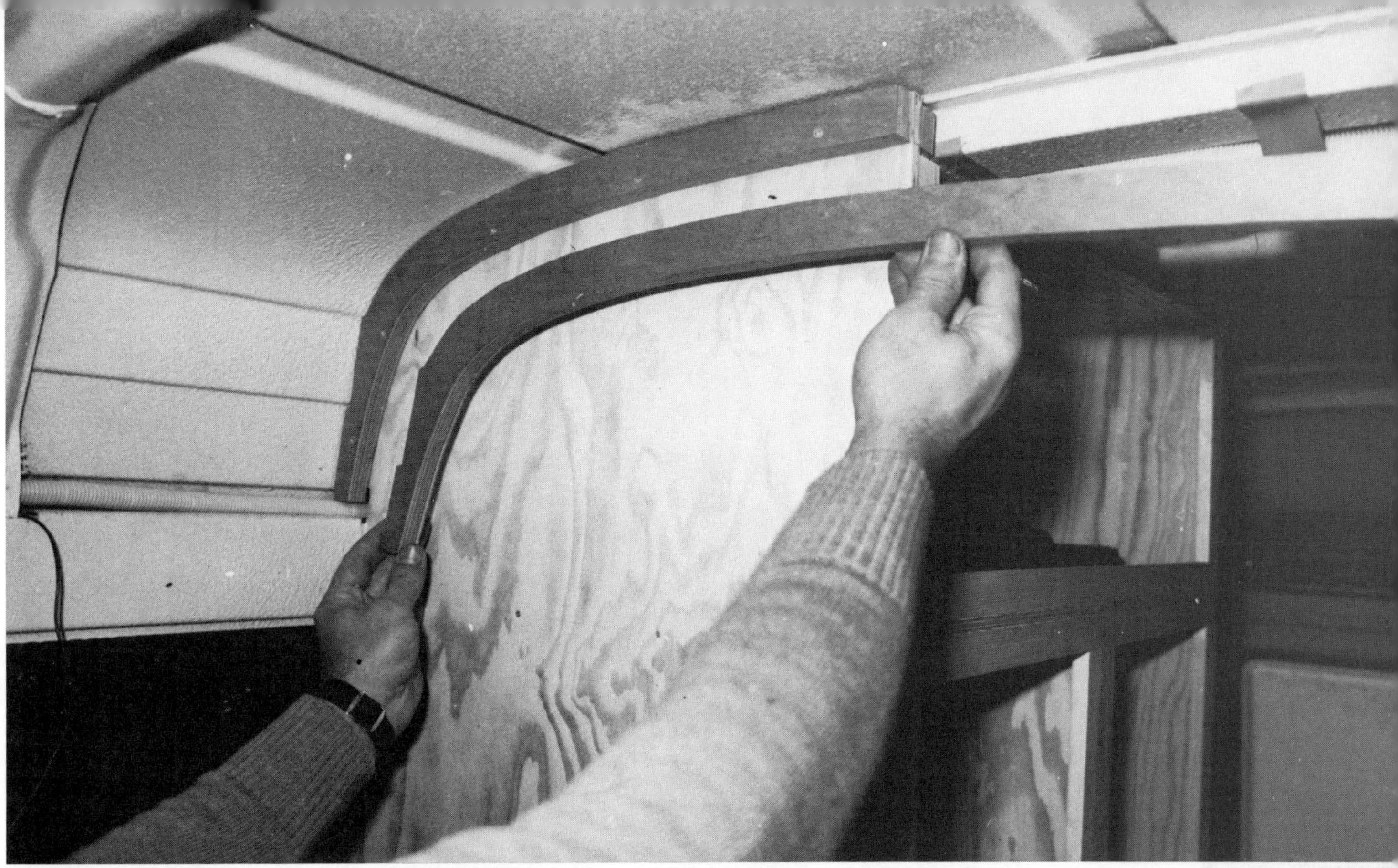

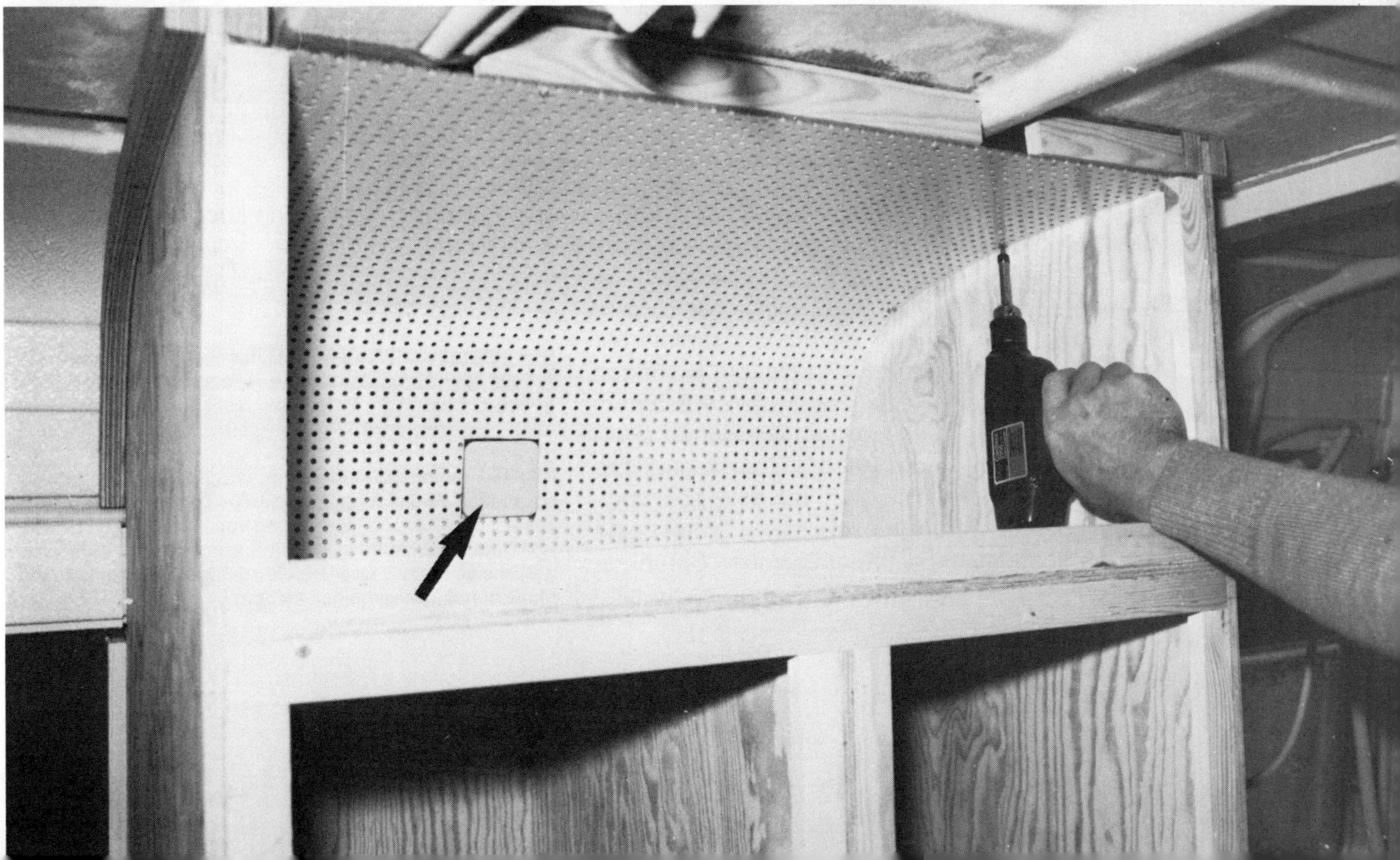

Bild 99: Wo der Stauraum im Fahrzeug nicht ausreicht, dient ein solider, maßgearbeiteter Dachgepäckträger als Ausweg. Er läßt sich auch als Sonnenliege, Hochsitz oder Ausguck benutzen.

gungsmöglichkeiten für solche Lampen angebracht werden. Dann kommt die *Isolierung* dran, wobei ich wegen der Dachkrümmung und auch wegen der unter dem Dach möglichen hohen Temperaturen dringend zu Schaumstoffmatten raten möchte. Damit grade in diesem wichtigen Dachbereich keine Isolations-Fugen entstehen, würde ich *zwei Lagen* Schaumstoffmatten *überlappend* kleben. Jede Matte sollte wenigstens 1 bis 2 Zentimeter dick sein, um eine halbwegs brauchbare Isolierung zu bekommen.Wenn beide Lagen Schaumstoff mit Kontaktkleber, Sprühkleber oder einem anderen Kleber angebracht sind

(dabei wird man vermutlich auch wieder die quer verlaufenden Dachholme aussparen müssen),

Bild 100 (oben): Werden zur Befestigung irgendwelcher Träger oder Aufbauten Löcher in das Karosserieblech gebohrt, müssen die Bohrlöcher nicht nur entgratet, sondern auch sorgfältig gegen Rost geschützt werden.

Bild 101 (unten): Bohrlöcher im Wagendach erfordern sorgfältige Abdichtung (Gummischeibe von außen) und zusätzliche Schraubensicherung von innen: Ist die Isolierung und Deckenverkleidung erst dran, kommt keiner mehr an eine gelockerte Mutter. Deshalb die rostfreien Schrauben und Muttern mit Zahnscheiben sichern!

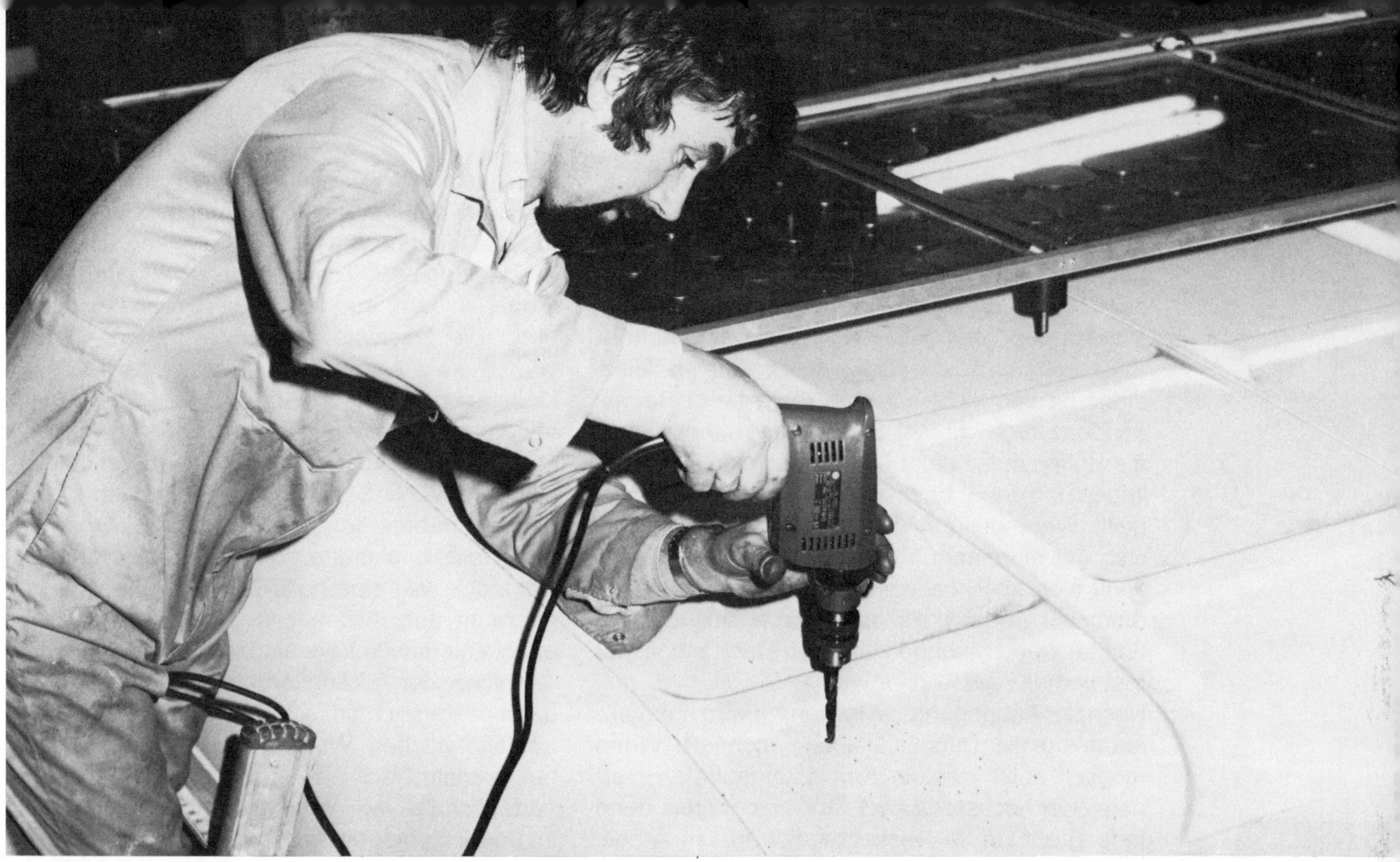

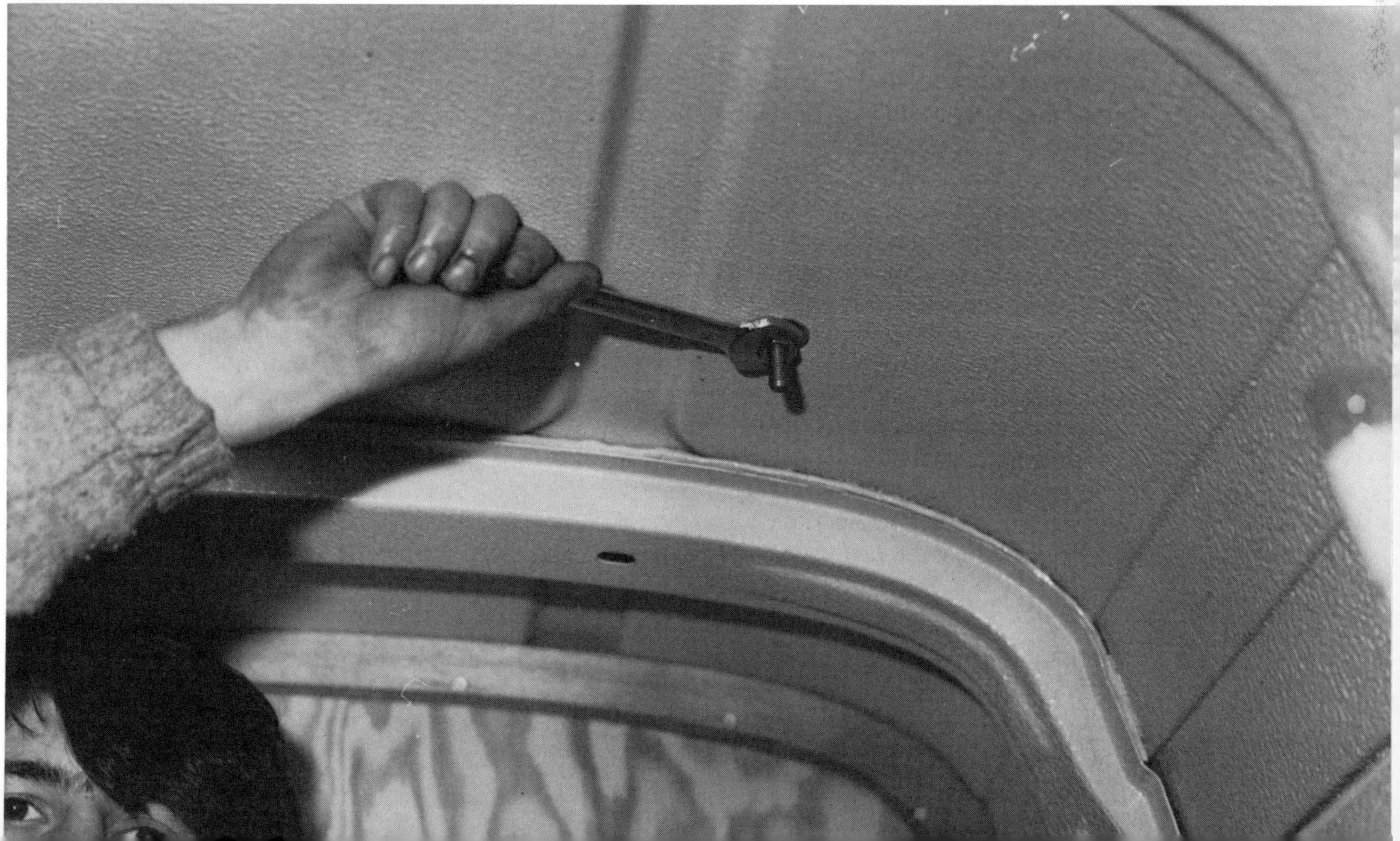

wird als Abschluß nochmals unter die gesamte Dachfläche eine Matte Schaumstoff oder Bitumenfilz oder ein anderes Dämm-Material geklebt, das auch die Holme etwas mitisoliert. Man kann auch die Dachholme, sofern es sich dabei um Blechrippen handelt, mit Einkomponenten-Sprühschaum aus der Dose ausschäumen. Allerdings ist das nicht nur eine recht teure Sache, sondern auch mit viel Schmutz verbunden, weil die Holme meist nicht überall dicht am Dach anliegen und der Schaum dann doch überall hervorquillt. Wenn der Schaum ausgehärtet ist, läßt er sich gut mit einem Messer schneiden. Es empfiehlt sich aber, beim Ausschäumen den Innenraum mit Abdeckfolie oder Papier abzudecken und Lücken zwischen Holm und Dach möglichst fest vorher zuzustopfen.

Nach der Anbringung der Isolierung wird nunmehr endgültig die Dachverkleidung montiert. Wenn möglich, sollte man die Verkleidungsplatten in einem oder höchstens zwei Stück montieren, denn jede Stoßfuge im Deckenbereich macht Arbeit. Die Verkleidungsplatten sollten in der Breite so bemessen werden, daß sie sich beim Hochdrücken gegen das Dach rechts und links in die Dachansätze der Karosserie oder entsprechende Leisten einschnappen lassen. Deshalb ist wichtig, die genaue *Verkleidungslänge* durch Abmessen mit einem *Stahlbandmaß* zu ermitteln, ein Metermaß wäre sicher zu steif und könnte die Dachrundung nicht erfassen. Das Einsetzen der Dachverkleidung, sofern es sich um größere Platten handelt, wird man zweckmäßig mit Hilfskräften ausführen. Die Dachverkleidung erst nach der Montage der Möbel vorzunehmen, hat den Vorteil, daß man seitlich an den Möbelwänden formgesägte Befestigungsleisten (Bild 97) anbringen kann und die Dachverkleidungsplatten sich besser befestigen lassen. Der Nachteil ist aber der, daß man die Verkleidungsplatten wesentlich genauer bemessen muß, weil sie ja rechts und links exakt um die Möbel herumpassen müssen. Oder

man macht die Dachverkleidung aus mehreren Stücken, dann bekommt man aber wieder Stoßfugen. Übrigens, was die Befestigung der Dachverkleidung betrifft, wenn man sie zunächst ohne Möbel einbaut: auch dann dienen später die bis unter die Dachverkleidung reichenden Möbelwände als zusätzliche Abstützung der Dachverkleidungsplatte und man kann auch dann noch mit ein paar kleinen Winkeln, die in den Möbeln oben angebracht werden, die Dachverkleidung sichern. Wenn Sie eine helle Dachverkleidung gewählt haben, beispielsweise helles Sperrholz oder weiße Lochplatte, so sparen Sie im Fahrzeug viel Licht, weil eine helle Decke den ganzen Innenraum aufzuhellen hilft. Man kann natürlich auch eine dunkle Verkleidung wählen oder sogar Teppichboden, Langflorbelag oder Webpelz, dann bekommt man nicht nur einen gemütlichen, höhlenähnlichen Wohnraumcharakter, sondern bei textilem Deckenbelag zugleich eine verbesserte Schall- und Wärmedämmung.

Im Bereich einer eventuell vorhandenen *Dachluke* oder eines *Oberlichts* wird rundum auf die Dachverkleidung noch ein flacher *Holzrahmen* oder ein *Kunststoffprofil* aufgesetzt. Dadurch werden die Übergänge zwischen Dachlukenrahmen und Dachverkleidung überbrückt und man kann an dem Abdeckrahmen zugleich noch Vorrichtungen für die *Verdunklung* der Dachluke oder für den *Mückenschutz* installieren.

Wenn die Dachverkleidung montiert ist, wird auch noch der Übergangsbereich zwischen Dachverkleidung und Wandverkleidungen mittels aufgeklebtem Plastikstreifen oder durch davorgesetzte flache Holzblenden (Sperrholz) verdeckt. Diese Arbeit läßt sich aber auch noch gut machen, wenn die Möbel montiert sind.

148

Ausrüstung und Zubehör

Information ist alles! Deshalb sollten Sie auch nicht die Mühe scheuen, sich so umfassend wie möglich über lieferbares Zubehör, über Ausrüstungsmöglichkeiten und spezielle Einrichtungsdetails für Ihren Campingbus zu informieren.

Um Ihnen hierbei ein wenig zu helfen, habe ich anschließend ein paar Adressen für Sie zusammengestellt.

Die Adressen-Liste erhebt weder den Anspruch auf Vollständigkeit noch Richtigkeit, stellt weder in der Reihenfolge der angeführten Firmen noch in der Tatsache der Anführung selbst eine Wertung einzelner Firmen dar, und es kann auch keine Gewähr übernommen werden, daß die angeführten Firmen Unterlagen kostenlos oder gegen Gebühr übersenden. Wie gesagt, Information ist alles.

Schauen Sie sich daher bitte auch zusätzlich laufend in den verschiedenen Zeitschriften usw. nach weiteren Firmenanschriften um, denn laufend kommen neue Firmen mit einer breiten Produkt-Palette auf den Markt, andere treten wieder ab und aus diesem Grunde kann ein Buch niemals so aktuell sein, wie der Autor das gern möchte. Hier ein paar Adressen:

Fritz Berger
Camping + Freizeit-Großhandel
Postfach 1160
8430 Neumarkt
Tel. 09181/7546

Sport-Berger
Rothschwaige vor München
8047 Karlsfeld
Tel. 08131/95011

Allmobil
Neckarstraße 72–74
7148 Remseck 2
Tel. 07146/29696

Dipl.-Ing. K. Därr
Expeditions-Service
Hauptstraße 26
8011 Heimstetten
Tel. 089/9038015

Reimo
Sudetenstraße 3
6073 Egelsbach
Tel. 06103/42066

Carthago
Campingbuseinrichtungen
Henri-Dunant-Straße 48
7980 Ravensburg
Tel. 0751/93348

Gösser Freizeitartikel GmbH
Giesestraße 1
5860 Iserlohn
Tel. 02371/40101

Dipl.-Kfm. H. Hamer
Reisemobilteile
Vogteistraße 34
5353 Floisdorf
Tel. 02443/6355

Joch-Camping
Ikarusallee 10
3000 Hannover 1
Tel. 0511/631228

Philipp Kreis GmbH + Co.
TRUMA-Gerätebau
Neumarkter Straße 34
8000 München 80
Tel. 089/432081

Walter Lilie
Häuserwiesenstraße 20
7022 Leinfelden-E 1
Tel. 0711/7543771

Motor-Camp Miegel
Thurneysser Straße 2
1000 Berlin 65
Tel. 030/4651722

Optimus GmbH
Königheimerstraße 20
6972 Tauberbischofsheim
Tel. 09341/4360

Mobiltours
Hohenheimer Straße 10
7022 Leinfelden
Tel. 0711/756308

Intercamp GmbH
Föhrenweg 22/24
8011 Vaterstetten

Klaus D. Maier
Reisemobil-Ausrüster
7157 Sulzbach/Murr
Tel. 07193/273

Teca Reisemobile GmbH
Braas-Straße 24
3260 Rinteln 1

E. Steinmann
Freizeit-Fahrzeugteile
Emil-Maier-Straße 9
6900 Heidelberg
Tel. 06221/20734

SYRO-Campingeinrichtungen
Bahnhofstraße 31
6105 Ober-Ramstadt
Tel. 06154/3091

Te-Caravans GmbH
Kölner Straße 37c
4330 Mülheim
Tel. 0208/485051

Westfalia-Werke
Postfach 2640
4840 Wiedenbrück

Wolf Camping + Freizeit
Heinrich-Lanz-Str. 2
6941 Laudenbach
Tel. 06201/7621

Die Installationen

Rohrleitungen und Kabel

Wie bei jedem anderen Haus erfordert auch der Campingbus für das Funktionieren der technischen Einrichtung eine ganze Anzahl von *Leitungen, Rohren, Kabeln* und *Schläuchen.*

Und wie bei einem Haus muß auch die Verlegung dieser Teile schon vor Beginn der Installationsarbeit zumindest ganz grob vorgeplant werden. Sonst steht man nachher hilflos vor einem Gewirr einzelner Leitungen und kommt überhaupt nicht mehr klar. Das ist besonders häufig bei der Bord-Elektrik der Fall, weil man die Vielzahl der einzelnen Leitungen gar nicht mehr in ihrem Verlauf im Kopf behalten kann.

Ausgangspunkt aller dieser Überlegungen und der Vorplanung der Versorgungsleitungen ist daher der *Einrichtungsplan* für den Campingbus, den Sie ja bereits vor einiger Zeit gezeichnet hatten. Da sind nämlich schon die einzelnen *Verbraucher* wie z. B. Kühlschrank, Gasherd, Warmwasserbereiter, Lampen, Lautsprecher usw., um nur einige zu nennen, eingezeichnet. Wenn das noch nicht der Fall ist, sollten sie es gleich nachholen. Dabei merkt man dann auch noch sehr schnell, was alles vergessen wurde.

Im Einrichtungsplan sind auch die einzelnen *Versorgungsquellen* verzeichnet (oder man zeichnet sie jetzt noch ein) wie beispielsweise der Platz für die Propangasflasche, für die Frischwasserbehälter, den Abwassertank, die Fahrzeug- und die Zweitbatterie usw. Wenn Sie nun in den folgenden Kapiteln über die einzelnen Installationsbereiche wie *Bord-Elektrik, Gasversorgung, Wasserversorgung* usw. genügend Informationen gesammelt und sich auch mit den z. T. erforderlichen Sicherheitsvorschriften vertraut gemacht haben, so nehmen Sie Ihren Einrichtungsplan zur Hand und zeichnen sich dort *mit Buntstift* die vorgesehenen Leitungen ein, auch wie sie verlegt werden (in Möbel, in den Fahrzeugwänden, unter dem Fahrzeugboden usw.) und wo sie verlegt werden. Die *Schaltpläne* sind ein weiteres Hilfsmittel für Sie, die erforderlichen Leitungen zusammenzustellen.

Beim Eintragen der einzelnen Leitungen, Kabel, Rohre und Schläuche gehen Sie bitte *systematisch* vor, damit Sie sich später aus dem Liniengewirr noch herausfinden. Geben Sie deshalb jeder Leitungsart eine bestimmte Grundfarbe. Beispielsweise kann man alle elektrischen Leitungen (12 Volt) rot einzeichnen, alle Wasserleitungen für Frischwasser blau, für Abwasser braun. Alle Gasleitungen werden grün dargestellt usw. Wo Leitungen im Wagen verlegt werden, sollten die bunten Linien *glatt durchgezogen* werden. Wo Leitungen in den Wänden oder unter dem Fahrzeugboden liegen sollen, kann man die Linien *gestrichelt* zeichnen, dann kann es nicht zu Verwechslungen oder zum Vergessen einzelner Leitungen kommen, denn gestrichelte Leitungen müssen vor dem Montieren der Möbel bzw. Wandverkleidungen usw. verlegt werden. Werden *mehrere Kabel* oder Leitungen nebeneinander verlegt, so wird die Leitungs- oder Aderanzahl durch entsprechende kurze *Querstriche* auf den Linien markiert. *Abzweigungen* von Leitungen, egal, ob es sich nun um ein T-Stück bei Rohrleitungen oder um eine Abzweigdose bei Kabeln handelt, werden als dicker »Knotenpunkt« dargestellt.

Natürlich sind das noch keine Schaltpläne, sondern nur erst einmal Verlegeskizzen, die einen ersten Überblick über die einzelnen Leitungsführungen ergeben sollen.

Dabei wird dann auch gleich klar, wo sich Schwierigkeiten bei der Leitungsführung ergeben können. Wo beispielsweise Schläuche oder Rohre im Wagen quer über den Gang verlegt werden müßten und eine entsprechende Abdeckung dafür geschaffen werden muß. Oder wo Abwasserleitungen oder Frischwasserschläuche ohne Gefälle verlegt werden müssen, obwohl das nötig wäre usw. Und noch etwas sehr wichtiges kann an Hand der eingezeichneten Leitungsführung geklärt werden: Abzweigungen oder Verbindungsstellen von Kabeln, Rohren, Schläuchen usw. sollten *immer (!)* so installiert werden, daß sie auch später jederzeit zugänglich bleiben! Wie leicht ergibt sich mal ein Wackelkontakt, eine Undichtigkeit oder eine Verstopfung im Leitungsnetz. Und dann muß man an jeden Punkt, an jede Abzweigung drankommen, ohne erst die halbe Einrichtung zu zerlegen!

Überhaupt sollte bei allen Installationen auf größtmögliche *Wartungsfreiheit* Wert gelegt werden. Verwenden Sie also nach Möglichkeit nur Materialien, die keinem Verschleiß und keiner Korrosion unterliegen und verarbeiten Sie dieses Material dann auch sinngemäß. Beispiel: eine Kabelabzweigung, bei der die einzelnen Kupferleitungen mit Stahlschrauben in den Klemmen befestigt werden, führt mit Sicherheit zu Elektrokorrosion und damit früher oder später zu Störungen. Ein weiteres Beispiel: Wasserschläuche, die ohne Gefälle oder sogar mit einem durchhängenden Bauch verlegt werden, sammeln an den tiefer liegenden Stellen Feststoffe, Bakterien usw. an und verstopfen früher oder später. Und noch ein letztes, schreckliches Beispiel: Wenn Sie die verzinkten Stahlrohrleitungen für die Gas-Installation statt mit Kunststoffschellen mit Metallschellen befestigen (was nicht gestattet ist), so führt das nicht nur bei den ständigen Fahrzeugbewegungen zu einer Beschädigung der schützenden Zinkschicht (und damit zu Rost), sondern auch hier kann die Elektro-Korrosion (Galvanisches Element infolge leitender Feuchtigkeit zwischen zwei verschiedenen Metallen) zu einer gefährlichen Zersetzung des Rohrmantels führen!

Aus diesen Gründen ist es auch zu empfehlen, spezielle Dinge wie Bord-Elektrik, Gasversorgung usw. nur dann selbst auszuführen, wenn man sich in der Materie genügend auskennt. Im Falle der geringsten Unsicherheit sollte man zumindest den *Fachmann* um Rat fragen, besser sogar diese Arbeiten überhaupt einem *zugelassenen Handwerker* übertragen, der dann auch die Verantwortung für die Ausführung übernimmt.

Einige weitere Hinweise zu diesem Thema finden Sie auch noch in den folgenden Kapiteln. Fassen Sie das bitte nicht als Mißtrauen Ihren Kenntnissen gegenüber oder als Abwertung Ihrer Arbeit auf. Aber die Sicherheit ist meiner Ansicht nach ein außerordentlich wichtiger Gesichtspunkt bei allen Arbeiten im Zusammenhang mit Kraftfahrzeugen. Und ich meine, Vorsicht ist besser und billiger als – schlimmstenfalls – ein vorzeitiges Ende des Camperlebens.

Bord-Elektrik

Im Rahmen eines Kapitels kann man weder einen Kurzlehrgang über Elektrotechnik noch die für dieses Gebiet in Frage kommenden Vorschriften unterbringen.

Deshalb ist es unerläßlich, für die vorkommenden Arbeiten gewisse *Kenntnisse* mitzubringen und außerdem sich über die jeweils neueste Fassung der in Frage kommenden VDE-*Vorschriften* (bzw. vorläufigen Richtlinien) zu informieren! Bei nachlässigem oder falschem Einbau elektrischer Installationen in Campingbusse, bei Verwendung ungeeigneter Werkstoffe und Materialien, bei falschem Anschluß stromführender Teile kann es nicht nur zu *Pannen und Defekten im Fahrzeug* kommen, sondern in vielen Fällen auch *zu Brand* und sogar *Totalverlust* des Fahrzeugs! Deshalb sollte auch die Bord-Elektrik keinesfalls auf die leichte Schulter genommen werden! Gründlichkeit zahlt sich hierbei besonders aus. Wer daher über keinerlei Vorkenntnisse verfügt, ist gut beraten, wenn er sich für ein paar Mark von einem *Fachmann* die erforderlichen Installationen einbauen läßt! Und wer Vorkenntnisse mitbringt, sollte sich trotzdem bei jedem Handgriff klarmachen, daß die *Beanspruchung* der Elektrik im Fahrzeug durch die ständigen Erschütterungen beim Fahren, durch die Verwindung der Karosserie, durch die scharfen Kanten der Blechkarosserie und die Leitfähigkeit der Karosserie, durch die Temperaturunterschiede zwischen Innen und Außen und durch viele andere Faktoren wesentlich höher ist, als bei einer normalen Installation im Wohnhaus.

Allgemeines:

Die Elektrik im Campingbus wird der Übersichtlichkeit halber in verschiedene Bereiche aufgegliedert. Einmal in die bereits vorhandene *Auto-Elektrik,* die mit dem Betrieb des Fahrzeugs an sich sowie mit der Außenbeleuchtung (Scheinwerfer, Blinker usw.) zu tun hat und hier fast gar nicht interessiert. Dann die *Bord-Elektrik* für den Wohnteil des Campingbusses, die sich in die Bereiche *Kleinspannungs-Anlagen* und *Starkstrom-Anlagen* aufteilt. Die Kleinspannungsanlagen betreffen alle Energiequellen, Leitungen und Verbraucher im Campingbus, die mit Spannungen bis zu 24 Volt arbeiten (normal 12 Volt). Starkstromanlagen dagegen sind die Bereiche bis zu 1000 Volt, betreffen daher Campingbusse nur insofern, als diese mit einem Außenanschluß und Installationen für 220 Volt Wechselstrom ausgerüstet werden.

Sofern sich die Bereiche teilweise überschneiden, wird im Text darauf hingewiesen, falls dies erforderlich erscheint.

Auto-Elektrik:

Die elektrische Installation des Basisfahrzeugs sollte aus verschiedenen Gründen von der Installation des Bordnetzes für den Wohnteil *vollkommen getrennt* bleiben. Lediglich im Bereich der Lichtmaschine und der Fahrzeugbatterie kommt es zu Überschneidungen, auf die weiter unten noch eingegangen wird. Eine strikte Trennung der Bereiche Auto-Elektrik und Bordnetz des Wohnteils empfiehlt sich schon deshalb, damit selbst bei Störungen oder Pannen oder gar einem Kurzschluß im Wohnteil die volle *Betriebsfähigkeit des Basisfahrzeugs erhalten* bleibt. Zunächst ist aber erst einmal wichtig, die Auto-Elektrik und das Bordnetz für den Wohnteil aufeinander abzustimmen. Man kann an Hand der Fahrzeugbatterie (oder aus der Bedienungsanleitung) erkennen, mit welcher Gleichspannung das Fahrzeug betrieben wird. Meist werden es *12 Volt* sein. Ebenfalls ist es wichtig zu wissen, ob beim Basisfahrzeug »*Minus an Masse*« liegt. Das erkennt man an dem flachen Kupfergeflechtband, das von der

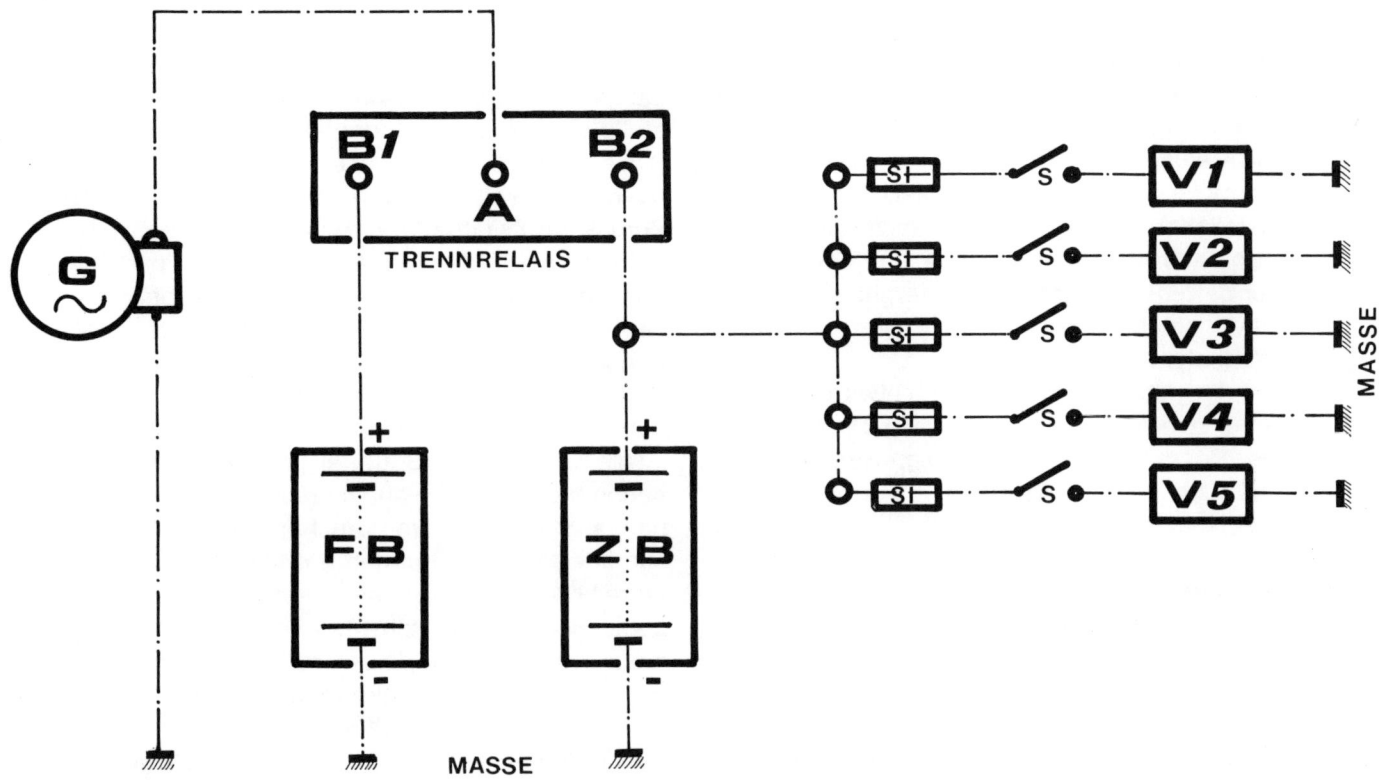

Bild 102: Der Generator (G) lädt die Fahrzeugbatterie (FB) und die Zweitbatterie (ZB) über das Trennrelais. Sobald der Fahrzeugmotor abgeschaltet wird, können die Verbraucher V1 bis V5 nur noch Strom aus der Zweitbatterie entnehmen. Die (in der Zeichnung nicht dargestellte) dicke Leitung zwischen Pluspol der Fahrzeugbatterie (FB) und Anlasser darf nicht beschädigt oder unterbrochen werden!

Fahrzeugkarosserie zur Batterie führt. Liegt es dort am Minuspol an, ist alles in Ordnung, das Fahrzeug hat Minus an Masse. So bezeichnet man es, wenn der Stromkreis im Fahrzeug von dem Pluspol der Batterie über entsprechende Sicherungen und Schalter zum Verbraucher geführt wird und von dort die Rückleitung über die »Masse« des Karosserieblechs an den Minuspol der Batterie zurückerfolgt. Um es einmal laienhaft auszudrücken, die Fahrzeug-Hersteller sparen die an sich erforderliche zweite Leitung, indem sie zu dem Zweck die Karosserie (sofern aus Blech)

verwenden. Deshalb muß man auch bei Karosserieteilen aus GFK-Material beizeiten daran denken, eine entsprechende zweite Leitung vom Verbraucher bis zu dem nächstgelegenen metallischen Karosserieteil zu ziehen.

Kleinspannungs-Anlage:
Um die Lichtmaschine und die Fahrzeugbatterie mit in die Bord-Installation für den Wohnteil mit einzubeziehen (wenn auch nur begrenzt), muß man sich mit der *Bordnetz-Spannung* und dem Be-

153

griff »Minus an Masse« *nach dem Basisfahrzeug richten.* Andernfalls gibt es Feuerwerk und nichts geht mehr.

Die Kleinspannung von 12 Volt wird deshalb auch die meist übliche Ausgangsbasis für die weitere Installation im Wohnteil des Fahrzeugs sein, und wenn man weiter voraussetzt, daß der Minuspol der Batterie an Masse liegt, so ergibt sich eine relativ einfache Schaltung für das zu schaffende Bordnetz, wie Bild 102 zeigt.

Um die ganze Geschichte noch etwas übersichtlicher zu bekommen, werden wir die Installation in die Bereiche *Stromversorgung, Stromverteilung* und *Verbraucher* aufgliedern.

Stromversorgung:

Die im Basisfahrzeug vorhandene Fahrzeugbatterie (FB), die vom Generator (G), also der Lichtmaschine, geladen wird, hat nur eine bestimmte Menge elektrischer Leistung gespeichert. Diese Leistung wird zum Starten des Fahrzeugs und für die Fahrzeugbeleuchtung, sowie das evtl. vorhandene Autoradio usw. benötigt. Wollte man daher auch noch die ganzen Stromverbraucher aus dem Wohnteil des Campingbusses an diese Batterie hängen, wäre die Leistung der Batterie womöglich so rasch erschöpft, daß sie nicht mehr zum Starten ausreicht. Das wäre bitter, denn wenn der Motor nicht mehr läuft, kann auch die Batterie nicht mehr geladen werden usw.

Deshalb ist es meiner Ansicht nach unerläßlich, für das Wohnteil-Bordnetz eine *zweite Batterie* (ZB) zu installieren, um so die erforderliche Mehrleistung zu speichern. Diese Zweitbatterie muß allerdings erst einmal geladen werden. Das besorgt im Normalfall die Lichtmaschine (G). Sofern es sich dabei um eine *Drehstrom-Lichtmaschine* handelt, besteht kaum die Gefahr einer Überlastung der Lichtmaschine. Allerdings kann man bei Neufahrzeugen besser eine *verstärkte* Lichtmaschine ordern, dann geht man kein Risiko

ein. Anders bei *Gleichstrom-Lichtmaschinen,* wie sie gelegentlich noch vorkommen. Hier kann anstelle des meist vorhandenen Zwei-Elementreglers ein *Drei-Elementregler* eingebaut werden, der die mögliche Überlastung verhindert.

Zurück zur Zweitbatterie: Man kann diese Zweitbatterie zur Fahrzeugbatterie einfach parallel schalten (über entsprechend starkes Kabel werden die Pluspole der Batterien miteinander verbunden und die Minuspole beide über die Masse-Bänder an die Karosserie angeschlossen), aber diese Schaltung hat einen großen Nachteil! Zwar ist die Kapazität der Batterien jetzt insgesamt gesehen größer. Aber wenn man beispielsweise einen starken Stromverbraucher wie den Kühlschrank mehrere Stunden nur über die Batterie betreibt, kann es durchaus passieren, daß dann beide Batterien so schwach sind, daß es nicht mehr zum Anlassen des Motors reicht! Deshalb sollte unbedingt ein sogenanntes *Trennrelais* eingebaut werden (s. Schaltung). So ein Trennrelais hat die Aufgabe, während der Fahrt des Wagens über die Lichtmaschine beide Batterien mit Strom zu versorgen.

Sobald jedoch die Zündung ausgeschaltet wird, sind beide Batterien elektrisch voneinander getrennt.

Die *Fahrzeugbatterie* steht mit ihrer Kapazität voll *für das Starten* oder die Beleuchtung des Fahrzeugs zur Verfügung, die *Zweitbatterie für die Stromversorgung des Wohnteils.* Ist die Zweitbatterie leer, kann man also immer noch starten oder das Außenlicht, die Warnblinkanlage usw. betätigen.

Nach einer bestimmten Fahrzeit sind dann beide Batterien wieder voll geladen, weil beim Betätigen der Zündung auch die Zweitbatterie wieder vom Ladestrom der Lichtmaschine profitiert. Zunächst aber sollte eine Zweitbatterie überhaupt beschafft und installiert werden. Man beschafft sich eine, in etwa der Leistung der Fahrzeugbatterie entsprechende, Batterie und montiert sie *sehr so-*

lide (!) am Fahrzeugboden in Nähe der Fahrzeugbatterie. Zum Befestigen kann man die speziellen *Klemmbleche* verwenden, die es im Kfz-Handel dafür gibt. In jedem Fall muß die Batterie so festgemacht werden, daß sie auch bei einem eventuellen *Crash* nicht aus der Verankerung gerissen oder durch die ständigen *Fahrerschütterungen* gelöst wird. Man sollte auch an die gute *Zugänglichkeit* der Batterie denken, denn auch eine »wartungsfreie« Batterie braucht mal Pflege.

Damit bei den Anschlußarbeiten nichts passiert, sollte man zunächst von der Fahrzeugbatterie das Masseband abklemmen und anschließend auch die Plusleitung.

Nach dem Aufstellen der Zweitbatterie wird auch ein *Trennrelais* montiert. Je nach Fahrzeug entweder in Batterienähe oder in der Umgebung der Lichtmaschine. Verwendet man ein Trennrelais wie in Bild 103, so werden dann an der Lichtmaschine alle an der Anschlußklemme befindlichen Kabel (Plus von der Fahrzeugbatterie usw.) abgeklemmt und an der Klemme *B1* des Trennrelais angeschlossen. Von der nun freien Anschlußklemme der Lichtmaschine wird wiederum ein starkes Kabel bis zur Klemme *A* des Trennrelais geführt und dort mit Kabelschuh befestigt. Schließlich wird noch ein entsprechend starkes Kabel (siehe vorh. Kabelschuhe am Trennrelais) von der Klemme *B2* des Trennrelais zum Pluspol der Zweitbatterie geführt. Ist das Verbindungskabel von B2 zum Pluspol stark genug, kann man eine entsprechend stark dimensionierte Abzweigleitung von diesem Kabel aus zu einem gesonderten Sicherungskasten legen, an dem später die Verbrauchsstellen im Wohnteil angeschlossen werden. Ist das Kabel nicht stark genug oder nicht gut zugänglich, wird der *Sicherungskasten* über eine Extra-Leitung direkt am

Bild 103: Der »Shurtron Dual Battery-Isolator« ermöglicht, daß im Fahrbetrieb Starter- und Zweitbatterie geladen werden, im Stand jedoch nur die Zweitbatterie für den Wohnteil des Camping-Busses genutzt werden kann. Die Starterbatterie bleibt so immer voll für den Startvorgang erhalten.

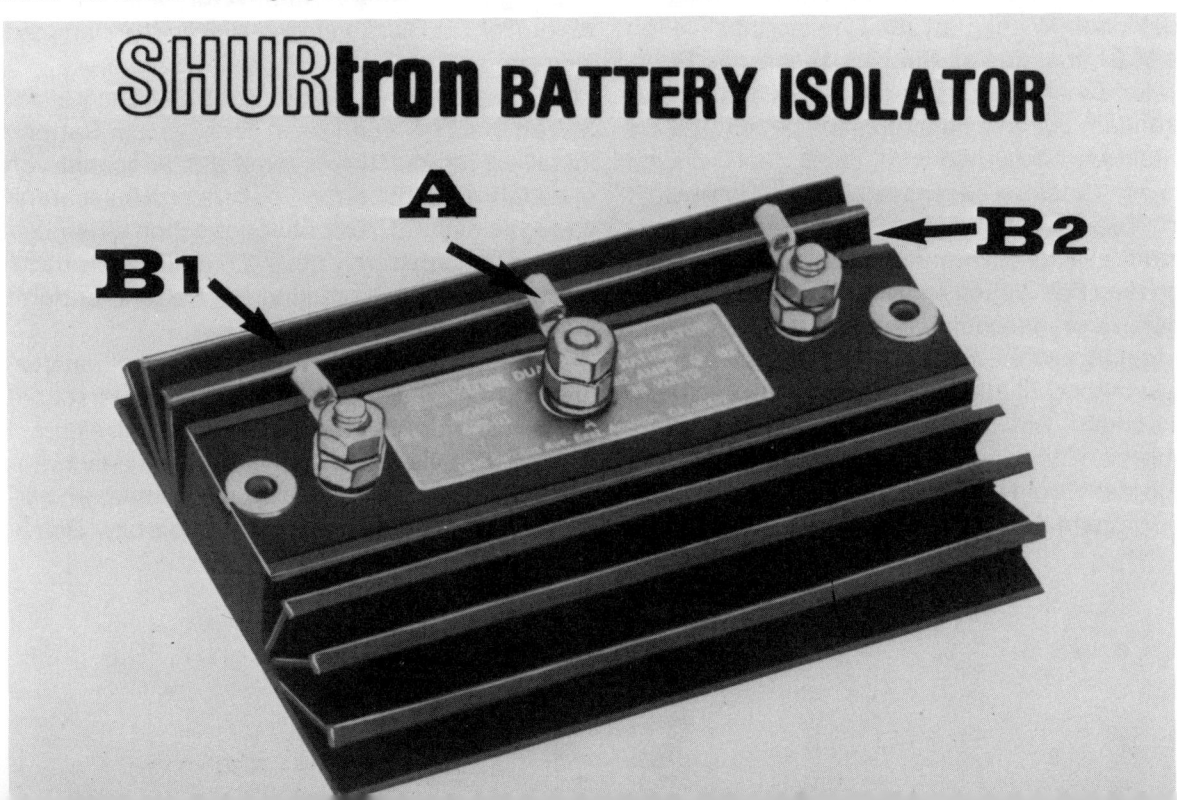

Pluspol der Zweitbatterie angeklemmt. Auf den Sicherungskasten kommen wir gleich noch einmal zurück.

Zuvor jedoch erst ein paar Worte zu den *Trennrelais*. Es gibt verschiedene Hersteller für diese Geräte. Das in Bild 103 gezeigte Modell nennt sich »Shurtron Dual Battery Isolator« und ist im Handel für Campingbedarf erhältlich. Eine andere Ausführung kommt von der Firma Bosch und ist unter der Bestellnummer 0 333 304 003 erhältlich. Ein genauer Anschlußplan für dieses Gerät ist auf dem Gehäuse angebracht. Bei letzterem Modell sollte man beachten, daß der Anschluß für Gleichstrom- und Drehstromlichtmaschinen unterschiedlich gehandhabt werden muß.

Diese für etwa 50 bis 60 DM erhältlichen Trennrelais sind eine unbedingt empfehlenswerte Investition und in jedem Falle besser als eine leere Starterbatterie mitten in der Wüste.

Nach dem Anschluß des Trennrelais werden nun auch die beiden Batterien, sofern noch nicht erfolgt, wieder angeschlossen. Für die Zweitbatterie verwendet man als Masseanschluß ein gleiches *Masseband* (flexibles Kupfergeflechtband) wie bei der Fahrzeugbatterie. Diese Bänder bekommt man in verschiedenen Längen fertig im Kfz-Handel. Wichtig ist, daß beim Anschließen des Massebandes an die Karosserie das Bohrloch für die Anbringung der Befestigungsschraube rundum gut vom Fahrzeuglack befreit und mit Kontaktfett bestrichen wird, damit auch wirklich eine einwandfreie Masseverbindung hergestellt wird. Die Gegenmutter für die Befestigungsschraube wird mit Zahnscheibe gesichert und nach dem Festziehen mit Unterbodenschutz o. ä. gegen Rost geschützt. Wegen der möglichen Rostgefahr sollte auch die Befestigungsschraube selbst möglichst aus Edelstahl oder zumindest in verkadmeter Ausführung gewählt werden.

Damit wäre für den Kleinspannungsbereich die Frage der Stromversorgung geklärt. Es steht für die Bordnetz-Anlage des Wohnteils lediglich die Kapazität der Zweitbatterie zur Verfügung, die allerdings durch jede Inbetriebsetzung des Fahrzeugs mittels Lichtmaschine ergänzt wird.

Stromverteilung:

Die nächste Aufgabe ist es nun, die in der Zweitbatterie vorhandene elektrische Energie zu den einzelnen Verbrauchsstellen hinzubringen, also den Strom zu verteilen. Das erfolgt durch entsprechend dimensionierte *Elektro-Leitungen,* die natürlich isoliert sein müssen. Wenn ich von entsprechend dimensionierten Leitungen spreche, so fassen Sie das bitte nicht als Ausweichen vor konkreten Querschnitts-Angaben auf. Aber die Angabe exakt bemessener Leitungsquerschnitte hängt von einer ganzen Reihe von Faktoren ab, die in jedem Fall einzeln betrachtet werden müssen, ehe man den endgültigen Querschnitt für einen bestimmten Verbraucher in einem bestimmten Abstand von der Stromquelle festlegen kann. Um Sie jedoch weder mit Formeln noch mit grauer Theorie zu langweilen, kann man als Richtwert sagen: *Je länger eine Leitung* ist (zwischen Stromquelle und Verbraucher) und *je höher die Wattzahl* des angeschlossenen Stromverbrauchers ist, *desto größer* muß *der Leitungsquerschnitt* genommen werden.

Ein Beispiel: Eine kleine Kontroll-Leuchte mit 5 Watt braucht, wenn sie in der Nähe der Batterie installiert ist, nur einen Leitungsquerschnitt von etwa $0,5 \ mm^2$. Ein stromfressender Kühlschrank dagegen mit 125 Watt benötigt schon einen Leitungsquerschnitt von etwa $2,5 \ mm^2$, noch dazu, wenn er ein paar Meter von der Batterie entfernt aufgestellt wird.

Damit man nun aber nicht für jeden einzelnen Verbraucher überlegen muß, welcher Querschnitt der beste wäre, halte ich es für sinnvoll, sich auf wenige verschiedene Querschnitte zu beschränken. Also beispielsweise für die Leitungen zwischen Lichtmaschine und Trennrelais bzw. Batterien 10 bis 25 mm² Querschnitt, je nach Ladeleistung der Lichtmaschine (Kabeltype FLL). Auch für die Verbindung vom Pluspol der Zweitbatterie zum Sicherungskasten würde ich ein Kabel von wenigstens 10 mm² oder mehr nehmen. Vom Sicherungskasten zu den einzelnen Verbrauchern werde ich Querschnitte von 2,5 mm² verlegen, für Großverbraucher wie den Kühlschrank oder ähnliche Sachen sogar 4 mm². Für Kontroll-Leuchten, Leselampen usw. genügt ein Querschnitt von 1,5 mm² in den meisten Fällen. Kleinere Querschnitte würde ich in keinem Fall verwenden, denn der geringe Mehrpreis für den größeren Querschnitt zahlt sich durch geringere Spannungsabfälle in den Leitungen usw. aus.

Außerdem hat man durch die etwas stärkeren Leitungsquerschnitte noch Reserven innerhalb des Bordnetzes. Wer weiß denn schon, welches elektrische Gerät man vielleicht in den nächsten Jahren noch zusätzlich installieren will? Und später noch neue Leitungen verlegen ist auch sehr unbequem!

Nach der Querschnittsfrage ist nun noch zu klären, was für Leitungsmaterial denn nun verwandt werden soll. Die Leitungen, wie sie im Haushalt verwendet werden, können *nicht* für Fahrzeuge eingesetzt werden. Diese Leitungen haben nämlich, weil sie weder Erschütterungen noch anderen Einflüssen ausgesetzt sind, nur jeweils einen massiven Kupferdraht als Leiter. Für die *Fahrzeuginstallation* aber verwendet man *Leitungen,* wo jeder Leiter *aus mehreren feinen Kupferdrähten* besteht, die miteinander verdrillt sind. Das sind die flexiblen, isolierten Kupferlitzen, die man im Kfz-Handel in vielen Querschnitten und allen möglichen Farben als ein- oder zweipolige Meterware (FLK, FLKK) bekommt. Diese Leitungen sind mit einer öl- und benzinfesten Kunststoff-Isolierung versehen, die auch eine gute mechanische Festigkeit (bei Verlegung an scharfen Blechkanten usw.!) aufweist. Die öl- und benzinfeste Isolierung braucht man zwar im Wohnteil

kaum, aber die vielen bunten *Farben* der Isolierung sollte man nutzen! Durch die Wahl möglichst vieler unterschiedlicher Farben für die einzelnen Leitungen kann es nicht so leicht zu Verwechslungen kommen! Das ist ein sehr wesentlicher Vorteil. Verwendet man nämlich nur eine oder wenige Farben, passiert leicht einmal, daß man später beim Anschließen der Leitungen ins Knobeln kommt, welche Leitung wo hingehört. Aber auch für solche Fälle gibt es ein probates Mittel, das ich unbedingt empfehle: Besorgen Sie sich im nächsten Schreibwarengeschäft kleine selbsthaftende *Etiketten* und beschriften Sie diese mit der Aufgabe jeder einzelnen Leitung. Auf jedes Ende der Leitung kleben Sie dann sofort beim Verlegen ein solches beschriftetes Etikett, dann gibt es später keine Sucherei! Und noch etwas hierzu: Prüfen Sie mit einer *12-Volt-Prüflampe* (Kfz-Handel) oder einem *Ohm-Meter* sofort nach dem Verlegen jeder Leitung nach, ob die Leitung einwandfrei funktioniert. Und zwar nicht nur, ob die Leitung Durchgang hat, sondern auch, ob die *Leitung gegen Masse* (Karosserie) einwandfrei *isoliert* ist. Mir ist es schon einmal passiert, daß eine Leitung an einer scharfen Blechkante entlanggezogen wurde, die Isolierung kaputt ging und ich später nur noch mit viel List und Tücke eine Ersatzleitung einziehen konnte. Dabei hatte ich noch Glück, daß überhaupt die Möglichkeit bestand, eine neue Leitung einzuziehen. Wenn erst die Wandverkleidung montiert ist und die Möbel stehen, ist das nahezu unmöglich.

Noch ein Tip zum Verlegen der Leitungen: Im Fahrzeug gibt es viele hohle Blechprofile und Verrippungen, in denen man seine Leitungen bequem verlegen kann. Das sollte man nutzen. Wo Leitungen direkt auf Blechflächen befestigt werden sollen, die später durch die Wand- oder Deckenverkleidung verdeckt sind, genügt eine provisorische Befestigung der Leitungen, entweder mit Hilfe von Klebeband oder durch Eindrücken der Leitungen in kleine Klümpchen Knetmasse oder Karosseriedichtmasse. Wo dies nicht möglich ist, sollte man die einzelnen Leitungen (für 12 Volt) in Schläuchen oder Kunststoffrohren zusammenfassen und mit Schellen o. ä. befestigt verlegen. Hierzu etwas sehr Wichtiges! *Grundsätzlich* darf man *nie* Leitungen für Kleinspannungen (also in diesem Falle 12-Volt-Leitungen) mit Starkstromleitungen (für 220 Volt) zusammen verlegen! Das ist eine von vielen Vorschriften, die es auf diesem Gebiet gibt, und die zur Sicherheit des Benutzers auch richtig ist. Wer hier Näheres erfahren möchte, sollte sich mit den *einschlägigen Vorschriften* bzw. *Empfehlungen des VDE* vertraut machen.

Nun besteht aber die Stromverteilung ja nicht nur aus den Leitungen selbst, sondern auch aus den anderen Zutaten wie *Sicherungen, Schaltern, Abzweigdosen, Steckdosen* usw.

Wie Sie in Bild 102 sehen, führt vom Pluspol der Zweitbatterie (ZB) eine Leitung zu den einzelnen Sicherungen (SI), die die Absicherung der einzelnen Verbraucherstromkreise übernehmen. Diese Sicherungen kann man am besten in einem kleinen *Sicherungskasten* zusammenfassen, der in Batterienähe gut zugänglich angebracht wird. Solche Kästen bekommt man im Kfz-Zubehörhandel. Man kann aber auch sogenannte »fliegende« Sicherungen verwenden, die in die einzelnen Leitungen an gut zugänglicher Stelle eingesetzt werden. Allerdings halte ich schon aus Gründen der Übersichtlichkeit die Sicherungskästen für die bessere Lösung. Fliegende Sicherungen kann man dann vorsehen, wenn nachträglich noch ein einzelner Verbraucher abgesichert werden muß. Von diesen Sicherungen kommen für uns die Ausführungen für *8* und für *16* Ampere in Betracht. Man bekommt sie als Schmelzsicherungs-Einsätze, wie sie auch im Auto selbst verwendet werden.

Für Leuchten und andere kleinere Stromverbraucher werden die 8-A-Einsätze verwendet, die für Verbraucher bis zu etwa 60 bis 75 Watt ausrei-

chen. Höhere Wattzahlen erfordern dann die 16-Ampere-Schmelzeinsätze, die bis zu etwa 150 Watt ausreichen.

Es gibt noch höher belastbare Sicherungen, die aber spezielle Halterungen erfordern und auch entsprechend starke Kabel voraussetzen. Für unsere Zwecke werden sie nur selten in Betracht kommen, weil die meisten Stromverbraucher nicht so hohe Absicherungen erfordern.

Von den einzelnen Sicherungen ausgehend werden nun die Leitungen bis zu den Schaltern (S) und von da aus zu den Verbrauchern (V1 bis V5 oder mehr) geführt. Sofern die anzuschließenden Verbraucher wie z. B. Kühlschrank, Leuchte, Lüfter usw. bereits einen eigenen Schalter eingebaut haben, braucht man natürlich keinen gesonderten Schalter vorzusehen. Derartige kleine *Einbauschalter* (Kfz-Zubehörhandel oder Radiogeschäfte usw.) lohnen sich dann, wenn man bestimmte Geräte von einer gut zugänglichen Stelle aus betätigen will (Kontroll-Paneel, zentrale Schaltstelle o. ä.) oder wenn das Gerät nicht mit einem Schalter versehen ist (Wasserpumpe, Steckdose, Gegensprechanlage usw.).

Vom Verbraucher aus wird dann als zweite Leitung ein entsprechendes Kabel an die nächstgelegene Karosseriestelle verlegt und an dem blankgemachten und mit Kontaktfett bestrichenen Karosserieblech angeschraubt.

Daß diese zweite Leitung, die »Rückleitung« vom Verbraucher an Masse, natürlich *denselben Querschnitt* haben muß wie die Zuleitung, versteht sich von selbst. Und noch etwas kann bei dieser zweiten Leitung beachtet werden: die *Kennfarbe.* Man sollte diese Leitung, da sie ja an Masse führt, mit einer braunen Kunststoffisolierung verwenden. Im Kraftfahrzeug haben nämlich fast alle Leitungen bestimmte Kennfarben, nach denen man sich richten kann. Das betrifft aber vorwiegend die Leitungen im Basisfahrzeug selbst. Wenn Sie einmal Gelegenheit haben, besorgen Sie sich doch eine Tabelle mit den Kennfarben für Ihr Basisfahrzeug

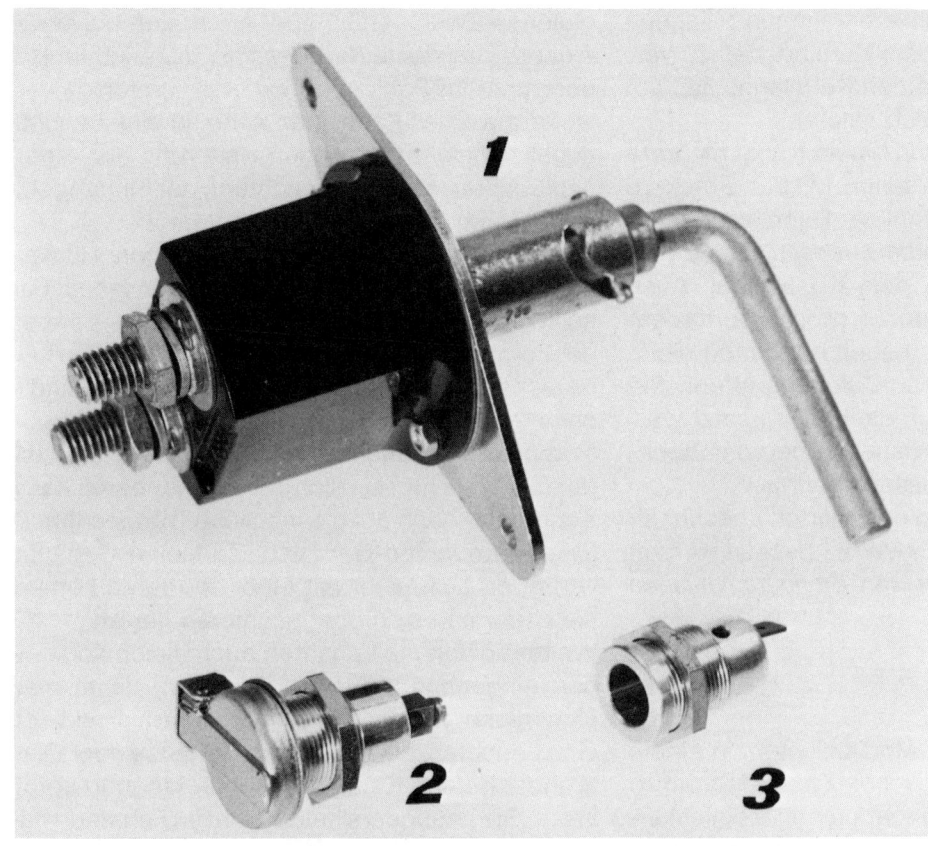

Bild 104: Praktisch ist so ein Batterie-Hauptschalter (1). Mit einer Hebelbewegung läßt sich blitzschnell die gesamte Bordelektrik abschalten. Das kann im Notfall entscheidend sein, ist aber auch dann praktisch, wenn man das Fahrzeug gegen Diebstahl sichern will. Der Hebel wird mitgenommen und das Fahrzeug läßt sich nicht mehr starten. Die kleinen Einbau-Steckdosen für 12 Volt bekommt man mit einem Klappdeckel (2) für Naß-Räume oder ohne Deckel (3) für den Wohnbereich. Der Pluspol wird an der Mittelklemme angeschlossen, Masse (also Minus) kommt an das Steckdosengehäuse. (Achtung, nur bei Fahrzeugen mit Minus an Masse!)

von Ihrem Kfz-Händler oder dem Hersteller. Schaden kann so etwas nie, vielleicht hilft es sogar, bei der nächsten Panne den Fehler rascher zu finden. Mit dem Anschließen dieser zweiten Leitung ist nunmehr der Stromkreis geschlossen (der Strom fließt nun, laienhaft gesprochen, von der Batterie über die Sicherung und den Schalter zum Verbraucher. Von da weiter über das Karosserieblech zur Batterie zurück.). Wenn Ihnen kein Schaltfehler unterlaufen ist, müßte eigentlich alles klappen.

Aber noch ein paar Hinweise zu den anderen für die Elektro-Installation erforderlichen Teilen: Kabelverbindungen z. B. sollte man nicht einfach löten oder mit sogenannten Lüsterklemmen herstellen, weil dies zu Wackelkontakten oder gar zu Schmorstellen führen kann. Für solide Kabelverbindungen sollte man im Kleinspannungsbereich die für solche Aufgaben speziell entwickelten *Quetschverbinder* und *Kabelstecker* verwenden, wie sie auch an anderen Stellen im Fahrzeug eingesetzt sind. Man bekommt sie als Sortimente komplett mit einer praktischen *Spezialzange* in Autozubehör-Geschäften, Kaufhäusern und im Kfz-Handel.

Wer ganz sicher gehen will, braucht sich aber

nicht nur auf die Quetschverbindungen zwischen den Kabeldrähten und dem Verbinderteil zu verlassen, sondern er kann den Kabelanschluß am Verbinder zusätzlich weich anlöten.

Oft kommt es vor, daß von einem Kabel mehrere Abzweigungen abgehen sollen. Mit den Steckern wäre das etwas umständlich. Dann verwendet man besser die *Kabelverbinderdosen,* kleine Plastik-Abzweigdosen aus dem Kfz-Handel. Auch die in Bild 104 gezeigten *Steckdosen* erfordern noch einen Hinweis. Sie haben nur hinten einen Anschluß für die (positive) Zuleitung. Wenn Sie nicht ins Karosserieblech direkt eingesetzt werden, muß man noch ein zweites Kabel vom Steckdosengehäuse zur Karosserie verlegen.

All diese Teile, Leitungen usw. dürfen aber *nur für Kleinspannungen bis zu 24 Volt* eingesetzt werden und sind unbedingt *von den Starkstromanlagen getrennt* zu halten!

Verbraucher:

Es gibt unheimlich viele Möglichkeiten, in einem Campingbus für alle möglichen Zwecke Strom zu verbrauchen. Nicht alle angebotenen Möglichkeiten sind jedoch auch nützlich oder zweckmäßig. Manches ist auch nur eine stromfressende Spielerei, auf die man doch früher oder später verzichtet.

Ein paar wichtige Geräte allerdings sollten kurz erwähnt werden. Da sind zunächst einmal die *Leuchten.* Benötigt werden davon mehrere im Wohnbereich, und zwar als *Leseleuchte, Deckenleuchte, Wandleuchte* usw. Im Küchenbereich kommt man meist mit einer recht hellen *Leuchtstofflampe* (12 Volt) aus, die direkt über der Arbeitsfläche blendfrei montiert wird. Auch für den Waschraum ist eine vernünftige Beleuchtung (für den Spiegel, fürs Rasieren usw.) erforderlich. Ferner sind *Schrankleuchten* (im Kleiderschrank, im Vorratsschrank und evtl. sogar in den Staukästen) von Vorteil, wenn man etwas sucht. Den

gleichen Zweck erfüllt aber auch eine universell einsetzbare kleine *Kabelleuchte,* die auch für Reparaturen im Fahrzeug usw. sehr praktisch verwendet werden kann. Man kann so eine Leuchte sogar mit einer passenden Halterung als »Fernsehleuchte«, für die Beleuchtung der Eingangstür und für andere Dinge benutzen.

In diesem Zusammenhang noch ein paar Hinweise zu den verschiedenen Leuchten: In jedem Fall sollten Leuchten so gestaltet sein, daß sie neben der Formschönheit vor allem *sicher* sind, also keine scharfen Ecken haben, kein bruchempfindliches Glas, keine weit vorstehenden Teile usw. Je flacher und unauffälliger eine Leuchte geformt ist, desto besser fügt sie sich in den Innenbereich ein. Achten Sie auch auf die mögliche *Wärmeentwicklung* im Leuchten-Gehäuse! Zu kleine Gehäuse vertragen sich nicht mit einer stärkeren Lampe, sie verformen sich oder schmoren gar an.

Weiter sollten die Leuchten auch gleich noch einen eingebauten *Schalter* besitzen, damit man sich diese Zusatz-Installation spart. Praktisch sind Leuchten, bei denen das Gehäuse oder Glas drehbar ist und für die Schalterbetätigung sorgt. Wenn Sie besonders helles Licht im Fahrzeug haben wollen (was allerdings nicht auch unbedingt gemütlich wirkt), so besorgen Sie sich eine 12-Volt-Halogenleuchte, die es auch als Kabelleuchte gibt.

Weitere wichtige Stromverbraucher sind die elektrischen *Wasserpumpen* (s. Kapitel »Wasser u. Abwasser«), die *Ventilatoren* für die Umwälzung der Heizungsluft (s. Kapitel »Heizung, Kühlung, Lüftung«) und für die Absaugung von Küchendünsten. Ferner ist ein großer Stromverbraucher der mit mehreren Energiearten betriebene *Kühlschrank* (s. Kapitel »Heizung – Kühlung – Lüftung«), der als Kompressor-Kühlschrank mit 12 oder 220 Volt und als Absorber-Kühlschrank auch noch mit Gas betrieben werden kann.

Weitere elektrische Verbraucher, an die man oft bei der Auslegung der Installation nicht denkt, sind die über die Steckdosen anzuschließenden Geräte wie *Fernseher, Kofferradio, Tonband, Rasierapparat, Handstaubsauger, Kleinkompressor* (zum Reifenfüllen oder zum Aufblasen des Schlauchboots), *Kaffeemaschine* und andere *Küchenkleingeräte* usw.

Auch Geräte wie *Klimaanlagen, Vergrößerungsapparate* (für Fotofans), *Funkgeräte* usw. wollen angeschlossen werden.

Bei so viel elektrischen Verbrauchern, und es kommen sicher noch ein paar dazu, fragt man sich natürlich, wie das die eine Zusatzbatterie alles schaffen soll.

Nun, dazu kann man feststellen, daß ja erstens nicht alle Geräte gleichzeitig laufen müssen und zweitens die Batterie bei jeder Fahrt wieder mit aufgeladen wird. Wenn man allerdings einmal längere Zeit steht und nicht einen Zusatzanschluß an das Lichtnetz (220 Volt) herstellen kann, sollte man sich doch über den Stromverbrauch der Geräte ein paar Gedanken machen.

Das ist gar nicht schwer. Auf Ihrer Zweitbatterie ist die *Kapazität* der Batterie angegeben. Nehmen wir an, sie beträgt bei 12 Volt 48 Ah, das sind 48 Amperestunden.

Danach ergibt sich eine einfache Rechnung: 12×48 Ah = 576 Wattstunden. Da Sie nie von einer hundertprozentig geladenen Batterie ausgehen können, sondern nur von etwa $2/3$ der Kapazität, so ergeben $2/3$ von 576 rund 380 Wattstunden. Wenn Ihr Kühlschrank also angenommen 125 Watt hat, kann er ($380 : 125 = 3,04$) rund 3 Stunden betrieben werden, dann ist die Batterie leer. Bei einer Lampe mit nur 15 Watt dagegen ergibt sich ($380 : 15$) eine ungefähre Betriebsdauer von rund 25 Stunden.

Wenn mehrere Geräte gleichzeitig laufen sollen, werden ihre Wattzahlen addiert. Nach obenstehender Rechnung ergibt sich dann die überschlägige Berechnung der Betriebsdauer.

Sie sehen also, daß die Leistung der Batterie doch bestimmte Überlegungen nötig machen

kann und man sich gegebenenfalls zum Einbau einer größeren Batterie entschließen sollte, sofern die Lichtmaschine ausreichend dimensioniert ist und das Fahrzeug durch die zusätzliche Belastung (Blei-Batterien sind schwer!) nicht zu stark in seiner Nutzlast eingeschränkt wird.

Ganz abgesehen davon natürlich, daß größere Battieren teuer sind und alle paar Jahre ihren Geist aufgeben. Ich habe die Erfahrung gemacht, daß ein Batterie in etwa gleicher Größe wie die Fahrzeugbatterie für die meisten Fälle ausreicht.

Zusätzliche Energiequellen:

Falls für Ihren Campingbus die Kapazität einer Zweitbatterie allein nicht ausreicht und Sie keine Möglichkeiten haben, den Wagen häufig an ein externes Lichtnetz anschließen zu können, sollten Sie *zusätzliche* Energiequellen in Erwägung ziehen.

Das kann entweder eine *Solarzellen*-Anlage sein (siehe S. 162), die auf dem Fahrzeugdach montiert wird und nicht nur bei Sonnenschein, sondern auch bei Tageslicht allein Strom produziert. Da derartige Anlagen aber leider noch recht teuer sind, wird hier nicht näher darauf eingegangen.

Eine andere Möglichkeit bieten *Notstromaggregate,* die es in verschiedenen Größen und von mehreren Herstellern gibt. Leider sind auch diese praktischen kleinen Helfer nicht ganz billig, und unter 1000 DM dürfte kaum ein solches Notstromaggregat zu haben sein. Diese Geräte werden mit einem eingebauten Benzin- oder Dieselmotor betrieben und liefern recht ordentliche Energiemengen. Leider sind sie auf Grund des Antriebs trotz herstellerseitiger Schalldämmung noch recht laut. Wenn man sie also in einem von außen zugänglichen, gut belüfteten Staukasten unterbringt, wird man um zusätzliche Geräuschdämmung zum Innenraum hin nicht herumkommen.

Die Anschaffung solches Notstromaggregats

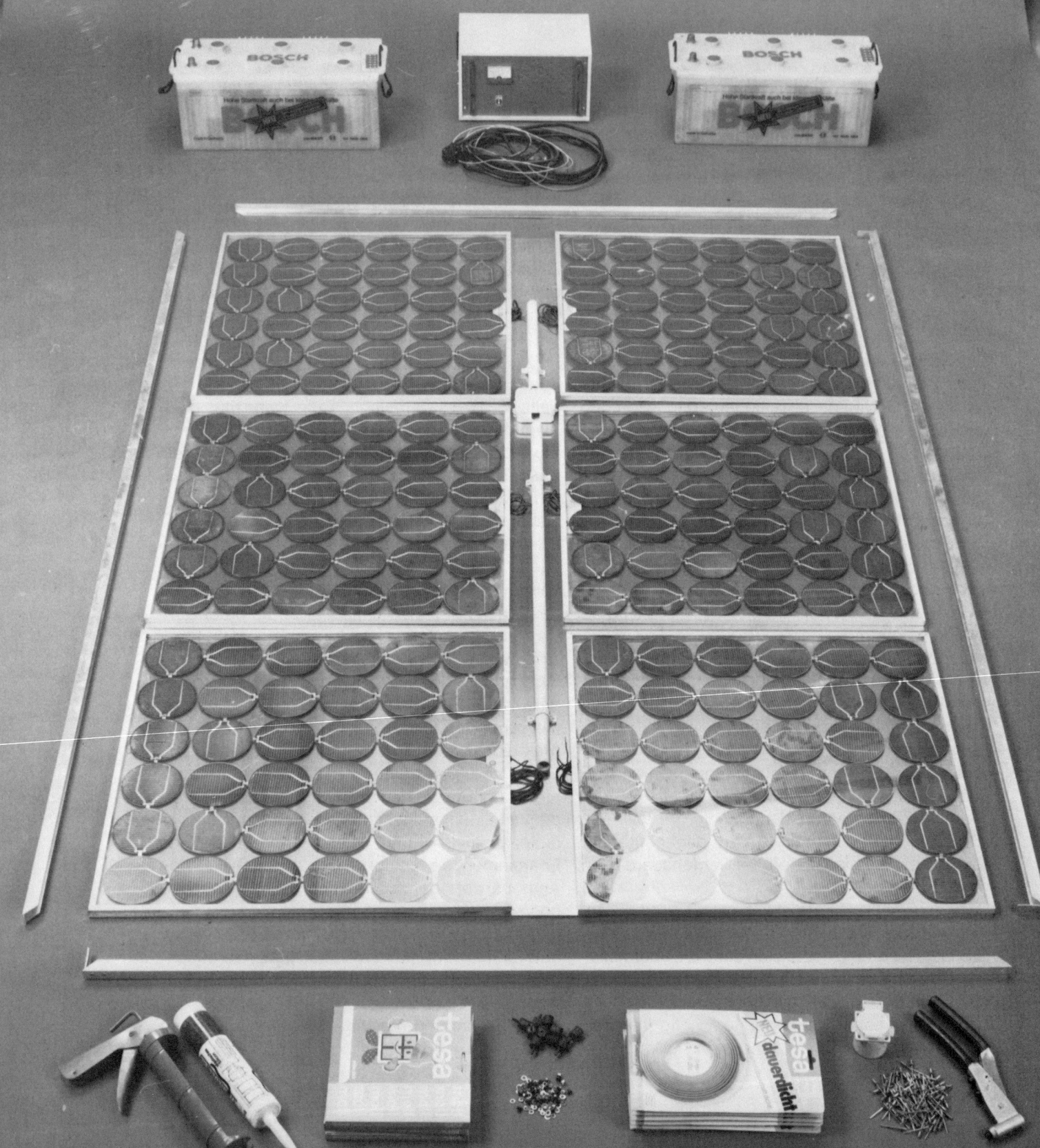

Bild 105: Für Comfort-Freunde ist dieses elektronische Kontrollpaneel von Coleman gedacht, das sich gut für den Selbsteinbau eignet. Sowohl der Batteriezustand als auch die Füllmengen von Abwasser- und Frischwassertank werden angezeigt. Zusätzlich ein Pumpenhauptschalter.

Bild 106: Eine vernüftige Alarmanlage, bei der nicht nur Türen und Fenster, sondern auch eingebaute Geräte gesichert werden und die zusätzlich die Zündung blockiert, lohnt sich immer bei dem Wert, den ein kompletter Campingbus darstellt.
(Im Bild: Auto-Protector Fa. Cress, Erlensee).

Bild links: Solaranlagen sind immer noch zu teuer, um in größerem Umfang eingesetzt zu werden. Die abgebildete Anlage leistet etwa 200 Watt stündlich (8,7 A). Für das laufende Nachladen einer kleinen Zweitbatterie reicht auch schon eine kleinere Anlage.

kann trotz des recht hohen Preises zweckmäßig sein, weil man damit von anderen Stromquellen unabhängig ist. Beispielsweise auch dann, wenn zu Hause einmal der Strom ausfällt und die Tiefkühltruhe aufzutauen beginnt. Die Notstromaggregate liefern nämlich auch 220 Volt Wechselstrom und lassen sich so sehr vielseitig einsetzen.

Starkstrom-Anlagen:

Selbst wenn man praktisch nie auf einen Campingplatz fährt und so unterwegs kaum Gelegenheit hat, das Fahrzeug an das Lichtnetz anzuschließen, sollte man zumindest eine minimale *220-Volt-Installation* im Campingbus vorsehen. Erstens gibt es doch ein paar Kleingeräte, die sich nur an das 220-Volt-Netz anschließen lassen oder die bequemer über Starkstrom betrieben werden, wenn einmal dazu Gelegenheit besteht. Zweitens kann man dann auch gleich ein entsprechendes Ladegerät fest installieren, das bei längerem festem Aufenthalt die Aufladung der Batterien und die Stromversorgung für kleine Aggregate wie z. B. die Wasserpumpe (Bild 135) übernimmt.

Die minimale Elektro-Installation für den Campingbus, die ich vorsehen würde, besteht aus einer außen in die Karosserie eingesetzten Spezial-Anschlußdose, der sogenannten *Einspeise-Steckdose,* einer im Wohnteil installierten *Mehrfach-Steckdose* und dem dazwischen vorschriftsmäßig verlegten dreiadrigen *Kabel.*

Die *Einspeise-Steckdose* bekommt man im Campingbedarf, sie kostet etwa 15 DM. Sie hat einen wasserdichten Klappdeckel und ist gleich mit zwei Sicherungen von 10 A ausgestattet. Für die Montage der Einspeise-Steckdose ist es erforderlich, an einer geschützten Stelle der Karosseriewand (also nicht im Bereich eines Abgasstutzens oder des Wasser-Einfüllstutzens) ein Loch von etwa 60 mm Ø in das Blech zu schneiden. Nach der üblichen Behandlung solcher Aus-

schnitte (entgraten, Rostschutz usw.) wird die Steckdose mit der dazugehörenden Dichtung sauber eingesetzt und befestigt. Die im Innenraum zu installierende *Mehrfach-Steckdose* würde ich als *Aufputz-Modell* nehmen, weil Unterputz-Steckdosen beim Einbau in Möbel, Staukästen usw. eine zusätzliche innere Abdeckung erfordern und damit Sicherheitsprobleme schaffen. Als Verbindungsleitung zwischen Außen-Steckdose und der innen angebrachten Mehrfachsteckdose wie auch als Starkstromleitung zu anderen Verbrauchern (220 Volt) wird entweder *schwere Gummischlauchleitung (NSHöu)* oder andere gleichwertige Leitung mit mindestens 3 Adern und einem Mindest-Nennquerschnitt von 1,5 mm^2 verwendet, sofern mechanische Beschädigungen (Abrieb, Schäden durch scharfkantige Teile usw.) ausgeschlossen werden. Oder es werden *Kunststoff-Aderleitungen (NYAF oder NYA)* in *Isolierrohr* vorschriftsmäßig verlegt. Sie sollten in dieser Hinsicht mit Ihrem nächstgelegenen Elektro-Installateur Kontakt aufnehmen, weil die bei solchen Installationen in Fahrzeugen zu beachtenden *Vorschriften* recht unübersichtlich sind. In jedem Fall aber müssen nicht nur die *Kabelquerschnitte, Kennfarben* und die *Anzahl der Leiter* im Kabel beachtet werden, sondern es muß sich um *mehrdrähtige Leiter* (Litze) und um vorschriftsmäßige *Isolierung (!)* dieser Leiter handeln. Glauben Sie mir, es ist billiger, sich die entsprechenden vorgeschriebenen Teile zu beschaffen, als sich später Vorwürfe machen zu müssen. Denken Sie beim Anklemmen der Steckdosen und evtl. anderer Elektrogeräte immer auch daran, daß nicht nur Phase und Null, sondern auch die Schutzkontakte angeschlossen werden müssen.

Wer sich hierbei nicht auskennt, sollte auf jeden Fall einen Fachmann zu Hilfe nehmen und keinesfalls selber herumpfuschen! Das kann lebensgefährlich sein, Arbeiten um jeden Preis selbst machen zu wollen, die mit Starkstrom zu tun haben!

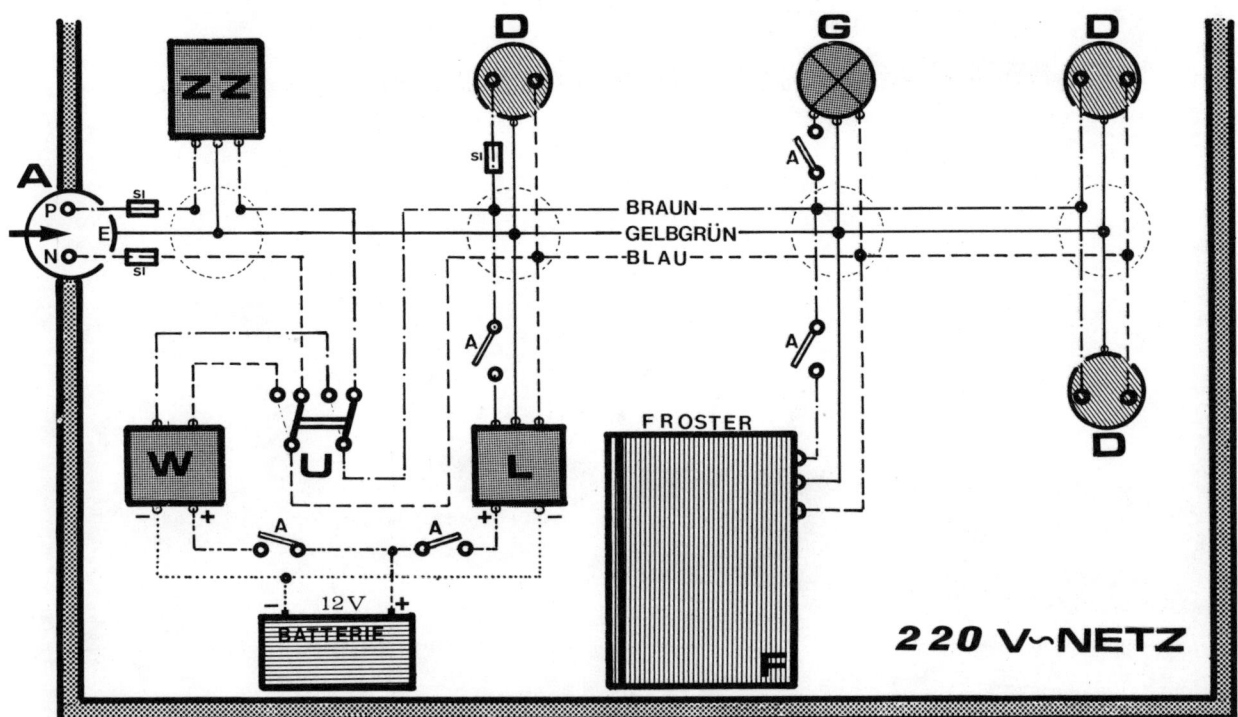

Bild 107: Vorschlag für ein V-Bordnetz: Über die Außen-Steckdose (A) und den Umschalter (U) kommt 220 Volt Wechselspannung ins Starkstrom-Bordnetz und versorgt die Steckdosen (D), die Glühlampe (G), den Froster (F) und das Automatik-Ladegerät (L) mit Strom. Wenn (L) und (F) nicht angeschaltet sind, kann auch 220 V vom Wandler (W) eingespeist werden.

Wer nun seine minimale Starkstrom-Anlage erweitern will, um beispielsweise auch 220-Volt-*Leuchten, Ladegeräte* usw. anzuschließen, braucht schon einen regelrechten Schaltplan, um vor dem Beginn der Arbeiten die Installation zu klären.

Dabei ist wiederum wichtig, die vorgeschriebenen Kennfarben des von der Einspeise-Steckdose kommenden Kabels auch für die weitere Installation beizubehalten. Bei Starkstrom-Anlagen (220 V) wird die *Phasenleitung braun* isoliert, die *Null-Leitung blau* und der *Schutzleiter* immer *gelbgrün*. Diese Kennfarben werden für die Starkstrom-Anlage im gesamten Fahrzeug unbedingt beibehalten. Dabei ist noch eins von eminenter Wichtigkeit für Ihre eigene *Sicherheit: Halten Sie in jedem Falle die Leitungen für das 220-Volt-Netz von den Kleinspannungsleitungen (12-Volt-Netz) absolut getrennt!* Denken Sie nur einmal an die Folgen, die hier bei fahrlässiger Installation entstehen könnten!

Für die 220-Volt-Installation werden Sie bei Erweiterung der minimalen Anlage nicht umhin kommen, *Abzweigdosen* zu verwenden. Benutzen Sie nur eine wasserdichte Ausführung, die noch dazu an geschützter Stelle im Wohnraum montiert werden sollte. Entsprechende Abzweigdosen bekommt man in Elektro-Fachgeschäften.

Bild 108: Übersichtlich und ordentlich sieht das Kontroll-Zentrum aus, das neben der 220-Volt-Verteilung noch diverse Schwachstrom-Sicherungskästen, die Fernbedienung der Heizung und ein Kontroll-Tableau (Coleman) mit Pumpenhauptschalter, Frisch- u. Abwasserkontrolle sowie Batteriekontrolle enthält.

Bild 109: Wenn die Lichtmaschine des Wagens stark genug ist oder Solarzellen für zusätzliche Energie sorgen, können ein bis zwei Zusatzbatterien als Energiespeicher eingebaut werden. Das ist wichtig, wenn man größere Stromverbraucher wie Farbfernseher usw. anschließen will.

Bild 110: Für den gewohnten Rasierapparat, einen Cassettenrecorder oder kleinen Fernseher reicht so ein Wandler schon aus, wenn man aus seinen 12 Volt im Fahrzeug 220 Volt Wechselstrom machen will. Die Geräte gibt es zwischen etwa 40 und 250 Watt. Bei größerem Strombedarf sollte man sich einen über Benzin oder Diesel angetriebenen Generator, ein Notstromaggregat, einbauen.

Beim Anklemmen der einzelnen Adern sollte wiederum unbedingt auf die Kennfarben und auf festes Anziehen der Klemmschrauben (wegen der Fahrterschütterungen besteht sonst Gefahr von Wackelkontakten) geachtet werden. Verwenden Sie auch für die übrige Installation bis zu den einzelnen Geräten für die 220-Volt-Anlage nur das vorgeschriebene Kabel und achten Sie sorgsam darauf, daß nirgends die Isolierung beschädigt wird. Das kann besonders leicht geschehen, wenn das Kabel um irgendwelche scharfen Ecken gelegt wird oder durch Bohrungen der Karosserieverstrebung gesteckt wird, die nicht entgratet und mit einer Gummitülle geschützt wurden. Wenn man das Kabel (NSHöu) oder die Isolierrohre für die Leitungen (NYAF oder NYA) in Möbeln oder auf den Fahrzeugwänden verlegt, sollte man zur Befestigung möglichst nur Kunststoffschellen im Abstand von höchstens 20 cm verwenden. Wird das Kabel vor dem Anbringen der Wandverkleidungen zwischen Isolierung und Karosserieblech verlegt, ist besonders sorgfältig jede Scheuermöglichkeit auszuschließen. Bei der Durchführung durch die Wandverkleidung darf das Kabel weder scharf abgeknickt noch durch zu enge Bohrungen in der Verkleidung hindurchgezerrt werden. Außerdem sollte man bedenken, daß das Fahrzeug im Betrieb sich verwindet, daß Bewegungen auftreten können, die zu straff verlegte Kabel glatt abreißen oder zumindest beschädigen können. Aus diesem Grund sollten alle Kabel und Leitungen immer mit etwas Spielraum verlegt werden, um sich so besser den möglichen Beanspruchungen anpassen zu können.

Daß bei den zu verlegenden Starkstrom-Leitungen natürlich wieder die erforderlichen *Querschnitte* zu beachten sind, versteht sich von selbst. Allerdings wird man im Normalfall mit Querschnitten von 1,5 bis 2,5 mm² je Ader auskommen und nur bei starken Stromverbrauchern auf einen höheren Querschnitt ausweichen müssen. Wichtig ist, daß die anzuschließenden Geräte auch ordnungsgemäß mit den Gehäuseteilen am *Schutzleiter* angeschlossen werden, um Unfälle auszuschließen. Ein Problemfall sind in diesem Zusammenhang Leuchten und andere Geräte, die sowohl mit 12 als auch mit 220 Volt betrieben werden können. Hier ist besonders sorgfältig auf den richtigen Anschluß zu achten und Vorsorge zu treffen, daß weder die Kabel noch andere Teile, die Strom führen können, vertauscht oder verwechselt werden könnten!

Beachten Sie in diesem Zusammenhang unbedingt die meist den Geräten beigefügten *Anschluß-Schaltbilder* und *Hinweise*. Und scheuen Sie sich auch nicht, im Zweifelsfalle lieber mal einen Fachmann zu fragen. Das ist billiger, als wenn durch einen Fehler das Gerät beschädigt wird oder sogar Menschen zu Schaden kommen können. Beachten Sie bitte auch, daß beim Anschluß der Geräte (aber auch bei Abzweigdosen, Steckdosen usw.) immer die Abisolierung der einzelnen Adern nicht zu einer Verletzung der Leiterdrähte führt und daß die Isolierung sowohl der einzelnen Adern als auch des Kabels selbst bis in das Gerät bzw. die Abzweigdose, Steckdose usw. mit hineinreichen muß und dort gegen mechanischen Zug gesichert wird.

Sofern die elektrischen Geräte selbst nicht bereits mit *Ausschaltern* versehen sind, müssen entsprechende Ausschalter vor die Geräte gesetzt werden. Handelt es sich dabei um einpolige Schalter, so ist jeweils die braun isolierte Leitung durch den Schalter abschaltbar anzuklemmen, also die Phase.

Derartige Schalter wird man vorwiegend beispielswiese vor das Ladegerät, vor Leuchten, Kontroll-Lampen und evtl. auch vor Steckdosen anbringen. Bei letzteren gibt es auch praktische Kombinationen aus Schalter und Steckdose! Wenn die Installation der Starkstrom-Anlage abgeschlossen ist, sollte man zur eigenen Sicherheit ein paar Mark investieren und die Anlage *von einem zugelassenen Elektro-Installateur prüfen las-*

sen. Er hat die geeigneten Meßinstrumente, um sofort Isolationsfehler, Wackelkontakte usw. aufzuspüren und die richtige Schaltung nachzuprüfen. Eine derartige Prüfung wird zur Zeit noch nicht vorgeschrieben, aber ich halte sie für angebracht, wenn die Installation von einem Laien ausgeführt wurde.

Wer mit seiner 220-Volt-Installation ortsunabhängig und frei von jeder Kabelzuleitung sein will, kann sich im Fahrzeug auch seinen Wechselstrom selbst erzeugen. Das geht auf verschiedene Weise. Eine Methode, nämlich die über ein *Notstrom-Aggregat,* wurde bereits erwähnt. Solche Notstromaggregate liefern nicht nur 12 Volt Gleichstrom (etwa 100 Watt Abgabeleistung), sondern auch 220 Volt Wechselstrom mit Leistungen zwischen etwa 250 und 1500 Watt. Man kann aber auch direkt aus der Batterie Wechselstrom von 220 Volt erzeugen, allerdings darf man dabei weder Wunder an Leistung erwarten noch glauben, damit die Batteriekapazität zu erhöhen. Mehr als in einer vollgeladenen Batterie drin ist, läßt sich nicht herausholen, im Gegenteil, auch so ein *Wandler* (Bild 110), der aus Gleichstrom Wechselstrom macht, hat einen bestimmten Wirkungsgrad. Derartige Wandler verschiedener Hersteller gibt es mit Abgabeleistungen an der 220-Volt-Steckdose zwischen 30 und 220 Watt, was also selbst für einen winzigen Föhn noch nicht ausreichend sein dürfte. Andere Geräte wie Fernseher moderner Bauart, Rasierapparate usw. lassen sich dagegen meist schon mit den besser ausgerüsteten Wandlern betreiben. Andererseits haben neuere Elektrogeräte auch oft schon einen Anschluß für 12 Volt, so daß der Wandler hierfür nicht erforderlich erscheint. Und nur um den gewohnten Rasierer anzuschließen, lohnt sich die Anschaffung eines 200 bis 300 DM teuren Geräts kaum, meine ich.

Etwas anderes sind dagegen die *Bordgeneratoren,* die beispielsweise von der Firma Fein angeboten werden. Bei einem Wirkungsgrad um die 70 % liefern sie aus dem 12-Volt-Akku 220 Volt Wechselstrom mit rund 650 Watt Ausgangsleistung. Allerdings sind das schon rechte Schwergewichte (13,2 kg) und auch nicht eben billig mit einem Preis um die 1000 DM.

Elektronik:

Das Gebiet der Elektronik wächst so rasch, daß es im Rahmen eines kleinen Kapitels unmöglich ist, auch nur annähernd die Möglichkeiten anzudeuten oder aufzuführen, die dem Heimwerker und Camper für einen Einbau in Campingbusse angeboten werden.

Hier muß jeder selbst entscheiden, was er für nötig erachtet und welche Einbau-Möglichkeiten dafür erforderlich sind.

Nur um ein paar Hinweise zu geben: Fast schon zur Grundausstattung eines Fahrzeugs gehört heute ein vernünftiges *Autoradio* mit UKW, Kurzwelle, Mittel- und Langwelle. Meist kann man diese Geräte auch kombiniert mit einem *Kassetten-Abspielgerät* oder einem Kassettenrekorder erhalten. Allerdings müßte man das Gerät, da es ja meist im Armaturenbrett eingebaut wird, auf volle Lautstärke drehen, um im Wohnteil noch etwas von der Sendung zu hören. Diese Radios haben aber fast alle einen Außenanschluß für Zweitlautsprecher montiert. Ein zweipoliges Kabel mit einem Querschnitt von etwa 0,75 bis 1,0 mm² wird von diesem Anschluß (passenden Stecker besorgen, falls kein Klemmanschluß) möglichst verdeckt nach hinten in den Wohnteil gelegt und dort an einem *Zweitlautsprecher* angeschlossen. Bei *Stereo-Anlagen* sind natürlich vierpolige Leitungen erforderlich. Wenn man sich die Lautsprecher und Kabel im Kfz-Zubehörhandel oder in Radiogeschäften besorgt, bekommt man auch meist noch entsprechende Installationstips mit. Damit beim Radiobetrieb für den Wohnteil nicht der Lautsprecher im Fahrerhaus unnötig mitlaufen muß, wird ein sogenannter *Überblendregler* oder

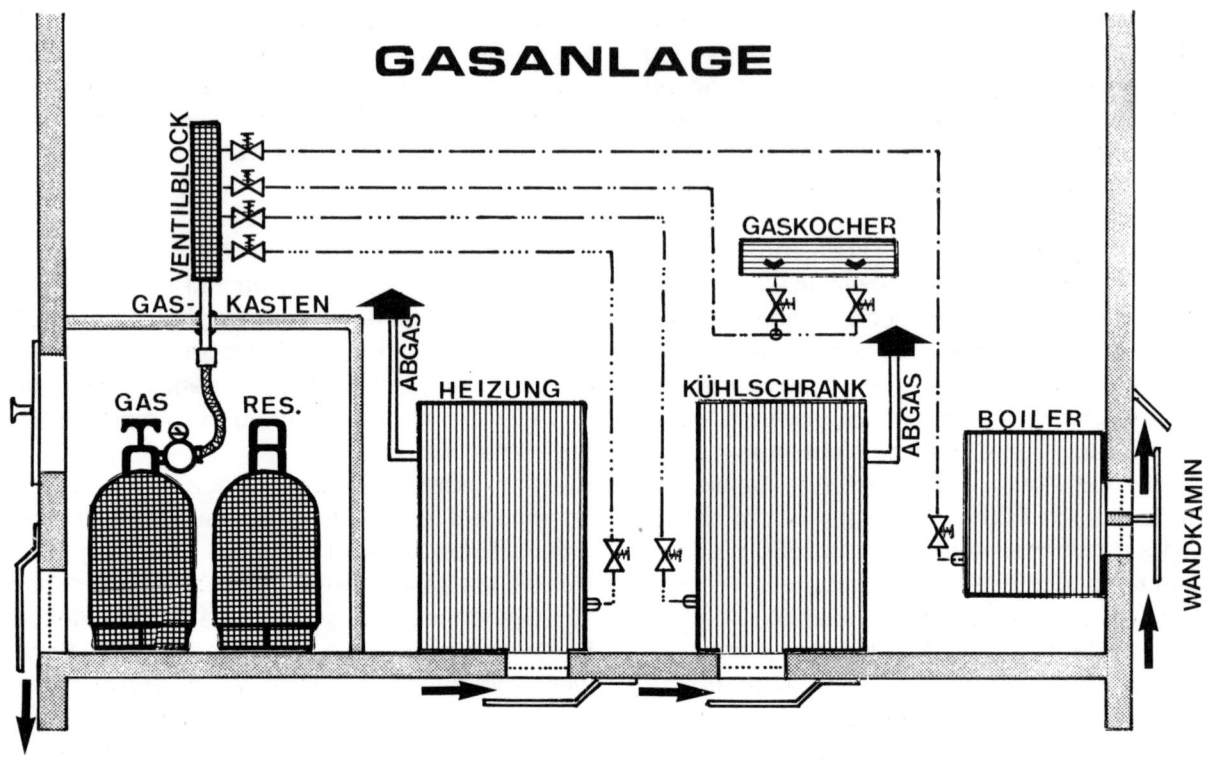

GASANLAGE

VENTILBLOCK

GAS-KASTEN

GAS RES.

ABGAS

HEIZUNG

GASKOCHER

KÜHLSCHRANK

ABGAS

BOILER

WANDKAMIN

aber auch ein simpler mehrpoliger *Ausschalter* zum Abschalten des vorderen Lautsprechersystems eingebaut. Übrigens, wenn Sie schon einmal dabei sind, vom Fahrerhaus nach hinten Leitungen zu verlegen, sollten Sie gleich ein mehrpoliges Kabel verwenden, denn früher oder später wollen Sie vielleicht noch eine *Wechselsprechanlage* oder eine *Alarm-Anlage* oder andere Dinge installieren. Dann kommen Ihnen diese freien Leitungen gerade recht.

Für das *Fernsehgerät,* das ebenfalls häufig in Campingbussen (trotz des nicht immer berauschenden Fernseh-Programms) mitgeführt wird, gibt es zum Einbau in Campingbusse im Zubehörhandel ein reiches Angebot an *versenkbaren Einbau-Antennenmasten* und Antennen für alle Programme, teilweise bereits mit eingebauten An-

tennenverstärkern. Dort erhält man auch passende abgeschirmte *Spezialkabel* für Rundfunk und Fernsehen bereit. Antennen innerhalb des Fahrzeugs sind dagegen kaum geeignet, einwandfreien Empfang zu gewährleisten, schon gar nicht in Farbe, weil die Blechkarosserie die Wellen wie ein Käfig abschirmt. Eine Ausnahme bilden nur Fahrzeuge mit GFK-Hochdach. Dort läßt sich die Antenne zur Not direkt unter dem Dach fest installieren. Allerdings ist der Empfang lange nicht so gut wie bei einer richtigen Hochantenne, die mit dem Schiebemast auf eine Höhe über Boden bis zu 5 m gebracht werden kann.

Für den Rundfunkempfang dagegen kann man außer den üblichen Pkw-Antennen (auch versenkbare Antennen sind eine Überlegung wert) auch eine entsprechend bemessene Dipol-An-

170

tenne direkt unter das Kunststoff-Hochdach kleben, bevor man es isoliert. Und da grade die Rede von »Leitungen ankleben« ist, sollten Sie in diesem Zusammenhang auch noch an die *vielen Leitungen* denken, die *von den einzelnen Geräten zur Kontrolltafel* verlaufen und der Kontrolle des Frischwasserstandes, des Abwassertanks, des Ladezustandes der Batterien usw. dienen. Dafür kann man natürlich relativ schwache Leitungen von etwa 0,5 mm² Querschnitt verwenden, allerdings in jedem Falle mindestens zweipolig. Gut geeignet für solche Kontroll-Leitungen ist kunststoffisolierter Klingeldraht. Man sollte ihn mehrpolig (weil er recht preiswert ist) von jedem Gerät zum Kontroll-Paneel hin verlegen, egal ob man ihn sofort benötigt oder nicht. Anschließen kann man solche Leitungen später immer noch, das nachträgliche Verlegen hingegen wird oft problematisch.

Allerdings sollten Sie eines auf keinen Fall vergessen, wenn Sie solche Reserveleitungen installieren: *Kennzeichnen* Sie bitte sofort an jedem Ende der Leitung, welchen Zweck sie hat und wo sie hinführt. Das macht sich mit den bereits erwähnten kleinen *Klebeetiketten* sehr gut, die man am besten mit der Schreibmaschine beschriftet. In ein oder zwei Jahren, wenn Sie die Leitungen vielleicht benötigen, wissen Sie bestimmt nicht mehr, wie sie verlaufen. Da hilft entweder diese Beschriftung oder ein Schaltplan, den man sich zu den Fahrzeug-Unterlagen packen sollte.

Und zu guter Letzt noch ein Rat, der Ihnen vielleicht einmal viel Arbeit ersparen hilft: Merken Sie sich, zumindest bis zum Abschluß der Ausbau-Arbeiten, wo Sie Leitungen verlegt haben. Sonst passiert es Ihnen womöglich, daß Sie beim Bohren eines Befestigungslochs oder beim Anschrauben einer Wandverkleidungsplatte oder auch bei anderen Arbeiten im Handumdrehen eine Leitung beschädigt oder zerschnitten haben. Der Ärger ist dann groß, wenn man solche Schäden erst später bemerkt!

Gas-Versorgung

Gas als Energiequelle im Campingbus hat viele Vorteile, weil es leicht zu speichern und zu transportieren geht und im Einsatz außerordentlich vielseitig ist. Mit Gas, und zwar sowohl mit Propan als auch mit Butan, kann man im Campingbus kochen und backen, heizen und kühlen, Badewasser erwärmen und Licht erzeugen und vieles mehr.

Leider hat die Sache aber auch einen Haken! *Gasversorgungen in Fahrzeugen unterliegen strengen Sicherheitsbestimmungen.* Das mag vielleicht auf den ersten Blick stören, aber im Grunde kommt es dem Benutzer der Gasanlage sogar zu allererst zu Gute. Denn Sicherheitsbestimmungen dienen ja zuerst einmal dem Benutzer der Gasanlage, indem sie sein Leben und seine Gesundheit schützen. Deshalb sollten Sie auch nicht versuchen, irgendwo diese Bestimmungen zu umgehen. Erstens schaden Sie sich mit solchen Tricks letzten Endes womöglich selber und zweitens kommt es doch raus, weil nämlich die *Anlage* nach Fertigstellung *durch einen zugelassenen Fachmann abgenommen* und *geprüft* werden muß. Die entsprechende *Bescheinigung* über die erfolgreiche Abnahme muß dem TÜV bei der Abnahme des Fahrzeugs vorgelegt werden. Außerdem ist diese Prüfung (auch im eigenen Interesse) alle zwei Jahre zu wiederholen. Aber nun zuerst einmal zur Anlage selbst. Die Gasversorgung in einem Campingbus besteht aus drei Hauptgruppen, nämlich der *Gasbevorratung* und *Regelung,* dann der *Gasverteilung* und schließlich den *Gasverbrauchern.* Für jede Gruppe gibt es bestimmte Auflagen und Bestimmungen zu beachten. Bevor Sie sich deshalb in die Materie stürzen, sollten Sie kurz einmal bei dem für Sie in Frage kommenden Propangas-Händler vorbeischauen und sich von ihm einen Auszug aus den »Technischen Regeln Flüssiggas« geben lassen. Diese

171

»TRF« oder, wie sie neuerdings heißen: »Technische Regeln Arbeitsblatt G 607« in der jeweils neuesten Fassung bekommt man auch gegen eine geringe Gebühr vom ZfGW-Verlag GmbH, Postfach 901 080, Voltastraße 79 in 6000 Frankfurt/Main 90 zugesandt. Ich habe hier bewußt darauf verzichtet, sie abzudrucken, weil sich unter Umständen in der Zwischenzeit einzelne Bestimmungen ändern und ich es nicht riskieren möchte, Ihnen auf einem so heiklen Gebiet unrichtige und unvollständige Angaben zu machen. Um diese »G 607« kommen Sie nicht herum, wenn Sie sich die Anlage selbst installieren wollen. Besorgen Sie sich also die Bestimmungen oder lassen Sie im Zweifelsfalle besser gleich die Gasversorgung von einem zugelassenen Installateur ausführen. Das ist insofern noch nicht einmal der schlechteste Weg, weil Sie ja das erforderliche Zubehör, die Gasflaschen, die Armaturen, die Verbrauchseinrichtungen wie Gaskocher, Kühlschrank, Heizung usw. doch beschaffen müssen. Kaufen Sie diese Sachen beim Installateur, so kann es zwar möglicherweise (aber das ist nicht sicher) ein paar Mark teurer werden als im Kaufhaus oder Versandhandel. Aber der Installateur kann Ihnen dann für eine paar Mark mehr auch gleich noch die paar Meter Gasleitung verlegen und anschließen. Wie gesagt, das ist nur eine Anregung. Wenn Sie aber nun doch wild entschlossen sind, selber zu installieren, und wenn Sie sich mit den Bestimmungen für Flüssig-Gas-Geräte und -Feuerstätten in Fahrzeugen (G 607) vertraut gemacht haben, dann sollten wir uns einmal die einzelnen Gruppen näher anschauen.

Gas-Bevorratung:

Das für Campingbusse geeignetere Gas ist m. E. Propangas, weil Butangas (obwohl im Ausland viel verwendet) bei niedrigeren Temperaturen flüssig wird und dadurch wirkungslos. Man bekommt Propangas vorwiegend in den bekannten grauen Gasflaschen zu 5 kg oder 11 kg Inhalt. Diese Flaschen müssen der Druckgasverordnung entsprechen, ein Sicherheitsventil besitzen und dürfen nur dann im Fahrzeug-Innenraum (in einem zum Innenraum abgedichteten Flaschenkasten oder Flaschenschrank) aufgestellt werden, wenn nicht mehr als eine Gebrauchs- und eine Vorratsflasche bis zu je 15 kg Inhalt verwendet werden. Das bedeutet, daß man in der Praxis höchstens zwei Gasflaschen mitführen kann, also bestenfalls 2 × 11 kg. Das ist aber schon eine Menge, von der eine vierköpfige Familie gut und gerne vier bis sechs Wochen kochen, kühlen und (außer im Winter) auch mal heizen kann. Das können Sie selbst für Ihren Bedarf überschlagen, wenn Sie mal annehmen, daß ein Kühlschrank von 60 Ltr. Inhalt ungefähr 200 Gramm Gas in 24 Stunden verbraucht (hängt natürlich von der Außentemperatur usw. mit ab), eine Gasheizung mittlerer Leistung stündlich rund 150 Gramm Gas und für Kocher, Warmwasserbereiter und Gasleuchte (sofern vorhanden) für jede Betriebsstunde auch in etwa 50 bis 300 Gramm Gas verbraucht werden.

Das hängt natürlich auch von den persönlichen Ansprüchen, der Witterung, der Fahrzeugisolierung usw. sehr stark ab. Die Gasflaschen, zumindest die Gebrauchsflasche, muß in einem gegen den Innenraum gasdicht abgeschlossenen *Flaschenkasten senkrecht* aufgestellt werden. Damit die Flaschen weder verrutschen noch umfallen oder wackeln können, sind wenigstens *zwei Halterungen* je Flasche in diesem Kasten zu installieren und mit dem Fahrzeug fest zu verbinden. Dieser Flaschenkasten muß in jedem Falle *unverschließbare Öffnungen* in oder unmittelbar über dem Boden von *wenigstens 100 cm^2 freiem Querschnitt* aufweisen.

Das ist deshalb wichtig, damit ausströmendes Gas, das ja schwerer als Luft ist, frei nach draußen abfließen kann.

Außerdem soll der Gasflaschenkasten auch noch

gegen Strahlungs- und Heizungswärme geschützt sein, damit die Gasflaschen nicht heiß werden können.

Das hört sich alles recht kompliziert an, ist es aber nicht. Meist wird man einen solchen Gasflaschenkasten unten direkt über dem Wagenboden im Kleiderschrank oder im Küchenblock vorsehen. Für eine 5-kg-Flasche benötigt man eine Stellfläche von etwa 28 × 28 cm, die Flaschenhöhe inkl. Absperrventil braucht etwa 60 cm, lieber sogar etwas mehr, damit man das Absperrventil noch gut bedienen und den Druckregler anschließen kann. Für die beliebte 11-kg-Flasche braucht man 35 × 35 cm Stellfläche und eine lichte Kastenhöhe von wenigstens 70 cm.

Wenn man den Flaschenkasten so dicht wie möglich gegen den Innenraum abschirmt und die Möbelwände auch zur Karosserie hin mit Silikonkautschukmasse o. ä. dichtet, so kann man als Zugang zum Gasflaschenkasten eine Kofferklappe o. ä. außen in die Karosserie einsetzen und von dort aus die Gasflaschen bedienen bzw. austauschen usw. Diese Kofferklappe bekommt einen Ausschnitt von mindestens 100 cm² dicht über dem Boden des Gasflaschenkastens. Der Ausschnitt wird mit einem Insektengitter (Fliegengaze) und einem Kiemenblech abgedeckt, wobei aber sichergestellt sein muß, daß der unverschließbare Lüftungsquerschnitt immer noch die erwähnten 100 cm² beträgt. Deshalb sollte man hier auch nicht kleinlich sein und den Ausschnitt lieber von vornherein etwas *größer* als vorgeschrieben vorsehen. Die Kofferklappe oder Gaskastenklappe sollte mit einem *Sicherheitsschloß* versehen sein, damit Ihnen kein Unbefugter an den Gasvorrat kommt. Wenn der Gasflaschenkasten nur vom Innenraum her mit einer (gasdichten) Klappe zugänglich ist, so muß der Lüftungsausschnitt natürlich in der Fahrzeugwand nach *außen* sitzen oder aber im Fahrzeugboden. Die letztere Möglichkeit halte ich aber nicht für so günstig, weil hier doch weitere Proble-

me auftauchen. Erstens muß dann nämlich sichergestellt sein, daß sich keine weitere Öffnung im Wagenboden befindet (und wer kann das schon garantieren bei einem Campingbus?) und zweitens bekommt man durch so eine Bodenöffnung eine ganze Menge Schmutz in den Flaschenkasten gewirbelt. Was nun die Ausstattung des Gasflaschenkastens betrifft, so würde ich als Halterungen für die Gasflasche erstens unten auf den Kastenboden ein wenigstens 16 mm dickes Brett legen, das für die Gasflasche einen genau passenden runden Ausschnitt aufweist und so nach dem Einsetzen der Gasflasche diese gegen Verrutschen sichert. Zweitens würde ich *als Halterung gegen Verdrehen* der Flasche ein Spannband oder einen Gürtel in etwas über halber Flaschenhöhe befestigen, mit dem dann die Flasche nach dem Einstellen festgezurrt wird. Dieses Spannband muß aber auf der zur Flasche zeigenden Seite mit rutschfester Beschichtung versehen sein, sonst verdreht sich die Gasflasche durch die Fahrzeugerschütterungen womöglich doch. Man kann sich aber mit einem Trick helfen, indem man das Spannband durch einen oder beide Griffe der Gasflasche hindurchzieht oder überhaupt eine Art Halteklappe aus Holz oder Blech konstruiert, die nach dem Einstellen der Gasflasche herunterklappt und die Griffe in ihrer Lage fixiert. Den Gasflaschenkasten würde ich weiterhin, nachdem ich die Ecken innen satt mit Silikonkautschuk aus der Kartusche abgedichtet habe, innen mit zwei bis drei Zentimeter dickem Hartschaum oder Schaumstoff gegen *Wärmeeinstrahlung* schützen. Natürlich muß die unverschließbare Lüftungsöffnung (die berühmten 100 cm²) ausgespart bleiben! Und außerdem ist klar, daß man einen solchen Gasflaschenkasten nicht unmittelbar neben der Heizung oder dem Warmwasserbereiter installiert und auch nicht direkt neben dem Kühlschrank oder anderen »Wärmespendern«.

Damit bei der Planung des Gasflaschenkastens

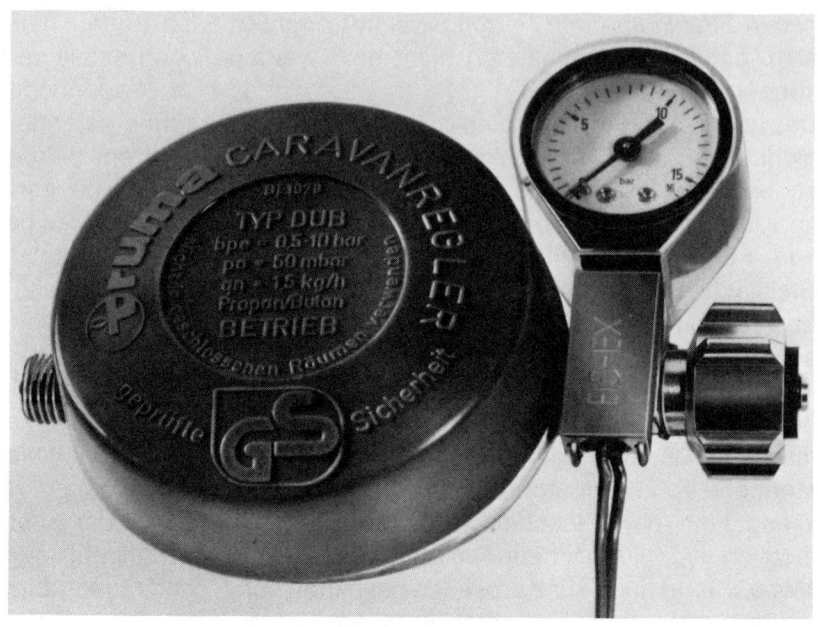

Bild 112: Der aus korrosionsfestem Material gefertigte, speziell für den Einsatz in Fahrzeugen gebaute Caravan-Regler (Truma) besitzt ein Sicherheitsventil, ein Rückschlagventil und ein Manometer, das verschiedene Kontrollen ermöglicht. Gegen mögliches Vereisen des Reglers kann der elektrisch geheizte EIS-EX angesetzt werden.

ja nichts schief läuft, würde ich empfehlen, sich sowohl die entsprechende Gasflasche als auch den *vorschriftsmäßigen Druckregler mit Sicherheitsventil* schon vor dem Bau des Kastens zu beschaffen.

Der Druckregler (Bild 112), der von Hersteller zu Hersteller etwas andere Abmessungen hat, wird nämlich an die Gasflasche innerhalb des Gasflaschenkastens angeschraubt. Er reduziert den Innendruck der Gasflasche auf einen Betriebsdruck von etwa 50 mbar. Das Sicherheitsventil (meist im Druckregler eingebaut) hat die Aufgabe, beim Versagen des Reglers den Druck abzulassen, sobald er mehr als 100 bis 120 mbar beträgt. Deshalb muß der Druckregler samt Sicherheitsventil auch im Gasflaschenkasten sitzen, damit beim Ansprechen des Ventils das Gas ungehindert (über die Lüftungsöffnung) ins Freie strömt.

Auf dem Bild 112 erkennen Sie auch, daß dieser Druckregler zusätzlich mit einem Manometer ausgestattet ist, das nicht nur eine laufende Druckkontrolle ermöglicht, sondern auch eine

Dichtigkeitsprüfung zuläßt. Außerdem ist dieser Druckregler mit einem kleinen Zusatz ausstattbar, dem »Eis-Ex«, einem kleinen Heizkörper (12 Volt), der bei Winterbetrieb das Vereisen des Reglers verhindert.

Vom Druckregler aus führt eine kurze (max. 40 cm lange) Schlauchleitung (aus geprüftem Spezialwerkstoff und mit Spezialanschlüssen ausgestattet) innerhalb des Gasflaschenkastens zu einem entsprechenden *Rohranschluß* (s. nächsten Abschnitt), der dann zum *Verteilerblock* führt. Die eben erwähnten Schlauchleitungen bekommt man in der zugelassenen Ausführung im Fachhandel oder Versandhandel. Man sollte aber darauf achten, die jeweils erforderlichen passenden Gewindeschraubanschlüsse zu bekommen.

Als letztes zum Thema Gasflaschenkasten noch ein wichtiger Hinweis: Innerhalb des Gasflaschenkastens dürfen *keinerlei Schaltelemente, Zündquellen* oder andere funkenbildende Vorrichtungen vorhanden sein. Aber das versteht sich wohl von selbst, oder?

174

Gas-Verteilung:

Die Verteilung des Gases zwischen dem Druck regler und den einzelnen Verbrauchern erfolgt über fest installierte Rohrleitungen, wobei zwischen dem Regler und jedem einzelnen Verbraucher jeweils eine Absperrvorrichtung angeordnet sein muß. Für die Rohrleitungen muß als Material *nahtloses Präzisionsstahlrohr* (DIN 2391 Teil 1 und 2 oder geschweißtes Präzisions-Stahlrohr (DIN 2393 Teil 1 und 2) verwendet werden, das bis zu 12 mm Außen-Durchmesser eine Mindestwandstärke von 1 mm aufweisen muß. Dieses Material bekommen Sie bei Fachgeschäften für Sanitär-

und Heizungsbedarf oder auch im Versandhandel. Im allgemeinen wird für die Gasinstallation im Campingbus nahtloses Stahlrohr von *8 mm Innen-Ø* verwendet (Bild 113 Pos. 3). Zugelassene Installateure dürfen auch Kupferrohr (DIN 1786) verwenden, das an den Anschluß-Stellen hartzulöten ist.

Für den Heimwerker dagegen ist nur das oben erwähnte Stahlrohr zugelassen. Dafür hat man aber den Vorteil, statt der komplizierten Löterei als Verbindungsmaterial *Schneidring-Verschraubungen* (Bild 114) einsetzen zu können, die man je nach Bedarf als *Verbindungsstücke, Reduzierstük-*

Bild 113: Beispiel für einen Ventilanschluß: Das Präzisions-Stahlrohr (3) wird mit der Biegezange (1) in die gewünschte Richtung gebogen und mit dem Rohr-Abschneider (2) passend abgeschnitten. Dann wird die Überwurfmutter (6), danach der Schneidring (5) auf das Rohr geschoben und dieses an den Ventileingang (4) gedrückt. Durch Anziehen der Mutter ergibt sich eine jederzeit wieder lösbare, gasdichte Verschraubung.

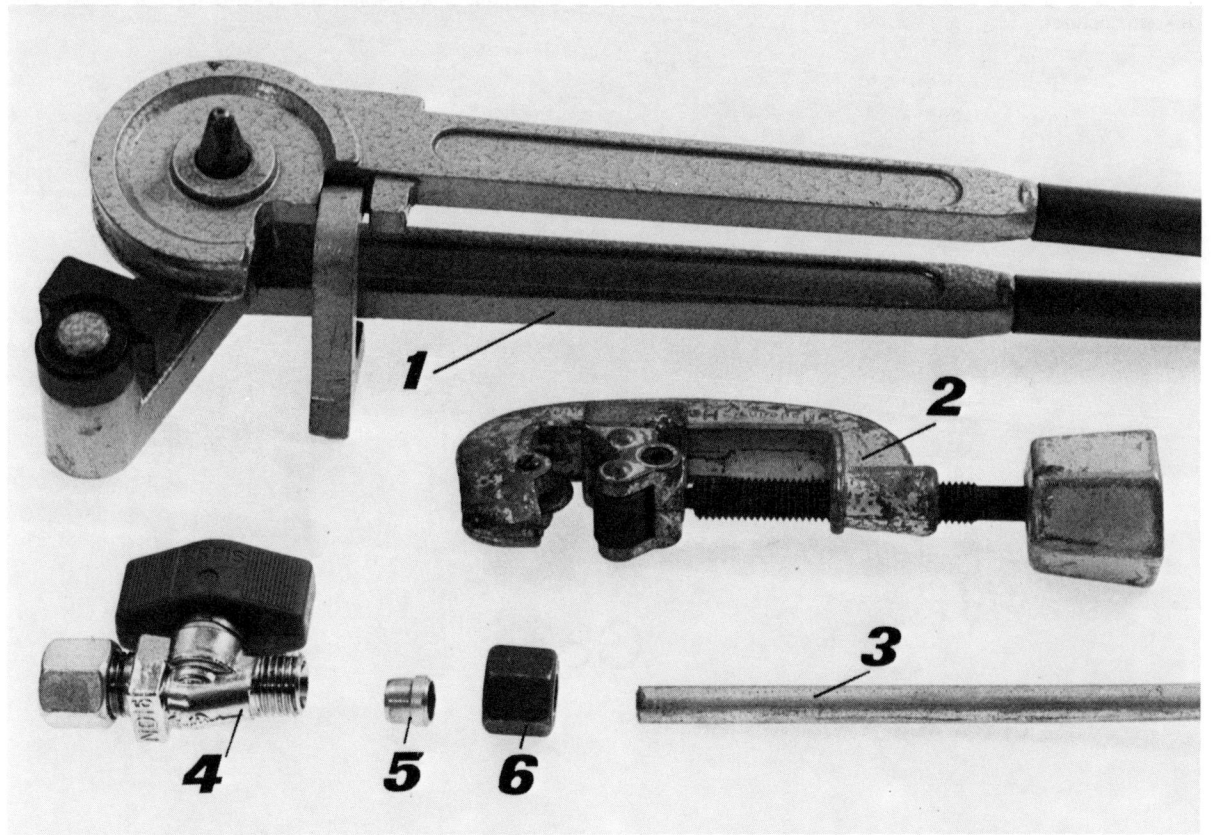

ke (NW 8 auf NW 6), *Winkelstücke, T-Stücke* oder *Kreuzstücke* bekommt. Auch die Absperr-Organe wie z. B. der *Verteilerblock* (Bild 115) oder ein einzelnes *Schnell-Schluß-Ventil* (Bild 113 Pos. 4) sind mit diesen Verschraubungen ausgerüstet. Die Rohrleitungen selbst sind folgendermaßen zu verlegen: Sie dürfen nicht durch die Fahrbeanspruchungen (Erschütterungen, Temperaturunterschiede, Karosserieverwindungen usw.) beschädigt oder undicht werden können. Sie sind im Abstand von max. jeweils 1 Meter (bei Stahlrohr; bei Kupfer max. 0,5 m) durch ausreichende Halterungen sicher zu befestigen und an Befesti-

gungs- und Durchtritts-Stellen durch geeignete Schutzmittel wie z. B. weiche Einlagen, Gummitüllen, Schottverschraubungen o. ä.) zu schützen. Auch *Abzweigungen* müssen *gegen Vibrationen* geschützt verlegt werden. An Stellen, wo mit Korrosion zu rechnen ist, insbesondere unter dem Fahrzeugboden und an Durchbrüchen nach unten, sollte man die Rohrleitungen entweder mit einem *Bitumenschutzanstrich* versehen oder durch Überziehen mit einem *Plastikschlauch* o. ä. schützen. Die Verzinkung der Rohrleitung allein genügt nicht als Korrosionsschutz.
Wo Rohrleitungen direkt an die Verbraucher an-

Bild 114: Verbindungsstücke für Gasrohre: Ein Kreuzstück (Kr 8), ein T-Stück (T 8), ein Winkelstück (W 8) und ein grades Verbindungsstück (G 8). Letzteres gibt es auch als Reduzierstück, um von einem Rohrdurchmesser 8 mm auf 6 mm zu kommen. Bei den Schlauchanschlüssen (rechts im Bild) wird eine Mutter mit Linksgewinde durch Kerben in der Mutter (Pfeil) gekennzeichnet.

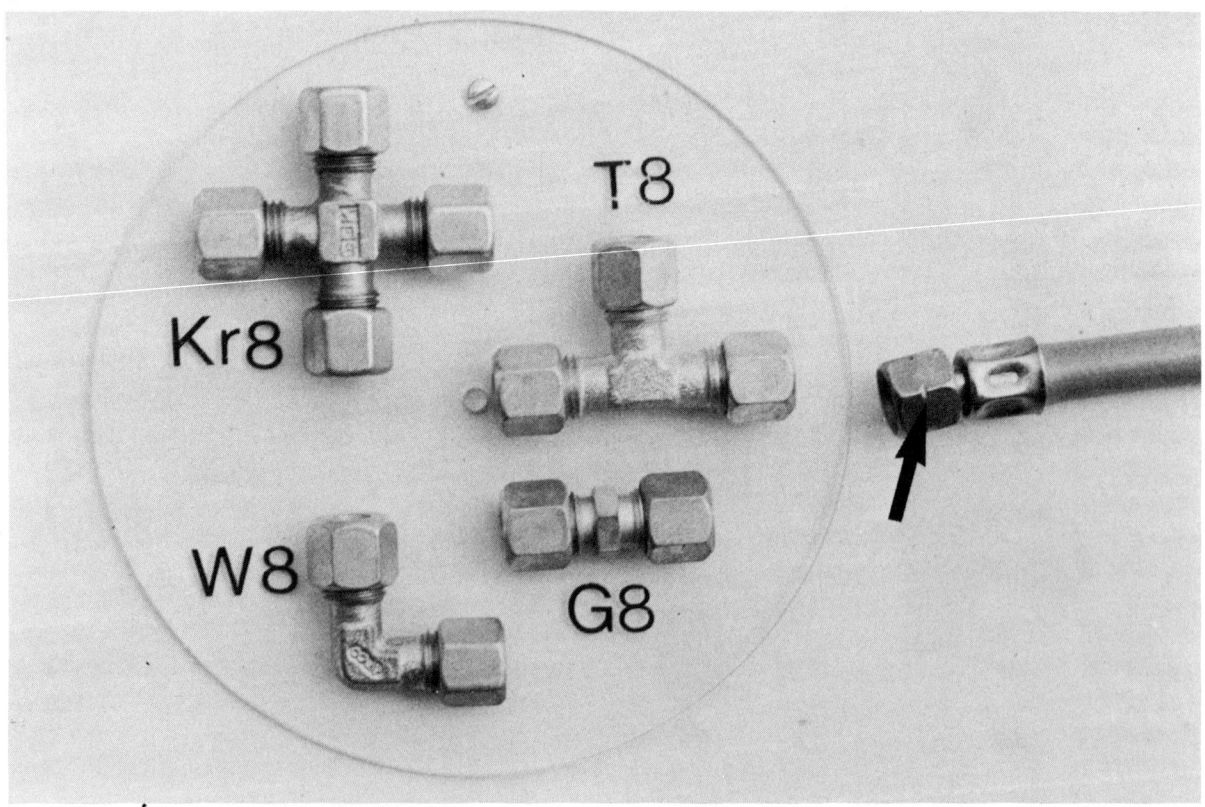

Bild 115: Der Verteilerblock, der gut erreichbar in der Nähe des Gasflaschenkastens sitzen sollte, ermöglicht das rationelle Installieren der Zuleitungen zu den einzelnen Verbrauchsstellen und gestattet individuelles Ab- bzw. Zuschalten der einzelnen Leitungen. Verteilerblöcke gibt es in Zwei-, Drei- und Vierfach-Ausführung. Vorgeschrieben ist, daß die jeweilige Stellung (Offen-Zu) klar erkennbar ist und auch die Zuordnung, zu welchem Gasgerät welches Ventil gehört. Das kann durch aufgeklebte Symbole oder durch Beschriftung erfolgen.

geschlossen werden (und das ist ja praktisch immer der Fall), ist der Rohranschluß *spannungsfrei* vorzunehmen. Das heißt, man sollte die Rohrleitung stets mit einem sanften Bogen oder einer Schleife bis an den Verbraucher führen, damit Wärmespannungen oder Erschütterungen, Karosserieverwindungen und dergleichen nicht zum Abreißen oder Undichtwerden der Leitung führen können.

Wenn man die Rohrleitungen im Fahrzeug verlegt, sollte man sie nur mit *Kunststoff-Schellen* befestigen, weil Metallschellen zu Beschädigungen der Rohrwandung führen können. Aus dem gleichen Grund sollte auch jede Rohrleitung, die im Gehbereich verlegt ist, durch *Abdecken* mit einer Leiste oder einem soliden Kunststoff-Profil gegen Beschädigungen jeder Art geschützt werden.
Zur Verlegung selbst: Im Gasflaschenkasten wird

ein Stück Rohrleitung auf einem Ende mit dem Gegenstück für den Schraubanschluß des Schlauchs versehen und mit dem anderen Ende durch eine möglichst enge Bohrung des Flaschenkastens nach innen ins Fahrzeug geführt. Diese Rohrleitung wird dort an gut erreichbarer Stelle mit dem Verteilerblock auf der Eingangsseite verbunden (Bild 115, dicker Pfeil). Dann wird die Rohrleitung im Gasflaschenkasten mit Kunststoffschellen sicher befestigt und der Durchbruch für die Rohrleitung nach innen sorgfältigst mit Silikonkautschuk abgedichtet. Den Verteilerblock, den man in verschiedenen Ausführungen (je nach Verbraucheranzahl) bekommt oder den man auch zu mehreren Blocks verbinden kann, sollte man gut zugänglich so anbringen, daß man die jeweilige Stellung der einzelnen Ventile erkennen kann (Offen oder Zu). Von diesem Verteilerblock aus werden nun die weiteren Rohrleitungen zu den einzelnen Verbrauchern wie z. B. der Gasheizung, dem mehrflammigen Gaskocher, dem Backofen, dem Absorberkühlschrank, der Gasleuchte, dem Warmwasserbereiter usw. verlegt.

Damit man die Rohrleitungen, die es als Meterware gibt, auf die genau benötigten Längen zuschneiden kann, verwendet man am einfachsten einen preiswerten *Rohrabschneider* (Bild 113 Pos. 2).

Die Stahlrohre (und andere Rohre natürlich auch) werden damit *präzise winklig* und *ohne Spanabfall* geschnitten. Mit dem Entgrater, der sich hinten in der Glocke des Abschneiders befindet, wird der Rohrabschnitt innen wieder auf volle Nennweite gebracht. Dann wird für den *Schneidring-Anschluß* (Bild 113) zuerst die Überwurfmutter (6) auf das Rohr (3) aufgeschoben, danach der Schneidring (5) selbst und schließlich das Gerät oder wie hier im Foto das Schnellschlußventil (4). Mit einem passenden Schraubenschlüssel wird die Mutter fest, aber mit Gefühl, angezogen, während man das Ventil dabei festhält.

Man kann bei der Rohrverlegung immer nur jeweils grade Enden Rohr verlegen und bei Abwinkelungen entsprechende Winkelstücke oder andere Paßteile verwenden. Das würde ich aber nicht empfehlen, so lange die Möglichkeit besteht, die Rohrleitung selbst in die gewünschte Richtung zu *biegen*. Denn jede Verschraubung birgt die Gefahr in sich, undicht zu sein oder undicht zu werden. Eine durchgehende Rohrleitung dagegen nicht. Deshalb sollte man, wo immer es geht, Rohr biegen, um in die gewünschte Leitungsführung zu kommen. Zum Biegen verwendet man eine passende *Rohr-Biegezange* (Bild 113 Pos. 1), die man für verschiedene Rohrdurchmesser bekommt. Für unsere Zwecke praktisch ist eine Zange für 8 bis 10 mm Rohr-Ø. Versuchen Sie weder das Abschneiden noch das Biegen dieser relativ dünnwandigen Rohre mit anderen Werkzeugen als den speziell dafür vorgesehenen. Das Ablängen der Rohre mit einer Metallsäge beispielsweise würde unweigerlich zu einer *Verformung* des Rohrendes führen und die Dichtheit der Schneidringverschraubung in Frage stellen. Das Biegen der Rohrleitung von Hand würde ebenfalls fast immer zum *Abknicken* des Rohrmaterials führen.

Die paar Mark für einige vernünftige Werkzeuge sollte man aufwenden oder sich die Werkzeuge für kurze Zeit bei seinem Installateur leihen.

Gas-Verbraucher:

Gasverbraucher im Campingbus, ich erwähnte es ja auch schon, gibt es eine ganze Menge. Allen gemeinsam ist, daß sie nur in *zündgesicherter Ausführung* verwendet werden dürfen, also im Falle des Verlöschens der Flamme selbsttätig die Gaszufuhr absperren. Wichtig im Campingbus ist vor allem der *Kocher,* meist als zwei- oder dreiflammiger Gaskocher (auch mit einem Gasgrill oder einem Backofen kombiniert) mit der Spüle gemeinsam in einer Edelstahlausführung zusammengebaut. Zweiflammkocher mit Spüle gibt's ab 180 DM. Für den Betrieb von Herden oder Kochern müssen *Lüftungsöffnungen* von mindestens 150 cm² freiem Querschnitt vorhanden sein, die aber bei Nichtbetrieb des Kochers verschließbar sein können.

In den meisten Fällen genügt bereits das Öffnen eines Ausstellfensters oder einer Dachluke im Küchenbereich. Schon um schnellstens die Kochdünste, den Wasserdampf usw. aus dem Fahrzeug zu bekommen, vor allem aber um die Sauerstoffzufuhr im Fahrzeug sicherzustellen. Kocher und andere offene Brennstellen dürfen keinesfalls zur Raumheizung verwendet werden. Auf beide Vorschriften muß durch ein Schild über dem Kocher (das man selber machen kann) hingewiesen werden. Folgender Text ist zweckmäßig:

»Achtung! Bei Benutzung von Gasgeräten müssen die verschließbaren Belüftungsöffnungen (Dachluke u. ä.) offen sein. Offene Brennstellen dürfen nicht zum Heizen benutzt werden.«

Übrigens, wenn Sie einen Backofen einbauen, so müssen dessen Abgase ins *Freie* abgeleitet werden.

Und da wir schon mal von Vorschriften sprechen, noch ein Hinweis: Verwenden Sie nur Gasgeräte, die in ihrer Bauart vom *DVGW* anerkannt sind. Lassen Sie sich vorsichtshalber gleich vom Händler des Geräts eine Prüfbescheinigung über die ordnungsgemäße Bauausführung vorlegen und prüfen Sie, ob Ihr Gasgerät eine DVGW-Registernummer besitzt.

Die zweitwichtigsten Gasgeräte im Campingbus sind vermutlich die *Gasheizungen.* Es gibt sehr viele unterschiedliche Modelle und Bauweisen (s. Kapitel »Heizung-Kühlung-Lüftung«). Allen gemeinsam ist aber, daß die Verbrennungskammer, die Luftzuführung und die Abgasabführung gegen den Wohnraum hin vollkommen *abgedichtet* sind, damit keine Abgase ins Fahrzeug gelangen können. Deshalb ist auch wichtig, möglichst keine

Bodenöffnungen im Fahrzeug zu haben, durch die Abgase eintreten könnten.

Das Anschließen der Gasheizungen erfolgt wiederum über die normalen Gasrohrleitungen mit der Schneidringverschraubung. Ein paar Besonderheiten sollten aber erwähnt werden. Erstens sollte man beachten, daß die Heizung beim Betrieb nirgends Gegenstände oder Einrichtungsteile mehr als zulässig erwärmen kann. Zweitens sollte man auch später im Betrieb darauf achten, daß weder Heizungen noch Kocher (!) mit Vorhängen, Gardinen oder anderen leicht entflammbaren Materialien zusammenkommen können. Drittens: Wenn Sie die Heizung in Betrieb nehmen, lesen Sie zuvor gründlich die Gebrauchsanweisung durch und beachten Sie vor allem die mögliche Verpuffungsgefahr, wenn nicht nach jedem Zünden bis zum Nachzünden wenigstens zwei Minuten gewartet wird.

Ein weiteres Gerät, das auch und vorwiegend bei längeren Standzeiten mit Gas betrieben wird, ist der *Absorberkühlschrank,* der sowohl mit Gas als auch mit 12 Volt und 220 Volt betrieben werden kann (s. Kapitel »Heizung – Kühlung – Lüftung«). Wichtig im Zusammenhang mit gasbetriebenen Kühlschränken ist, daß sie sowohl für die Zufuhr der Verbrennungsluft als auch für die Abgasführung gegen den Wohnraum hin abgedichtet werden müssen. Zu dem Zweck wird man vor der Montage des Kühlschranks, der ja meist in Möbel eingebaut wird, im Kühlschrankbereich unten und oben je eine Öffnung (von je etwa 100 cm²) in die Außenwand des Fahrzeugs schneiden und mit Fliegengaze und Kiemenblechen außen verkleiden. Die untere Öffnung bringt Luft zum Gasbrenner, oben kann die Abluft wieder entweichen. Außerdem ist der *Abgasstutzen* des Brenners (meist ein Alu-Rohr) ansteigend durch die Außenwand nach draußen zu verlegen und außen mit der mitgelieferten Kiemenklappe zu versehen. Die Möbelwände, die den Kühlschrank umschließen, werden nach dem Aufstellen des Kühlschranks rundum und auch zur Karosserie hin mit Dichtungsstreifen oder Silikonkautschuk abgedichtet. Weil die Kühlschränke oft auf kleinen Füßen stehen, sollte man die untere Kühlschrankseite zusätzlich mit einer Holzleiste verkleiden. Diese Leiste verhindert gleichzeitig, daß der Kühlschrank sich durch die Fahrerschütterungen selbständig macht. Die Leiste wird nur angeschraubt und dann abgedichtet, damit man im Reparaturfall den Kühlschrank wieder herausnehmen kann. Natürlich muß auch der Kühlschrank wie alle fest im Fahrzeug installierten Gasverbraucher, mit Gasrohr angeschlossen werden.

Die ebenfalls immer häufiger eingesetzten *Warmwasserbereiter,* egal ob Durchlauferhitzer oder Wärmetauscher o. ä., müssen ebenfalls so angebracht werden, daß keine Abgase ins Fahrzeuginnere gelangen können. Man sollte sie deshalb schon von vornherein immer an einer Außenwand installieren. Bei dem im Bild 142 dargestellten Wassererhitzer, der sowohl mit Motorwärme (über den Kühlwasser-Kreislauf) als auch über Gas (oder 220 Volt Wechselstrom) betrieben werden kann, ist die Verbrennungskammer so konstruiert, daß Zuluft und Abgas durch die Klappe in der Fahrzeug-Außenwand strömen können.

Als letztes sollten auch noch die *Gasleuchten* erwähnt werden, die zwar ein angenehmes und auch helles Licht (regelbar) abgeben, aber auf Grund ihrer Wärmeabgabe, ihre Außenabmessungen usw. immer mehr von anderen Leuchten in den Hintergrund gedrängt werden. Sie erfordern überlegte Anbringung, weil ein großer Teil der Strahlungshitze nach oben strömt und dort die Fahrzeug-Verkleidung sehr stark erwärmt. Notfalls kann man sich zwar mit einem dazwischengebauten Wärmeschutzblech o. ä. helfen, aber ideal ist das nicht. Außerdem muß für jede Leuchte eine unverschließbare Lüftungsöffnung mit mindestens 10 cm² freiem Querschnitt in Leuchtennähe vorhanden sein.

Prüfung der Installation:

Hat ein Fachmann die Anlage installiert und geprüft, ist alles für Sie in Ordnung. Haben Sie die Gasinstallation aber selbst ausgeführt, kommen Sie an der Prüfung durch einen zugelassenen Fachmann dennoch nicht vorbei. Er muß Ihnen eine *Bescheinigung* über die erfolgte Prüfung zur Vorlage beim TÜV ausstellen. Aber bevor Sie zu diesem Fachmann gehen, können Sie selbst schon einmal kontrollieren, ob die Installation überall dicht ausgeführt ist. Nachdem alle Gasgeräte angeschlossen sind und Sie sich noch einmal vom richtigen Verlauf der Gasleitungen überzeugt haben, schließen Sie zunächst alle Absperrvorrichtungen direkt vor den Verbrauchsstellen, also an der Heizung, am Kocher usw. Dann öffnen Sie alle Wagentüren und den Gasflaschenkasten und drehen Sie alle möglichen Zündquellen, Lampen usw. ab, um eine Brandgefahr von vornherein auszuschließen.

Nun drehen Sie alle Schnellschlußventile am Verteilerblock in die Stellung »Offen« (Bild 115), öffnen das Hauptabsperrventil an der Gasflasche und beobachten auf dem Manometer am Druckregler, wie sich der Druck im Rohrnetz einpendelt. Wenn kein Manometer vorhanden ist, müssen Sie eben so das Ventil ungefähr 10 Minuten geöffnet lassen, damit sich genügend Gas aus der Betriebsgasflasche im Rohrnetz verteilen kann. Dann schließen Sie das Ventil an der Gasflasche wieder und beobachten 10 Minuten lang, ob der Druck am Manometer sinkt. Das würde nämlich auf eine Undichtigkeit hindeuten. Ist kein Manometer eingebaut, kann man möglichen Undichtigkeiten dadurch auf die Spur kommen, indem man die gesamte Rohrleitungen und Verbindungsstellen mit einer Seifenwasserlösung einpinselt und beobachtet, ob sich irgendwo Luftblasen bilden. Für diese Kontrolle gibt es auch spezielle Lecksuchsprays. Hilft das Nachziehen der Schraubverbindungen nicht, muß man notfalls ganze Rohrenden auswechseln und nochmals sorgfältigst verschrauben. Ist alles dicht, werden die Geräte einzeln zugeschaltet und per Druck von der Gasflasche her nochmals bei jedem Gerät geprüft. Wenn auch dies die Dichtheit der Anlage bestätigt hat, kann man die einzelnen Geräte probeweise in Betrieb nehmen und die auftretende Wärmeentwicklung usw. beobachten. Denken Sie daran, wie leicht ein Brand entstehen kann und welche katastrophalen Folgen so etwas in einem Fahrzeug hat. Deshalb sollte auch während des Probebetriebs immer der Feuerlöscher in Reichweite sein!

Ist alles in Ordnung, kann man beruhigt zum Gas-Fachmann fahren und die Prüfung vornehmen lassen. Dann hat man die Gewißheit, daß man auch nachts bei Gasbetrieb ruhig schlafen kann.

Heizung – Kühlung – Lüftung

Heizung:

Ein vernünftig eingerichteter Campingbus ist ohne zweckmäßige Heizung praktisch kaum noch vorstellbar. Selbst bei Fahrzeugen, die nur in Sommermonaten oder in der Übergangszeit benutzt werden, sollte man nicht auf eine Heizmöglichkeit verzichten. Allerdings muß diese Heizung für den Betrieb in geschlossenen Räumen (also auch im Campingbus) zugelassen sein.

Gas-Heizstrahler, die auf eine Gasflasche geschraubt werden, kann man ebenso rasch vergessen wie die Wunderheizungen, die immer mal wieder auf Messen auftauchen und angeblich

Bild 116: Eine der in Campingbussen beliebtesten Gasheizungen ist die Trumatic S 2000, die es entweder mit Druckzünder oder mit Zündautomat und sowohl für Boden- wie auch Dach-Abgasführung gibt.

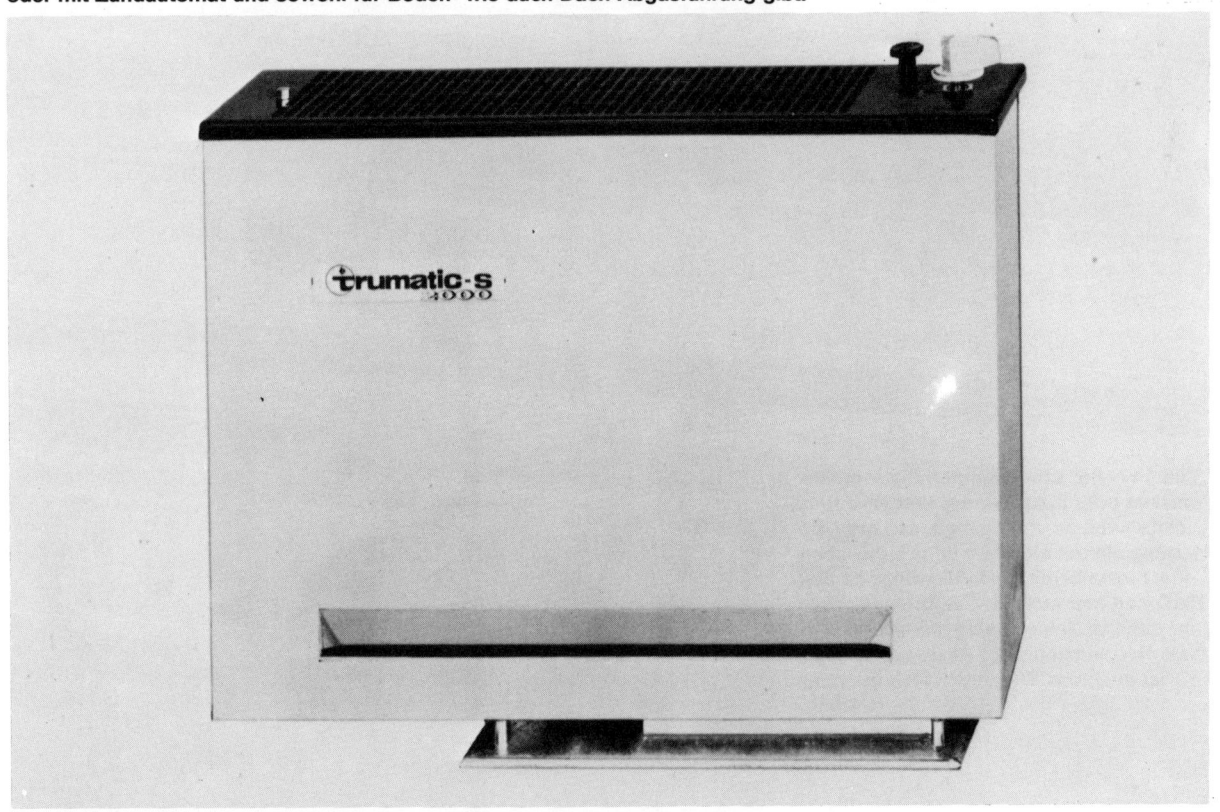

weder Sauerstoff brauchen noch Abgase erzeugen. Auch elektrische Heizungen sind problematisch, denn wann hat man schon einen Netz-Außenanschluß geeigneter Leistung zur Verfügung? Während der Ausbauzeit kann man sich gut mit einem Heizlüfter behelfen, der über Verlängerungskabel Strom bekommt. Aber für den Fahrbetrieb sollte man doch eine brauchbarere Lösung einsetzen.

Abgesehen von Ausnahmen stehen vor allem drei Möglichkeiten zur Auswahl. Erstens die mit *Benzin* oder Dieselkraftstoff betriebenen *Standheizungen,* die außerdem einen elektrischen Anschluß (12 Volt) für das (recht laute) Gebläse

brauchen. Ich halte diese Heizungen für den Pkw recht gut geeignet, für den Campingbus jedoch aus verschiedenen Gründen für nicht so optimal. Einmal stört mich, besonders nachts, das Brennergeräusch im Schlaf. Dann läßt sich die Heizung meiner Ansicht nach nicht so fein regeln wie eine speziell auf Wohnwagenbedürfnisse abgestimmte Spezial-Heizung. Drittens braucht das Gebläse eine ganze Menge Batteriestrom. Deshalb würde ich empfehlen, entweder eine *Ölheizung* oder eine *Gasheizung* einzubauen. Die ölbetriebene Heizung erfordert bei einer Heizleistung von etwa 2500 bis 3500 kcal eine Ölmenge von cirka 0,1 bis 0,5 l/h. Das ist nicht viel, und man

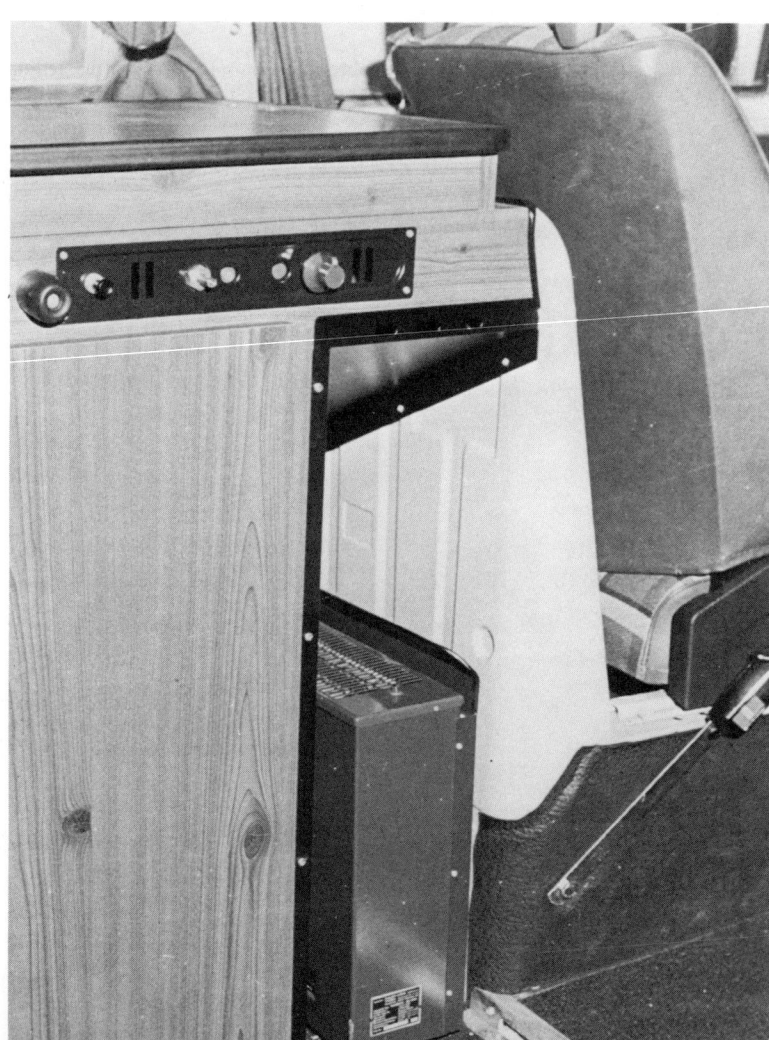

Bild 117: Bei sehr beengten Platzverhältnissen oder komplizierter Wagen-Unterseite kann es vorkommen, daß man die Heizung einmal an einem ungewöhnlichen Platz installieren muß. Allerdings ist das Bedienen hier nur unter Verbrennungsgefahr möglich. Besser wäre die spiegelbildliche Heizungsmontage gewesen. Wichtig ist auch das Wärmeleitblech über der Heizung.

182

hat den Vorteil, statt des sonst extra mitzuführenden Heizöls den normalen Dieselkraftstoff verbrennen zu können. Das wird man im Inland zwar kaum machen wegen des irren Steueraufschlags, aber im Ausland geht es teilweise zu durchaus erschwinglichen Preisen. Was mich persönlich an Ölheizungen etwas stört: Ich muß für den Heizbetrieb eine andere Energieart mitschleppen als für den Kocher, den Warmwasserbereiter, den Kühlschrank usw., für die ich Gas verwende. Wer also kein Dieselfahrzeug hat, muß außer dem Sprit für das Fahrzeug noch Heizöl und Gas an Bord nehmen. Deshalb bevorzuge ich, man möge es mir verzeihen, die Gasheizung.

Es sprechen noch eine ganze Reihe weiterer Argumente für die Gasheizung, und da diese Heizart sehr verbreitet ist, soll auch vorwiegend darauf eingegangen werden.

Allein von den deutschen Herstellern gibt es jedoch schon eine so große Auswahl an Geräten und Bauweisen, daß nur stichwortartig ein paar Fakten genannt werden können. Für die Auswahl der richtigen Heizung für Ihr Fahrzeug würde ich empfehlen, sich von Herstellern oder Händlern Informationsunterlagen zu besorgen. Zu viele Momente wie Platzbedarf, Installationsmöglichkeiten, Aussehen, Preis, Ausbaufähigkeit usw. bestimmen hier die Entscheidung.

Bild 118: Gut untergebracht ist die Heizung im unteren Bereich des Kleiderschranks, wenn der serienmäßige Einbaukasten verwendet wird. Dennoch kann der Kleiderschrank innen ganz schön warm werden!

183

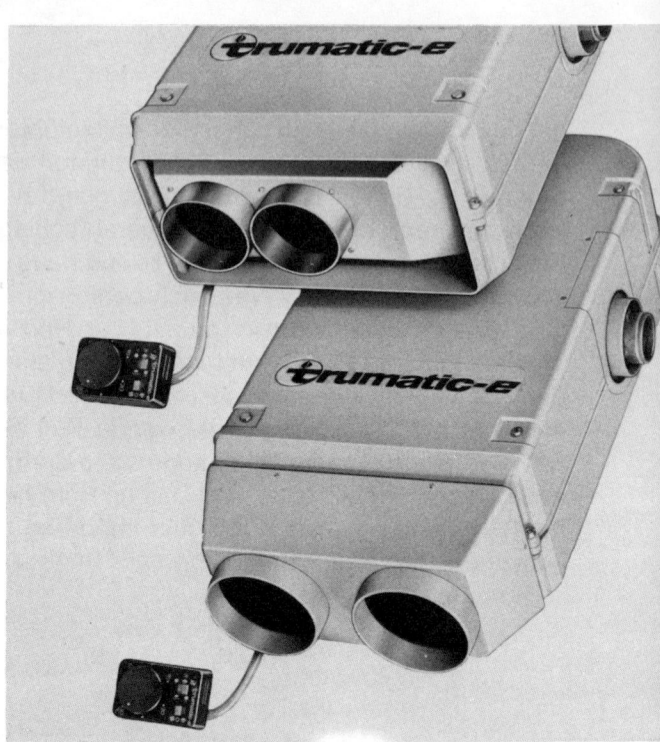

Bild 119: Mit Flüssiggas betriebene Heizungen gibt es in den verschiedensten Leistungsstufen. Hier ein großes Modell (Truma), das auch für größere Reisemobile usw. ausreicht.

Bild 120: Keinerlei Ansprüche an Lage oder Anordnung stellt die elektronisch gesteuerte »Trumatic e«, die auch in Staukästen usw. installiert werden kann. Allerdings ist der Preis relativ hoch.

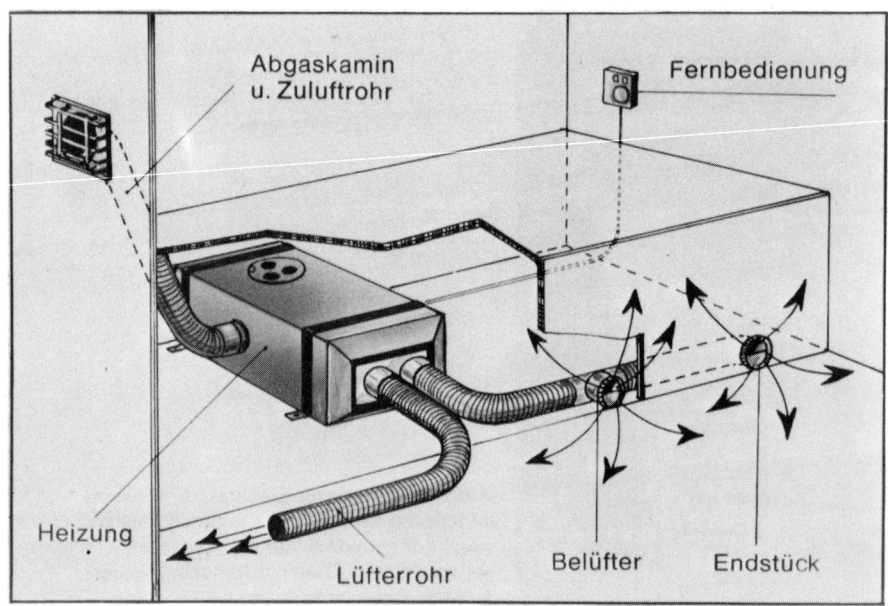

Abgaskamin
u. Zuluftrohr

Fernbedienung

Heizung

Lüfterrohr

Belüfter

Endstück

Bild 121: Das Einbauschema der »Trumatic e« zeigt, wie problemlos der Einbau vorgenommen werden kann, da das Gehäuse kalt bleibt.

184

Bild 122: Der zentrale Regler für die elektronisch gesteuerte Gasheizung soll gut zugänglich sein. Im Kopfbereich angebracht stellt er jedoch eine Verletzungsgefahr dar durch seine scharfen Kanten.

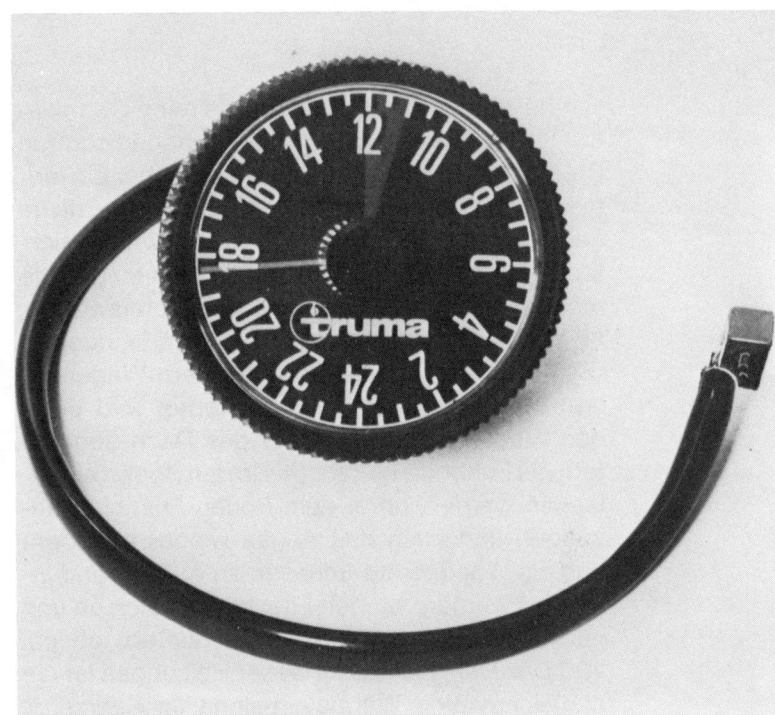

Bild 123: Mit einer programmierbaren Zeitschaltuhr (Truma) kann die elektronisch gesteuerte Heizung (Trumatic e) bis zu maximal 24 Stunden im Voraus eingestellt werden.

Bild 124: Das Truma-Komfortpaket ermöglicht geräuschdämpfende Montage des Trumavent-Gebläses am Fahrzeugboden und Fernbedienung des AIRMIX, mit dem die Anlage im Sommer auch als vollwertige Ventilation eingesetzt werden kann.

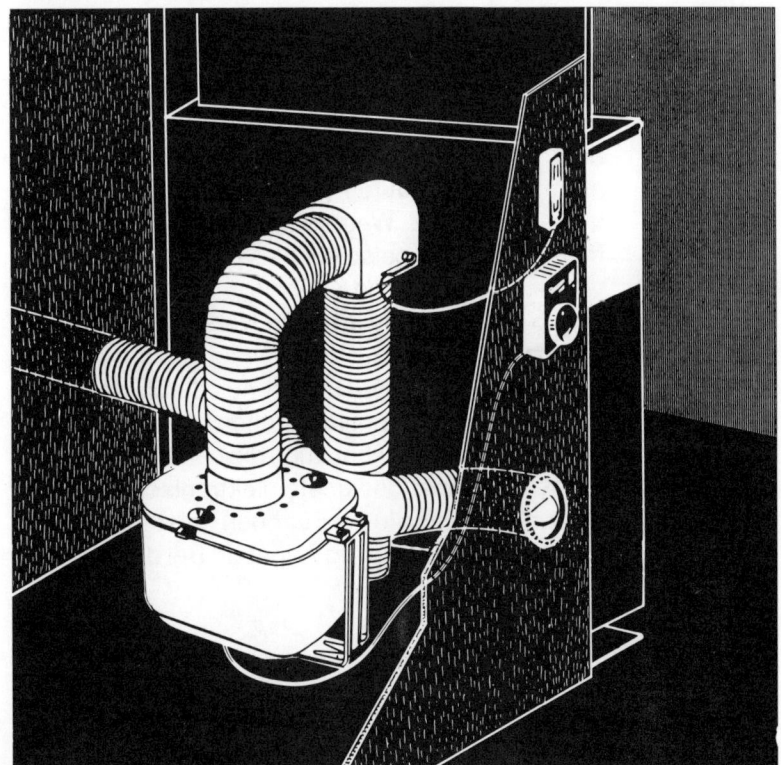

Gasheizungen gibt es erstens als reine *Warmluft-Konvektionsgeräte.* Die in einer abgedichteten Brennkammer erzeugte Wärme wird über ein metallisches Wärmetauschergehäuse an die Luft im Fahrzeug abgegeben. Diese Luft erwärmt sich, steigt am Gerät hoch und verteilt sich so gut wie möglich im Fahrzeug. Diese recht preiswerten, einfachen Heizungen gibt es als Standgeräte (Bild 116) (Frischluft wird unter dem Wagenboden oder seitlich angesaugt, Abgas wird unter den Wagenboden oder über das Dach abgeleitet), als Fußbodengeräte (die in den Boden eingelassen werden, unter dem Boden Frischluft ansaugen und auch das Abgas wieder abgeben) und als Wandgeräte (müssen an Außenwand installiert werden, saugen Frischluft seitlich an und geben Abgas auch seitlich wieder ab) ab ca. 400 DM. Der Nachteil all dieser Heizungen ist die ungleichmäßige Wärmeverteilung im Fahrzeug. Meist hat man unter dem Dach die ganze Wärme gestaut und in Bodennähe bekommt man kalte Füße.

Deshalb ist die zweite Gruppe der Gasheizungen, nämlich die der *Warmluft-Umluftgeräte,* auch die verbreitetste. Hierbei wird die vom Wärmetauschergehäuse erwärmte Luft im Fahrzeug mittels Ventilator umgewälzt und über Rohre oder Kanäle bis in die hinterste Ecke gepustet. Man kann sogar Rohrsysteme bekommen, bei denen man auch die Bereiche hinter den Rückenlehnenpolstern erwärmt. Durch geeignete Absperrorgane lassen sich die Warmluftmengen auch regeln, man kann also beispielsweise den Waschraum wärmer halten als die Küche o. ä. (Bild 119). Preise: ab 500 DM aufwärts. Ein Hersteller bietet als Zusatz sogar einen Warmwasserbereiter an, der 5 Liter Wasser auf 70 Grad nur durch das Hindurchleiten der Warmluft aufheizt.

Derselbe Hersteller hat auch die besonders für Eigenbau-Camper geeignete elektronisch geregelte Einbauheizung in zwei Größen (leistungsmäßig 2300 und 3300 kcal) im Angebot. Bei diesen Heizungen (Bild 120) ist die Einbaulage ebenso egal wie die Frischluft/Abluftführung (Bild 121). Außerdem kann man das Gerät in Möbel einbauen, weil es außen praktisch nicht wärmer wird. Innen ist der Ventilator gleich eingebaut. Die Bedienung erfolgt über einen Schaltblock, der auch gleich den Thermostaten zur Temperaturregelung (Bild 122) enthält.

Die dritte Gruppe Gasheizungen schließlich sind gasbeheizte *Warmwasserheizungen.* Hierbei wird das Wasser erwärmt und mit einer Umwälzpumpe über ein Rohrnetz zu den einzelnen Konvektoren (Bild 125, 126) transportiert. Da die Anlagen ständig das Wasser im Kreislauf umwälzen, kann der Wasserkreislauf geschlossen sein, das heißt, man kann dem Heizwasser Frostschutzmittel beifügen, damit es im Winter bei ausgeschalteter Anlage nicht einfriert. Außerdem kann man an das System auch sowohl Solar-Wärmetauscher (auf dem Dach montiert) als auch das Motorkühlsystem anschließen. Abgesehen einmal von den Solarwärmetauschern, die relativ wenig Nutzen bieten, hat der Anschluß des Motorwärmekreislaufs unbedingt seine Vorteile: Solange der Motor noch kalt ist, kann man das Motorkühlwasser zur Motorschonung schon einmal mit Gas vorheizen. Ist der Motor in Betrieb, kann die Abwärme des Motors zur Wohnraumheizung im Campingbus mitgenutzt werden.

Bild 125 (oben): Wird eine Konvektorheizung (mit Warmwasser) vorgesehen, lassen sich die Konvektoren gut in einer Sitztruhe unterbringen.

Bild 126 (unten): Damit die Luftumwälzung funktioniert, werden unter den Konvektoren Lufteintritts-Schlitze für die zuströmende Kaltluft und darüber Schlitze für die austretende Warmluft in die Sitztruhenwand geschnitten.

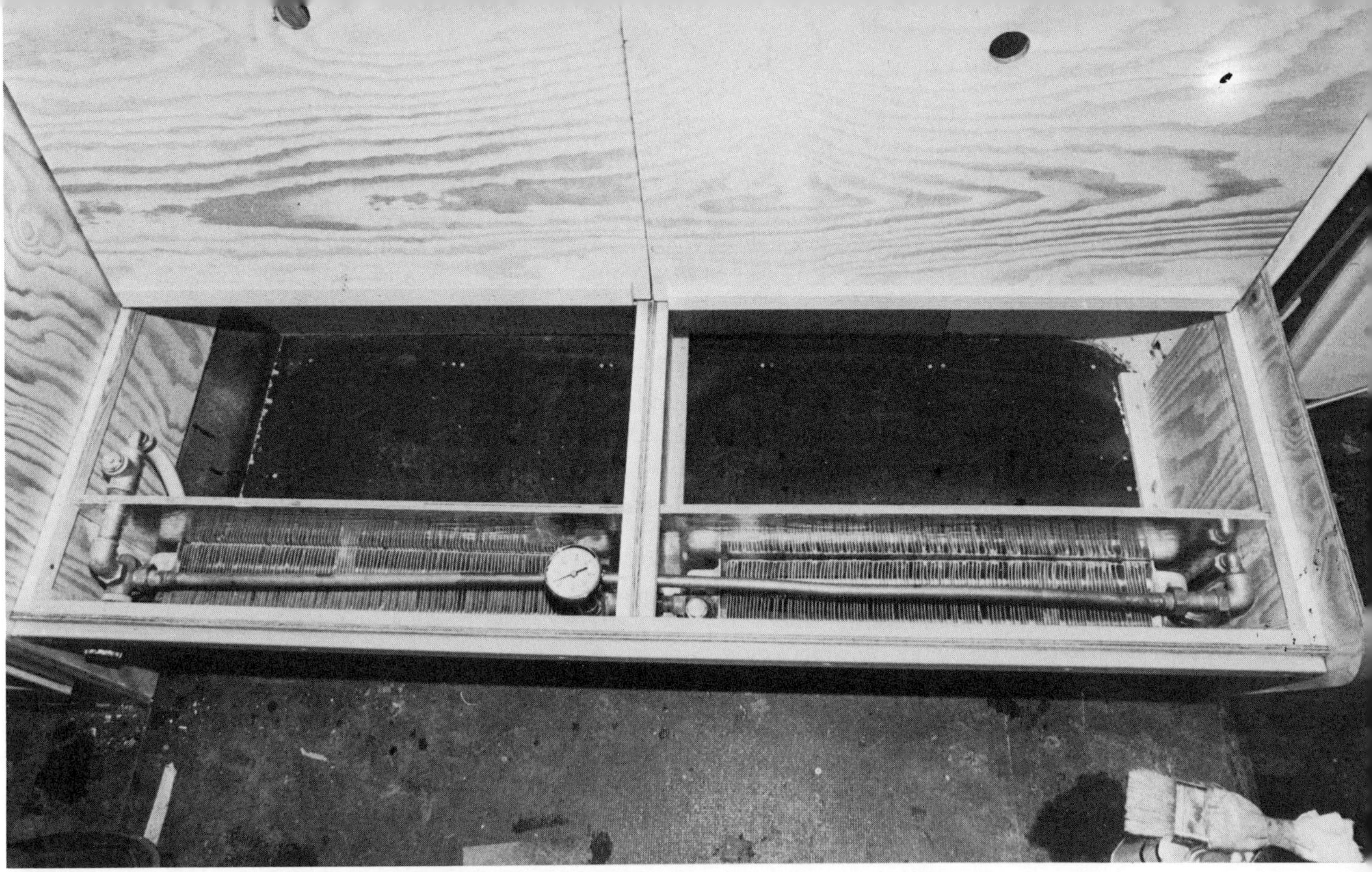

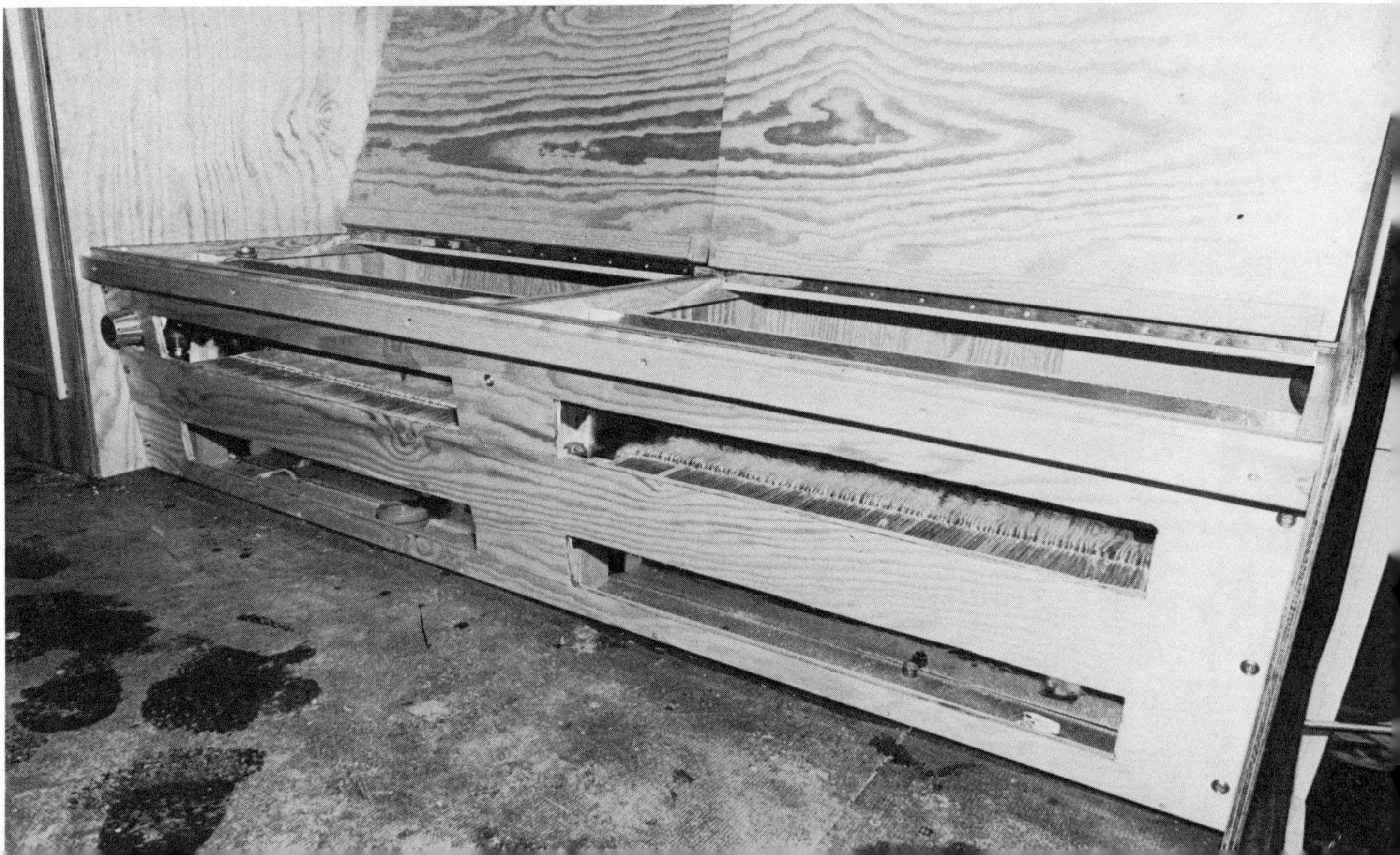

Letzteres kann man aber auch billiger haben, wenn man nur die Fahrzeugheizung während der Fahrt voll aufdreht und die Wärme nach hinten in den Wohnteil strömen läßt. Geschickte Bastler können aber auch die Warmluftführung des Basisfahrzeugs mit einer Warmluft-Umwälzanlage im Wohnteil direkt koppeln, dann kann sowohl das kalte Fahrerhaus vor Fahrtbeginn mitgeheizt werden wie auch durch die Motorwärme später beim Fahren (und noch lange danach, bis das Motorkühlwasser zu kalt ist) der Wohnteil mitgeheizt wird.

Grundsätzlich ist aber beim Einbau der Heizungen noch einiges zu beachten, egal nach welchem Modell Sie streben:

Heizungen, die eine Umwälzpumpe oder einen Umluftventilator erfordern, *brauchen elektrischen Strom* (12 Volt) zum Betrieb der Pumpe bzw. des Ventilators. Dabei kann der Stromverbrauch von Hersteller zu Hersteller sehr unterschiedlich ausfallen. Man sollte sich deshalb auch in dieser Hinsicht informieren, weil beispielsweise bei Winterbetrieb und längerem Aufenthalt so eine Umwälzpumpe oder ein überdimensionierter Ventilator ganz schön an der Batteriekapazität knabbern kann!

Heizungen, die ihre Verbrennungsluft unter dem Wagenboden ansaugen, sollten so installiert werden, daß der Ansaugstutzen weder im Spritzbereich der Räder noch in der Nähe des Auspuff-Austritts sitzt. Außerdem muß man dafür Sorge tragen, daß dieser Ansaugstutzen von Schmutz und Schnee usw. freigehalten wird.

Ganz wesentlich ist die Abgasführung bei Gasheizungen! Das *Abgasrohr* muß auf der gesamten Länge, vom Gerät beginnend bis zum Austritt ins Freie, *steigend montiert* werden, damit sich nirgends ein »Wassersack« bilden kann, der den freien Abzug der Abgase verhindert. Um diese Rohrführung zu erleichtern, kann man sich eine passende Schlauchbrücke (Bild 127) kaufen oder basteln, die am Abgas-Austritt der Heizung das Durchhängen des Abgasschlauchs (bzw. flexiblen Abgasrohrs) verhindert. Man sollte unbedingt auch das Abgasrohr *mit mehreren Schellen* befestigen (Bild 128), die gleichmäßig verteilt das Rohr auf seiner ganzen Länge fixieren. Sowohl bei der Abgasführung seitlich aus dem Fahrzeug

Bild 127: Fertig zu kaufen gibt es diese Abgas-Schlauchbrücke, die verhindert, daß der Abgasschlauch der Heizung durchhängt und sich in diesem »Sack« Kondenswasser sammelt. So eine Brücke läßt sich aber auch leicht aus einem Streifen Blech biegen.

Bild 128 (oben): Die Lüftungsrohre der Heizanlage werden mit speziellen Schellen am Boden oder der Wand befestigt. Bei Biegungen den Radius nicht zu klein nehmen, sonst gibt es leicht querschnittsverengende Knicke!

Bild 129 (unten): Für Truma-Gasheizungen gibt es sehr viel Montage-Zubehör zum Bau von Warmluft-Verteilungen. Ein paar Teile zeigt das Bild. Auf die Verwendung der Teile wird im Text hingewiesen.

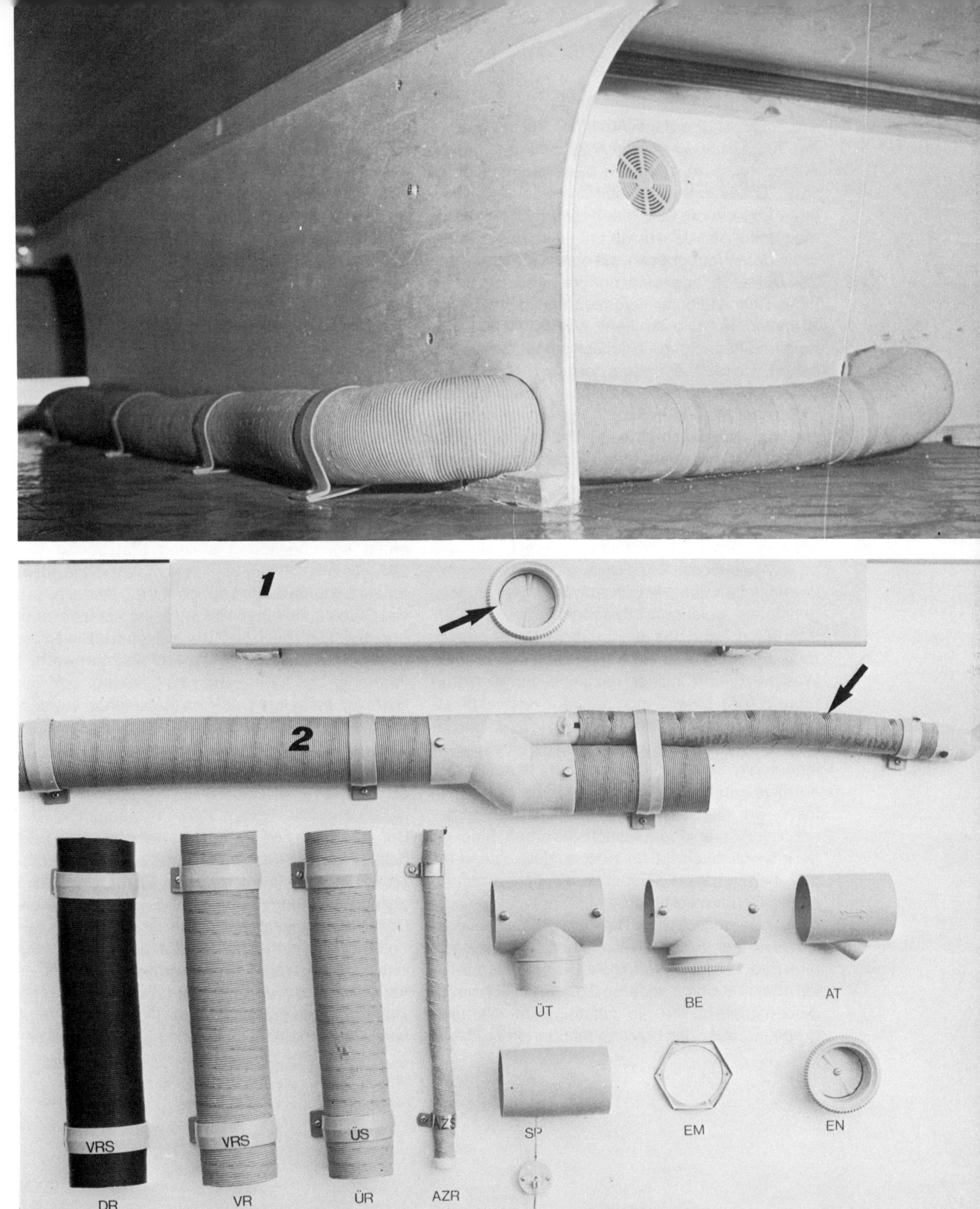

ÜT

BE

AT

VRS

VRS

ÜS

AZS

SP

EM

EN

DR

VR

ÜR

AZR

wie auch bei Überdach-Austritt ist ferner wichtig, das Abgasrohr so *geschützt* zu verlegen, daß es später nicht mechanisch beschädigt werden kann. Grade in Stauräumen und Schränken verlegte Abgasrohre sind hier besonders gefährdet, man sollte sie, genau wie bei einer Rohrführung unter dem Wagenboden, mit einem entsprechenden Dükerrohr oder einer anderen Abdeckung vor jeder Beschädigung schützen und auch an die *Wärmeentwicklung* denken! Wird die Luftzuführung und Abgasführung seitlich am Wagen vorgesehen, wie dies besonders bei dem Einbaumodell (Bild 121) sehr praktisch zu lösen ist, so muß natürlich der Wanddurchbruch mit einem entsprechenden Kiemenblech verkleidet werden, ohne daß hierdurch die Luftströmung behindert werden kann.

Bei Abgas-Austritt unter dem Fahrzeugboden, wie es noch bei verschiedenen Heizungsmodellen vorgesehen ist, muß sichergestellt sein, daß es *im Wagenboden keine weitere Öffnung* gibt. Andernfalls könnten nämlich Abgase doch ins Wageninnere gelangen. Besonders bei starkem Schneefall kann das leicht passieren, wenn sich rund ums Fahrzeug ein Schneewall auftürmt.

Was die Aufstellung der Heizung selbst im Wohnraum betrifft, so wird man natürlich Konvektionsheizungen so mittig wie möglich im Wagen plazieren, damit sich die Warmluft wenigstens einigermaßen gleichmäßig verteilen kann. Gut läßt sich so etwas im Kleiderschrank-Unterteil (Bild 118) lösen, weil die Garderobe ja oben im Schulterbereich meist mehr Platz braucht als unten. Eine andere Möglichkeit ist im Küchenblock gegeben, den man ja sowieso mit allen möglichen technischen Geräten vollstopfen muß. Allerdings sollte an gut zugänglicher Stelle auch die *Bedienungselemente* der Heizung sitzen und nicht wie auf dem Bild 117 im letzten Winkel. Dieses Bild zeige ich aber aus einem anderen Grund, nämlich um zu demonstrieren, wie die aufsteigende Warmluft durch ein über der Heizung montiertes *Leitblech*

nach vorn gelenkt werden kann. Wichtig ist, daß bei diesen Heizungen über der Heizung keine Griffe, Metallteile o. ä. installiert werden, weil man sich daran höllisch verbrennen kann, wenn die Heizung eine Weile in Betrieb war.

Optimal sind, wie gesagt nach meiner persönlichen Meinung, die *Warmluft-Umluftheizungen,* weil man bei derartigen Geräten kaum Aufstellprobleme hat. Man bekommt sie in den verschiedensten Größen und Leistungsstufen und ganz nach Wunsch mit einer Frischluft-/Abgasführung seitlich zum Fahrzeug hin, unter dem Wagenboden oder aber auch über Dach.

Das Einbaumodell (Bild 120), das es in zwei Leistungsstufen (2300 kcal und 3300 kcal) gibt, kann sogar in jeder Lage irgendwo in einem Schrank oder Staukasten eingebaut werden, wird außen nicht warm und kann stehend, liegend oder sogar hochkant montiert werden. Es hat auch nur einen verschwindend kleinen Platzbedarf von $545 \times 325 \times 165$ mm und ist komplett mit Ventilator zur Luftumwälzung ausgestattet. Leider hat so viel Gutes auch einen Haken, es ist ziemlich teuer (ca. 1000 DM bis 1500 DM komplett). Die *Rohre* für die Warmluft-Verteilung im Fahrzeug werden innerhalb der Möbel (Bild 128) verlegt und mit Schellen befestigt. Dabei sollte beachtet werden, daß weder die *Biegeradien* zu eng sind (Knickgefahr) noch die Rohre durch Gepäck usw. *beschädigt* werden können. Ein paar Rohrsorten, Anschlußteile usw. zeigt Bild 129, andere Firmen haben ähnliche Teile in ihrem Programm.

Der mit Pos. 1 bezeichnete Kunststoffkanal dient dazu, Warmluft-Rohre im Bereich zwischen einzelnen Möbeln (zwischen den Sitzbänken usw.) abzudecken, damit sie nicht beschädigt werden. Der Pfeil kennzeichnet einen regelbaren eingesetzten Warmluft-Austrittsstutzen. Pos. 2 zeigt das normale Warmluftrohr, wie es in den Möbeln verlegt wird zur Verteilung der Luft im Fahrzeug. Das Abzweigstück im mittleren Rohrbereich zeigt, wie eine Nebenleitung geschaffen werden kann zur Hinterlüftung der Polsterlehnen (Pfeil zeigt Luftaustritte aus dieser Nebenleitung). Auch für die übrigen Verlegeprobleme wie Abzweigungen, regelbare Luftaustritte usw. gibt es genügend Teile. Das rechts im Bild erkennbare dunkle Rohr (DR) ist Dükerrohr, das als Schutzrohr verwendet wird, wenn Warmluftleitungen unter dem Wagenbogen entlang führen. Man kann statt dessen natürlich auch gut PVC-Regenrohre o. ä. einsetzen, sofern sie nicht durch Auspuffwärme in Mitleidenschaft gezogen werden.

Was den *Wärmebedarf* in Campingbussen betrifft, so kann man hier nur Anhaltswerte geben, weil jeder Campingbus anders isoliert, belüftet, eingerichtet und ausgestattet ist. Als Anhalt würde ich sagen, daß kleinere Fahrzeuge noch mit etwa 2000 kcal ausreichend zu beheizen sind, größere mit etwa 3500 kcal, mittlere Isolierwerte und nicht zu große Fensterflächen vorausgesetzt und unter der Annahme, daß es nicht grade in arktische Gefilde geht.

Das muß aber jeder selbst entscheiden und notfalls die Heizung lieber etwas reichlicher auslegen.

Kühlung:

Um keine Mißverständnisse aufkommen zu lassen, muß zwischen der Raumkühlung durch Klimaanlagen o. ä. und der Lebensmittelkühlung in Kühlschränken o. ä. unterschieden werden.

Fangen wir mit der *Raumkühlung* an.

Da besteht erstens die Möglichkeit, wenn man schon eine zusätzliche Kühlung einbauen will, sich eins der im Zubehörhandel erhältlichen *Klimageräte* auf das Wagendach zu setzen.

Diese Geräte erfordern einen entsprechenden Ausschnitt im Dach und erfordern durch ihr Gewicht (zwischen etwa 10 und 55 kg) auch entsprechende Versteifungen des Dachs. Zusätzlich muß man bedenken, daß sie je nach Modell die Fahrzeughöhe um weitere 15 bis 30 cm vergrö-

ßern und auch innen die Stehhöhe etwas verringern. Diese nach dem Verdunsterprinzip arbeitenden Klimageräte erfordern Wasseranschluß oder einen Zusatztank von etwa 20 Liter Inhalt, außerdem Stromanschluß (12 Volt) für die Wasserpumpe und den Ventilator. Der Stromverbrauch für diese Anlagen bewegt sich je nach Modell und Ventilatorgeschwindigkeit zwischen 40 und 80 Watt, was für die Batteriekapazität eine nicht unerhebliche Belastung darstellen kann. Bei einer 48-Ah-Batterie würde das bedeuten, daß die Zusatzbatterie nach rund 5 bis 8 Stunden leer wäre, wenn nicht zwischendurch gefahren wird und kein anderer Stromverbraucher zugeschaltet ist. Diese Klimageräte, die preislich etwa bei 700 bis 2000 DM liegen, erbringen je nach Außentemperatur und Luftfeuchte Kühlleistungen zwischen 1500 und 3000 kcal. Mit manchen Geräten kann man auch die Luft im Fahrzeug entfeuchten, man kann Kochdünste absaugen oder auch ohne Kühlvorgang nur einfach die Anlage zur Lüftung verwenden. Ein Modell kann sogar wahlweise heizen.

Eine andere Möglichkeit der Kühlung stellt der Einbau einer Klimaanlage dar, wie sie beispielsweise in Pkw eingebaut werden. Man sollte bei Interesse auch einmal bei einer größeren Schrottverwertung vorbeischauen, wo auch Pkw's ausgeschlachtet werden. Dort läßt sich sicher so eine Anlage relativ preiswert abstauben und mit etwas Geschick im Fahrzeug installieren. Bei Neufahrzeugen sollte man rechtzeitig mit dem Autohändler reden, viele Nutzfahrzeughersteller haben für ihre Modelle speziell ausgerichtete Klimaanlagen serienmäßig gegen Aufpreis parat.

Für alle die, die sich kein solches Gerät leisten können oder wollen, ein Trost: Eine vernünftige Raumbelüftung, vom Ventilator unterstützt und durch etwas ausgestellte Fenster ermöglicht, bringt in den meisten Fällen auch recht brauchbare Kühlung.

Das zweite, meist sogar eher in Angriff genommene Kühlproblem betrifft die Lagerung wärmeempfindlicher Dinge wie Lebensmittel, Getränke, Farbfilme usw.

Von dem Billig-Kühlverfahren (nasse Lappen um die Lebensmittel wickeln und in den Durchzug hängen) einmal abgesehen kommen zum Einbau hauptsächlich *Kühlschränke* oder *Kühlboxen* zum Einsatz.

Dabei muß grundsätzlich unterschieden werden zwischen dem Absorberverfahren und der Kompressorkühlung. Auf die einzelnen Verfahren einzugehen, ist hier nicht der Raum, aber auf die unterschiedlichen Energiequellen und die Vor- und Nachteile der einzelnen Geräte soll kurz hingewiesen werden.

Absorbergeräte können mit 12 Volt, 220 Volt und Gas betrieben werden, Kompressorgeräte nur mit 12 Volt und 220 Volt. Absorbergeräte sind im Betrieb lautlos, sie sind etwas preiswerter in der Anschaffung und problemloser im Betrieb, da meist sowieso Gas vorhanden ist. Allerdings haben Absorbergeräte zwei wesentliche Nachteile: Erstens sind sie in ihrer Kühlwirkung bei hohen Außentemperaturen begrenzt. Es kann also passieren, daß bei sommerlicher Hitze, die auf die Wagenseite mit dem Kühlschrank knallt, der Kühlschrank nicht mehr kühlt. Zweitens sind Absorbergeräte lageempfindlich. Wenn das Fahrzeug also einmal nicht einigermaßen waagerecht steht, kann es ebenfalls passieren, daß die Kühlleistung zu wünschen läßt.

Bei Absorbergeräten ist nicht nur der Gasanschluß herzustellen (neben dem Stromanschluß für 12 Volt und für 220 Volt), sondern auch ein Abgasrohr nach außen zu führen und die Be- und Entlüftung der Kühlschrankrückseite durch unten und oben in der Fahrzeugwand angebrachte Lüftungsöffnungen sicherzustellen. Außerdem muß der Absorberkühlschrank auch noch gegen den Innenraum so abgedichtet werden, daß kein Abgas ins Fahrzeug gelangen kann.

Eine Menge Arbeit für das bißchen kühle Bier...

Der Kompressorkühlschrank kennt solche Sorgen kaum, er ist mit je einem Stromanschluß für 12 Volt und für 220 Volt zufrieden. Dafür hat man dann auch keine Sorgen mit zu geringer Kühlleistung bei hohen Temperaturen (selbst tropische Temperaturen werden verkraftet) und mit waagerechter Aufstellung (Schräglagen werden ebenfalls gut vertragen). Die Nachteile bei Kompressorkühlanlagen sind der relativ hohe Preis, das Kompressorgeräusch und die Gefahr der knappen Energieversorgung aus der Zweitbatterie. Aus dieser Batterie muß ja noch mehr gespeist werden als nur der Kühlschrank, und so ein Kompressorkühlschrank braucht zwischen 10 und 25 Watt je Stunde. Andererseits ist das recht wenig, wenn man bedenkt, daß ein Absorbergerät bei Stromanschluß bis 125 Watt/h verbrauchen kann.

Was die Geräteform betrifft, so gibt es drei Möglichkeiten, nämlich erstens den normalen *Kühlschrank* (mit oder ohne eingebautes Gefrierfach), zweitens die *Kühlbox* und drittens die *Kühl-Einbau-Aggregate*.

Der normale *Kühlschrank* sollte so installiert werden, daß die Tür einwandfrei zu öffnen geht, daß man ohne Verrenkungen die Schaltknöpfe betätigen kann (und bei Absorbergeräten die Zündflamme kontrollieren kann!) und daß die Tür bei scharfem Bremsen nicht auffliegen kann. Das ist wichtig, weil manchmal vergessen wird, die Türverriegelung einzustellen. Beim nächsten scharfen Abbremsen fliegt dann der ganze Kühlschrankinhalt durchs Fahrzeug. Beim Einbau von Kühlschränken sollte man sich immer an die genaue Einbauanleitung des Herstellers halten, damit weder etwas falsch montiert wird noch die Garantie verloren geht. Kühlschränke, das soll nicht verschwiegen werden, haben einen Nachteil: Wenn man die Tür öffnet, fällt einem manchmal nicht nur der ganze Kühlschrankinhalt entgegen, sondern vor allem fließt jedesmal die Kälte aus dem Schrank heraus. Zu Hause mag das nicht so störend sein, weil ja genug Energie da ist. Im Campingbus dagegen kann das schon ins Gewicht fallen, weil die Kälte ja jedesmal neu erzeugt werden muß. Deshalb sind *Kühlboxen* eine beachtenswerte Alternative. Wenn man dort den Deckel abhebt, geht zwar unter Umständen eine mächtige Kramerei los (kann man mit passenden Drahtkörben in Grenzen halten), aber die Kälte bleibt in der Box unten drin. Der Nachteil der Boxen ist, daß immer Stellfläche verloren geht, weil der Boxendeckel ja nach oben abgenommen werden muß. Man kann sich zwar helfen, indem man entweder den Deckel gleich als Arbeitsplatte für die Küche ausbildet oder die Box in die Sitzbank o. ä. einbaut und dann jedesmal die Polster mit anheben muß, wenn man dran will. Das muß aber jeder selbst entscheiden, ob er diese Lösungen will.

Für diejenigen, die weder das eine noch das andere Prinzip mögen, gibt es *Kompressor-Einbauaggregate,* bei denen man sich selbst einen isolierten Kühlraum gewünschter Größe und Abmessung (bis ca. 200 Liter Inhalt) schaffen kann. Das Kühlaggregat kann bis zu zwei Meter entfernt vom Kühlraum aufgestellt werden, nur der bereits fertig angeschlossene Verdampfer kommt in den mit Hartschaum gut verkleideten Kühlraum, den man nach Belieben als Box, als Kühlfach mit Tür oder auch anders gestalten kann.

Preislich muß man bei Kühlboxen und Kompressorkühlschränken mit etwa 500 bis 1500 DM rechnen, Absorberkühlschränke liegen im Bereich von etwa 450 bis 800 DM.

Lüftung:

Jede Lüftung dient dazu, verbrauchte Luft aus dem Fahrzeug nach draußen zu bringen und frische Luft hinein. Wir unterscheiden im Campingbus zwei Lüftungsarten. Erstens die zwangsweise durch Geräte (Gaskocher, Gasleuchte usw.) bedingte *Dauerlüftung* und zweitens die für das Raumklima erforderliche *regelbare Innenlüftung.* Nur die zweite Lüftung interessiert hier, die vorgeschriebenen Zwangslüftungen sind bei den Gerätebeschreibungen aufgeführt. Die Lüftung des Fahrzeug-Inneren kann auf verschiedene Weise erfolgen. Einmal durch natürlichen *Durchzug,* indem man Fenster und Türen öffnet. Dann durch *künstlich erzeugte Lüftung,* indem die Luft mittels Ventilatoren o. ä. ausgetauscht wird.

Während für den natürlichen Luftaustausch allgemein genügt, in entgegengesetzten Stellen des Fahrzeugs ausstellbare Fenster oder Klappen anzubringen und diese mit entsprechenden Schutzvorrichtungen (Fliegengaze, Einbruchsschutz, Verdunklung usw.) zu versehen, ist für die künstliche Luftbewegung etwas mehr Aufwand erforderlich. Eine gute Voraussetzung ist dann gegeben, wenn man eine Heizung mit Luft-Umwälzung einbaut. Die meisten derartigen Heizungen haben nämlich bereits Vorrichtungen (als Zubehör erhältlich), um bei abgeschalteter Heizung den Umwälzventilator so zu betreiben, daß in regelbarer Menge Frischluft zugesetzt werden kann. Man kann durch Einstellen selbst entscheiden, ob man viel oder weniger Frischluft zuführen oder auch nur die Raumluft umwälzen will. Für den Winterbetrieb ist dabei von Vorteil, daß man natürlich auch bei eingeschalteter Heizung in bestimmter Menge Frischluft zuführen kann. So bekommt man durch Ergänzung seiner Heizungsanlage schon fast so etwas wie eine kleine Klimaanlage. Führend auf diesem Gebiet ist die Münchner Firma Truma, die rund um das Gebiet Gasheizungen eine Menge nützlicher Dinge im Programm hat. Aber auch andere Firmen sind recht aktiv auf dem Gebiet. So zum Beispiel die Firma Coleman (Hamburg), die speziell für Campingfahrzeuge zweckmäßige Klimaanlagen entwickelt hat, die sich auch ohne Kühlwasserzusatz als reine Raumlüftungen verwenden lassen. Weitere Lüftungsmöglichkeiten sind gegeben, wenn man im Küchenbereich einen speziellen Küchenlüfter

Bild 130: Bei komfortabel ausgestatteten Campingbussen gehört eine Ablufthaube (z. B. von Coleman) wie hier im Bild oder zumindest ein Küchenlüfter für die Absaugung der Kochdünste zur selbstverständlichen Ausstattung.

(12 Volt) einbaut oberhalb des Kochers, der die Kochdünste nach draußen transportiert. So ein Küchenlüfter (Truma) wird direkt an der Außenwand oder am Küchenhängeschrank festgemacht, hat einen Durchbruch durch das Karosserieblech nötig und läßt sich natürlich nicht nur zum Absaugen der Kochdünste, sondern auch sonst zum Absaugen verbrauchter Luft einsetzen (Bild 130).

Den gleichen Zweck, das Absaugen verbrauchter Luft (nicht für feuchte Küchendünste geeignet!) erfüllt auch ein handelsüblicher Pkw-Ventilator, wie es ihn in verschiedener Ausführung zu kaufen gibt. Wenn man so einen 12-Volt-Lüfter direkt innen an einen Wanddurchbruch setzt, der außen mit einem Kiemenblech und innen mit einem verschiebbaren Verschluß ausgestattet ist, hat man eine sehr brauchbare Raumentlüftung. Diese

Pkw-Ventilatoren haben meist sogar eine stufenlose Drehzahlregelung. Man sollte aber vor dem Kauf sich das Gerät vorführen lassen. Manche Lüfter sind nämlich so laut, daß man sie nicht nachts zur Fahrzeuglüftung einsetzen kann, ohne um den Schlaf gebracht zu werden.

Bei allen Lüftern, die Luft aus dem Fahrzeuginneren absaugen, sollte man aber auch an entsprechende Luftzuführung denken, also ein Fenster oder eine Klappe nach draußen öffnen, damit kein wesentlicher Unterdruck im Wagen entstehen kann und so möglicherweise Abgase von der Heizung oder anderen Geräten angesaugt werden. In diesem Zusammenhang natürlich noch ein Hinweis: Öffnen Sie nie ein Fenster, das direkt neben dem Abgasstutzen einer Gasheizung, eines Kühlschranks oder ähnlicher Gasgeräte liegt, wenn diese in Betrieb sind. Die Abgase würden sich mit

Vorliebe einen Weg suchen, der Ihnen den Aufenthalt im Fahrzeug unmöglich macht.

Eine andere Möglichkeit der Raumbelüftung stellen noch die Pilzlüfter dar, die als fest eingebaute Dauerlüftung im Wagendach montiert werden und entweder durch den Fahrtwind oder je nach Modell durch einen elektrisch betriebenen Ventilator die Raumentlüftung übernehmen. Das ist insofern sehr praktisch, als ja die verbrauchte warme Luft nach oben steigt und dort dann abgesaugt wird. Man kann diese Pilzlüfter auch beispielsweise gut im Waschraum einsetzen, wo ein Ausstellfenster vielleicht nicht genug Platz hätte. Sie sind so konstruiert, daß kein Regen eindringen kann. Innen wird eine zugelieferte Verkleidung (Kunststoffgitter) auf den Deckenausschnitt gesetzt, die für verschiedene Dachstärken einstellbar ist, so daß also auch keine Verkleidungsprobleme auftauchen können. Dach-Pilzlüfter (z. B. von Elektrolux, Hamburg) sind eine preiswerte Alternative zu anderen Lüftungsmöglichkeiten, allerdings kein voller Ersatz für Ausstellfenster oder derartiges (Bild 131).

Bild 131: Ohne Stromanschluß sorgt schon bei dem schwächsten Windhauch dieser Einbau-Entlüfter (Electrolux) für die Entlüftung des Wageninneren. Außen steht er nur sechs Zentimeter über das Wagendach über und ist regendicht.

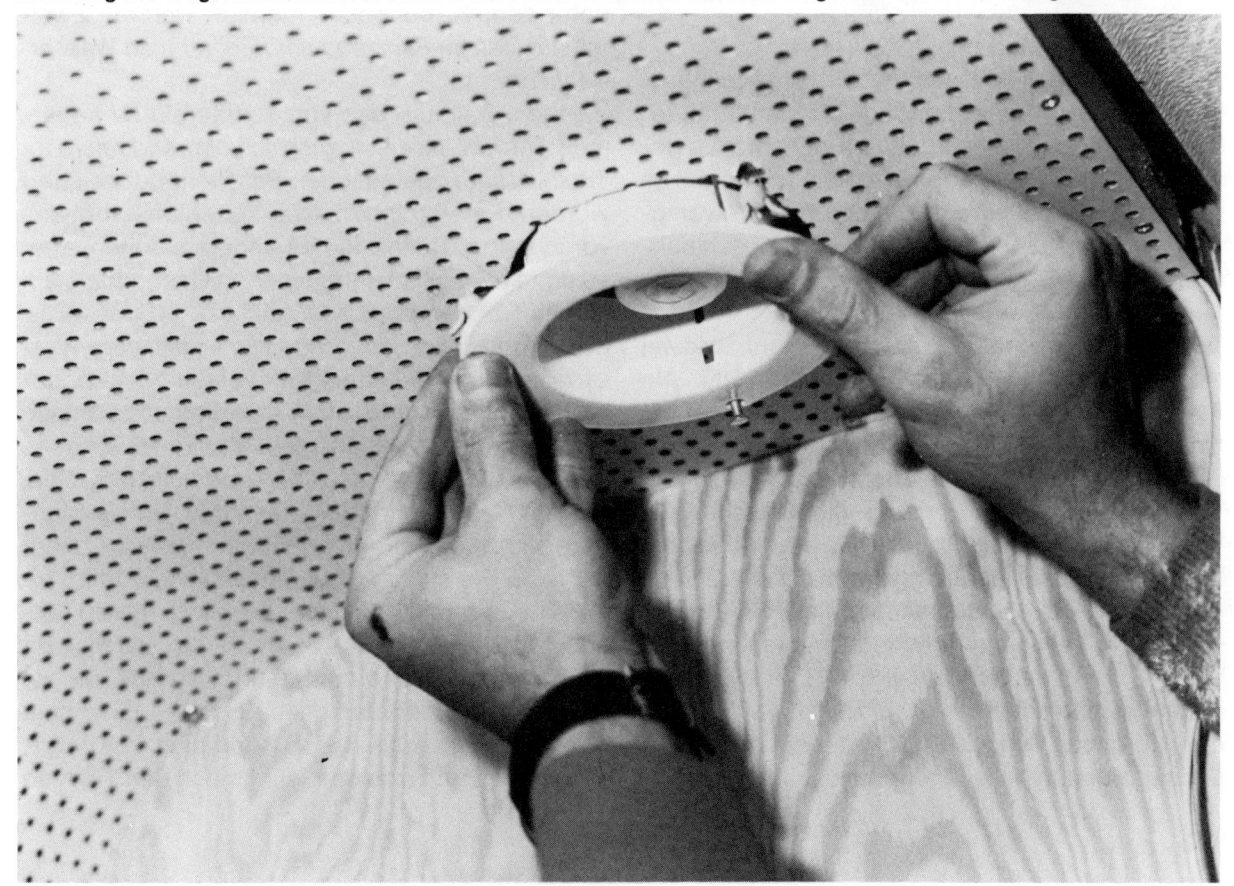

Wasser und Abwasser

Die Wasserversorgung im Campingbus ist heute schon selbstverständliche Grundausstattung. Aber ist sie auch immer optimal gelöst? Der Laie, der sich eine Wasserversorgung installieren will, steht oft doch etwas hilflos vor dem Angebot an unterschiedlichem Zubehör und weiß nicht so recht, für was er sich entscheiden soll.

Deshalb hier zunächst ein paar erklärende Worte zu den einzelnen Bereichen der Wasserversorgung. Ich habe sie der Übersichtlichkeit halber in folgende Gruppen aufgeteilt: *Wasser-Bevorratung, Fördereinrichtungen, Leitungen, Armaturen, Sanitärobjekte, Warmwasserbereitung, Abwasseranlagen.*

Wasser-Bevorratung:

Das Wasser, das im Campingbus zum Waschen, Kochen, Trinken usw. benötigt wird, muß mitgeführt werden, muß also irgendwo im Fahrzeug gespeichert werden. Dieser Wasservorrat muß so groß sein, daß er für die Versorgung von wenigstens zwei bis drei Tagen ausreicht, bei schlechten Nachfüll-Gelegenheiten wie Wüstendurchquerungen usw. entsprechend mehr.

Dabei taucht zunächst die Frage auf, wieviel Wasser denn überhaupt erforderlich ist? Als Faustregel kann man davon ausgehen, daß bei nicht zu heißem Klima pro Person und Tag etwa 8 Liter Wasser für mittlere Ansprüche ausreichen. Wer allerdings im Fahrzeug die Dusche, die Waschmaschine, die Klimaanlage und andere Wasserschlucker benutzt, wird mit diesen Minimalmengen nicht auskommen. Allein ein Duschvorgang von ein bis zwei Minuten verschlingt mühelos 15 bis 25 Liter Wasser!

Für ein mittleres Fahrzeug wie z. B. den VW LT 28, den Mercedes Benz 207/208 oder andere dieser Größenordnung halte ich für Reisen in Europa einen *Frischwasser-Vorrat von etwa 60 bis 100 Liter* für ausreichend, weil sich ja praktisch an jeder Tankstelle, jedem Trinkwasserbrunnen usw. Nachfüllmöglichkeiten ergeben. Für Reisen in wasserarme Gebiete dagegen würde ich auch den Wasservorratsbehälter nicht größer einplanen, sondern lieber Zusatzbehälter (Falttanks, Schlauchbehälter, Kanister o. ä.) mitnehmen, die bei Nichtbedarf wenig Platz beanspruchen.

Man muß nämlich bei der Bemessung des Wasservorrats auch an das Gewicht des Wassers denken (1 Liter wiegt rund 1 kg) und damit an die sowieso nicht allzu üppig bemessene *Nutzlast!* Welche Möglichkeiten gibt es also nun, einen Wasservorrat von angenommen 60 bis 100 Liter im Fahrzeug zu speichern?

Grundsätzlich zwei. Erstens in *fest installierten Wassertanks,* die im Fahrzeug-Innenraum oder unter dem Wagenboden montiert werden. Zweitens in *lose im Fahrzeug untergebrachten Wasser-Kanistern.*

In jedem Fall, um das von vornherein zu sagen, muß Trinkwasser in *hygienisch einwandfreien,* für *Trinkwasser* zugelassenen *Behältern* gespeichert werden. Es wird Ihnen zwar kein Mensch etwas vorschreiben, wenn Sie es anders machen, aber es dient schließlich Ihrer eigenen Gesundheit, auf solche Sachen Wert zu legen.

Zu *Methode Nummer 1,* den *fest installierten Wassertanks:* Man bekommt aus verschiedenen, unbedenklichen Werkstoffen gefertigte, hygienisch einwandfreie Wassertanks als Unterflurtanks und als Überflurtanks. Die Unterflurtanks sind, wie der Name schon erkennen läßt, für die Montage unter dem Fahrzeugboden gedacht. Aber schauen Sie sich mal als Beispiel das Bild 25 einer Transporter-Unterseite an (die anderen Modelle sind ähnlich verschachtelt). Wo soll man da noch einen Wassertank anbringen, ohne mit der Heizung, dem erforderlichen Abwassertank, dem Reserverad, dem heißen Auspuff usw. in Konflikt zu kommen und trotzdem auch noch den Tank so anbringen, daß die Bodenfreiheit nicht eingeschränkt wird? Die Bodenfreiheit ist nämlich eines der größten Argumente, den *Wassertank in das Fahrzeug-Innere* zu verlegen. Andernfalls kann man auf einer schlechten Wegstrecke, an einem Bordstein, einem vorstehenden kleinen Fels oder anderen neckischen Dingen sehr schnell seinen Tank leckschlagen und sitzt dann ohne Trinkwasser da. Bei dem immer (oder besser: möglichst immer) unter dem Wagenboden anzubringenden Abwassertank ist das nicht so tragisch. Wenn er wirklich mal leck ist, kann nur das Abwasser ablaufen. Das ist zwar weder umweltfreundlich noch angenehm, aber auch nicht direkt tragisch.

Deshalb empfehle ich, den Frischwasservorrat im Fahrzeug unterzubringen, wo weder *Steinschlag* noch *Frost* dem Wasservorrat zu Leibe rücken können. Da Wasser ja recht gewichtig ist, sollte man den Vorrat so tief wie irgend möglich im Fahrzeug speichern, damit die Schwerpunktlage nicht noch verschlechtert wird. Also unten im Küchenblock, im Kleiderschrank oder am besten unten in einer der Staukisten, die als Sitzbänke dienen.

Die für diese Zwecke vorgesehenen fest zu installierenden Tanks sind zwar auch aus hygienisch einwandfreiem Kunststoff, aber lange nicht mehr so dickwandig und schwer wie die Unterflurtanks. Das brauchen sie auch nicht zu sein, denn sie sind ja geschützt in irgendwelchen Möbeln eingebaut. Man bekommt die Tanks in so vielen verschiedenen Abmessungen, daß es für fast jede Einrichtung ein maßlich passendes Modell gibt. Wie schon gesagt, ich würde einen fest installierten Frischwassertank an der Stelle einbauen, wo erstens die Wasserleitungen zu den einzelnen Zapfstellen gut zu verlegen sind, wo zweitens der Stauraum nicht so häufig gebraucht wird bzw. schlechter zugänglich ist (dem Wasser ist das egal, es wird ja gepumpt) und wo drittens der Wasservorrat wieder bequem aufgefüllt werden kann.

Das Auffüllen ist nämlich auch so ein Problem, das einem auf Reisen zu schaffen machen kann. Zu Hause geht das mit einem sauberen Trinkwasserschlauch ganz gut. Aber unterwegs paßt oft der mitgenommene Schlauch nicht an den fremden Wasserhahn. Dann muß man das Wasser in Kanistern heranschleppen. Zum *Befüllen des Tanks* wird in die Fahrzeug-Außenwand ein spezieller *Einfüllstutzen* eingebaut (Durchbruch rechtzeitig anbringen!). Dieser Stutzen hat eine verschließbare Klappe, damit er weder mit dem Benzinstutzen verwechselt werden kann noch zu dummen Streichen Veranlassung geben kann. Der Einfüllstutzen wird durch einen klaren *trinkwassergeeigneten* PVC-Schlauch fest mit dem Zulaufstutzen des Tanks verbunden (Schlauchschellen verwenden). Der außen in die Fahrzeugwand eingelassene Einfüllstutzen muß über der obersten Stelle des Wassertanks sitzen, aber auch wieder nicht so hoch, daß man ihn von außen nur mit einer Leiter erreichen kann! Was die Ausführung des Wassertanks selbst betrifft, so ist man hierbei von der Entscheidung abhängig, mit welcher Fördereinrichtung das Wasser transportiert werden soll, ob also eine Saugpumpe, eine Tauchpumpe oder eine andere Pumpe eingesetzt wird. Unabhängig davon sollte man sich aber bei der Beschaffung des Wassertanks von ein paar Überlegungen leiten lassen: Erstens muß der Tank natürlich in die geplanten Möbelzwischenräume hineinpassen (es gibt auch *flexible* Gummisack-ähnliche *Tanks,* die sich dem Stauraum anpassen und bei nur teilweiser Füllung mehr Stauplatz bieten als starre Tanks). Zweitens muß der Tank jederzeit gut innen zu säubern sein, also muß er eine entsprechend *große Verschraubung* aufweisen. Drittens muß der Tank an der tiefsten Stelle einen absperrbaren *Restentleerungsstutzen* aufweisen, damit man den Tank bei Nichtgebrauch des Fahrzeugs auch entleeren kann. Viertens, sofern nicht in der Einfülleitung bereits enthalten, muß der Tank eine *Entlüftungs-*

leitung angeschlossen bekommen, sofern es sich nicht um einen Drucktank handelt. Fünftens schließlich sollte man auch bedenken, daß man auf irgendeine Weise den jeweiligen *Füllgrad des Tanks* ablesen möchte, sonst geht die Raterei los, wie voll der Tank noch ist. Hierfür gibt es aber eine ganze Reihe elektronischer Meßeinrichtungen für nachträglichen Einbau (nur für einen Schwimmer-Anzeiger braucht man einen zusätzlichen Stutzen).

Unterflurtanks müssen mit soliden Halterungen oder durch rundum angebrachte Schrauben besonders stabil befestigt werden, sonst ist man so einen schwergewichtigen Behälter unterwegs schneller los, als man ihn montiert hat. *Überflurtanks* dagegen, die in Möbeln installiert werden, brauchen überhaupt nicht befestigt zu werden, sie können ja nicht weg. Ich würde lediglich zwischen Tankunterseite und Fußboden eine etwa 20 mm starke Hartschaum- oder Filzplatte und eine Zwischenfolie glatt auflegen, damit der Tank satt aufliegt und zusätzlich gegen Bodenkälte geschützt ist. Auch seitlich kann man die Lücken zwischen Tank und Möbelwänden noch mit Schaumstoff o. ä. ausstopfen als Schutz gegen Kälte, Fahrerschütterungen usw., nachdem alle Leitungen am Tank angeschlossen wurden.

Methode Nummer 2, nämlich *einzelne Wasserkanister* als Vorratsbehälter einzusetzen, hat dann Vorteile, wenn man seinen Campingbus möglichst preiswert und ohne großen technischen Aufwand einrichten will. Die einzelnen Kanister (in Größen zwischen etwa 8 und 20 Liter erhältlich) gibt es in vielen Abmessungen. Man kann aus Platzgründen so vorgehen, daß man nur jeweils unter der Zapfstelle (also am Wasserhahn der Küche und des Waschraums) einen Kanister in den Möbeln unterbringt und den restlichen Wasservorrat in weiteren Kanistern im Stauraum. So ein Kanister geht rasch zu wechseln, wenn er leer ist. Er läßt sich auch zum Füllen leicht bis zur Wasserstelle transportieren (notfalls mit einem kleinen Transportwägelchen).

Er muß allerdings sowohl an der Verbrauchsstelle als auch im Stauraum so sicher aufgestellt werden, daß er nicht umfallen kann. Die Kanister bekommt man mit normaler und mit Weithalsverschraubung. Ich würde wegen der empfehlenswerten Tauchpumpen und wegen leichterer Reinigung der Kanister immer eine Weithalsverschraubung vorziehen. Die Tauchpumpe (s. Fördereinrichtungen) wird mit ihrem Kabel durch eine Bohrung im Schraubdeckel geführt und das Kabel dann an einer 12-Volt-Klemme angeschlossen. Der volle Kanister muß dann jeweils an seinen Standort gehievt, die Pumpe eingesetzt und der Deckel aufgeschraubt werden. Da es hierbei oft zu etwas Pantscherei kommt, sollte man die Möbel in diesem Bereich gut gegen Nässe schützen!

Da die Wasserkanister meist aus transparentem Material bestehen, benötigt man keine Wasserstandsanzeige zusätzlich. Die Füllhöhe läßt sich optisch jederzeit kontrollieren.

Fördereinrichtungen:

Die früher einmal als Primitivmethode übliche Wasserförderung durch Schwerkraft mittels hochstehender Wasserbehälter kann man heute als überholt ansehen.

Die einfachste Form der heute üblichen Wasserpumpen stellt die *Handpumpe* (Bild 132) dar. Sie wird am Beckenrand montiert. Ein trinkwassergeeigneter Schlauch wird vom Wasserbehälter bis zum Anschluß-Stutzen der Pumpe geführt und nach ein paar Pumpbewegungen am Handhebel fließt Wasser. Einfach und robust, aber umständlich, wenn man sich mal mit beiden Händen zugleich waschen will.

Bequemer sind elektrische *Tauchpumpen,* wie sie hauptsächlich bei Wasserversorgungen dann eingesetzt werden, wenn als Vorratsbehälter Kanister benutzt werden (Bild 140, Pfeil). Tauch-

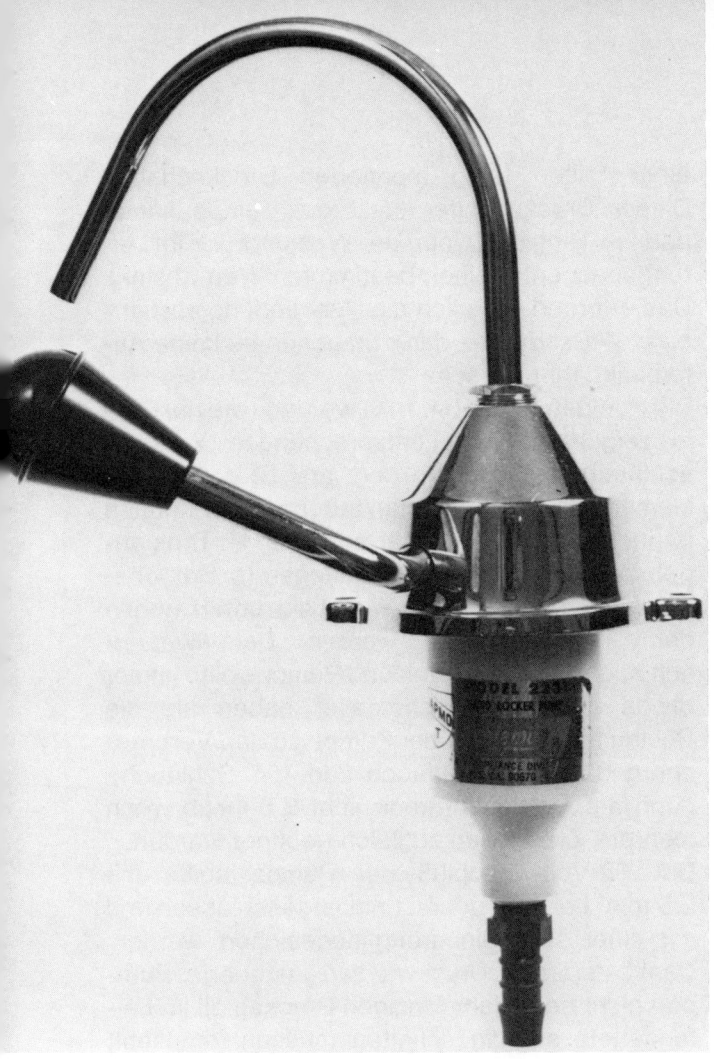

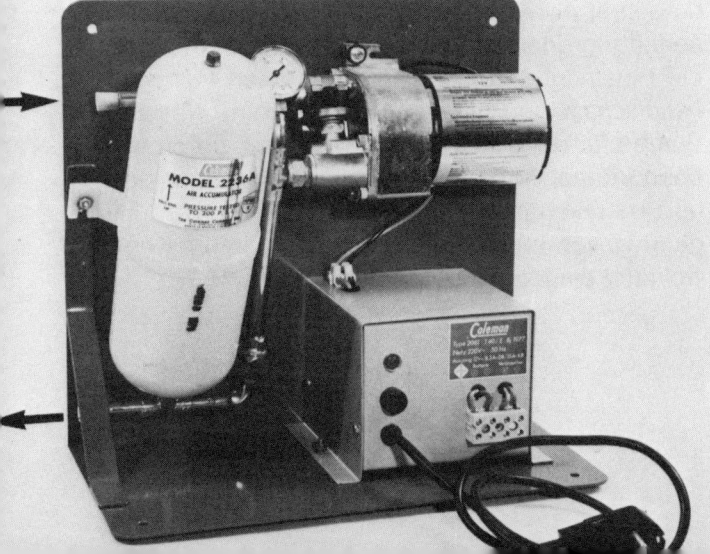

Bild 132 (oben): Sofern ein 12-Volt-Anschluß nicht möglich oder gar unerwünscht ist, läßt sich mit Erfolg so eine selbstansaugende Handpumpe (Fabrikat Coleman) einsetzen.

Bild 133 (oben): Zentrifugal-Wasserpumpe mit einer Fördermenge von cirka 9 l/min, die Stromaufnahme liegt bei etwa 5 Ampere bei 12 Volt (Fabrikat Coleman).

Bild 134 (darunter): Mit angebautem Druckschalter und eingebautem Rückschlagventil sowie Thermoschutzschalter leistet diese selbstansaugende Wasserpumpe bei 6,5 A Stromaufnahme (12 V) eine Pumpleistung von etwa 12 l/min (0,7 bis 1,4 bar) (Fabr. Coleman).

Bild 135 (links): Im Pumpen-Set (Coleman) ist die selbstansaugende Pumpe mit Manometer, Rückschlagventil, Druckschalter, Akkumulatorentank und Gleichrichter (220/12 V) mit automatischer Stromumschaltung zu einer anschlußfertigen Einheit zusammengebaut.

Bild 136 (unten): Der Akkumulatorentank (Coleman) ist ein kleiner Druckspeicher für die Wasserversorgung.

pumpen sind preiswert (DM 20,– bis 40,–), liefern zwischen 4 und 15 Liter/min Wasser über mehrere Meter Entfernung und bis zu etwa 2 Meter Förderhöhe und werden nur mit einem Wasserschlauch in den Kanister eingehängt. Strom bekommen sie über ein wasserdicht angeschlossenes zweiadriges Kabel (12 Volt). Bei manchen Modellen muß das Kabel so angeschlossen werden, daß die *Drehrichtung* der Pumpe stimmt! Ein kurzer Probelauf klärt, welche der beiden Leitungen über den Betätigungsschalter (am Automatikhahn oder einem Taster) an Plus angeschlossen werden muß. Der zweite Leiter wird dann wie gehabt mit der Karosseriemasse verbunden. Die Tauchpumpe läuft so lange, wie sie Strom bekommt, man sollte sie aber nach Möglichkeit nicht trocken laufen lassen. Für jeden Wasserhahn ist eine gesonderte Tauchpumpe erforderlich, da die hierfür verwendeten Hähne freien Auslauf haben. Für den Einsatz bei fest installierten Tanks besser geeignet sind *Zentrifugalpumpen* (Bild 133), die recht leistungsstark sind, aber einen Wasserzulauf erfordern. Das bedeutet in der Praxis, daß sie möglichst tiefer als der Wassertank sitzen sollten und der Tank den Pumpenstutzen ebenfalls in Bodennähe haben muß. Solche Zentrifugalpumpen für 12 Volt Stromanschluß leisten etwa 9 Liter/min und kosten um die 80 DM.

Optimal für den Einsatz bei der Wasserversorgung im Campingbus sind *selbstansaugende Automatikpumpen* (Bild 134). Mit solchen Pumpen, die es ähnlich auch von anderen Herstellern gibt, kann man nicht nur mehrere Zapfstellen mit Wasser versorgen, sondern auch Warmwasserbereiter, Gas-Durchlauferhitzer usw. in die Wasserversorgung einbauen. Natürlich muß man bei solchen Pumpen, die es auch schon fertig zu einer kompletten Versorgung zusammenmontiert gibt (Bild 135), mit einem Einzelpreis von etwa DM 130,– rechnen. Diese Pumpen besitzen meist ein eingebautes Rückschlagventil, oft auch wie hier das Modell von Coleman einen werkseitig

eingestellten fertig montierten Druckschalter. Dieser Druckschalter setzt die Pumpe immer dann in Tätigkeit, wenn der Wasserdruck im Leitungsnetz unter einen bestimmten Wert absinkt. Das erfordert natürlich die Verwendung *absperrbarer Wasserhähne,* dafür brauchen es keine Automatikhähne zu sein.

Die Pumpen (Bild 134, 135) werden (wie die Pfeile zeigen) nur mit entsprechenden Wasserschläuchen versehen und an 12 Volt angeklemmt. Sie sind selbstansaugend und können daher sogar dann Wasser aus oben im Tank angebrachten Wasserstutzen saugen (s. Betriebsanleitung der Pumpe!), wenn sie unten neben dem Tank installiert werden. Der Wasserschlauch zwischen Tank und Pumpe sollte immer etwas *größeren* Durchmesser haben als die Schlauchleitung von der Pumpe zu den Verbrauchern (z. B. $1/2''$ Schlauch und $3/8''$ Schlauch), dann fällt der Wasserdruck nicht so sehr ab, wenn mehrere Zapfstellen zugleich geöffnet werden.

Der 12-Volt-Anschluß der Pumpe sollte mit 2,5 mm^2 Leitungsquerschnitt angeschlossen und mit einer 10 A-Sicherung abgesichert werden. Damit derartige Druckwasser-gesteuerte Pumpen nicht bei jedem winzigen Druckabfall im Leitungsnetz ständig schalten müssen, empfiehlt sich der Einbau eines *Druckausgleichsbehälters* (Bild 136), der aus leichtem Kunststoff besteht und lediglich mit einem Stück Schlauch über ein T-Stück an die Druckwasserleitung angeschlossen wird. Noch ein Tip: Damit Sie nicht vor einer mittleren Überschwemmung stehen, wenn während Ihrer Abwesenheit vom Fahrzeug eine Wasserleitung undicht wird oder platzt, bauen Sie in die Plusleitung zur Pumpe noch einen *Pumpenhauptschalter* ein, mit dem Sie die Stromzufuhr zur Pumpe für die Dauer der Abwesenheit unterbrechen können. So ein Pumpenhauptschalter gehört natürlich in den Sichtbereich (und nicht irgendwo versteckt), am besten sogar in die Kontrolltafel eingebaut (Bild 105).

Wasserleitungen:

Trinkwasserleitungen in Campingbussen bestehen meist aus gewebeverstärktem, hygienisch unbedenklichem PVC-Schlauch (heißwasserfest) oder aus Kupferrohr (mit Lötfittings). Praktisch ist auch das wärmebeständige Polypropylen-Rohr, das mit Steck-Fittings (Fußbodenheizungsbau) schnell zu verlegen ist. Schlauch-Anschlüsse werden mit Schellen gesichert, damit die Schläuche nicht abrutschen können.

Abzweigungen werden mit dem passenden T- oder Y-förmigen Schlauchverbinder aus Hartplastik hergestellt. Schlauchverlängerungen erfolgen mit Hilfe von graden Schlauchverbindern, Übergänge von Schläuchen unterschiedlicher Durchmesser werden mit Übergangsstücken bewältigt. Ein Problem, das immer wieder mal auftaucht, ist die Frage, wie man PVC-Schläuche auf einen Stutzen draufbekommt, der etwas größeren Außendurchmesser als der Schlauchinnendurchmesser hat.

Hierfür gibt es einen simplen Trick: Halten Sie das Schlauchende einfach ein paar Minuten in kochend heißes Wasser und schieben Sie es dann schnell auf den Stutzen.

Für Abwasserleitungen brauchen Sie natürlich nicht die teuren Trinkwasserschläuche zu nehmen, hier reicht billiger Industrieschlauch allemal. An Stellen, wo Sie über eine längere Strecke Wasserleitungen verlegen müssen oder wo die Wasserleitungen durch mechanische Einwirkungen beschädigt werden könnten (Gehbereich usw.), nehmen Sie statt des Schlauchmaterials lieber *Kupferrohr*. Es ist zwar teurer und muß an den Verbindungsstellen gelötet werden, aber es ist solider und vor allem kann es bei den längeren Strecken nicht durchhängen, auch wenn es nur an ein paar Stellen befestigt wird. Das ist nämlich auch so eine Sache mit der Leitungsführung: Ob Schlauch oder Rohr, beides sollte *ohne jede Wassersackbildung* so gleichmäßig wie möglich verlegt werden und dabei unbedingt ein (wenn auch noch so kleines) Gefälle zu einer tief gelegenen *Entleerungsstelle* oder dem Wassertank hin aufweisen. Bei den Anlagen, wo die selbstansaugende Wasserpumpe unten beim Wassertank steht, kann man direkt hinter dem Druckstutzen der Pumpe einen *Entleerungshahn* anbringen und dort bei Stillegung des Fahrzeugs oder bei Frostgefahr die gesamte Wasserleitung nach draußen entleeren. Das ist auch dann von Zeit zu Zeit angebracht, wenn man die Leitungen von möglichen Ablagerungen, Bakterien usw. reinigen will. Abgesehen von dieser Leitungsverlegung mit Gefälle und Entleerungshahn sollte man generell darauf achten, möglichst nur kurze Wasserleitungen zu bekommen und diese innerhalb der Möbel so zu verlegen, daß sie jederzeit (durch das klare PVC-Material hindurch) auf ihren Zustand kontrolliert werden können. Außerdem kann man leicht zugängliche Leitungen auch bequem mal auswechseln, wenn dies nötig wird. Das Verlegen der Leitungen erfolgt mit passenden Schellen, die an die Möbelwände *geschraubt* werden (nicht nageln, sonst sind die Leitungen nicht auswechselbar). Außerdem sollten Sie darauf achten, Wasserleitungen niemals an den Außenwänden entlang zu legen wegen der möglichen Gefahr des Einfrierens im Winter. Werden Wasserleitungen parallel entlang den Heizungsrohren verlegt, werden sie zwar nicht einfrieren, solange die Heizung in Betrieb ist, aber man hat immer das Wasser lauwarm. Wie man Warmwasser aber zweckmäßiger erzeugt, wird im Abschnitt »Warmwasserbereitung« erläutert.

Wenden wir uns deshalb zunächst den Armaturen zu.

Armaturen:

Hauptsächlich versteht man darunter die verschiedenen Wasserhähne, Absperrventile usw., die zur Betätigung der Wasserversorgung nötig sind. Bei den Wasserhähnen, die am Wasch-

oder Spülbecken montiert werden, unterscheidet man erstens nach der Art der Montage nach *Standarmaturen* und *Wandarmaturen*. Standarmaturen sind beispielsweise alle Hähne, die oben auf dem Beckenrand stehend montiert werden, während Wandarmaturen sowohl an der Wand über dem Waschbecken als auch in dem Waschbecken seitlich montiert werden können. Diese Anbringung im Becken ist immer dann erforderlich, wenn das Becken nach Gebrauch mit einer Platte abgedeckt werden soll und die einschwenkbaren Wasserhähne dabei nicht hindern sollen. Im allgemeinen aber werden Standarmaturen bevorzugt verwendet, weil man sie griffgerecht am Rand des Wasch- oder Spülbeckens montieren kann und es dabei auch kaum Abdichtprobleme gibt. Zweitens unterscheidet man bei Hähnen nach *Auslaufrohren, Automatikhähnen* und *Wasserhähnen*. Auslaufrohre oder *Auslaufhähne* sind im Grunde nichts weiter als metallische Verlängerungen der Wasserleitung (Bild 137 oben links und rechts), die das Wasser ohne jede Absperrung frei ins Becken laufen lassen. Sie werden dann angewendet, wenn die Wasserpumpe zur Förderung über einen gesonderten Schalter oder Taster (Klingelknopf) eingeschaltet wird. Vorzugsweise werden sie bei Tauchpumpen eingesetzt, wenn man aus Wasserspargründen die Pumpe nicht über einen Automatikhahn betreiben will.

Automatikhähne sind Wasserhähne, bei denen beim Betätigen des eingebauten Absperrventils zugleich ein elektrischer Schalter (ebenfalls eingebaut) geschlossen wird. Beispiele sind aus den Bildern 137 untere Reihe 138, links und links Mitte, sowie 139 rechts und Mitte ersichtlich. Allen Automatikhähnen gemeinsam ist entweder ein zweipoliges Kabel, das vom Schalter herkommt, oder ein angebauter Schalter mit AMP-Steckanschlüssen.

Automatikhähne werden dann eingesetzt, wenn durch Öffnen des Hahns zugleich ein elektrischer Kontakt geschlossen werden soll, über den der Pluspol des Bordnetzes die Wasserpumpe in Betrieb setzt. Mit dem Schließen des Automatikhahnes wird dieser Kontakt ebenfalls unterbrochen und die Pumpe fördert kein Wasser mehr. Diese Anordnung hat dann einen kleinen Nachteil, wenn man Wasser sparen will: Man öffnet den Wasserhahn, die Pumpe fördert, man wäscht sich, trocknet sich die Hände ab und schließt den Hahn wieder, damit die Pumpe ebenfalls abschaltet. In der Zwischenzeit ist aber schon viel Wasser nutzlos abgeflossen. Besser ist zu diesem Zweck die Verwendung eines einfachen Auslaufrohrs und eines Fußschalters oder Klingelknopfes, durch dessen Betätigung die Pumpe nur so lange Wasser fördert, wie man es wirklich braucht.

Natürlich geht das nur bei relativ einfachen Wasserversorgungen. Bei den *Druckwasser-Anlagen,* wie sie eigentlich erst den richtigen Komfort im Fahrzeug ermöglichen, werden statt der vorher aufgezählten Armaturen *normale Wasserhähne* verwendet, wie man sie auch von zu Hause her bereits kennt. Das sind im Grunde auch nur Auslaufrohre, aber mit einer Absperrung, einem Ventil dazwischen. Da ja die neueren Wasserversorgungsanlagen, zumal wenn auch noch Warmwasser dazu kommt, fast alle als Druckwasseranlagen ausgeführt werden (s. Abschnitt Fördereinrichtungen), genügt das Öffnen eines Absperrventils (also des Wasserhahns), um den Druck im Leitungsnetz absinken zu lassen und damit die Pumpe (druckgesteuert) einzuschalten. Sobald der Hahn wieder abgedreht wird, staut sich der Druck im Leitungsnetz so stark, daß die Pumpe abschaltet und der Druck sich normalisiert.

Beispiele für übliche Wasserhähne zeigt Bild 138 rechts und Mitte rechts.

Wasserhähne, ob nun als Automatikhähne (mit Schalter) oder als übliche Absperrhähne gibt es als *Einzelhähne* (Bild 139 Mitte) oder als sogenannte *Mischbatterien* (Bild 139 rechts). Mischbatterien verwendet man dann, wenn man

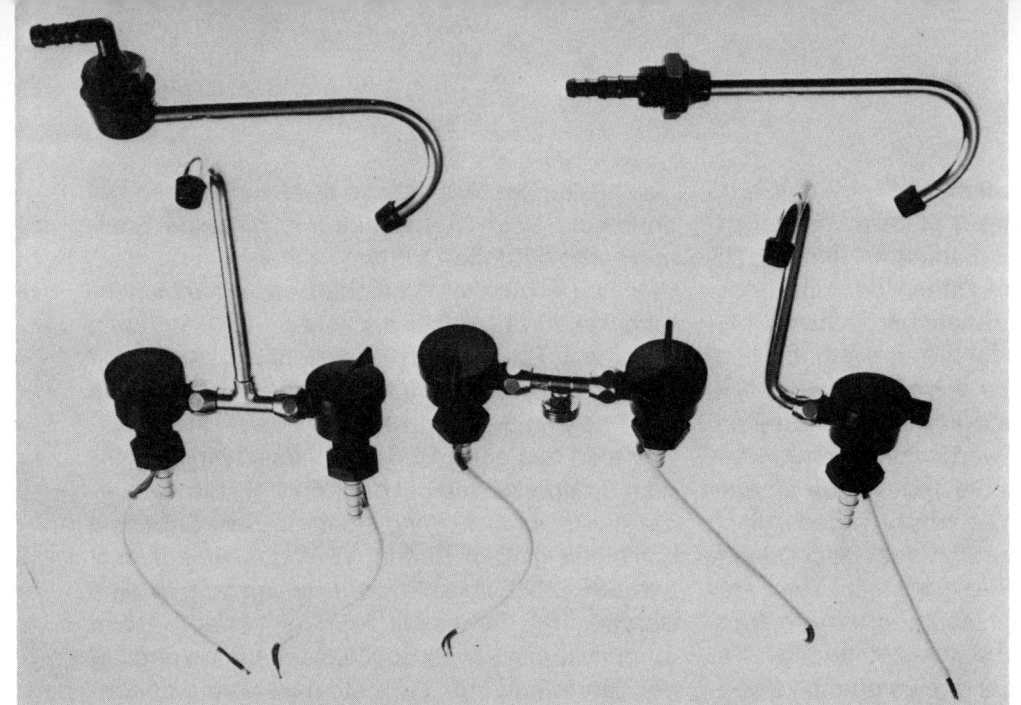

Bild 137: Unten links Automatik-Mischbatterie, in der Mitte dieselbe Batterie für Duschanschluß, rechts ein Automatik-Wasserhahn. Alle Hähne für Standmontage mit griffigen Bedienelementen. Oben links ein einfacher Auslaufhahn für seitlichen Einbau, rechts für Standmontage (Barwig).

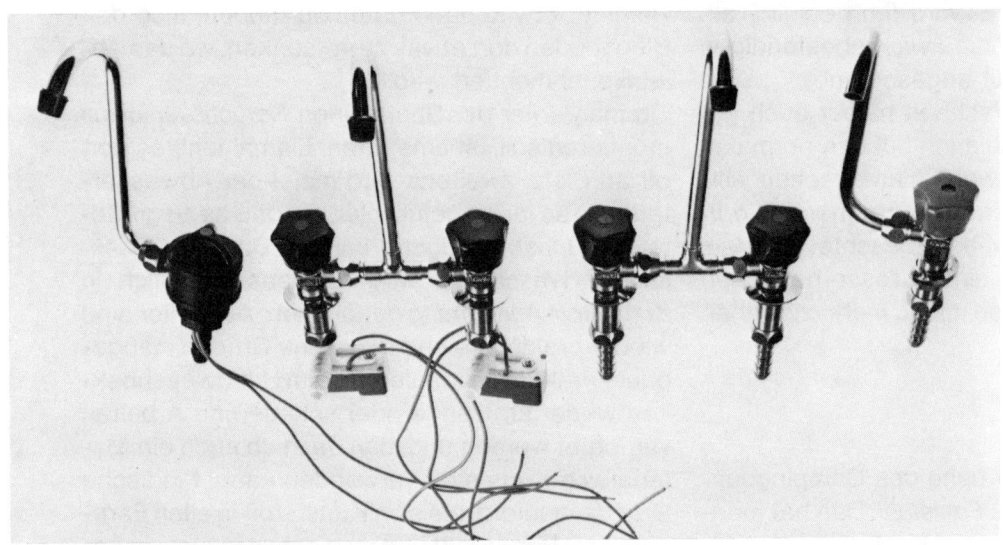

Bild 138: Wasserhähne gibt es in vielen Ausführungen. Links ein Automatikhahn für Standmontage. Links Mitte Automatik-Mischbatterie, rechts Mitte Auslauf-Mischbatterie, rechts Auslaufhahn (Coleman).

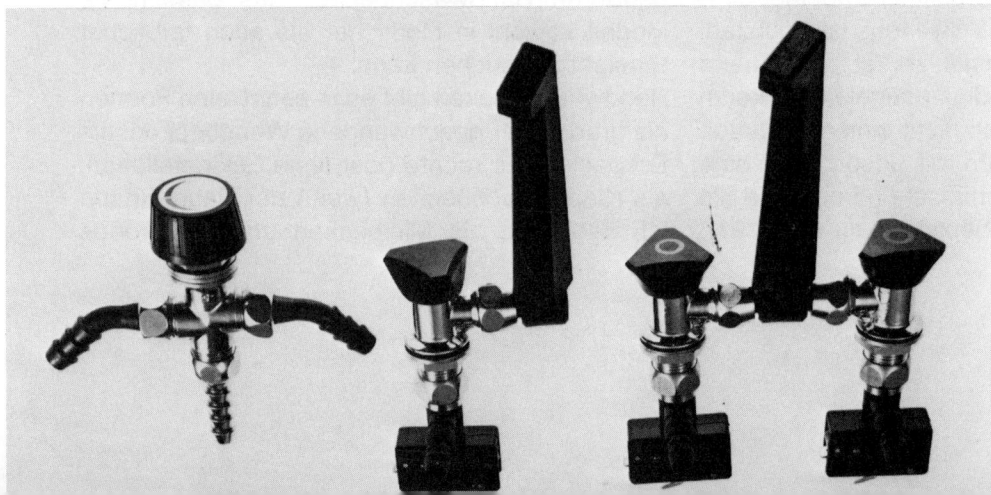

Bild 139: Links der Einbau-Vormischer zum Vorwählen einer bestimmten Wassertemperatur. Mitte ein griffiger Automatik-Wasserhahn, rechts eine Automatik-Mischbatterie (Barwig/Zoth). Diese Hähne lassen sich sowohl links wie rechts einbauen, die Ausläufe sind schwenkbar.

203

einen Kaltwasser-Anschluß und einen Warm-wasser-Anschluß an einer Zapfstelle zusammen-führen will. Allerdings hat man dabei einen Nach-teil. Man muß bei jedem Öffnen der Hähne die Mischtemperatur aus warmem und kaltem Was-ser neu einregulieren. Deshalb ist die modernere Lösung der Einsatz eines *Vormischers* (Bild 139 links), bei dem Warm- und Kaltwasser an je einem Stutzen angeschlossen werden und die am Kne-bel einstellbare gewünschte Temperatur an dem dritten Stutzen entnommen bzw. von dort aus zu einem einfachen Wasserhahn oder dem Dusch-hahn usw. geführt wird. Die eingestellte Tempera-tur bleibt dann stets gleichmäßig, sofern die Was-sertemperaturen selbst sich nicht ändern. Für den Einsatz in der Dusche gibt es ebenfalls spe-zielle Armaturen als Mischbatterien oder Einzel-hähne (bei Vormischer). Es wird dann lediglich ein Duschkopf mittels einem wärmebeständigen Schlauch an der Armatur angeschraubt.

Man kann aber der Einfachheit halber auch gut bloß jedesmal einen Schlauch auf den normalen Wasserhahn schieben, wenn man duschen will. Unbedingt sollte beim Kauf von Hähnen die *grif-fige Ausführung* des Knebels beachtet werden. Sonst hat man nachher einen Wasserhahn, den man mit nassen Händen nicht mehr zudrehen kann.

Sanitärobjekte:

Das *Spülbecken* in der Küche des Campingbus-ses besteht zumeist aus *Edelstahl.* Das hat meh-rere Gründe. Erstens sind die Koch-Spül-Kombi-nationen, die im Handel erhältlich sind, fast aus-schließlich aus Edelstahl. Zweitens ist Edelstahl ein zweckmäßiges Material, es ist weitgehend kratzfest, wärmebeständig, pflegeleicht, kaum kaputtzukriegen und noch nicht einmal so teuer. Wer es noch billiger haben will, besorgt sich eine große runde Edelstahlschüssel und baut die als Waschbecken oder Küchenspüle ein (Bild 191).

Solche Rundbecken gibt es aber auch schon se-rienmäßig (Bild 192) genau wie einzelne Edel-stahl-Abdeckungen für Gaskocher.

Wer sich farblich mit der Spüle besser der Einrich-tung des Fahrzeugs anpassen möchte, kann auch auf Spülbecken aus *Keramik, Kunststoff* oder *emailliertem Blech* ausweichen, die aber alle nicht so zweckmäßig sind wie Edelstahl.

Wer sich aus einer großen Schüssel ein Wasch-oder Spülbecken selbst baut, muß auf die *sachge-rechte Ablaufausführung* achten. Eine Schüssel hat einen glatten Boden. Wird das Ablaufventil (wo der Stöpsel reinkommt) nur einfach in eine Bohrung im Schüsselboden eingebaut, bleibt rundum immer etwas Spülwasser stehen und bil-det Bakterienherde! Deshalb muß darauf geach-tet werden, die Ablaufbohrung notfalls mit einem Hammer etwas nach unten zu treiben, also den Blechboden dort etwas zu versenken, wo das Ab-laufventil montiert wird.

Ob man unter der Spüle einen *Geruchsverschluß* montieren soll, ist umstritten. Einmal fehlt es dort oft an Platz, zweitens wird meist der Abwasser-tank nie so lange gefüllt bleiben, daß es zu größe-rer Geruchsbelästigung kommt. Das *Waschbek-ken im Waschraum* wird fast ausschließlich in *Kunststoff-Ausführung* genommen. Auch hier sind wieder praktische und modische Gründe maßge-bend. Praktische insofern, als im Handwaschbek-ken weder kratzende oder scheuernde Arbeiten verrichtet werden und man deshalb auch ein Ma-terial wie Kunststoff verwenden kann. Modische Gründe insofern, als sich Kunststoff in allen Farb-tönen einfärben läßt und man bei dem reichen An-gebot an Handwaschbecken das passendste Modell sowohl in maßlicher als auch farblicher Hinsicht aussuchen kann.

Handwaschbecken gibt es in sehr vielen Formen als grade oder geschwungene Wandbecken, als Eckbecken für rechte oder linke Eckinstallation, als Klappwaschbecken (wenn der Raum knapp ist, Bild 197), als Minibecken und als großes

Wand-zu-Wandbecken, das sich genau auf Maß zurechtsägen läßt.

Viele Hersteller bieten dazu noch die übrige Waschraum-Ausstattung wie Ablage, Spiegel, Spiegelschrank, Brausetasse, WC-Papierhalter usw. im gleichen Material und Farbton an. Dadurch hat man die Möglichkeit, bei rechtzeitiger Einplanung seinen Waschraum komplett mit einem aufeinander abgestimmten Programm einzurichten. Mehr zu diesem Thema im Kapitel »Dusche, Waschraum und WC«.

Bei der *Montage der Kunststoffbecken* gibt es ein paar Dinge, die beachtet werden sollten. Die meisten Waschbecken haben zwar rundum einen verstärkten Rand, aber größeren Belastungen ist der auch nicht immer gewachsen. Deshalb sollte man die Becken entweder auf einen *Leistenrahmen* oder einen *Unterbau* montieren, in dem man auch noch weitere Dinge (WC, Schubladen o. ä.) unterbringen kann. Befestigt werden die Handwaschbecken meist mit verchromten oder zumindest rostfreien *Holzschrauben,* die durch die Bohrungen am Waschbeckenrand hindurch in die rundum befestigten Leisten greifen. Als sauberen Abschluß des Bereichs zwischen Waschbecken und zuvor angebrachter Wandverkleidung wird

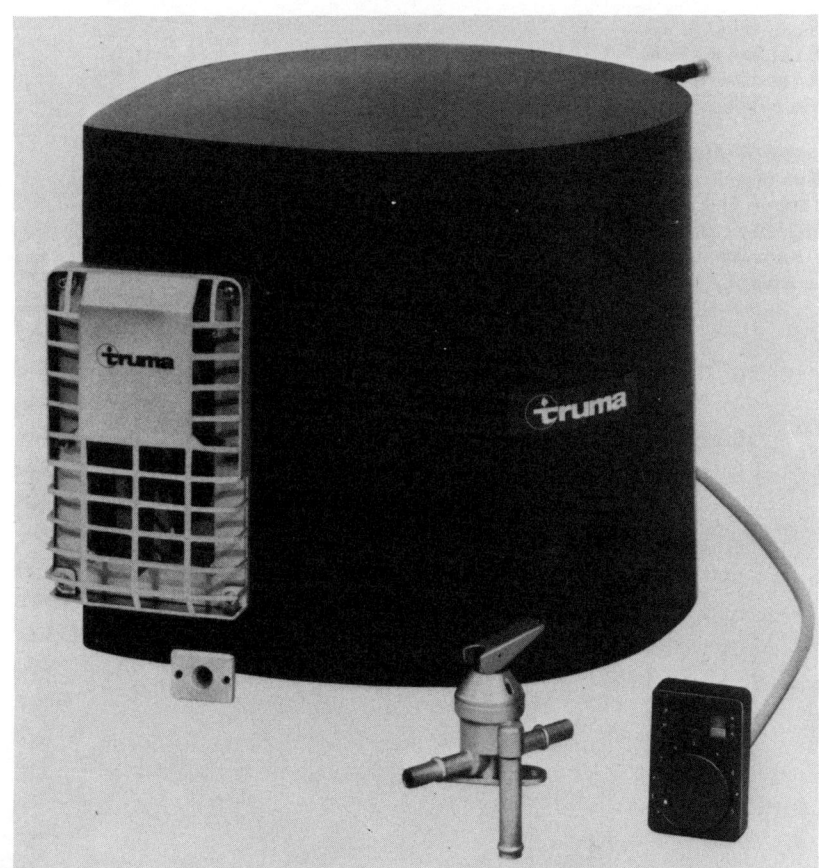

Bild 140: Der Truma-Boiler in Kompaktform. Propangasbetrieb (120 g/h) (a. W. auch 220 V, 500 W zusätzlich). Elektronische Zündung und Regelung. Durch Seitenwandkamin (Zuluft/Abgas) bequem in fast jeden Campingbus einzubauen. Als Sonderwunsch ist ein zusätzliches Gefrierschutzsystem für den Frischwassertank erhältlich. Abmessungen: 370 mm breit, 350 mm tief, 260 bzw. 320 mm hoch je nach Wasserinhalt 10/14 l. Gewicht: 9 bzw. 10 kg leer.

man mit der Kartuschenpistole einen glatten Streifen farblich passenden Silikonkautschuks auftragen (vorher entfetten). Damit dieser Auftrag nicht so unsauber wird, klebt man zuvor rundum sowohl an der Wand als auch am Waschbecken einen Streifen Klebeband an (auf gleichmäßigen Abstand der beiden Streifen achten), trägt dann die Dichtungsmasse auf, verstreicht sie mit einem nassen Lappen oder dem angefeuchteten Finger gleichmäßig und zieht schließlich behutsam die Klebstreifen wieder ab. Nach 24 Stunden ist die Dichtungsmasse so weit fest, daß man das Becken benutzen kann.

Warmwasserbereitung:

Warmes Wasser im Campingbus ist ein angenehmes Stückchen Komfort. Viele rauhe Camper lachen nur kurz und verächtlich, aber ich gehöre zu den Menschen, die sich gern mit warmem Wasser die Zähne putzen, die sich gern mit warmem Wasser duschen und die auch zum Haarewaschen nicht gerade eiskaltes Wasser bevorzugen.

Wem es ebenso geht, der wird sich früher oder später eine Warmwasserbereitung im Bus installieren, denn die ewige Fummelei mit Wasserkessel und Gaskocher für ein bißchen Warmwasser ist ja doch nicht so das Wahre.

Bild 142 (rechts): Der Atwood-Heißwasser-Bereiter mit geöffneter Abdeck-Platte. Er wird von außen in einen Karosserie-Ausschnitt eingesetzt und mit den abgewinkelten Randstreifen an der Karosserie angeschraubt.

Bild 141 (unten): So wird der Heißwasser-Boiler (Atwood) angeliefert. Die Befestigungsflansche rundum brauchen nur noch abgewinkelt zu werden (Eckwinkel liegen bei), dann kann das über Motorabwärme und Gas (oder 220 V) betriebene Gerät von außen in den entsprechenden Karosserie-Ausschnitt eingeschoben und angeschraubt werden.

Um im Campingbus warmes Wasser zu erhalten, gibt es mehrere Möglichkeiten. Eine recht einfache Möglichkeit bietet der Warmwasser-Boiler von Truma. Dank kompakter Abmessungen von nur 350×370×260 (bzw. 320) mm und durch den Außenwandkamin für Zuluft und Abgas läßt sich der Boiler fast in jedem Staukasten leicht montieren. Der voll gekapselte Propangasbrenner (oder auf Wunsch ein Zusatz-220 Volt-Heizelement) sorgt für warmes Wasser, die elektronische Zündung und Regelung für den nötigen Komfort. Der Boiler ist mit 10 oder 14 Liter Inhalt erhältlich. Auf Wunsch bekommt man noch ein Frostschutzsystem für den Frischwassertank. Ganz anders aufgebaut sind die *Atwood-Heißwasserbereiter* (Bild 141). Sie kosten im Handel etwa 450 bis 500 DM, bieten aber für das Geld eine ganze Menge.

Sie haben einen Boiler mit 18 Liter Inhalt, werden fest in einem Durchbruch der Außenwand (Bild 142) installiert und heizen das Wasser auf zwei verschiedenen Wegen auf. Erstens durch die Möglichkeit, das *Motorkühlwasser* über einen Nebenanschluß durch den eingebauten Wärmetauscher zu leiten. Dann heizt das Motorkühlwasser praktisch kostenlos das Brauchwasser. Zweitens durch einen eingebauten *Propan/Butan-Gasbrenner* (Anschluß an die Gasversorgung), der bei stehendem Fahrzeug die Warmwasserbereitung versorgt. Ein anderes Atwood-Modell ist für Gas/220 Volt eingerichtet und deshalb meiner Ansicht nach mehr für Wohnwagen geeignet. Der Atwood-Heißwasserbereiter wird von außen in einen entsprechenden Ausschnitt (410 mm breit, 320 mm hoch) der Außenwand eingesetzt und innen in irgendeinem Möbelstück (Bild 143) auf dem Boden aufgestellt. Hinten unten am Gerät befinden sich zwei Schlauchstutzen, die mit dem Kühlwasserkreislauf des Motors verbunden werden. Außerdem sind hinten am Gerät noch zwei Schraubanschlüsse. Der untere ist für den Kaltwasserzulauf, oben tritt das Heißwasser aus. Der Gasanschluß erfolgt über ein im Lieferumfang enthaltenes kurzes Gasrohrstück, das von vorn im Gerät angeschraubt wird und seitlich aus dem Gerät austritt. Ein mitgeliefertes Verbindungsstück ermöglicht den Anschluß an die Gasversorgung. Bei diesem Gerät ist eine Reihe Dinge für den Camper sehr vorteilhaft. Erstens sind immer rund 18 Liter Wasser gespeichert, die schon nach kurzer Fahrtstrecke warm sind. Zweitens ist dieses warme Wasser sofort zur Hand, wenn man

Bild 143: So sieht der Warmwasserbereiter eingebaut, aber noch nicht angeschlossen, in der Sitzbank aus.

207

es braucht. Ein Durchlauferhitzer dagegen muß erst ein Weilchen von Wasser durchflossen werden, ehe das erste Wasser warm austritt. Drittens wird das Gerät so tief montiert, daß eine Beeinträchtigung des Schwerpunkts für den Bus vermieden wird. Viertens schließlich braucht man weder einen Frischluftanschluß noch einen Abgaskamin, beides ist quasi kostenlos bereits in der verschließbaren Außenwandklappe des Geräts enthalten. Noch ein bißchen teurer als das Atwoodgerät, nämlich um die 600 DM, sind *Gasdurchlauferhitzer* verschiedener Hersteller, wie z. B. der Fa. Lilie, Leinfelden, und anderer. Gasdurchlauferhitzer erfordern außer den Anschlüssen für Gas und Kalt-/Heißwasser noch einen Frischluftstutzen und einen Abgaskamin. Deshalb müssen derartige Geräte möglichst an einer Außenwand installiert werden, um die Anschlußwege kurz zu halten. Der Gasverbrauch liegt bei etwa 800 Gramm/Stunde, ein Anschluß an die Motorabwärme ist nicht möglich. Gasdurchlauferhitzer liefern etwa 2 bis 5 l/min Heißwasser von 35 bis 70 Grad Celsius. Der Mindestwasserdruck der Wasserversorgung muß 0,5 bar betragen, schwächere Pumpen wie Tauchpumpen o. ä. kommen also *nicht* in Frage. Ein Nachteil, den ich besonders beim Einsatz im Campingbus empfinde: ein Gasdurchlauferhitzer läßt von dem knappen Wasservorrat an Bord beim Einschalten erst mal ein paar Liter kalt weglaufen, ehe das erste warme Wasser kommt, denn er muß ja selbst erst einmal innen heiß werden, ehe er das Wasser erwärmt. Auch bei einem Heißwasserboiler wird natürlich das in der Leitung zwischen Boiler und Zapfstelle stehende Wasser kalt abfließen, aber lange nicht in dem Maße. Außerdem hat man es in der Hand, die Warmwasserleitungen so kurz wie möglich zu halten.

Eine andere Möglichkeit, sich im Campingbus Heißwasser zu beschaffen, besteht in ein paar Meter Kupferrohr, die man spiralförmig in einen wärmeisolierten, hitzebeständigen Zusatztank

einbaut und als Nebenanschluß an den Kühlwasserkreislauf des Motors hängt. Nach einigen Kilometern Fahrt hat man dann auch heißes Wasser. Allerdings sollte man auch bei solchen Anlagen Absperrventile, Restentleerungsmöglichkeit usw. vorsehen.

Eine letzte Möglichkeit für die Heißwasserbereitung liefert uns die Sonne mehr oder weniger umsonst. Ein im Fahrzeug wärmegedämmt aufgestellter Warmwasserbehälter wird über eine Schlauchleitung und eine Pumpe an ein paar Meter dunklem Gummischlauch oder einen einigermaßen wärmebeständigen schwarzen Gummisack angeschlossen. Dieser Gummisack bzw. -schlauch wird auf dem Wagendach (am Gepäckträger o. ä.) befestigt und mit dem zweiten Schlauchanschluß wieder zum Behälter zurückgeführt. Bei kräftiger Sonneneinstrahlung kann man nach einiger Pumpenlaufzeit recht warmes Wasser dem Behälter entnehmen. Es geht natürlich auch komfortabler, wenn man statt der Gummischlauch-Schlange ein geschwärztes Kupferrohrsystem oder einen flachen geschwärzten Metallbehälter auf dem Wagendach fest installiert und auch die Zuleitungen fest verlegt. Man bekommt derartige Wärmetauscher für Solarwärme auch bereits im Handel, aber selbstgebaute sind billiger.

Abwasseranlagen:
Abwassertanks gehören immer mehr zur Grundausstattung von Campingbussen. Das ist auch richtig so, einmal als praktizierter Umweltschutz. Außerdem, weil es angenehmer ist, nicht immer gleich vor der eigenen Tür in Abwasserpfützen zu treten. Drittens kann es ganz schön peinlich sein, wenn mitten auf einem Parkplatz unten aus dem Fahrzeug ein Wasserschwall plätschert, als hätte im Wagen ein Elefant Blasenkatarrh. Und das nur, weil die liebe Hausfrau das Abwaschwasser endlich los sein wollte. Abwassertanks gibt es in sta-

biler Kunststoffausführung in vielen unterschiedlichen Abmessungen im Handel. Sie werden zweckmäßigerweise möglichst unter dem Fahrzeugboden fest installiert und sind sowohl mit einem Ablaßhahn (mit Schlauchstutzen) als auch mit einer Entlüftungsleitung versehen. Wenn kein Stutzen für die Entlüftung vorhanden ist, sollte man es zunächst einmal ohne probieren. Notfalls muß man ihn nachträglich oben am Tank montieren. Wichtig ist, daß möglichst klarer PVC-Schlauch als Abwasserleitung (zumindest in einem kleinen Bereich) vor dem Tankeinlaufstutzen verwendet wird, damit man bei Verstopfungen der Abwasserleitung prüfen kann, ob sich der Stutzen zugesetzt hat. Eine Reinigungsöffnung im Tank ist nicht erforderlich. Das Hauptaugenmerk bei der Beschaffung eines in die Boden-Unterseite einzubauenden Abwassertanks muß auf ausreichende Bodenfreiheit gerichtet werden! Ein Abwassertank mag noch so schön oder so preiswert sein. Wenn er zu tief runterhängt unter dem Fahrzeug, hat man ihn sowieso nicht allzu lange, denn der nächste Felsbrocken oder schlechte Weg reißt ihn weg.

In diesem Zusammenhang ist auch die Frage nach der Tankgröße berechtigt. Ich halte einen Abwassertank in etwa halber Größe des Frischwassertanks für ausreichend. Er sollte also etwa 20 bis 40 Liter bei mittelgroßen Fahrzeugen als Mindestgröße haben. Nun gibt es auch Campingbusse, die so klein oder unten so verbaut sind, daß sich kein fester Abwassertank druntermontieren läßt. Dann kann man entweder einen Abwasserkanister in den Möbeln unter dem Waschbecken bzw. unter der Spüle aufstellen oder man verwendet einen Abwassersack. Das sind gummierte flexible Behälter, die mit Schlauch am Abwasserstutzen unter dem Wagenboden angeschlossen werden und nach ausreichender Füllung abgeklemmt und in die Kanalisation entleert werden.

Zur Not tut auch ein alter Plastikeimer dieselben Dienste, allerdings sieht das erstens nicht gut aus und zweitens lockt Spülwasser (mit Seife drin) geradezu magisch Mücken an.

Zweckmäßige Wasserversorgung:
Jeder Camper wird für den Eigenbau seines Campingbusses auch betreffs seiner Wasserversorgung bestimmte Vorstellungen haben, was er einbauen will oder nicht und was schließlich die ideale Wasserversorgung sein könnte. Um mich dabei nicht auszuschließen, möchte ich an Hand des Grundriß-Entwurfs (Bild 22) und des Wasser-Schaltplans (Bild 144) auch meine Vorstellungen erläutern.

Im Grundriß würde ich einen *Überflur-Frischwassertank* mit etwa 60 bis 80 Liter Fassungsvermögen unter den Sitzen (1+2) in der Staukiste montieren. Im Vorratsschrank (V) oder im Küchenblock (K) (sofern keine Schiebetür vorhanden ist) wird ein *Warmwasserbereiter* (für Gas-/Motorwärme) installiert.

Die Spül-/Kochkombination des Küchenblocks (K) bekommt am Beckenrand eine *Mischbatterie* installiert. Im Waschraum (WR) wird am Rand des Kunststoff-Handwaschbeckens ein *Vormischer* sowie ein normaler *Wasserhahn* installiert, evtl. für die Dusche ein *Duschhahn*. Im Bereich des Waschraums müßte dann natürlich der Boden mit einer Kunststoff-Brausetasse geschützt werden.

In die Außenwand im Bereich des Vorratsschranks (V) wird ein *Außenwand-Einfüllstutzen* für das Frischwasser eingesetzt und evtl. zusätzlich ein »City-Anschluß«. Dieser City-Anschluß dient dazu, bei Vorhandensein eines Wasserschlauchs über das normale Stadtwassernetz den Tank füllen zu können. Da der Druck im Stadtwassernetz meist recht hoch ist (bis 6 bar), ist im City-Anschluß ein Druckminderer eingebaut, der den Druck auf 1 bar reduziert. Die selbstansaugende *Wasserpumpe* für die Druckwasserversor-

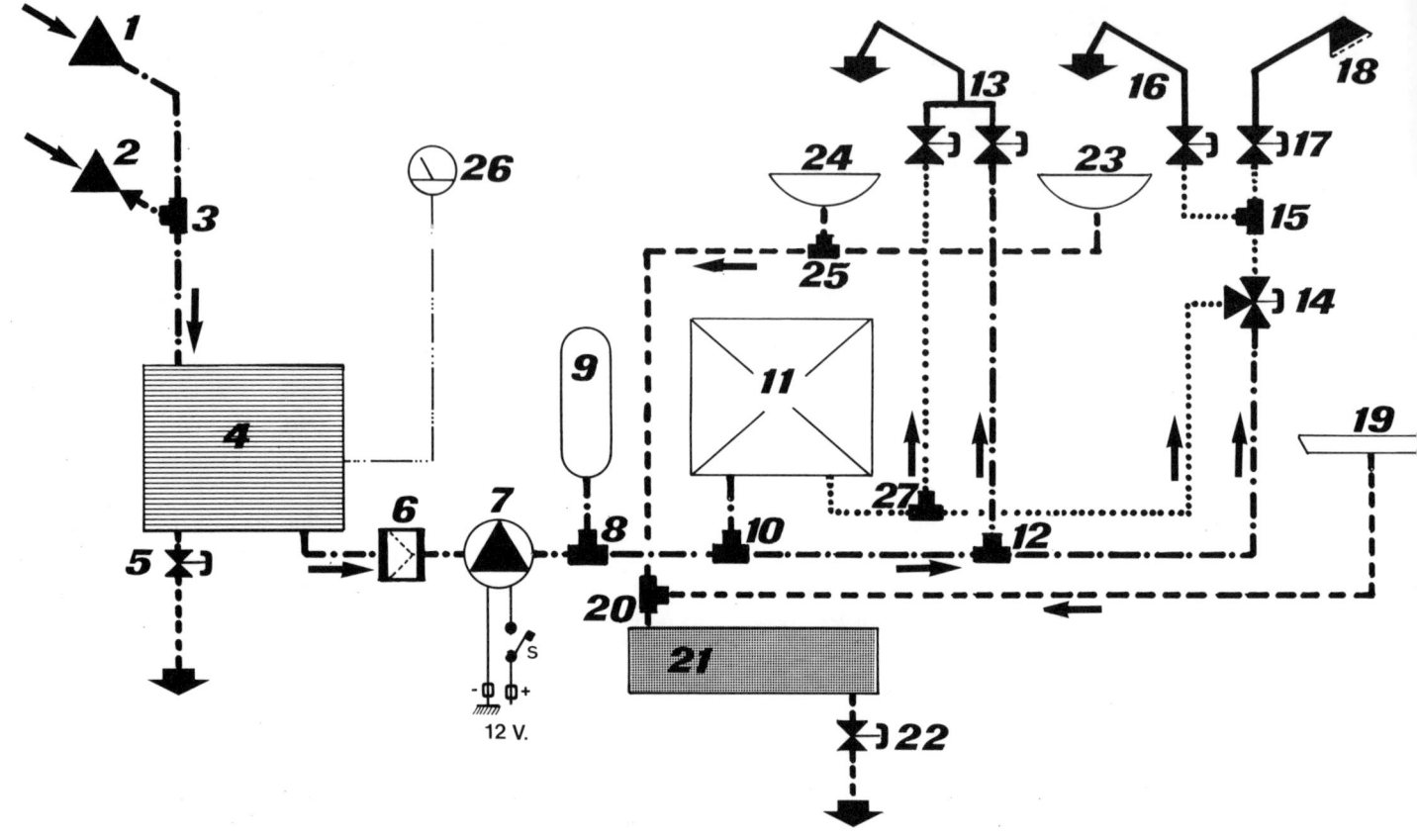

Bild 144: Schaltplan-Vorschlag für eine Pumpen-Druckwasserversorgung (Erläuterungen im Text).

gung im Fahrzeug würde ich ebenfalls entweder in Sitzkiste (1), im Vorratsschrank (V) oder im Küchenblock (K) unterbringen, genau wie den *Druckspeicher.*

Im Schaltplan sieht das dann folgendermaßen aus: Vom Außenwand-Einfüllstutzen (1) aus wird eine trinkwassergeeignete Schlauchleitung aus klarem PVC-Material zum Frischwassertank (4) gelegt. Wird ein City-Anschluß (2) gewünscht, wird er über eine gleiche Leitung und ein Abzweigstück (3) mit angeschlossen (Strichpunkt-

Ltg.). Vom Frischwassertank (4) aus führt die Restentleerungsleitung mittels Absperrhahn (5) ins Freie unter dem Wagenboden, gegebenenfalls auch in den Abwassertank (21) (gestrichelte Leitung). Vom Frischwassertank (4) aus wird aus ebenfalls klarem PVC-Schlauch eine Leitung zur selbstansaugenden Pumpe (7) geführt. Dabei sollte man möglichst noch ein Feinfilter (6) in die Leitung einsetzen. Die Pumpe (7) wird über einen Pumpenhauptschalter (S) an das Bordnetz angeschlossen. Am Druckstutzen von Pumpe (7) wird

210

nun gewebeverstärkter PVC-Schlauch fest angeklemmt, der zu dem Abzweigstück (8) führt. Von dort aus legt man ein Stück Schlauch bis zum Anschlußstutzen des Druckspeichers (9), der stehend montiert wird (Stutzen nach unten) und für gleichmäßigen Wasserdruck im Bordsystem sorgt (strichpunktierte Leitungen).

Von dem zweiten Abgang des Abzweigs (8) führt man die Schlauchleitungen weiter bis zum Abzweigstück (10). Man kann aber auch statt der beiden letzten Abzweigstücke (8 und 10) nur ein Kreuzstück verwenden, das hängt aber von den örtlichen Gegebenheiten ab. Von einem Abgang des Abzweigs (10) wird ein Schlauch bis zum Kaltwasseranschluß des Warmwasserbereiters (11) verlegt. Außerdem, was im Schaltplan nicht dargestellt ist, wird ein wärmebeständiger Heißwasserschlauch bis zum Motor-Heizwasserschlauch verlegt und dort mittels Abzweigstück angeschlossen. Ein zweiter Heißwasserschlauch wird an den Motor-Kühlerschlauch angeschlossen und von dort zum Warmwasserbereiter (11) zurückverlegt. In eine der beiden Leitungen sollte man ein 12-Volt-*Magnetventil* einbauen, das nur öffnet, sobald ein Extra-Schalter betätigt wird. Das hat den Vorteil, daß man bei kaltem Motor noch den Warmwasserbereiter abgeschaltet lassen kann, damit erst mal der Motor auf seine Betriebstemperatur kommt.

Aber zurück zum Abzweig (10). Der andere Abgang dieses Abzweigs führt weiter als Schlauchleitung bis zu dem Abzweig (12), der im Küchenblock installiert wird. Von hier aus wird eine Leitung direkt an einen Stutzen der Mischbatterie (13) angeschlossen. Vom zweiten Abgang des Abzweigs (12) wird die Schlauchleitung im Fußboden isoliert weitergeführt bis zum Vormischer (14), der im Waschraum sitzt. Nun wird auch die Warmwasserleitung vom Heißwasserausgang des Warmwasserbereiters (11) (gepunktete Linie) über ein Abzweigstück (27) zum zweiten Stutzen der Mischbatterie (13) in der Kü-

che verlegt. Hierbei wird man natürlich wieder wärmebeständigen transparenten Plastikschlauch verwenden, es geht natürlich auch mit wärmefestem Gummischlauch. Vom Abzweig (27) aus geht die zweite (wärmebeständige) Schlauchleitung zum Vormischer (14), wo sie am Heißwasserstutzen befestigt wird. Der dritte Stutzen am Vormischer wird durch einen Schlauch bis zum Abzweig (15) geführt und von da aus geht je ein Schlauchstück zum Wasserhahn (16) am Handwaschbecken (23) sowie zum Anschluß des Duschhahns (17), der dann zur Brause (18) weiterführt.

Das Abwasser in der Dusche wird in der Brausetasse (19) aufgefangen und mit einer Abwasserleitung zum Abzweig (20) transportiert. Auch die Abwässer der Küche aus dem Spülbecken (24) und dem Handwaschbecken (23) des Waschraums werden über eine Abwasserleitung aus klarem PVC (nicht trinkwassergeeignet erforderlich) über einen Abzweig (25) zum anderen Einlaufstutzen des Abzweigs (20) geführt und von dort aus zum Einlaufstutzen des Abwassertanks (21), der unter dem Wagenboden sitzt. An der tiefsten Stelle bekommt der Abwassertank (21) einen Ablaßhahn (22). Um den Abwassertank sauberer entleeren zu können, kann man auf diesen Hahn (22) noch ein paar Meter Schlauch beim Ablassen des Abwassers aufstecken. Nicht vergessen sollte man bei der Installation, für den Frischwassertank (4) einen Füllstandsanzeiger (26) zu installieren. Wer geschickt ist, kann diesen Füllstandsanzeiger über einen Umschalter und ein zweites Kontaktpaar auch zum Ablesen des Füllungsgrades beim Abwassertank einsetzen. Wird zur Füllstandsanzeige die Electronic-Control 149–504 von Coleman, um nur ein Beispiel zu geben, verwendet, so ist dieser Umschalter gleich im Paneel enthalten (Bild 111).

Abschließend zum Thema Wasserversorgung noch ein Hinweis: Man kann auch statt der selbstansaugenden Wasserpumpe einen *12-Volt-Kompressor* und statt des Frischwassertanks einen *Druckwassertank* einsetzen. In Zusammenhang mit den zum Drucktank gehörenden Spezialteilen erfolgt dann die Wasserförderung so, daß oben im Drucktank ein Luftpolster aufgepumpt wird durch den Kompressor. Wird ein Wasserhahn geöffnet, drückt dieses Luftpolster das Wasser aus dem Drucktank durch die Leitungen zur Zapfstelle. Der abfallende Druck wird sofort durch den wieder anlaufenden Kompressor ausgeglichen, bis ein bestimmter Wert erreicht ist und den Kompressor abschaltet.

Bei beiden Anlagen aber sollte man darauf achten, daß alle Schlauchleitungen absolut *dicht* und *solide* an den Stutzen mit vernünftigen *Schlauchschellen* befestigt werden. Andernfalls hat man

rasch mal einen Campingbus mit Swimming-Pool. Bei beiden Anlagen sollte man auch immer daran denken, am tiefstgelegenen Punkt der Frischwasserleitungen zwischen Wassertank und Zapfstellen eine Entleerungsmöglichkeit vorzusehen. Das kann ein Absperrhahn mit einem Stückchen Schlauch nach draußen oder an eine Abwasserleitung sein, man kann sich aber auch behelfen, indem man an der tiefsten Leitungsstelle ein T-Stück einbaut, dessen freibleibender Ausgang mit einer lösbaren Verschraubung geschlossen ist. Damit das aber auch alles klappt, muß natürlich die gesamte Leitungsführung so erfolgen, daß von überall her etwas Gefälle vorhanden ist und sich nirgends Wassersäcke (durchhängende Leitungsführung) bilden können.

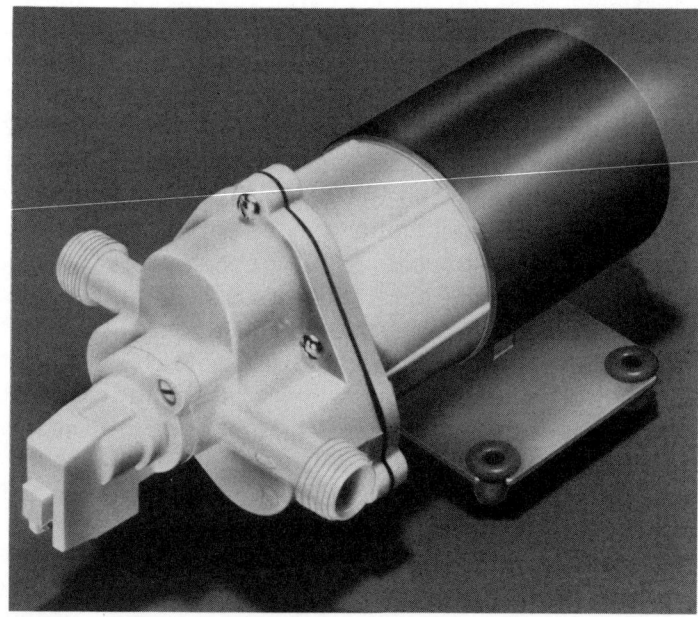

Zwei selbstansaugende, automatische Druckwasserpumpen (Shurflo): links das kleinere Standmodell fördert 5 l/min, das rechte Modell 11 l/min. Beide sind auf Schwingplatten gelagert.

Die Einrichtung

Möbelbau im Campingbus

Jeder Heimwerker hat schon mal mit Holz und Holzwerkstoffen zu tun gehabt und kennt ihre Vor- und Nachteile. Fast jeder hat auch schon mal ein mehr oder weniger aufwendiges Teil selbst gebaut und sich dabei mit den Problemen von Holzbearbeitung, Holzverbindungen, Oberflächenbehandlung usw. auseinandergesetzt. Einen großen Teil dieser wertvollen Erfahrungen kann man auch beim Möbelbau für den Campingbus einsetzen, wenn man sich die Anforderungen für dieses Spezialgebiet dabei immer vor Augen hält. Wenn Sie im Kapitel »Aufmaß und Entwurf« die Abschnitte über *Körpermaße* und über *zweckmäßige Möbelanordnung* in Ihre Planung einbezogen haben und die Anforderungen an das Material aus dem Kapitel »Materialfragen« beherzigen, dürfte eigentlich dem perfekten Ausbau nichts mehr im Wege stehen.

Damit Ihnen aber nicht doch noch zu guter Letzt ein paar kleine Fehlerchen die Freude an Ihrer Arbeit vermiesen, sollten Sie sich noch kurz mit den Möglichkeiten beschäftigen, die speziell bei Möbeln im Campingbus gegeben sind.

Von den im Möbelbau gebräuchlichen Werkstoffen wie *Spanplatte* (furniert, folienkaschiert oder roh), *Tischlerplatte, Sperrholz-* und *Hartfaserplatten* sollte für Campingbusmöbel nur Tischlerplatte und Sperrholz, in Einzelfällen auch Hartfaserplatte verwendet werden. Der Grund liegt darin, daß erstens Spanplatte sehr schwergewichtig ist (das mindert die Nutzlast und die Beschleunigung des Fahrzeugs), daß sie außerdem an Verbindungsstellen nur schwierig so fest zu verbinden ist, wie dies bei den Fahrzeugerschütterungen nötig ist. Außerdem lassen sich die Kanten der Spanplatte nicht besonders gut furnieren oder mit Umleimern bzw. Plastikprofilen versehen, weil die Schnittkante recht rauh und porös ist. Auch die Hartfaserplatte hat Probleme im Campingbus-Einsatz, weil sie relativ leicht bricht, schwierig in der Oberflächenbehandlung ist und an den Kanten schnell ausfasert. Natürlich kann man gegen all diese Probleme irgendwelche Mittelchen anwenden, aber wozu?

Es stehen doch mit Sperrholz und Tischlerplatte vorzügliche Werkstoffe zur Verfügung, wenn man zunächst einmal von der auch noch denkbaren Alternative Massivholz absieht.

Ich gebe zu, daß vernünftige Tischlerplatten von 13 oder 16 mm Stärke einen respektablen Preis haben. Auch wasserfest verleimtes Sperrholz reißt ein ganz schönes Loch ins Portemonnaie. Aber andererseits: Wollen Sie denn den Cam-

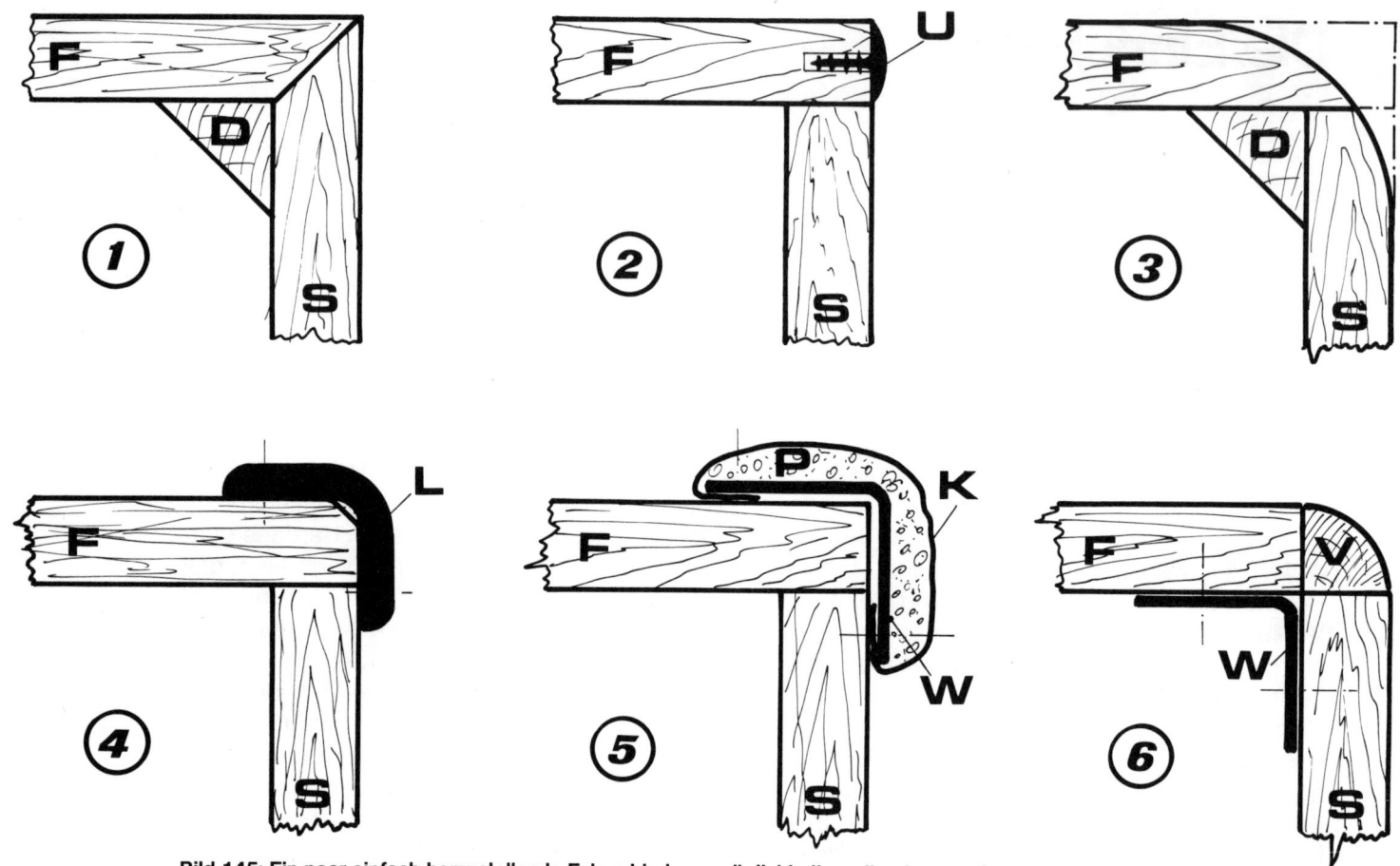

Bild 145: Ein paar einfach herzustellende Eckverbindungsmöglichkeiten, die ohne großen maschinellen Aufwand zu bewältigen sind (Erläuterungen im Text).

pingbus bloß für einen Sommer bauen?

Schließlich stecken Sie in den Ausbau, in die technische Ausrüstung und in das Basisfahrzeug eine ganze Menge Geld und Zeit, da sollte man nicht grade beim Werkstoff für die Möbel anfangen zu knausern. Denn erstens arbeitet es sich mit vernünftigem Material leichter (und schneller) und zweitens sieht die Einrichtung ja am Ende auch dementsprechend besser aus und das Fahrzeug läßt sich eines Tages auch besser weiterverkaufen. In der Zwischenzeit aber haben Sie

einen Campingbus mit schöner, anheimelnder Möblierung, die nicht bei jeder Kurvenfahrt zu quietschen oder knarren anfängt (außer, wenn gepfuscht wurde). Und damit sind wir auch schon bei einem wichtigen Thema, nämlich dem einfachen und doch brauchbaren Möbelbau.

Holzverarbeitende Heimwerker werden sicher die eine oder andere eigene Methode haben, Möbel zu bauen und die Ecken zweier Möbelplatten fachgerecht zu verbinden. Aber für denjenigen Heimwerker, der noch nicht so viel mit Holzverbin-

214

dungen zu tun hatte, hier (Bild 145) ein paar Lösungsvorschläge, wie eine Möbeleckverbindung, bestehend aus der Frontplatte (F) und der Seitenwand (S) auf einfachste und dennoch gut aussehende Weise herzustellen ist.

Skizze 1 zeigt, wie Frontplatte (F) und Seitenwand (S) auf Gehrung zusammengeleimt werden. Als Verstärkung wird noch eine Dreikantleiste (D) innen dagegengeleimt und mit Stahlstiften zusätzlich angeheftet. Derartige Verbindungen sind dann sinnvoll, wenn man Tischlerplatten mit gutem Holzfurnier so verarbeiten will, daß keine störende Unterbrechung der Holzoberfläche sichtbar wird. Allerdings hat die Lösung (1) zwei Probleme: Erstens ergibt sie scharfkantige Ecken, an denen man sich im Bus die Knochen aufschlagen kann und zweitens benötigt man zur Herstellung längerer Gehrungsschnitte eine sehr gute Heimwerkerausrüstung.

Skizze 2 zeigt eine sehr verbreitete Eckverbindung: Die Frontplatte (F) wird ringsum mit einer etwa 12 mm tiefen und ein bis drei Millimeter breiten Nut versehen (Nutfräser in der Bohrmaschine). Dann wird die Frontplatte mit Weißleim oder anderem Holzleim (möglichst wasserbeständigen Leim) stumpf an die Seitenplatte (S) geleimt und mit ein paar Drahtstiften (Köpfe versenken und mit Holzkitt zuspachteln) fixiert. Statt der Drahtstifte kann man auch solide Messingschrauben oder verchromte Holzschrauben verwenden und die Schraubenköpfe (Halbrundkopfschrauben) sichtbar lassen. Zum Schluß wird dann etwas Weißleim oder anderer Holzleim in die Nut gedrückt und ein passender Kunststoff-T-Umleimer (U), den es in verschiedenen Breiten passend zu den Plattenstärken gibt, wird in die Nut wie dargestellt eingedrückt.

An den Stellen, wo Schrauben oder Drahtstifte durch die Nut verlaufen (vom Festmachen der Frontplatte her), wird der Kunststoffsteg des T-Profils ein wenig ausgeschnitten (Nagelschere oder Seitenschneider). Zum Schluß wird die gesamte Länge des Umleimerprofils mit dem Gummihammer mit leichten Schlägen etwas geglättet. An den Stellen, wo das Umleimer-T-Profil um die Ecke einer Platte herumgezogen werden muß (also z. B. bei Türen, die rundum an den Kanten so verkleidet werden), wird genau im Biegebereich der in die Nut eingreifende Steg des Kunststoff-Profils wie bei einem Gehrungsschnitt herausgeschnitten, ohne dabei die außen sichtbare Profilfläche zu verletzen.

Man kann an Stelle derartiger Kunststoff-Profile (U) auch normale Furnierstreifen aus Holz oder passend gemasertem Plastik aufkleben. Als Kleber empfiehlt sich dabei ein Kontaktkleber wie Pattex, Uhu-Kontakt usw., der beidseitig (auf Holz und Umleimer) aufgetragen wird. Nach dem Ablüften (etwa 5 bis 10 Minuten) wird dann der Umleimer abrollend aufgelegt und mit einem Hammerstiel angerieben. Evtl. überstehende Kanten werden mit einer Flachfeile oder Sandpapier (um den Schleifkork legen) unter einem Winkel von etwa 45 Grad von der Umleimerseite her weggeschliffen. Steht der Umleimer weit über, kann man ihn auch zuerst mit einem scharfen Universalmesser oder einem speziellen Kantenschneider (für ein paar Mark im Kaufhaus zu haben) bis an die Plattenfläche hin vorschneiden und dann erst zurechtschleifen. Ich selbst verwende lieber passende, aufbügelbare Umleimer.

Skizze 3 zeigt eine Eckverbindung, die besonders sicherheitsfreundlich ist. Allerdings läßt sie sich nur bei Massivholz-Platten oder dickerem Sperrholz anwenden. Bei Tischlerplatten kann sie nur dann angewendet werden, wenn die Plattenoberfläche anschließend beklagt oder lackiert werden kann.

Die beiden stumpf aneinandergeleimten Platten (F) und (S) bekommen als Verstärkung von innen eine Dreikantleiste (D) oder eine andere Leiste aufgesetzt. Nach dem Trocknen des Leims wird mit einem scharfen Handhobel die Ecke außen rundgehobelt und mit Sandpapier geglättet.

Zur Verstärkung der Eckverbindung kann man noch von innen die Dreikantleiste zusätzlich mit Schrauben an den Platten festmachen.

Skizze 4 zeigt eine sehr schnell und praktisch ausführbare Eckverbindung. Die beiden Platten (F) und (S) werden stumpf aneinandergesetzt und mit Holzschrauben (Senkkopf) oder Leim und Drahtstiften fest verbunden. Die scharfe Kante wird mit einem Hobel leicht gebrochen, auf Schönheit kommt es dabei weder beim Hobeln der Kante noch beim Sägen der Plattenkante an. In Heimwerkergeschäften oder Holzhandlungen besorgt man sich dann solche winkelförmigen Holz-Profilleisten (L), die es dort in verschiedenen Breiten und Holzarten gibt. Die Leisten werden sauber auf Maß geschnitten und mit Leim und ein paar Drahtstiften an den Möbelecken angebracht. Aber möglichst erst, wenn der Möbelbau und die Einrichtung fast fertig sind, damit die Leisten nicht beim Arbeiten beschädigt werden. Dafür sehen sie dann auch später im Fahrzeug umso besser aus und sind durch ihre abgerundeten Kanten zugleich recht sicherheitsfreundlich. Man kann an Stelle der Holzwinkel auch solche aus Kunststoff verwenden, die dann mit Kontaktkleber festgemacht werden. Allerdings sind solche Kunststoffteile nicht so ganz passend zu einer Holzoberfläche.

Skizze 5 zeigt eine Abwandlung des Prinzips von vorher. Die stumpf zusammengesetzten Platten (F) und (S) werden wiederum an den Kanten nicht bearbeitet. Dafür wird ein metallisches oder Plastik-Winkelprofil (W) außen mit einem etwa 10 mm starken Schaumstoff-Streifen beklebt (Sprühkleber o. ä.). Dann wird ein breiter Streifen Kunstleder, Möbelstoff oder ähnliches Material so auf den Schaumstoff-überzogenen Winkel außen aufgeklebt, daß der Kunstlederstreifen (bzw. Stoffstreifen o. ä.) rechts und links noch ein Stück über die Kanten des Winkelprofils übersteht. Dieser Überstand wird nach innen umgeschlagen und mit Kontaktkleber innen am Winkel festge-

macht. Jetzt hat man eine gepolsterte Winkelschiene, die entweder mit einem flexiblen Montagekleber (aus der Kartusche) oder mit ein paar Zierschrauben (und Unterlegscheiben) an der Plattenecke befestigt wird.

Nach dem gleichen Prinzip kann man auch Stoßpolster usw. fertigen, die an gefährlichen Kanten im Fahrzeug montiert werden sollen, wobei man natürlich dann den Schaumstoff etwas breiter und dicker nehmen kann.

Skizze 6 zeigt schließlich noch eine Lösung für diejenigen, die eine etwas gerundete Kante aus Holz haben wollen und dennoch Tischlerplatte einsetzen möchten.

Hierbei werden die Frontplatte (F) und die Seitenplatte (S) nur mit den inneren Kanten aneinandergesetzt und durch von innen montierte Winkel (W) oder Dreikantleisten o. ä. zusammengehalten. In den Winkel zwischen beiden Platten wird dann von außen ein passender Viertelstab (V) akkurat eingeleimt und nach dem Abbinden des Leims mit Sandpapier genau passend geschliffen. Eine sehr attraktive Lösung kann man dann erzielen, wenn man Platten und Viertelstäbe aus unterschiedlich getöntem Holz nimmt. Unabhängig von der Frage, welche Eckverbindung man für seine Möbel einsetzt, sollte man sich grundsätzlich darüber klar sein, daß stets möglichst wenig Kanten sichtbar werden sollten. Durch etwas Überlegung vor Beginn der Arbeiten kann man sich so oft viel Mühe ersparen.

Überhaupt ist es immer sinnvoll, sich *vor Beginn der Tischlerarbeiten* an den Möbeln mal ein paar Minuten mit Papier und Bleistift in eine ruhige Ecke zu verziehen und sich ein paar Konstruktions-Skizzen zu machen, wie man bestimmte Details lösen will. Ein Beispiel: *Türen* oder *Klappen* bei Möbeln kann man so ausführen, daß sie genau in den entsprechenden Ausschnitt hineinpassen. Das macht aber eine Menge Arbeit, sie so genau zu fertigen. Einfacher geht es, wenn die Türen und Klappen etwas größer sind als die Aus-

Bild 146: Wenn man Türen an den Hängeschränken anbringt, sollten diese Türen entweder nach oben klappbar zu öffnen sein oder als Schiebetüren ausgeführt werden. Bei Klapptüren ist ein Feststellfenster empfehlenswert.

schnitte und einfach mit Scharnieren oder Klavierband von *außen* auf die Möbelteile aufgesetzt werden. Das kostet zwar unter Umständen etwas mehr Material, weil man ja den Ausschnitt nicht gleich als Tür verwenden kann und weil die Tür dann besonders sorgsam rundum mit einem Kantenumleimer verschönt werden muß. Aber es spart nicht nur Zeit, sondern der Vorteil liegt meiner Ansicht nach bei aufgesetzten Türen vor allem darin, daß sie sich beim Befestigen der Scharniere besser ausrichten und korrigieren lassen.

Aber hier muß jeder selbst entscheiden, wieviel Zeit und Geduld er investieren will. Man kann so-

gar zu so aufwendigen Türlösungen wie auf Bild 146 ersichtlich ist, kommen, wenn man will. Schubladen sind auch so ein Problem, das unter Umständen viel Zeit kosten kann. Ich gehe da den einfacheren Weg und verwende *Schubladenprofil* (als Meterware aus Kunststoff erhältlich), das (mit einer unter 45 Grad eingestellten Kreissäge oder einem Fuchsschwanz und der Gehrungslade) auf Gehrung zugeschnitten und mit Spezial-Metallklammern zu einem Schubladenrahmen verbunden wird. Als Boden bekommt die Schublade eine Hartfaser- oder Sperrholzplatte von 3 bis 4 mm Stärke eingeschoben, bevor die vierte Rahmenseite montiert wird. Als Frontabdeckung

Bild 147: Das A und O aller Möbel ist neben einer soliden Konstruktion ein vernünftiger Beschlag. Türen dürfen nicht von allein aufspringen, sollen aber bequem zu öffnen sein. Wichtig ist auch, daß man an den Möbelgriffen weder hängen bleiben noch sich stoßen kann.

bekommt die Schublade dann eine Platte aus dem Holz davorgeschraubt, das auch für die Möbel selbst verwendet wird. Der Schubladengriff wird dann auf dieser Frontplatte befestigt (oder mit langen Schrauben sogar bis in die Lade hinein).

Wichtig ist bei Schubladen jeder Art im Campingbus, daß sie durch irgendeine Vorrichtung *gegen* unfreiwilliges *Herausrutschen* gesichert werden. Das kann ein Vorreiber sein, ein eingeklebter Schaumstoffstreifen, ein Schnäpper oder etwas anderes.

Auch eine weitere wichtige Frage sollte vor Arbeitsbeginn geklärt sein, nämlich die Frage, welche *Türschlösser* und *Griffe* Sie für die Möbel in Ihrem Campingbus verwenden wollen. Davon kann nämlich die Lösung bestimmter Details abhängen. Betreffs dieser Griffe und Schlösser möchte ich bewußt keine bestimmten Vorschläge unterbreiten, weil das Angebot am Markt sehr vielseitig ist, täglich neue Produkte auftauchen und Sie vermutlich die vorgeschlagene Marke »Sowieso« dann doch nicht bekommen.

Aber Sie sollten sich vor dem Kauf der Beschlag-

Bild 149 (rechts): Möbellüfter sollte man in jedem Schrank oder Staukasten vorsehen, um muffigem Geruch oder Stocken im Schrank vorzubeugen. Die Lüfter aus Plastik werden einfach in runde Ausschnitte im Holz eingedrückt (notfalls kleben). Von innen kann man noch zusätzlich Moskitonetz oder ein Filtertuch (gegen Staub) dagegensetzen.

Bild 148 (unten): Wenn die Möbelwände mit der Karosserie verschraubt werden, kann man die einzelnen Fachböden in den Schränken einfach auf Regalbodenhalter auflegen. Das abgebildete Plastik-Klavierband quietscht zwar nicht, dafür läßt es sich aber auch nicht zum Einpassen der Türen verstellen.

teile von den Anforderungen für Schlösser, Griffe usw. eine Vorstellung machen. Sonst haben Sie später den Ärger und die blauen Flecke, wenn Sie die falschen Teile beschafft haben.

Erstens sollten Türschlösser verhindern, daß Türen oder Klappen bei einer Notbremsung, beim Verwinden der Karosserie- oder Möbelteile aufspringen können. Zweitens sollten die mit den Schlössern verbundenen Griffe so geformt sein, daß jede Verletzungsgefahr ausgeschlossen ist. Das schaffen am besten elastische Griffe aus Kunststoff, wenn sie keine scharfen Kanten aufweisen und nicht unnötig weit hervorstehen. Das geht auch mit Metallgriffen, wenn sie ähnlich geformt sind wie in Bild 147.

Besonders praktisch sind *Drucktasten-Schnappverschlüsse* aus schwarzem, braunem oder weißem Kunststoff. Sie verhindern zuverlässig das ungewollte Aufspringen von Türen, lassen sich aber jederzeit leicht gewollt öffnen. Man bekommt sie in verschiedenen Bauarten, sie sind meist auch für Wandstärken zwischen 1 mm und

219

25 mm verwendbar. In Fällen, wo man kein Schloß einsetzen will oder kann, lassen sich auch vorteilhaft aus Plastik bestehende *Schubriegel, Magnetschnäpper* oder *Kunststoff-Verschlüsse,* in Einzelfällen sogar Klettband- oder *Magnetbandstreifen* einsetzen. Was die Frage der *Scharniere* betrifft, so würde ich bei Verwendung von 16 mm starken Tischlerplatten für den Möbelbau immer zu *Topfscharnieren* greifen. Sie sind zwar etwas teurer als Klavierband (Bild 148) oder einfache Plastik- oder Metallscharniere, aber sie haben den enormen Vorteil, daß man sie jederzeit akkurat auf richtigen Türgang einstellen kann. Es gibt diese Topfscharniere sowohl in normaler als auch in Weitwinkel-Ausführung. Letztere würde ich beispielsweise für die Waschraumtür empfehlen, wenn diese nicht immer mitten im Raum stehen soll, sobald sie geöffnet wird.

Topfscharniere erfordern in der Tür jeweils eine entsprechende Bohrung, wo sie eingelassen werden. Den passenden Bohrer hierfür sollte man gleich in dem Geschäft kaufen, wo man die Scharniere erwirbt. Dann bekommen Sie auch den richtigen Durchmesser des Bohrers und es gibt keine Probleme.

Damit Ihre Möbel nicht mit der Zeit innen muffig oder stockig duften, sollten Sie für eine brauchbare *Luftzirkulation* in den einzelnen Möbelteilen sorgen. Das geht am einfachsten, indem oben und unten bei jedem abgeschlossenen Möbelteil jeweils ein *Möbellüfter* (Bild 149) in die Seiten- oder Vorderwand eingelassen wird. Diese Lüfter gibt es in den unterschiedlichsten Formen und Farben, in Kunststoff oder Metall, mit Dauerlüftung oder verschließbar. Wenn Sie in Gegenden mit viel Staub oder auch mit viel Insekten usw. fahren wollen, empfiehlt es sich, innen beim Einsetzen des Möbellüfters gleich entweder eine *Fliegengaze* (gegen Insekten) oder eine feingewebte *Stoffbahn* (gegen groben Staub) mit einzusetzen. Das hat natürlich nur dann Sinn, wenn das Möbelteil auch rundherum dicht ist. Möbellüfter kann man

sich dann sparen, wenn die Türen sowieso nicht dicht schließen.

Bei allen Teilen, die Sie im Campingbus in Form von Beschlägen, Lüftereinsätzen, Scharnieren, Schrauben usw. verwenden, sollten Sie immer nur Material verwenden, das den Beanspruchungen im Fahrzeug durch *Feuchtigkeit* (Luftfeuchte, nasse Kleidung usw.), *Erschütterungen, Verwindung, Verschleiß* usw. gewachsen ist.

Wie schon beim Möbelholz erwähnt, sollte man hier nicht auf ein paar Mark Mehrkosten achten. Das ist letztlich billiger, als wenn man nach einem halben Jahr die Schrankscharniere, die Verbindungsschrauben, die Griffe oder ähnliches abschrauben und wegschmeißen muß, weil sie rostig sind.

Schränke und Staufächer

Im Rahmen der bisherigen Ausbauarbeiten wurde der Grundausbau des Fahrzeugs, also der Einbau von Fenstern, Luken und Durchbrüchen im Außenwandbereich, die Isolierung und Verkleidung der Wände, des Fußbodens und des Dachs abgeschlossen.

Auch die wichtigsten Kabel, Leitungen und Rohre, sofern sie in den Fahrzeugwänden usw. verlegt werden müssen, sind bereits installiert. Zumindest soweit, wie das bisher ohne Möbel im Fahrzeug möglich war.

Jetzt geht es darum, die *Haupt-Möbelwände* im Fahrzeug einzubauen. Also beispielsweise die *Seitenwände des Waschraums,* des *Kleiderschranks,* des *Vorratsschranks* usw., also all die Möbelseitenwände, die vom Boden bis unters Dach reichen. Wenn diese Wände erst einmal stehen, kann man problemlos die restlichen Möbelteile dazwischen anbringen.

Doch zuvor eine Frage: Haben Sie inzwischen die sperrigen technischen Ausrüstungsteile wie z. B. die Edelstahl-Koch-Spülkombination, die Brausetasse, den Kühlschrank, den Warmwasserbereiter, die Heizung usw. beschafft? Von den genauen Abmessungen dieser Teile sind wir nämlich bei der Ausführung unserer Baupläne wesentlich abhängiger als man es glauben möchte. Wenn man sich auf die Maßangaben in Prospekten verläßt, geht es in 90 Prozent der Fälle schließlich doch gut, selbst wenn man mal ein paar Millimeter Differenz zwischen Prospektmaß und Realität durch eine Abdeckleiste kaschieren muß nach dem Motto: Wenns nicht paßt, kommt 'ne Leiste drüber!

Aber was passiert, wenn Sie sich auf Prospektangaben verlassen bei Ihrer Planung und bekommen aus irgendwelchen Gründen dann das eingeplante Teil nicht mehr?

Deshalb halte ich im jetzigen Ausbaustadium die *Beschaffung der wesentlichsten Teile* für *erforderlich,* besser sogar noch bereits im Planungsstadium.

Die sperrigen Teile, die ich eben erwähnte, sollte man mal probehalber im Fahrzeug auf dem Boden an den Stellen hinlegen, wo sie später auch angebracht werden sollten. Dadurch bekommt man gleich eine Kontrolle, ob die Anordnung so richtig ist, ob etwas wichtiges vergessen wurde und ob die Planung maßlich stimmt. Der nächste Schritt ist nämlich nun, die genaue Stellung der einzelnen *Möbel-Seitenwände* mit Bleistift akkurat am Zwischenboden des Fahrzeugs anzuzeichnen mit Markierung der Wandstärken der einzelnen Platten, mit Angabe der Plattentiefe (also der Breite der Seitenwände) usw.

Wenn der Zwischenboden im Fahrzeug mittlerweile so verschmutzt ist, daß sich Bleistiftstriche oder Filzschreibermarkierungen nicht mehr erkennen lassen, kann man entweder den ganzen Fußboden kurz entschlossen mit einem hellen *Anstrich* versehen, der zugleich auch noch wasserdichtend wirkt. Dazu eignen sich vorzüglich die alten, halbverbrauchten Lackreste, die man immer noch aufgehoben hatte!

Oder aber man markiert den Verlauf der Seitenwände durch entsprechend breite *Klebebandstreifen* (Isolierband, Kreppklebeband) auf dem Fußboden.

Nachdem Sie jetzt auf den Millimeter genau wissen, an welcher Stelle welche Wand von welcher Länge aufgestellt werden soll, geht es nun an das Maßnehmen für den Zuschnitt dieser Möbelseitenwände. Dafür gibt es zwei bewährte Methoden, die unterschiedlichen Wand- und Dachkrümmungen möglichst genau abzunehmen und auf die Holzplatten zu übertragen, aus denen dann die Möbel zugeschnitten werden.

Methode 1 arbeitet mit *Schablonen.* Das sind große Pappen oder Hartschaumplatten (notfalls mehrere zusammenkleben), die quasi stellvertretend für die Möbelwände im Bus aufgestellt und mit Schere oder Universalmesser an Ort und Stelle an die Wand- und Dachkrümmungen angepaßt werden. Wenn dabei wirklich mal etwas verschnippelt wird, ist der Schaden nicht groß, ein Stück Pappe läßt sich jederzeit wieder ankleben. Dieses Anprobierspiel kann man so lange betreiben, bis die Schablone wirklich glatt an den Anschlußwänden anliegt.

Wichtig ist bei der Schablonenarbeit zweierlei: Erstens muß man beim Anhalten der Schablone an die Wand immer mit der Wasserwaage kontrollieren, ob die Schablone auch senkrecht gehalten wird, damit kein falsches Maß entsteht. Zweitens muß für *jede* der Hauptmöbelwände (auch der Waschraumwände usw.) eine *neue Schablone* angefertigt werden, weil ich noch keine Fahrzeugwand gefunden habe, die überall eine gleichmäßige Krümmung aufweist. Dasselbe trifft auch für den Dachbereich zu. Eine Schablone, die an einer Stelle über die ganze Wagenhöhe gut an der

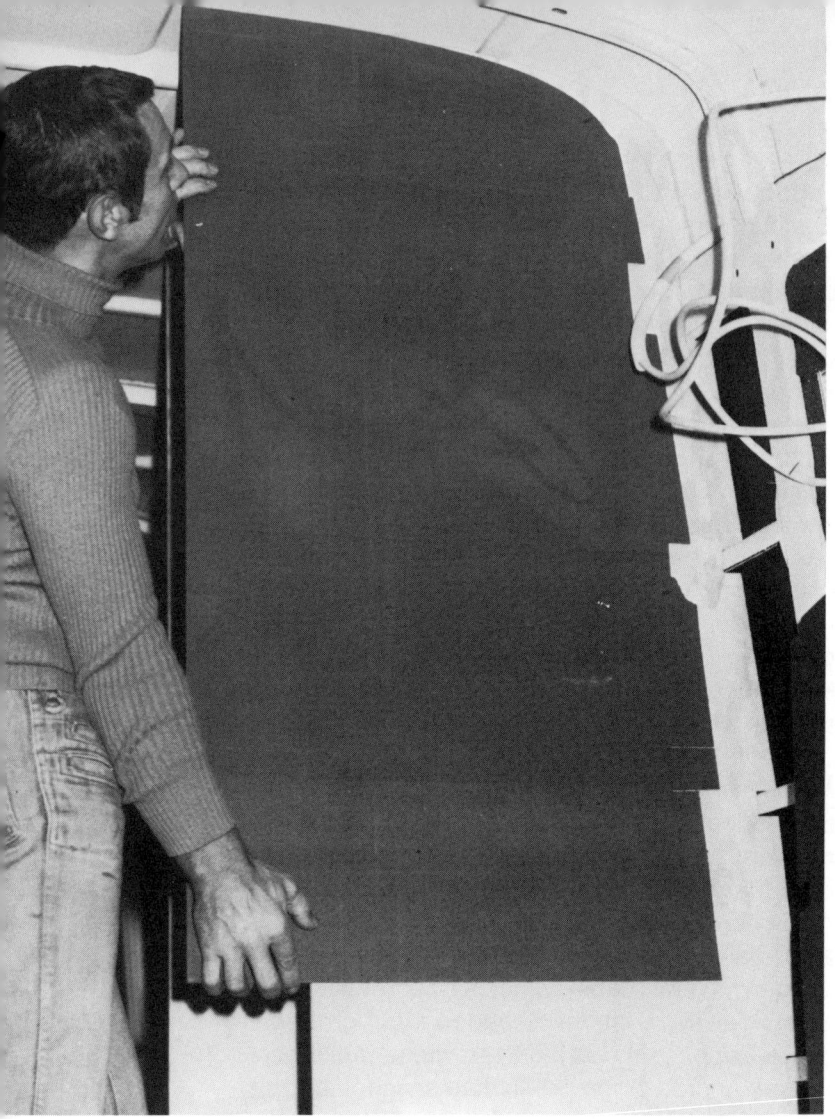

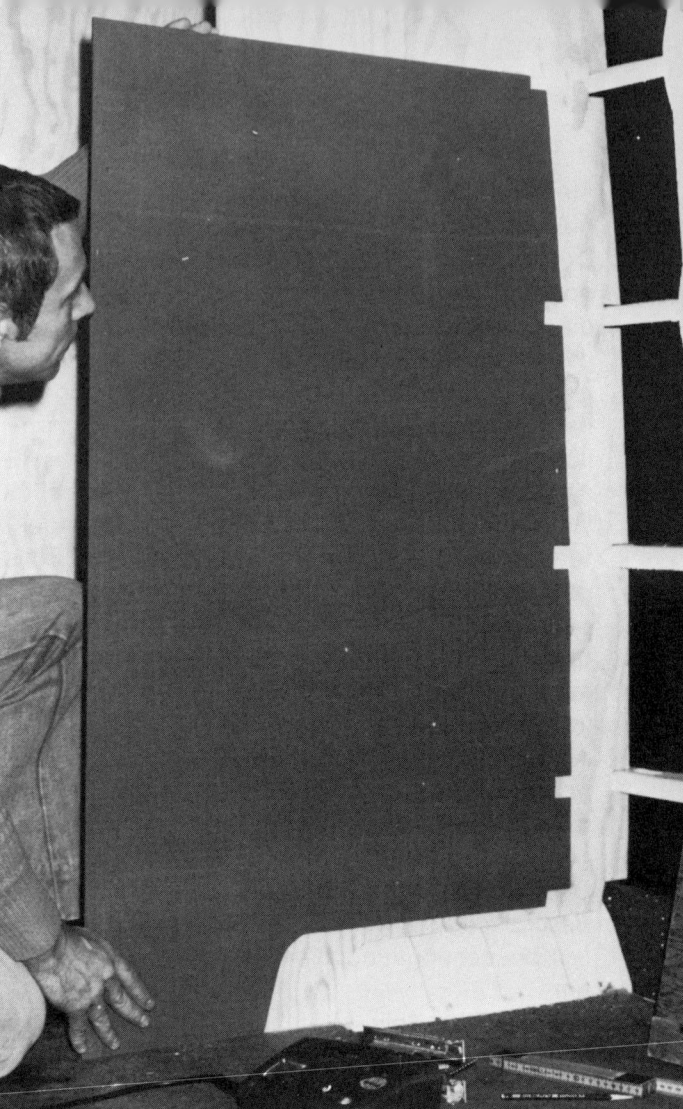

Bild 150: Besonderes Augenmerk sollte man beim Zuschneiden der Möbelschablonen auf die unterschiedlichen Dachkrümmungen des Fahrzeugs legen, hier kommt es wirklich auf Zentimeter-Bruchteile an, wenn die Arbeit stimmen soll.

Bild 151: Vor dem Möbelbau ist genaues Maßnehmen am Fahrzeug unerläßlich. Am einfachsten geht das mit Schablonen, die man sich im Fahrzeug nach Belieben aus starker Pappe oder aus Hartschaumplatten o. ä. zuschneidet.

Wand anliegt, kann an einer anderen Wandstelle zwar auch noch gut passen, aber die Höhe ist unterschiedlich. Deshalb mein Rat, mit Schablonen nicht zu sparen. Die einzige Sparweise wäre, zuerst die größte Möbelwand zu messen, die Schablone auf das Holz zu übertragen, dann die

Schablone für die nächstkleinere Wand weiter zu verwenden, zuzuschneiden usw.

Die Schablonenmethode für Bereiche, wo noch keine Wandverkleidung angebracht ist (wo also auch noch die Verrippung beachtet werden muß), sehen Sie in den Bildern 150 und 151.

Methode Nummer 2 arbeitet nach dem *Rastersystem.* Dabei werden keine Schablonen benötigt, dafür ist die Methode auch nicht ganz so genau wie die erste.

Ein schmales Brett oder eine stabile Leiste wird auf eine Länge zugeschnitten, die der größten Höhe der Möbelseitenwand entspricht. Meist wird das im Mittelteil des Wagens im Gangbereich das Maximalmaß zwischen Dach und Boden innen sein.

Das so zugeschnittene Brett wird zwischen Dachverkleidung und Bodenplatte senkrecht (Wasserwaage!) so eingeklemmt, daß es in seiner Stellung der herzustellenden Möbelseitenwand entspricht. Vom Fußboden her beginnend wird das Brett nun alle 10 Zentimeter höher mit einer Bleistiftmarkierung versehen (über die gesamte Höhe hinweg).

Nun wird von jeder Markierung ausgehend nach der Fahrzeugwand hin der jeweilige genaue Abstand zwischen Wand und Brettvorderkante gemessen und notiert. Dabei kommt es darauf an, den Zollstock (oder das Bandmaß) ebenfalls so waagrecht wie möglich zu halten, um Fehlmessungen zu verhindern.

Die jeweils um 10 Zentimeter in der Höhe steigenden verschiedenen Maße ergeben, wenn sie im selben Raster auf die Holzplatte der künftigen Möbelseitenwand übertragen werden, eine Anzahl von Punkten auf dem Holz, die dann, durch flüssige Linienführung miteinander verbunden, ein Abbild der Fahrzeuginnenwand ergeben.

Für jede Möbelwand wird wieder ein neues Maßnehmen erforderlich sein, weil jede Wand anders gekrümmt ist. Die Meßlatte sollte dabei immer in der Höhe passend geschnitten werden (deshalb fängt man auch mit der höchsten Möbelwand an, um die Latte jeweils etwas kürzer schneiden zu können), weil die Höhe der Meßlatte das Ausgangsmaß für die Länge der Tischlerplatte ergibt. Nach welcher Methode auch gemessen wird, die auf die Möbelplatte übertragenen Maße werden

Bild 152: Die Seitenwände der einzelnen Möbel werden mit Stuhlwinkeln sorgfältig an den Verrippungen des Fahrzeugs angeschraubt, damit später nichts knarrt, quietscht oder sich gar lockern kann! Montiert man erst die Wandverkleidung, werden die Winkel in den Möbeln montiert, um nicht sichtbar zu sein.

sauber angezeichnet und mit der *Stichsäge* ausgeschnitten. Für lange gerade Schnitte kann man besser eine *Handkreissäge* verwenden, die an einem (mit Schraubzwingen) aufgeklemmten Brett entlanggeführt saubere Kanten ergibt. Beim Bemessen der einzelnen Platten sollte man an die spätere Eckausbildung, an die saubere Kantenausführung usw. denken und auch daran, den Zuschnitt zunächst lieber ein paar Millimeter *größer* zu halten und die Kanten dann *auf Maß* zu *hobeln.* Wenn die Platten für die einzelnen Möbelseitenwände zugeschnitten sind, werden sie an Ort und Stelle eingepaßt (Bild 152) und (innen in den späteren Möbeln) mit Winkeln oder Leisten an den Blechrippen des Fahrzeugs (durch die Verkleidung hindurch, sofern die Rippen angezeichnet sind) angeschraubt. Damit sie auch am Boden und am Dach festsitzen, werden dort (Bild 153) ebenfalls Leisten mit Blechschrauben befestigt

und mit den Möbelseitenwänden fest verbunden. Dabei sollte immer daran gedacht werden, welche Belastungen (Vollbremsung, Erschütterungen usw.) im Fahrbetrieb auftreten können. Entsprechend solide muß die Befestigung werden. Sofern Sie beim Ausbau zunächst noch nicht die Wand- und Dach-Verkleidung montieren wollen, sondern zuerst die Möbelseitenwände (Bild 154), so müssen die Möbelseitenwände natürlich so bemessen sein, daß sie bis fast an die Außenhaut des Fahrzeugs heranreichen können. Die Blechrippen werden dementsprechend durch Ausschnitte in der Holzplatte berücksichtigt. Dann

Bild 153: Die Möbelteile werden nicht nur mit den Fahrzeugwänden, sondern auch mit dem Fahrzeugboden fest verschraubt! Das kann mit Hilfsleisten wie hier oder mit soliden Stahlwinkeln geschehen, die in den Möbeln angebracht werden, damit sie nicht stören.

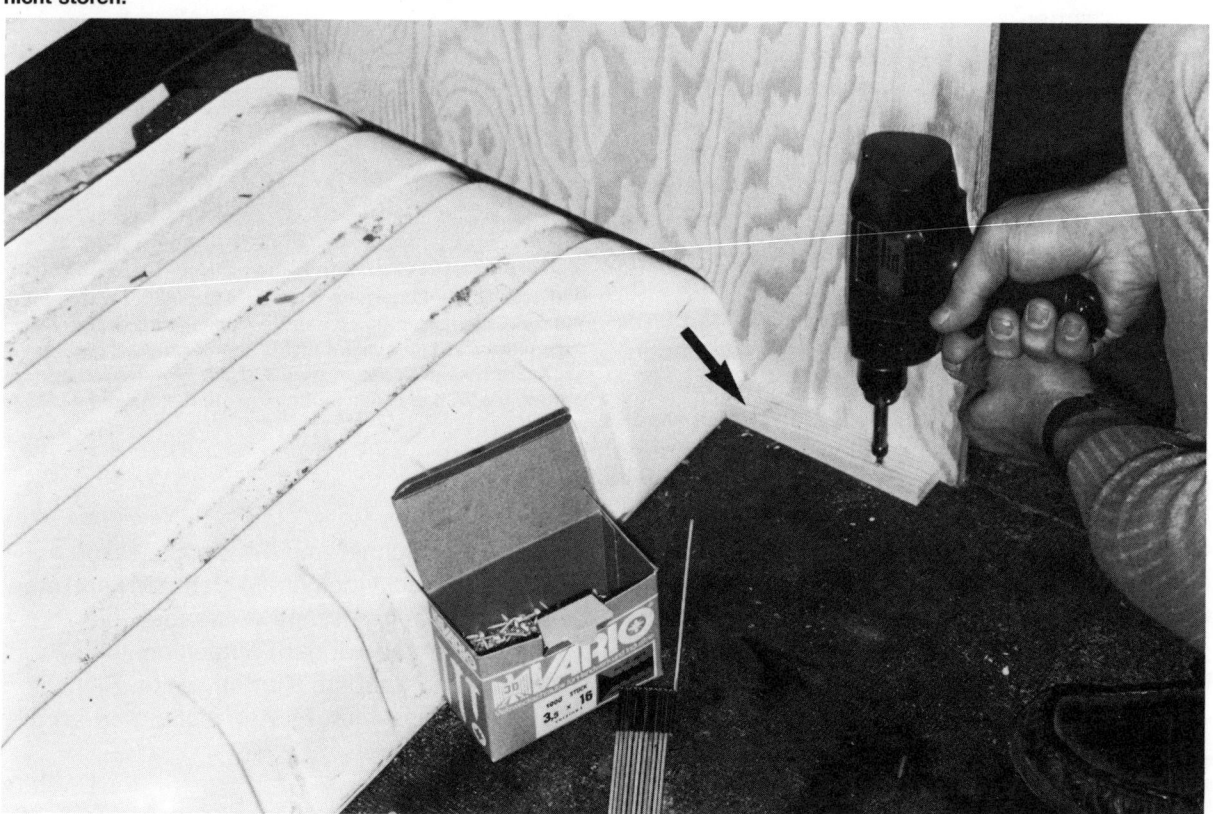

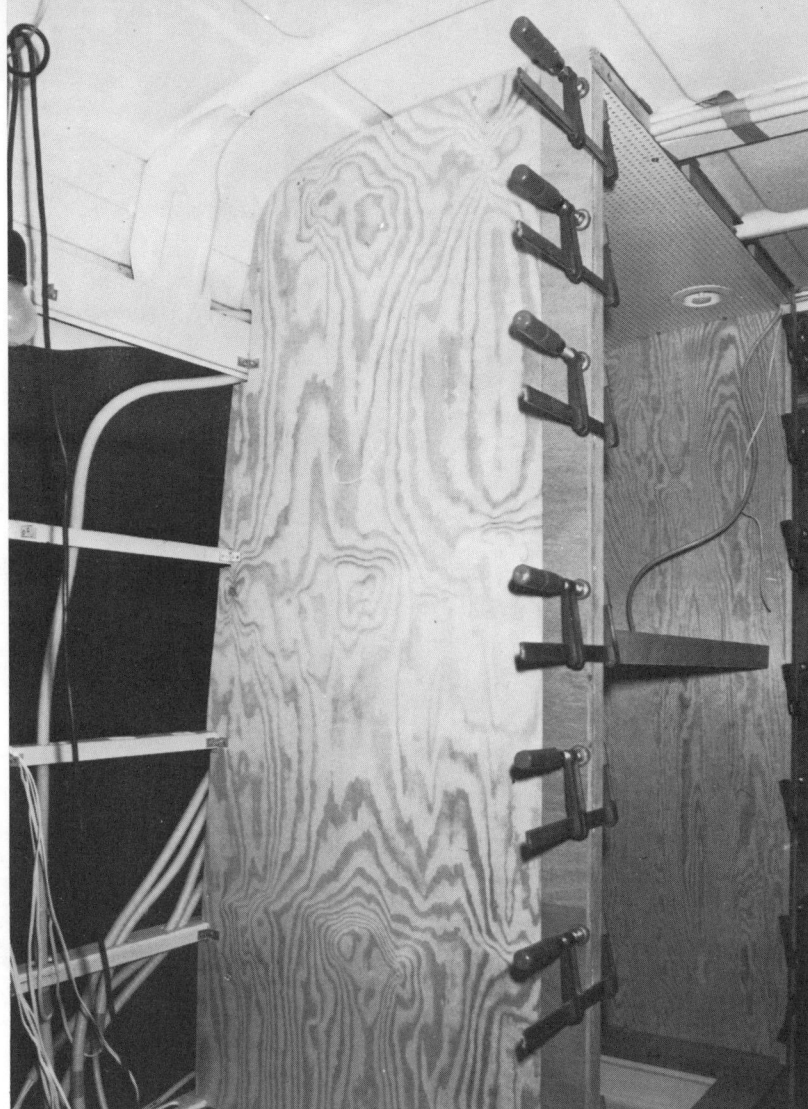

Bild 154: Wenn Möbel aus Sperrholz gefertigt werden, sollten sie an den Rändern mit aufgeleimten Massivholzleisten zusätzlich ausgesteift werden. Erstens können sie sich dann nicht mehr so schnell verziehen und zweitens hat man für Scharniere (Türen usw.) oder rechtwinklig angesetzte weitere Platten eine bessere Befestigungsmöglichkeit.

kann man die Möbelseitenwände mit langen Blechschrauben oder durchgehenden Gewindeschrauben auch direkt an die Blechrippen des Fahrzeugs schrauben, sofern dort gerade Rippen sitzen.

Da meist grade dort keine Blechrippen sind, wo man sie gebrauchen könnte, muß man entweder Zusatzstreben aus Holz einziehen oder zu der bequemeren Methode (erst Wandverkleidung, dann Möbelwände) zurückkehren.

Wenn alle *Möbelseitenwände* befestigt sind, werden auch die kleineren Möbelstücke wie *Staukästen, Sitztruhen* (siehe Kapitel »Sitz- und Liegemöbel«), *Hängeschränke* usw. zurechtgeschnitten und eingepaßt. Dabei sollte man aber immer darauf achten, wie bei den Tischlerplatten der Leistenverlauf in ihrem Innern ist! Tischlerplatten bestehen innen nämlich aus mehr oder weniger schmalen, zusammengeleimten Leisten, die mit ihren äußeren Furnierschichten zusammen der Platte ihre Stabilität geben. Bei Belastungen allerdings muß man auf die Stabrichtung achten, da

Bild 155: Etwas mühselig, aber später sehr wirkungsvoll ist es, den Schrankrahmen und die Türen für die Schrankfront aus einer gemeinsamen Platte zuzuschneiden, weil dann die Maserung optimal aussieht.

Bild 156: Zusätzlich zum Verleimen der Möbel sollte man noch ein paar nichtrostende Schrauben eindrehen. Eine Verleimung kann sich mal lösen (Feuchtigkeit usw.), eine Schraube kann man immer nachziehen.

Tischlerplatten in der Längsrichtung höher belastbar sind (biegesteifer) als quer.

Bei Sperrholzplatten ist dieses Problem weniger groß, allerdings hat man dafür bei ihnen oft Sorgen mit der Plattenkrümmung. Das macht sich besonders bei den Türen bemerkbar. Man kann sich in diesem Fall dadurch helfen, daß man für

Türen aus Sperrholz zwei dünnere Sperrholzplatten mit den gekrümmten Hohlflächen aneinanderleimt. Dadurch heben sich die Spannungen gegenseitig auf.

Nach der Montage aller Möbelwände werden nun auch die *Frontplatten* zugeschnitten und montiert (Bilder 155 und 156). Man kann dabei solche

Bild 157: Wer Platz im Fahrzeug hat, kann ein technisches Zentrum einplanen, in dem nicht nur die Kontrolleinrichtungen untergebracht werden, sondern auch Fernseher, Radio, Spannungswandler usw.

Bild 158: Bis auf die Tür ist der »Rohbau« der Sanitärzelle bereits fertig. Wichtig ist vor dem Installieren der Sanitärteile die einwandfreie Isolierung der Wände, der Decke und des Fußbodens gegen Feuchtigkeit!

Rahmen wie auf Bild 155 ersichtlich montieren, man kann aber auch nur Türen in einer solchen Größe anbringen, daß die Möbelseitenwände davon vollkommen verdeckt werden (Bild 148). Beim *Waschraum* sollte man daran denken, daß die Tür so konstruiert werden muß, daß kein Spritzwasser an Holzkanten gelangen kann. Des-

halb sollte man nach Möglichkeit entweder innen im Waschraum an der Tür eine Kunststoffleiste anbringen, die das an der Türfläche herablaufende Wasser von der unteren Türkante fernhält. Oder man sollte innen einen *Plastikvorhang* anbringen, der den Türausschnitt völlig verdeckt. Übrigens, beim Stichwort Türausschnitt

227

Bild 159: Für die Hängeschränke, die nicht nur viel Krimskram aufnehmen, sondern auch die Dachrundungen verdecken, ist genaues Arbeiten nach Schablonen unerläßlich. Jede Schlamperei ist später – in Augenhöhe montiert – ständiger Grund zum Ärger!

Bild 160: Für die Türen wird rundum sauber ein Einlaß-Falz gefräst, wenn man die Türen nicht der Einfachheit halber lieber außen aufsetzt. Die Holzverbindungen werden geleimt und durch Drahtstifte gesichert, Schrauben würden hier vielleicht doch etwas zu sehr stören.

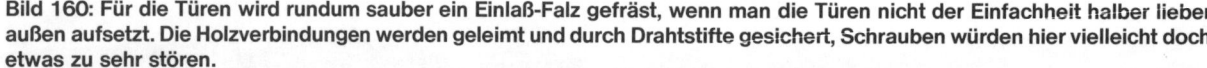

(Bild 158) achten Sie bitte darauf, daß Sie zum Waschraum hin eine Art *Türschwelle* stehen lassen, damit Spritzwasser vom Waschen oder Duschen nicht in den Wohnraum laufen kann.

Wie *Hängeschränke* konstruiert sind, geht aus den Bildern 159 bis 163 klar hervor. An Stelle der Klappen oder Türen vor Hängeschränken kann man auch nur einfache abgerundete Griff-Öffnungen lassen. Falls man den Inhalt der Hängeschränke nicht sehen soll, läßt sich innen vor der Griff-Öffnung auch mit wenig Aufwand ein kleiner Vorhang anbringen, der zugleich das Herausfallen des Schrankinhalts verhindert.

Zwischenborde oder *Regalbretter* in den Schränken werden alle entweder bereits beim Zusammenbau der Möbel fest mit den Seitenwänden verschraubt (dann kann man sie später aber nicht mehr in der Höhe usw. verändern) oder mit *Regalbodenhaltern* (Bild 148) angebracht. Gegen Klappern der Borde hilft strammes Einpassen. Was die konstruktiv wichtigen *Sitzbänke* betrifft, die ja auch mit den anderen Möbeln zusammengeschraubt werden, so lesen Sie hierüber bitte im folgenden Kapitel nach, weil dieses Thema doch etwas näher behandelt werden muß.

Zum Einbau der Schränke und Staufächer jedoch zuvor noch ein paar allgemein wichtige Hinweise: Wenn Sie die Einrichtung Ihres Campingbusses *flexibel,* also herausnehmbar machen wollen, muß die ganze Konstruktion dieser Einrichtung darauf abgestimmt werden. Die Möbel werden dann jeweils einzeln so gefertigt, daß sie als stabile, für sich getrennte Einzelelemente mit eigener Rückwand usw. im Fahrzeug aufgestellt werden können. Die Befestigung der einzelnen Möbelstücke untereinander kann durch Schloßschrauben (und Flügelmuttern) erfolgen, die durch gemeinsame Bohrungen der Möbelseitenwände gesteckt werden.

Die Befestigung am Fahrzeugboden (bzw. Zwischenboden) erfolgt am besten so, daß stabile Stahlwinkel oder Winkelschienen unten an den

Bild 161: Die sorgfältig eingepaßten Hängeschränke werden rechts und links an die Möbel-Seitenwände o. ä. angeschraubt. Zusätzlich werden sie oben mit Stuhlwinkeln an Verrippungen angeschraubt, unten liegen sie entweder auf der Wandverkleidung oder eine besonderen Auflageleiste auf.

Möbelwänden angeschraubt werden. Die zum Fußboden hin gelegenen Bohrungen in diesen Winkeln werden am Boden markiert. Dann wird der Zwischenboden herausgenommen, die markierten Stellen werden gebohrt und von der Unterseite des Zwischenbodens werden sodann so-

Bild 162: Ein Problem ist oftmals die Verkleidung der hinteren Wagendach-Rundung oberhalb der Hecktüren. Hier hilft ein Hängeschrank, der hinten oben quer montiert wird. Allerdings sollte er auf seiner Unterseite gepolstert werden, damit man sich beim Benutzen der Hecktür nicht den Kopf stößt.

Bild 163: Wenn die Hängeschränke stabil miteinander und an der Karosserie verschraubt sind, kann die Decke isoliert werden. Hilfsleisten werden dann oben an die Hängeschrank-Rahmen montiert, an denen dann wiederum die Deckenverkleidung festgeschraubt werden kann.

Bild 164: Selbst eine so nüchterne Sache wie ein kleines Regal läßt sich mit viel Liebe zu einem netten Blickfang gestalten. Die Unterseite ist gepolstert, um Beulen zu vermeiden.

Bild 165: Im Zubehörhandel bekommt man sie gelegentlich angeboten, man kann sie aber auch zur Not selber basteln: Praktische Netzablagen. Ideal dort anzubringen, wo der Platz für ein Abstellbord oder Schränkchen zu knapp ist.

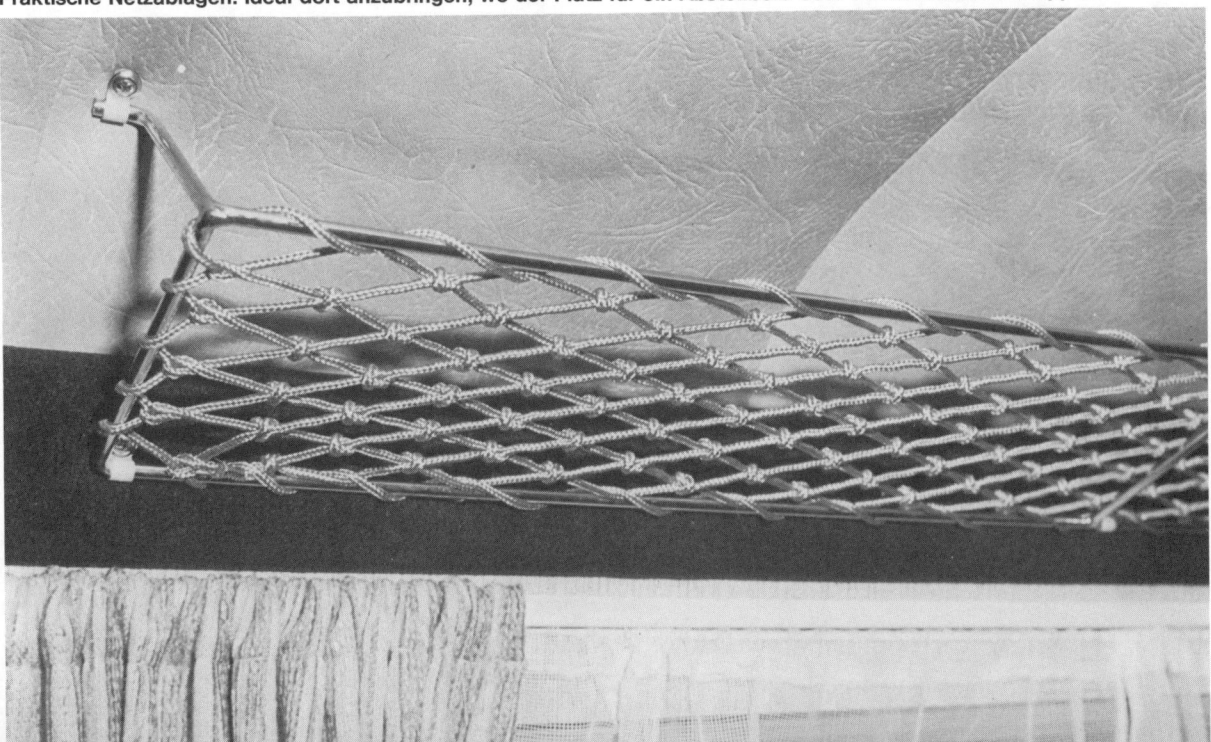

Bild 166: Wenn in der Kleiderschrank- oder Duschraumtür kein Platz mehr ist für einen größeren Wandspiegel, klebt man ihn einfach außen auf die Tür. Beachtenswert die eingelassenen, unfallsicheren Türbeschläge!

genannte Einschlagmuttern (Blechmuttern mit breitem Hut und Krallen) in die Bohrungen eingeschlagen. Nach dem Befestigen des Zwischenbodens am Fahrzeugboden hat man so stabile Gewindeeinsätze im Boden. Mit *Flügelschrauben* oder Sechskantschrauben werden dann die Möbelwinkel am Boden befestigt. Wenn nach dem Ausbau der Möbel die Gefahr besteht, daß sich die Gewindelöcher mit Schmutz vollsetzen, müssen kurze Blindschrauben eingesetzt werden, solange keine Möbel montiert sind.

Da wir grade bei anderen Möbel-Einbaumethoden sind, vielleicht auch noch ein Hinweis zu einer ausgesprochenen Leichtbauweise, nämlich der *Skelettbauweise.* Hierbei wird die gesamte Möblierung aus Blechprofilwinkeln oder Holzleisten im Fahrzeug aufgebaut und anschließend durch dünne Sperrholzplatten oder Kunststoffdekorplatten bzw. Hartfaserplatten nach außen hin verkleidet. Bei dieser Bauweise muß man natürlich ebenfalls an die Belastung denken, die im praktischen Betrieb auftreten können. Also beispielsweise muß die Skelettkonstruktion für die Sitzbank auch wirklich das Gewicht von zwei bis drei Menschen aushalten usw.

Es gibt dabei aber auch einen Trick: Man kann leicht und dennoch stabil bauen, wenn man die *Sandwichplattenbauweise* anwendet. Bei dieser

Bild 167: Wo der Einbau von eingelassenen Scharnieren oder Klavierband nicht möglich oder unerwünscht ist, kann man auch gut dekorative Scharniere aufsetzen. Rechts daneben sichtbar die eingelassene Schrankbelüftung aus Plastik.

232

raffinierten Technik werden Leistenskelette mit Hartschaumplatten ausgefüllt und von beiden Seiten fest mit dünnem Sperrholz (oder auch Paneelplatten) beklebt. Die Wände insgesamt gesehen werden dadurch zwar dicker als bei den üblichen Tischlerplatten, aber dennoch leichter.

Wenn alle Schränke, Staufächer usw. fertiggestellt sind, werden sie abschließend einer *Oberflächenbehandlung* unterzogen, sofern der Werkstoff dies erfordert. Bei Kunststoff-Oberflächen wird keine Nachbehandlung nötig sein. Bei Tischlerplatten mit *Limba-* oder *Macore-Furnier* dagegen sollte vor dem Montieren von Beschlägen usw. ein Überzug mit Mattlack (farblos wegen des schönen Holzes) oder Ballenmattine vorgenommen werden. Wird Limba als Furnierholz verwendet und der helle Holzton erscheint Ihnen zu nüchtern, so kann durch Beizen jede gewünschte Tönung erzielt werden. Praktische *Spiritusbeizen* bekommen Sie hierfür in Ihrer Farbenhandlung genau so wie die Materialien zur abschließenden *Oberflächen-Versiegelung*.

Werden Ihre Möbel jedoch mit anderen Werkstoffen wie Kunstleder, Stoff, Kork usw. überzogen, so würde ich diese Arbeiten erst ganz am Ende der Ausbauarbeiten vornehmen, damit die Oberflächen möglichst nicht beschädigt werden können.

Bild 168: Die manchmal etwas unsauberen Übergänge zwischen Möbeln und Innenraum-Verkleidung werden entweder mit einer Raupe aus Silikon-Kautschuk im Holzton oder mit einer Möbelkordel überdeckt.

Sitz- und Liegemöbel

Möbel zum Sitzen und Liegen sind im Campingbus diejenigen Möbelstücke, die darüber entscheiden, ob man sich in seinem Fahrzeug wohl fühlt oder nicht.

Bei vielen Tests serienmäßiger Wohnmobile habe ich teilweise Sitz- und Liegemöbel angetroffen, bei denen der Konstrukteur garantiert nie eine Sitzprobe oder gar eine Liegeprobe gemacht hat. Betten von knapp 170 Zentimeter Länge, Polsterdicken von 5 cm Stärke usw. zeugen nicht grade von Verständnis für Bequemlichkeit, ebenso wenig wie kerzengrade stehende Rückenlehnen oder senkrechte Vorderseiten von Sitzkisten.

Ich will damit sagen, es gibt viele Dinge, die man bei Sitz- und Liegemöbeln falsch machen kann, wenn man gedankenlos drauflos bastelt. Sie haben es jetzt noch in der Hand, die Möbel so bequem und behaglich zu bauen, wie es erforderlich ist.

Bei Sitzbänken, die nachts zu Bettflächen umgewandelt werden, handelt es sich meist um zwei sich gegenüberstehende Bänke (oder bei Einzelbetten um zwei sich gegenüberstehende Sitze), die durch Absenken der dazwischen gestellten

Bild 169: Schnitt durch eine Sitzbank. Wichtig ist die unten nach innen abgeschrägte Frontplatte (rechts), damit die Füße genügend Platz haben. Rechts oben unter der Sitzplatte die Auflageleiste für die Tischplatte.

Tischplatte bis auf Sitzhöhe zu einer großen Liegefläche werden. Dabei gibt es ein paar Dinge, die beachtet werden müssen. Zuerst einmal das bequeme Sitzen. Je nach Körpergröße der Benutzer muß die Sitzhöhe optimal ausgebildet sein. Die Höhe der Sitzbank selbst ist abhängig von der Stärke des Polsters, der hölzernen Sitzplatte, der Körpergröße des Benutzers, der Höhe der in der Bank untergebrachten Teile (z. B. Wassertank usw.). Eine recht brauchbare mittlere *Sitzhöhe* (einschließlich Polster) ist etwa *45 cm.* Bei einer empfehlenswerten *Polsterdicke* von rund *10 cm* ergibt das eine Konstruktionshöhe der Holzkiste von rund 35 cm. Bei einer Stärke der Tischlerplatte von etwa 1,6 cm ergibt sich nach Abzug dieser Sitzplattenstärke eine lichte Höhe in der Sitzbank von rund 33 cm. Das ist genug für die meisten handelsüblichen Wassertanks, wenn man solche in der Sitzbank unterzubringen gedenkt.

Die *Sitztiefe,* also die in Richtung Rückenlehne gemessene Polsterfläche, die für die bequeme Schenkelauflage ausschlaggebend ist, wird meist mit etwa 50 cm (ohne Rücklehnendicke) ausreichend sein. Wenn man davon ausgeht, daß auch hierbei 10 cm dicker Schaumstoff für die Lehne genommen wird, so sollte die Sitzbank eine *Gesamttiefe* oben von *rund 60 cm* aufweisen. Unten dagegen im Fußbereich, sollten Sie die Sitzbank nicht ganz so tief bauen. Das bedeutet,

Bild 170: Detail der Sitzbanktruhe: Der linke Sitz mit geöffneter Abdeckung. Rechts deutlich sichtbar die Leiste, auf der sich beim Bettenbau die Tischplatte als Zwischenteil auflegt.

Bild 171: Störend ist es, wenn die Karosserie Vorsprünge oder Verrippungen (Pfeile) aufweist, die die glatte Innenverkleidung der Wände erschweren. Sie müssen so weit als möglich in den Einbaumöbeln »verschwinden«.

daß die zur Mitte hin gelegene Frontplatte der Sitzbank etwas schräg verläuft (Bild 169), damit Sie die Füße bequem halten können beim Sitzen. Auf diesem Foto sehen Sie noch etwas wichtiges, nämlich oben quer auf der schrägen Frontplatte eine schmale Leiste (vorn mit eingelassenem T-Profil aus Kunststoff), auf der die Sitzplatte aufliegt. Diese Leiste steht deshalb etwas über, weil sich hier beim Umbau zur Liegefläche die Tischplatte auflegt und so eine durchgehende glatte Schlaffläche geschaffen wird. Mann kann diese *Auflageleiste* auch so anbringen, daß sie als massive Auflageleiste von vorn an die Frontplatte geschraubt wird, wie dies der Pfeil in Bild 177 kennzeichnet.

Betreffs der *Sitzplatte,* auf die dann die Polster gelegt werden, gibt es noch etwas zu beachten: Die beste Polsteranordnung ist die, daß zuerst das Rücklehnenpolster senkrecht (bzw. schräg nach vorn geneigt) auf die Sitzbank gestellt wird und dann das Sitzpolster davor gelegt und (mit Druckknöpfen o. Klettband) befestigt wird. Damit man beim Öffnen der Sitzkiste nun nicht jedesmal alle Polster entfernen muß und der Stauraum leichter zugänglich wird, hat es sich als praktisch erwiesen, die Sitzplatte in der Tiefe zu teilen und mit einem Scharnier aufklappbar zu machen (Bild 170).

Bei der Sitzplatte ist es übrigens besonders wich-

Bild 172: Um die Möbel (wie hier eine Stau- bzw. Sitzkiste) solide an den Wänden befestigen zu können, werden zunächst rundum massive Holzleisten angeschraubt.

Bild 173: Als nächstes werden die Möbel-Seitenwände mit rostfreien Holzschrauben an den Leisten befestigt. Zusätzlich wird mit Weißleim gearbeitet! Wichtig sind die abgerundeten Möbelkanten, damit man später nicht dauernd blaue Schienbeine hat.

tig, bei Verwendung von Tischlerplatten den richtigen Leistenverlauf zu beachten. Die in den Platten befindlichen Leisten sollten quer zur Sitztiefe verlaufen.

Was nun die weitere Konstruktion der Sitzbänke anbetrifft, so zeigen die Bilder 171 bis 179 genau die einzelnen Arbeitsgänge. Zuerst wird ein Leistenrahmen am Boden und an den umliegenden Wänden angeschraubt (Bild 171 und 172). Dann werden Seitenwand und Frontplatte (Bild 173) montiert. Die lehnenseitige Hälfte der Sitzplatte (und eine schmale Seitenhälfte, die man sich aber auch sparen kann) (Bild 174 bis 176) werden angeschraubt. Mit Klavierband wird die aufklappbare Sitzplatte (Bild 177) befestigt, die zum besseren Öffnen ein Griffloch erhält. Wenn beide Sitzbänke fertig sind, wird die dazwischen einzufügende Tischplatte eingepaßt (Bild 178). Diese Tischplatte wird entweder auf einem absenkbaren Gestell (Bild 184), einem Schwenktischgestell (Bild 185) oder einem klappbaren Tischbein in Zusammenhang mit einer Tischaufnahmeleiste (Bild 178 und 179) montiert.

Bild 174 (Mitte): Aus Gründen der Bequemlichkeit wird die Abdeckung der Sitzkiste nicht in einem Stück gefertigt, sondern zunächst nur eine hintere und seitliche Rahmenplatte angeschraubt, die bereits Auflageleisten für die Sitzkistenklappe enthält.

Bild 175 (unten): Bis auf die mit Klavierband anzuschraubende Klappe ist die Sitzkiste im Rohbau fertig.

Bild 176: Die beiden, sich gegenüberstehenden Sitzkisten ergeben später eine gemütliche Sitz- oder Eßecke. Die Kabel für Stromanschluß usw. wurden ebenfalls nicht vergessen.

Bild 177: Die Klappe, die die Sitzkiste verschließt und auf der man sitzt bzw. liegt, muß recht solide sein. Zum bequemen Öffnen hat sie ein Greifloch. Die Sitzkisten-Fronten bekommen noch jeweils eine Auflageleiste zur Aufnahme der Zwischenplatte, wenn die Schlafffläche gebaut wird (Pfeil).

Bild 178: Eine bequeme Schlaffläche ergibt sich, wenn die Tischplatte als Bettboden zwischen die beiden Sitzkisten eingelegt wird. An der Wand deutlich erkennbar ist die Tischaufnahmeleiste angebracht.

Bild 179: Die gemütliche Sitz- oder Eßecke ist im Rohbau fertiggestellt. Die Tischplatte sitzt an der Wand in der Tischaufnahmeleiste. Das sichtbare Tischbein ist klappbar und wird abends unter die Tischplatte geschwenkt, wenn diese als Schlaffläche benötigt wird.

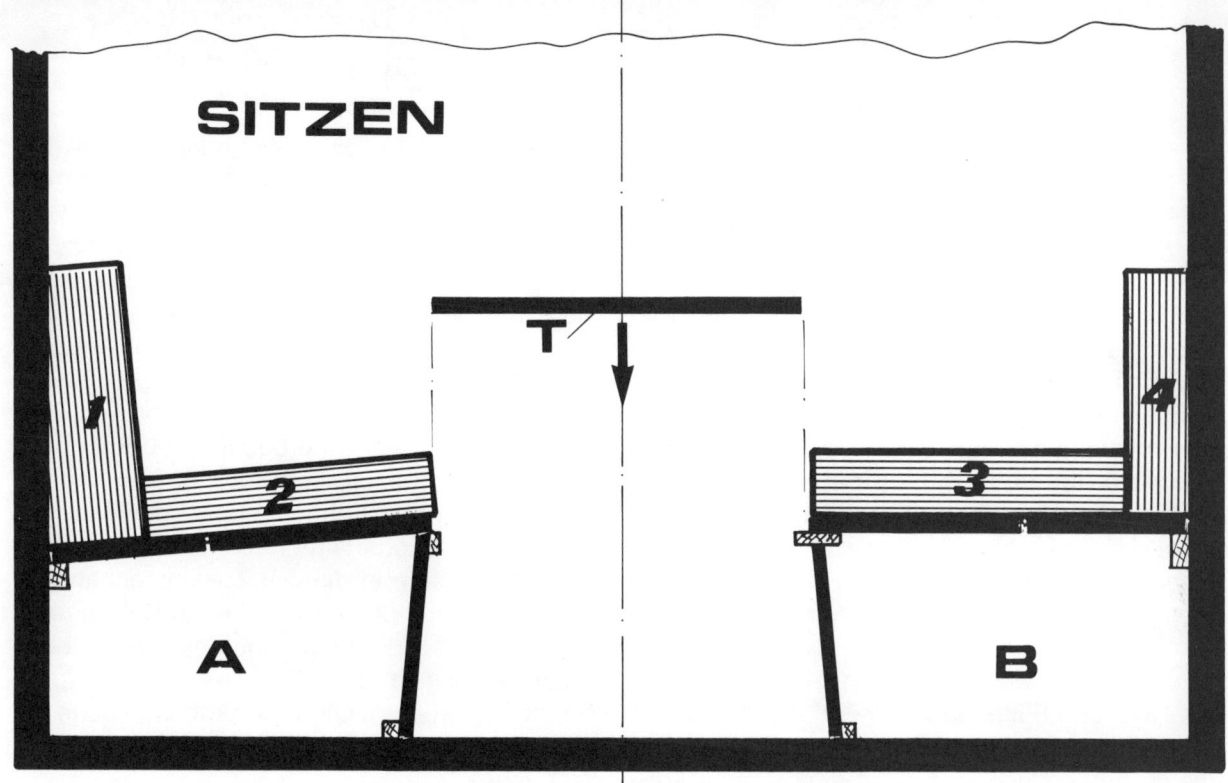

SITZEN

Bild 180: Prinzipschnitt durch eine Sitzecke (oben), die bei Nacht zu einer Schlaffläche (unten) umgebaut wurde.

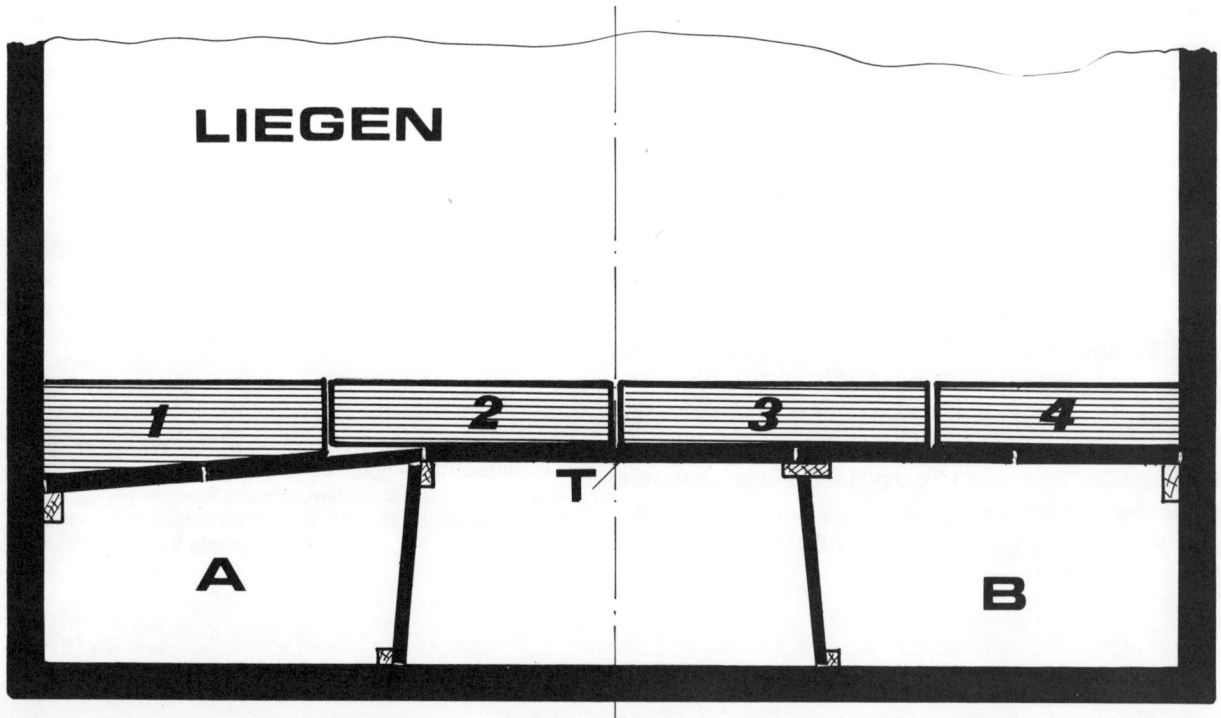

LIEGEN

Über Tische finden Sie im Kapitel »Tische« noch weitere Hinweise, betreffs der Polster lesen Sie bitte im Kapitel »Polster, Teppiche und Gardinen« nach.

Wer seinen Campingbus mit besonders raffinierten und bequemen Sitzen ausstatten möchte, kann zusätzlich tief in die Trickkiste greifen. Bekanntlich sitzt man auf Sesseln dann besonders bequem, wenn die Sitzfläche etwas *nach hinten geneigt* ausgeführt ist. Das läßt sich im Campingbus natürlich genau so realisieren, indem man einfach die Sitzplatten schräg nach hinten geneigt montiert. Dabei würde sich jedoch bei Verwendung grader Polsterplatten für die Tagstellung ein negativer (nach vorn geneigter) Lehnenwinkel ergeben, der sehr unbequem ist. Für die Nachtstellung, was viel wichtiger ist, würde man mit Kopf und Füßen in einem Tal liegen und mit dem Rücken höher, weil die graden Polsterplatten die Sitzabsenkungen ja nicht ausgleichen können.

Betrachten Sie in diesem Zusammenhang einmal die Zeichnung (Bild 180). Sie stellt einen Schnitt durch die Sitzgruppe in Tagstellung (Sitzen) und Nachtstellung (Liegen) dar.

In der rechten Sitzbank (B) sind die graden Polster (3) und (4) als Sitz und Lehne auf winklig angeordneten Staukisten aufgelegt. Das Sitzen ist trotz der etwas nach innen geneigten Frontplatte (für die Fußstellung) auf Dauer stark ermüdend.

In der linken Darstellung der Staukiste (A) dagegen ist das Sitzen angenehm, weil die Polsterung nach hinten geneigt wird. Das wird durch Absenken der Sitzplatte im hinteren Bereich ermöglicht und durch die keilförmige Ausbildung der Lehnenpolsterung (1). Wenn man also beispielsweise die Sitzplatte hinten um 5 cm tiefer legt, muß auch der Schaumstoff für die Rücklehne keilförmig auf einer Seite um 5 cm breiter sein.

Das ist entscheidend für die Nachtstellung, wenn aus den Sitzen und der abgesenkten Tischplatte (T) eine *ebene* Liegefläche werden muß.

Rechts unten in der Zeichnung sehen Sie (Bild 180), daß dies bei ebenen Sitzplatten gar kein Problem ist. Links dagegen kann nur mit Hilfe des Lehnenkeils (1) auf dem schrägen Sitz (A) eine grade Bettfläche geschaffen werden.

Die Kunst beim Bau von Sitzen, die zu Liegeflächen umwandelbar sind, ist die Ermittlung der richtigen Maße der einzelnen Teile zueinander. Schließlich muß ja der Tisch mit den beiden Bänken zusammen den Unterbau für das Bett abgeben. Und die Polster der beiden Bänke ergeben zusammen mit den Lehnenpolstern die Matratze. Da ist dann schon etwas Rechnerei nötig.

Denken Sie bitte in diesem Zusammenhang an die Körpermaße und bauen Sie die Betten nicht nur für sich, sondern auch für einen eventuellen späteren Besitzer, der unter Umständen ein paar Zentimeter größer ist. Für die Bettlänge halte ich 185 bis 190 cm für ein in den meisten Fällen ausreichendes Maß.

Wenn das Fahrzeug dieses lichte Maß in der Breite nicht aufweist, sollte man immer versuchen, die Betten längs anzuordnen. Das hat einen weiteren Vorteil: Meist kann man dann im Fußbereich zwischen den Betten noch eine Art kleinen Gang freilassen, der ein leichteres Aufstehen ermöglicht. Bei Querbetten, die als Doppelbett gebaut sind, muß nämlich immer der hintere über den vorderen Schläfer drüberklettern, wenn er zwischendurch mal raus will.

Ein besonderes Problem schaffen Fahrzeuge, bei denen der Motor im Wagenheck angeordnet ist. Für diese Fälle sollte man sich meiner Ansicht nach die speziellen Bettbeschläge (Snap-

Bild 181: Bei knappem Raum für eine Sitzecke kann man auf voluminöse Rückenpolster verzichten und nur gepolsterte Lehnenstreifen anschrauben. Solche Streifen werden zuvor fertig gepolstert auf einen Holzstreifen aufgebracht und dann komplett an die Wand geschraubt.

couch–Beschläge) beschaffen und damit ausgerüstet die Sitzbank (Bild 26) durch Vorziehen und Umklappen der Rücklehne zu einem Längsdoppelbett umwandeln können.

Man kann in diesem Fahrzeugtyp auch auf die Beschaffung der Spezialbeschläge verzichten und die Sitzplatte rechts und links am Fahrzeug auf Leisten ausziehbar gleiten lassen. Im Mittelbereich muß dann ein ausklappbares Stützbein die Last des Doppelbetts mit tragen.

Um den Komfort in den Campingbussen zu erhöhen, kann man an Stelle der in den Fotos (Bild 179) ersichtlichen massiven Sitzplatten aus Sperrholz oder Tischlerplatte auch *Holzroste* verwenden, die entweder auf Gurte genagelte einzelne Leisten (aufrollbar) oder starre Holzrostrahmen sein können. Der Vorteil liegt darin, daß erstens die Leisten etwas besser federn als starre Bretter und daß zweitens von unten her Luft an die Polster kommt. Das ist nämlich sehr wichtig! Polster, die auf einer Seite keine Lüftungsmöglichkeit haben, neigen dazu, dort zu stocken und klamm zu werden. Man kann sich dann entweder mit den Holzrosten helfen oder durch Auflegen von Luftpolsterfolie, Gittergewebe oder aber durch Anbringen von Lüftungsbohrungen in der Sitzplatte. Besonders die Rücklehnenpolster, die an Außenwänden lehnen, sind in dieser Hinsicht gefährdet. Hierfür gibt es eine spezielle, mit Noppen versehene »Klimawand«, die man großflächig hinter den Polstern an die Wände kleben kann. Auch Luftpolsterfolie oder ein aus ein paar Leisten zusammengesetzter Rost helfen. Am besten aber ist das Klammwerden der Polster durch zusätzliche Verwendung der Hinterlüftungssysteme von Heizungsfirmen (Truma usw.) zu vermeiden. Bei diesen Systemen werden gelochte Rohre oder Kunststoffprofile unter den Lehnen an der Wand angebracht, die mit dem Warmluftsystem der Heizung verbunden sind. Wenn das Heizgebläse Luft umwälzt, strömt ein Teil davon auch hinter die Lehnen und wärmt sie mit.

Das geht natürlich nur, wenn rechtzeitig Maßnahmen getroffen wurden, damit auch zwischen Lehnenpolster und Wand Luft hindurchstreichen kann.

Wer *weitere Schlafplätze* in seinem Fahrzeug schaffen will, muß sich nach dem erforderlichen Platz hierfür rechtzeitig umsehen. Meist wird er ihn im oberen Wagenbereich finden, wo sich mit etwas Geschick (und soliden Scharnieren) recht gut weitere ein bis zwei Klappbetten (Bild 182) anbringen lassen. Diese Betten werden bei Nichtgebrauch tagsüber unters Dach geklappt und mit Schubriegeln o. ä. arretiert. Auch wenn nicht so viele Betten benötigt werden, kann ein zusätzliches Klappbett zumindest mit eingebaut werden. An Stelle der Matratze und der Betten kann man dann die Klappbettkonstruktion mit dem Bettzeug der unteren Betten füllen und sie so als »Staufach« verwenden, bis mal eines Tages ein Bett mehr gebraucht wird (Bild 183).

Bei sehr vielen Mitreisenden sollte man dazu übergehen, gleich richtige *Doppelstockbetten* oder sogar Dreistockbetten fest im Fahrzeug einzubauen, die bei Nichtgebrauch tagsüber entweder mit einem Vorhang verdeckt werden oder durch Abklappen des oberen Betts nach unten (so bildet sich eine gepolsterte Rücklehne) als Sitzbanklehnen verwendet werden.

Für das oft vorhandene Problem, Kinder für ein paar Jahre im Campingbus mit auf Urlaub zu nehmen, lohnt sich oftmals nicht der feste Einbau von Extra-Betten. Nach ein paar Jahren wollen Kinder doch meist eigene Wege gehen (außer wenn sie noch sehr klein sind). In diesen Fällen empfiehlt sich der Einbau von sogenannten *Notbetten*. Das sind zwei solide Alu- oder Stahlrohre, die mit einer stabilen Zeltleinwand bezogen eine Liege ergeben. Die Stahlrohre werden an ihren Enden in die »Notbettlager« eingehängt. *Notbettlager* bekommt man ebenso wie komplette Notbetten im Campingbedarf. Diese Notbettlager sind gegossene Alu- oder Plastikhalbschalen, die an geeig-

Bild 182: Das Zweit- oder Drittbett kann man aus Platzmangel bei Verwendung von Spezialbeschlägen gut unter die Fahrzeugdecke schwenken. Aber auch ohne solche Beschläge lassen sich leicht mit anderen Mitteln praktische Hochbetten bauen.

Bild 183: Wenn im Campingbus Schlafplätze fehlen, weicht man mit Klappbetten in die erste Etage aus. Damit man sich tagsüber nicht stößt, werden sie unter das Dach geklappt und durch Riegel arretiert (Pfeil).

neter Stelle an die Fahrzeugwände geschraubt werden und die Rohrenden aufnehmen. Ein beliebter Platz für Kinderbetten mit Notbettkonstruktion ist entweder das Fahrerhaus (wo die Betten quer angeordnet werden) oder im Wohnteil der Mittelgang. An Stelle der Segeltuchkonstruktion läßt sich auch vorzüglich ein *aufrollbarer Holzrost* verwenden!

Weitere Betten, die auch für Erwachsene geeignet sind, lassen sich in einem entsprechend großen Aufstelldach auf der Dachfläche unterbringen. Oder in einem Klappzelt, das wie ein Gepäckträger auf dem Wagendach installiert wird. Es gibt in dieser Hinsicht schon sehr praktische und preiswerte Lösungen im allgemeinen Campingbedarf.

243

Tische

Haben Sie sich schon mal Gedanken gemacht, welche Tischkonstruktion für Ihren Campingbus die richtige ist? Ich kenne Leute, die haben noch den ersten Campingbus, aber schon den vierten Tisch!

Es reicht nämlich nicht, bloß eine Platte auf Beinen ins Fahrzeug zu stellen.

Bevor Sie an die Auswahl des für Ihre Zwecke optimalen Tisches gehen, machen Sie sich eine Liste mit all den Forderungen, die Ihr Tisch im Campingbus erfüllen soll.

Er soll als *Couchtisch* in der Sitzecke stehen. Damit man bequem in die Sitzecke kann, sollte er möglichst wenig störende Beine aufweisen. Er sollte auch *keine scharfen Tischkanten* haben, an denen man sich beim Setzen stoßen könnte. Der Tisch sollte auch so *stabil* sein, daß man sich beim Setzen etwas darauf abstützen kann. Wenn man die Sitzecke so ausgebildet hat, daß man zwischen den Sitzbänken hindurchgehen können muß, sollte der Tisch sich leicht entweder an die Seite rücken oder *wegschwenken* lassen. Der Tisch soll zugleich auch als Eßtisch benutzt werden. Dann muß er eine andere Höhe haben als ein Couchtisch, er muß also höhenverstellbar sein.

Er muß als Eßtisch so stabil sein, daß Speisen beim Gegenstoßen nicht herunterfallen können.

Der Tisch muß als Eßtisch eine *pflegeleichte,* saubere und schöne *Oberfläche* haben und einen schmalen *Rand* drumherum, damit nichts so leicht von der Tischplatte herunterrollt.

Da man zum Bettenbau die Tischplatte als Zwischenboden in der Gangmitte braucht, muß das Tischgestell so weit *abzusenken* sein, daß die Tischplatte bis auf Sitzplattentiefe kommt.

Da die Tischplatte auf den seitlichen Randleisten aufliegen soll, wenn sie als Bettboden benutzt wird, muß die Tischplatte auch genau die entsprechenden *Abmessungen* haben. Sie muß auch so

Bild 184: Damit die Tischplatten nicht immer im Wege ist, läßt sie sich mit einem untergebauten Schiebebeschlag seitlich verschieben. Zur Verbesserung der Stabilität der Tischplatte werden zusätzliche Leisten angeschraubt.

fest sein, daß sie den Belastungen durch das Liegen gewachsen ist.

Ein Tisch im Campingbus sollte außerdem *nicht zu schwer* sein, da ja Gewicht die Nutzlast mindert. Weiterhin sollte ein Tisch sich auch einmal im Freien verwenden lassen, wenn man bei schönem Wetter draußen vor dem Fahrzeug sitzen will.

Bild 185: Wenn der Platz knapp wird, ist eine (klappbare) Tischplatte mit schwenkbarem Rohrgestell eine zweckmäßige Lösung.

Bild 186: Soll eine Tischplatte verschiebbar und abnehmbar an einer Wand befestigt werden, wird an der Wand (W) eine Tischaufnahmeleiste aus Alu (A) angeschraubt, an der Tischplatte (T) die Gegenleiste (B).

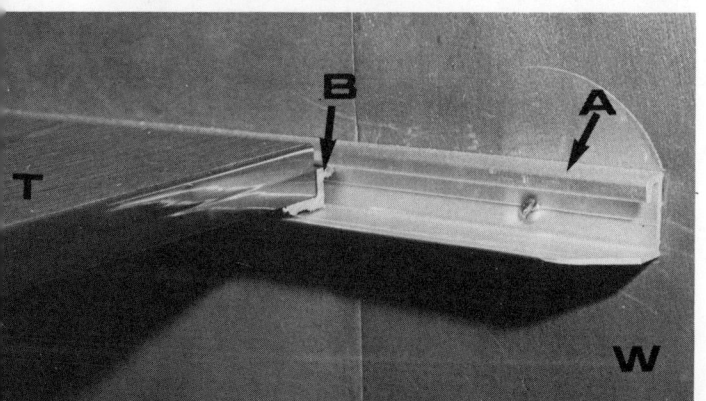

Und last not least sollte so ein Wundertisch auch noch *erschwinglich* sein.

Eine ganze Menge Forderungen für eine so simple Sache wie einen Tisch, meinen Sie nicht auch? Basteln würde ich zumindest das Untergestell nur in der Not, denn der Handel bietet eine reiche Auswahl an praktischen und nicht allzu teuren Tischgestellen.

Da gibt es Scherentischgestelle, Hubtischgestelle, Kurbeltischgestelle, Schwenktischgestelle, diverse Tischfüße als Mittelrohrsäule, Schwenkrohrsäule, Klappstützfuß, Gelenkstützfuß, klappbares Tischbein, festes Tischbein usw.

Die Preise für Tischbeine fangen etwa bei 15 DM an und gehen bis zu 180 DM und mehr. Deshalb meine Empfehlung, sich unbedingt erst in Ruhe die Auswahl anzusehen und die vorhin erwähnten Probleme gegeneinander abzuwägen. Dann wird man sehr schnell feststellen, welche Tischkonstruktion für grade dieses Fahrzeug die optimale Lösung sein könnte.

In den oben erwähnten Preisen, um auch das noch klarzustellen, ist natürlich noch keineswegs die Tischplatte selbst mit drin. Da man sich die jedoch in den meisten Fällen selbst machen wird, kann man sich die runden 90 DM für eine fertige Tischplatte getrost sparen. Ein Stück Tischlerplatte (Stabrichtung beachten wegen der Belastung!) wird passend zugeschnitten, die Oberfläche wird geschliffen und versiegelt (Parkettversiegelung o. ä.), mit Stahlwolle fein abgezogen und mit einem Kunststoffumleimer oder einer Holzleiste eingerahmt.

Dann wird die Platte mit dicken kurzen Holzschrauben möglichst solide am Tischgestell befestigt. Um die Bequemlichkeit zu erhöhen, kann man die Tischplatte mit einem *Schiebebeschlag* (ähnlich Bild 184) versehen. Dann braucht man den Tisch nicht bei jedem Setzen wegzuschieben, sondern nur die Platte. So einen Beschlag kann man kaufen (ca. 35 DM), man kann ihn aber auch leicht selbst machen. Er sollte dann so gebaut werden, daß er sich in jeder Stellung mit einer Klemmschraube (Rändelschraube) arretieren läßt und in der Mittelstellung wenn möglich einrastet (das kann man mit einem angebauten Schnäpper machen).

Damit die Tischplatte möglichst wenig blaue Flekken verursacht, sollten Sie die Ecken der Platte rundum entweder abrunden oder zumindest abschrägen, bevor der Umleimer montiert wird.

Wenn im Fahrzeug wenig Platz ist, läßt sich die Tischplatte auch *abklappbar* (Bild 185) machen. Zwei Leisten, unter der Platte verschiebbar angebracht, halten dann die aufgeklappte Platte grade. Sie sehen auf diesem Foto auch das oft bei knappem Platz eingesetzte schwenkbare *Rohrgestell*.

Eine andere Lösung sind an der Fahrzeugwand angeschraubte *Tischaufnahmeleisten* (Bild 186). Man kann dann den Tisch mit einem klappbaren Tischbein versehen (Bild 179) und sowohl im Fahrzeug an der Wand (verschiebbar) anbringen als auch mit Hilfe einer zweiten Aufnahmeleiste draußen am Fahrzeug, wenn man den Tisch außerhalb des Wagens benutzen möchte. So eine Aufnahmeleiste stört nämlich kaum außen am Fahrzeug.

Die Küche

Es gibt vorzügliche Köche und es gibt vorzügliche Heimwerker, sowohl männlich wie weiblich. Aber die Kombination aus gutem Koch und gutem Heimwerker ist sehr selten, weil Kochen eine Kunst ist und Heimwerken eine Arbeit.

Deshalb sollten Sie auch nicht versäumen, vor

246

Beginn der Arbeiten mit dem für das Kochen zuständigen Partner die Konstruktion der Küche durchzusprechen. Wenn hierbei nämlich alles so *griffgünstig* und *arbeitsgerecht* angeordnet wird, wie der kochende Teil der Mannschaft das gern hat, dann wird der heimwerkende Teil das in Form schmackhafter Speisen zu spüren kriegen. Andernfalls wird man wohl mehr auf Restaurants zurückgreifen müssen. Aber da man ja nicht dafür eine Küche baut, sollte lieber vorher alles geklärt

Bild 187: Ein kompakter, einbaufertiger Küchenblock mit Spüle, Zweiflammkocher, Kühlschrank und Schublade (Syro).

Bild 188: Küchenmöbel müssen auch im Campingbus nicht nüchtern wirken. Allerdings geht bei dieser Lösung viel Arbeitsfläche verloren.

Bild 189: Eine vorbildliche Küchenkonzeption: Die aufklappbaren Abdeckungen sind geteilt. Sie schützen die Rückfront, verdunkeln aber nicht das Fenster. Die Metallblende rechts schützt den Schrank vor der Hitze und vor Spritzern.

Bild 190: Gut ist die Nutzung toter Ecken durch Ablagen. Aber trotzdem darf es keine scharfen, gefährlichen Ecken geben. Auch die Steckdose und der Vorhang in der Nähe von Abgasschlauch und Gaskocher sind schlechte Beispiele!

Bild 191: Eine individuelle Küchenabdeckung mit Keramik-Fliesen. Nach dem Verfugen wird der Brennerbereich mit einer aufgeschraubten Metallplatte abgedeckt.

werden. Ein kleines Beispiel hierzu: Die sehr oft verwendeten Koch-Spülkombinationen aus Edelstahl gibt es entweder mit Spüle links/Kocher rechts oder umgekehrt. Wenn man nicht grade wegen Lüftungsmöglichkeiten oder wegen Brandgefahr (Kocherflammen in Nähe brennbarer Teile) den Kocher an einer bestimmten Stelle haben muß, kann man sich doch ohne weiteres auch nach den Gewohnheiten des Partners richten, oder nicht? Es gibt hierfür sogar umfangreiche Studien, welche Anordnung die bessere ist (für Rechtshänder: Kocher rechts, Spüle links).

Wichtig ist neben der griffgünstigen Anordnung von Kocher, Spüle, Wasserhähnen, Kühlschranktür, Hängeschranktüren, Beleuchtung usw. auch die *Arbeitshöhe*. Also die Höhe, in der die Arbeitsfläche des Küchenblocks installiert wird. Normalerweise üblich sind 85 bis 90 cm. Bei der Konstruktion des Küchenblocks sollte daran gedacht werden, daß man beim Hantieren dicht an die Arbeitsfläche herantreten will. Deshalb muß im *Fußbereich* der Küchenblock etwas *zurückgesetzt* sein, damit man bequem daran stehen kann. Am leichtesten läßt sich das so lösen, daß man unten einen etwa 5 bis 10 cm hohen Rahmen etwas zurücksetzt und auf diesem dann den eigentlichen Küchenblock installiert. Dabei muß natürlich darauf geachtet werden, daß der Kühlschrank (sofern dort vorgesehen) noch bequem einzubauen geht und auch noch über dem Kühlschrank Platz für die Belüftung desselben bleibt (siehe Einbau-Anweisung des Kühlschrankherstellers, meist werden etwa 5 cm Platz über dem Kühlschrank reichen). Im Küchenblock soll oft noch die Besteckschublade (herausfallsicher) untergebracht werden. Und an Zugang zur Montage des Wasserhahns (Mischbatterie) und anderer technischer Einbauten (Wasserpumpe, Warmwasserbereiter, Wassertank o. ä.) sollte ebenfalls gedacht werden. Meist wird der Küchenblock sowieso schon zu einem technischen Zentrum ausgebaut, weil hier die meisten Arbeiten durchge-

führt werden müssen, Strom, Gas, Wasser usw. benötigt werden und man auf diese Weise zu günstigen *kurzen Leitungswegen* kommt.

Besonders auffällig ist das bei den kompletten Küchenblocks (Bild 187), die man im Handel fix und fertig installiert (bis auf die Anschlüsse) zu kaufen bekommt und nur noch im Fahrzeug anschließen muß. Diese Kompaktküchen stellen auch für den technisch nicht so versierten Heimwerker eine praktikable Lösung der technischen Probleme dar, weil er hier alles aus einer (relativ teuren) Hand bekommt. Solche Kompaktküchen einschließlich Kühlschrank kosten immerhin zwischen 900 und 1500 DM, ohne Spüle, Kocher und Kühlschrank (nur als Holzmöbel) immer noch um die 300 DM.

Da lohnt es sich also durchaus schon, zu Säge und Hammer zu greifen und den Küchenblock selbst zu zimmern.

Dann hat man ihn wenigstens so, wie er sein soll.

Die Frontpartie des Küchenblocks sollte dabei möglichst in einer *pflegeleichten, abwaschbaren Oberfläche* gehalten werden, weil beim Kochen doch schon mal etwas daneben geht. Auch die unmittelbare Umgebung der Arbeitsfläche (Bild 188) sollte sowohl gegen *Nässe, Spritzer* vom Kochen oder Braten als auch gegen *Hitze* der Gasflammen wirkungsvoll geschützt werden. Es wäre schade, wenn sich die Fensterscheiben (Acryl) Ihres teuren ausstellbaren Küchenfensters schon nach der ersten Mahlzeit durch die Hitze der Gasflammen verziehen würden. Deshalb sollte man wie auf dem Foto die Umgebung der Kocher mit aufklappbaren oder anhängbaren Blech- oder Kunststoffplatten schützen. Wenn man dabei die Abdeckplatte wie auf dem Bild 189 nicht nur längs teilt, sondern auch noch quer, hat man das optimal erreicht. Durch die Teilung in zwei getrennte Abdeckplatten kann man nämlich z. B. beim Kochen den Spülenbereich abdecken und als Arbeitsfläche nutzen und umgekehrt. Durch die Scharniere, mit denen jede Platte noch-

Bild 192: Praktisch und doch gefällig ist die runde Edelstahl-
spüle. Der Wasserhahn ist griffig, was besonders bei nassen
Händen wichtig ist. Vorsicht allerdings bei solchen Anordnun-
gen, weil sich leicht Schmutzecken bilden können, die wahre
Bakterienbrutstellen sind!

mals geteilt wird, erreicht man beim Hochklappen
der Platten, daß nicht das ganze Küchenfenster
verdeckt wird, sondern nur der untere gefährdete
Teil. Die aufklappbare Metallplatte rechts im
Bild 189 dient nicht nur als strapazierfähiger
Spritzschutz, sondern hält vor allem die Hitze vom
Holz des Schranks fern.

Denken Sie bitte auch bei der Anordnung der übrigen Küchenteile wie z. B. Hängeschrank, Küchenlüfter, Fensterrollo usw. immer an die vom
Herd aufsteigende *Wärme* und *Feuchtigkeit*
(Kochdämpfe, Dunst vom Abwaschbecken, Wasserspritzer). Aus diesem Grunde sollte man auch
die Installation der Küchenleuchte (Neon) so vornehmen, daß sie zwar einwandfreies Licht auf die
Arbeitsfläche wirft, selbst aber weitgehend geschützt und blendfrei angebracht ist.

Was den Küchen-Hängeschrank und die daran
oder darin installierte Küchenleuchte betrifft, sollte man an die nötige *Kopffreiheit* denken. Können
diese Teile nicht weit genug zurückgesetzt werden, besteht Gefahr, daß man ständig beim Hantieren in der Küche mit dem Kopf dagegen rennt.
Aus diesem Grunde sollte, wenn nötig, der Hängeschrank im Gefahrenbereich eine Polsterung

Bild 193: Jedes Eckchen im Campingbus muß optimal
genutzt werden. Hier ist es eine Schublade unter dem
Kühlschrank, die für Konservenbüchsen gedacht ist. Auch
solche kleinen Details helfen mit, den tiefen Schwerpunkt
eines Fahrzeugs zu erhalten und damit die Fahrstabilität.

(Schaumstoff aufkleben, mit Kunstleder beziehen) bekommen und die Leuchte möglichst keine scharfen Ecken aufweisen oder so eingebaut werden, daß nichts passieren kann.

Als abschreckendes Beispiel kann das Bild 190 gelten. Der sicher gut gemeinte kleine Staukasten hat oben, wo kein Mensch rankommt, eine gerundete Kante. Unten im Kopfbereich dagegen wartet die scharfe Ecke direkt auf den nächsten Zusammenstoß. Auch die im Bild sichtbare Gardine im Kocherbereich, die nicht geschützte 220-Volt-Steckdose über dem heißen Abgas-Schlauch des Kühlschranks sind Sachen, die wirklich nicht vorbildlich gelöst sind! Denken Sie daran, daß es ja Ihr eigener Campingbus ist, den Sie sich selber ausbauen. Da sollte man solche Fehler weitgehend vermeiden.

Was die Ausführung der Küchen-Arbeitsplatte betrifft, so kann man natürlich auch andere Wege gehen und auf die an sich sehr praktische Edelstahl-Abdeckung verzichten. Bild 191 zeigt, wie eine Arbeitsfläche mit Keramikfliesen belegt wird, (mit Kontaktkleber aufkleben, der Fugenmasse Bindemittel zusetzen).

Der Bereich des Gasbrenners wird nach dem Verfugen noch mit einer passend gearbeiteten Blechplatte (Alu oder Messing) abgedeckt und die Platte angeschraubt.

Man kann auch, was einfacher ist, quadratische oder rechteckige Fliesen als Belag nehmen und sie der Haltbarkeit wegen mit Silikonkautschuk ausfugen. Oder man bezieht die Arbeitsfläche mit Kunststoff (Resopal o. ä.) oder Kunstleder (Bild 192).

Ich habe auch schon eine Arbeitsfläche gesehen, bei der Kiesel und kleine Muscheln in Polyesterharz eingegossen waren. Wie gesagt, dem Spieltrieb sind keine Grenzen gesetzt.

Die Küche zu bauen erfordert, wie sicher bemerkt wurde, eine ganze Menge Überlegungen. Ohne die genauen Maße von Abdeckplatte, Kühlschrank und anderer technischer Teile würde ich auch gar nicht erst zu bauen anfangen. Wenn schließlich alles montiert ist, muß noch die Abdeckplatte aus Edelstahl (sofern verwendet) mit ein paar nichtrostenden Schrauben rundum befestigt werden. Anschließend sollte entweder noch eine schmale Deckleiste an den Seiten und hinten angebracht werden oder zumindest mit Silikonkautschuk jede Ritze geschlossen werden zwischen Platte und angrenzenden Möbelteilen.

Dusche, Waschraum und WC

Nur noch sehr kleine, einfach ausgestattete Campingbusse besitzen lediglich ein einziges Waschbecken, das zugleich als Küchenspüle und Waschbecken ausreichen muß.

Die Vorstellung, in ein und demselben Becken sowohl die Füße als auch den Salat waschen zu müssen, hat meiner Ansicht nach nicht viel für sich.

Deshalb haben zumindest mittlere Campingbusse ein zweites Waschbecken aufzuweisen, das je nach Platzverhältnissen oder Möbelplanung entweder in einem Wasch-Schrank, einem Waschraum, einer Dusche oder einer Sanitärzelle mit Dusche und WC untergebracht ist.

Der Wasch-Schrank:

Wenn der Platz für einen regelrechten, winzigen Waschraum im Fahrzeug wirklich nirgends abzuknapsen ist, sollte man das *Handwaschbecken* zumindest in einem speziell hierfür vorgesehenen Wasch-Schrank installieren.

Wenn man die Einrichtung dieses Schranks geschickt durchdacht hat, läßt sich aus dem

Bild 194: Blick in einen vorbildlich ausgebauten Wasch-Schrank, daneben angeordnet einen Kleiderschrank. So läßt sich auch auf kleinstem Raum alles griffbereit und zweckmäßig unterbringen (Foto KW Weinsberg).

Oben ist hinter der Leuchte ein geräumiger Hängeschrank für Kleinkram. Unter dem Waschbecken ist unter einer Zwischenablage Platz für ein hervorziehbares Chemikal-WC, daneben ist ein Kanister mit Frischwasser und Tauchpumpe für das Handwaschbecken in einem kleinen Schränkchen untergestellt. Natürlich läßt sich der Platz bei einer Druckwasserversorgung noch rationeller nutzen. Aber etwas läßt sich, wie hier im Bild ersichtlich, bei fast jedem Wasch-Schrank machen: Die Türen lassen sich so einplanen, daß die offene Wasch-Schranktür und die offene Kleiderschranktür (oder eine andere Tür) den Waschbereich wie einen kleinen Waschraum vom übrigen Raum abtrennen und es gestatten, daß man sich unbeobachtet (und ohne die Fenster durch Rollos zu verdecken) waschen kann oder die Toilette benutzt.

Natürlich ist das nicht die optimale Lösung in einem Campingbus, die bekommt man erst durch einen kleinen, aber voll abgetrennten Waschraum.

Der Waschraum:

Er braucht kaum größer zu sein als ein begehbarer Schrank, aber er hat doch erheblich mehr Vorteile zu bieten als ein noch so gut eingerichteter Wasch-Schrank.

So wird man natürlich den Waschraum so *spritzwassergeschützt* bauen, daß man darin eine gründliche Körperwäsche vornehmen kann ohne Angst vor den Folgen der Nässe für das Fahrzeug. Man kann im Waschraum sowohl die regennasse Kleidung als auch die kleine Wäsche unterwegs tropfnaß zum Trocknen aufhängen. Die Skischuhe voller Schnee, das nasse Schlauchboot, all das und noch viel mehr ist ideal im Waschraum zu verstauen. Vor allem aber hat der Waschraum Vorteile, wenn man ihn zwecks menschlicher Bedürfnisse als *Toilettenraum* durch Unterbringung der Spültoilette nutzen kann. So ein stilles Ört-

Schrank sogar eine Art Mini-Sanitärzelle machen. Ein kleines Beispiel (Bild 194) zeigt, wie so etwas gelöst werden kann. In der Mitte das großzügige Waschbecken, das rundum durch Kunststoff-furnierte Platten (spritzwassergeschützt) gehalten wird. Darüber eine Ablage für Zahnputzbecher und Kleinkram, seitlich die Haken für Handtücher, Waschlappen usw.

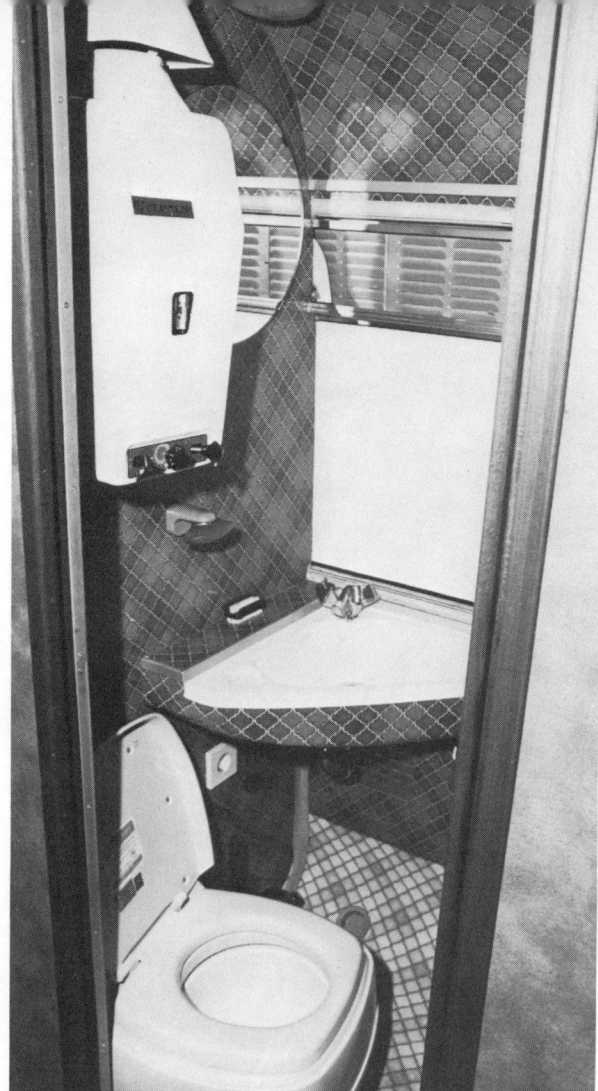

Bild 195: Raum ist in der kleinsten Hütte. Zwei Waschräume in selbstgebauten Campingbussen zeigen, was sich auch auf so begrenztem Platz alles unterbringen läßt.

chen kann selbst dann benutzt werden, wenn sich Gäste im Wohnteil aufhalten.

Der Waschraum wird im Grunde ebenso aufgebaut wie ein geräumiger Schrank. Die Seitenwände werden so dicht wie möglich an die Außenwand angesetzt. Die zur Fahrzeugmitte hin angeordnete Frontfläche bekommt einen großen Ausschnitt als Durchgangsöffnung und eine entwe-

der eingesetzte oder davorgesetzte solide Tür. Dabei sollte im Fußbereich ruhig eine Schwelle vorgesehen werden, die gelegentliche Wasserspritzer vom Wohnraum fernhält.

Vor der Installation des Handwaschbeckens (bei kleinen Waschräumen kann man sehr vorteilhaft ein Klappbecken einbauen) und der anderen Einrichtungsteile wird der gesamte Innenbereich ge-

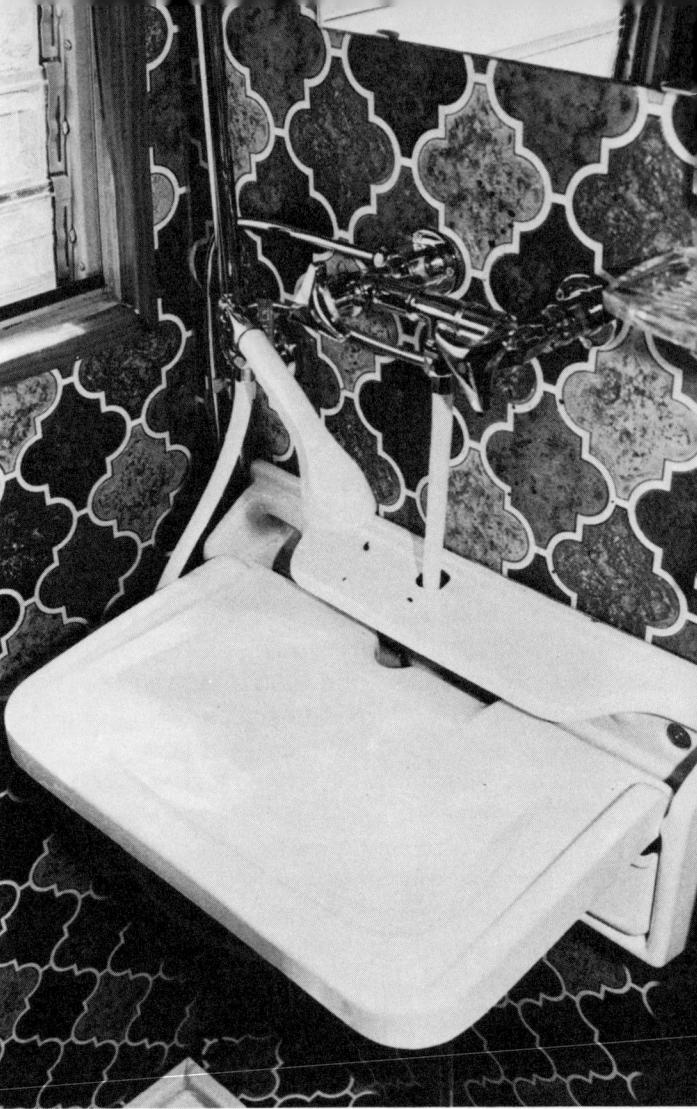

Bild 196: Die Kombination Brause/Wasserhahn ist immer dann angebracht, wenn man sich gelegentlich auch einmal abduschen will oder mit der Brause etwas reinigen oder auffüllen möchte. Hinter dem Vorhang läßt sich geschickt das WC verbergen.

Bild 197: Äußerst praktisch ist das Klapp-Waschbecken, das die Naß-Zelle rationell nutzbar werden läßt (Raumgewinn!). Statt spezieller Wasserhähne wird die Brause eingesetzt!

gen Feuchtigkeit geschützt. Zweckmäßig ist hierfür eine Verspachtelung aller Waschraum-Ecken mit *Antidröhnmasse* oder *Polyester-Spachtelmasse* sowie ein ein- bis zweimaliger Anstrich aller Wände, der Decke und des Fußbodens entweder mit *Unterbodenschutz* oder mit einem *Chlorkautschukanstrich.* Auch ein mehrmaliger satter Anstrich mit

Ölfarbe bringt schon eine gewisse Schutzwirkung, ist allerdings unter Umständen den Verwindungen auf Dauer nicht so gewachsen wie eine elastische Beschichtung.

Anschließend wird die Decke und der Fußboden des Waschraums mit *Kunststoffbelag* (naßfeste Ausführung) vollflächig ausgeklebt. Dabei sollte

254

darauf geachtet werden, den Fußbodenbelag so zuzuschneiden, daß er rundum noch etwa 10 cm hoch an den Wänden hochgezogen und dort ebenfalls verklebt wird. So bekommt man eine Art *wasserdichte Bodenwanne,* die zwar keinen Ablauf hat und auch nicht für Duschzwecke geeignet ist, aber immerhin verhindert, daß Wasserspritzer sich im Fahrzeug ausbreiten können.

Anschließend werden auch die Wände mit gleichem oder ähnlichem Material bezogen. Man kann aber auch für Wände und Decke eine naßfeste kunststoffbeschichtete Tapete oder Folie verwenden, selbst Kunstleder oder fliesengemusterte Kunststoffbeläge sind eine gute Möglichkeit (Bild 195 und 196). In diese Gruppe gehören auch die pflegeleichten und zusätzlich wärmedämmenden PVC-Weichschaumbeläge, die man ebenfalls mit Kontaktkleber (Zahnspachtel) oder einem speziellen Weichschaumkleber aufbringen kann.

Wird auch die Türinnenseite damit beklebt, wirkt der Türbelag rundum wie eine Dichtung, die sich an den Türausschnitt schmiegt. Dann brauchen nur noch die rundum laufenden Kanten des Türausschnitts mit einem satt aufgeklebten, nach innen etwas überstehenden Umleimer gegen Nässe geschützt zu werden und schon ist der Waschraum bis auf die Einrichtung fertig. Als Lüftungsmöglichkeit wird man entweder ein ausstellbares kleines Fenster, eine Lüftungsklappe (mit eingebautem Glas, damit man Tageslicht hat) oder am besten eine aufstellbare zweischalige Dachluke eingebaut haben.

Als weitere Arbeit muß man natürlich jetzt noch den Ausschnitt in der Waschraumverkleidung zurechtschneiden und eine winkelförmige Kantendichtung (L-Profil) aus Kunststoff mit Kontaktkleber um den Fensterbereich als Dichtung ankleben. Es ist sowohl im Waschraum als auch erst recht im Duschraum von *allergrößter Wichtigkeit,* daß sich nirgends Feuchtigkeit oder Wasserdampf in die Wandisolierung oder in das Möbelholz verkriechen kann! Rost, Farbabplatzungen, Aufquellerscheinungen, Kältebrücken usw. wären die Folge.

Aus dem Grunde sollte auch an Stellen, wo die Wandverkleidung, die Decken- oder Fußbodenverkleidung Nahtstellen bilden, mit farblich passendem oder farblosem Silikonkautschuk peinlich genau alles abgedichtet werden! Achtung, bei PVC-Weichschaum usw. muß der betreffende Bereich vorher noch entfettet bzw. entwachst werden. (Das sollte man zuvor an einem Abfallstück üben, um den passenden Entfetter zu finden.)

Nun wird das Handwaschbecken montiert. Wie das geschieht, wurde ja schon im Kapitel „Wasser und Abwasser" unter dem Abschnitt – Sanitärobjekte – erläutert. Bei Klappwaschbecken wird das Schmutzwasser nicht direkt unten aus dem Waschbecken abgeleitet, sondern durch die Klappbewegung des Beckens in eine Auffangvorrichtung (die zugleich Wandhalterung ist) gekippt. Dort erst ist dann der Abwasserschlauch anzubringen (Bild 197). Statt des normalen Wasserhahns kann man auch eine über Schlauch angeschlossene Handbrause installieren (Bild 196), die sich auch im Waschraum (ohne Duschmöglichkeit) zum Haarewaschen usw. gut bewährt und einen Wasserhahn völlig ersetzen kann.

Leute, die sich die Installation eines Waschraums nicht auf Anhieb so perfekt zutrauen, können sich auch mit etwas Geld eine komplette Sanitär-Einrichtung wie sie Bild 198 darstellt, aus Kunststoff installieren. Da ist sogar der Wandspiegel und die Beleuchtung schon enthalten, die man bei dem Eigenbau-Waschraum erst noch installieren muß. Allerdings ist bei der kompletten Sanitärwand ein Nachteil zu verzeichnen: Der Preis steht im umgekehrten Verhältnis zur Größe des Handwaschbeckens. Im Handwaschbecken, das meiner Ansicht nach etwas zu klein ist, kann man sich wirklich nur die Hände waschen. Der Preis der Sani-

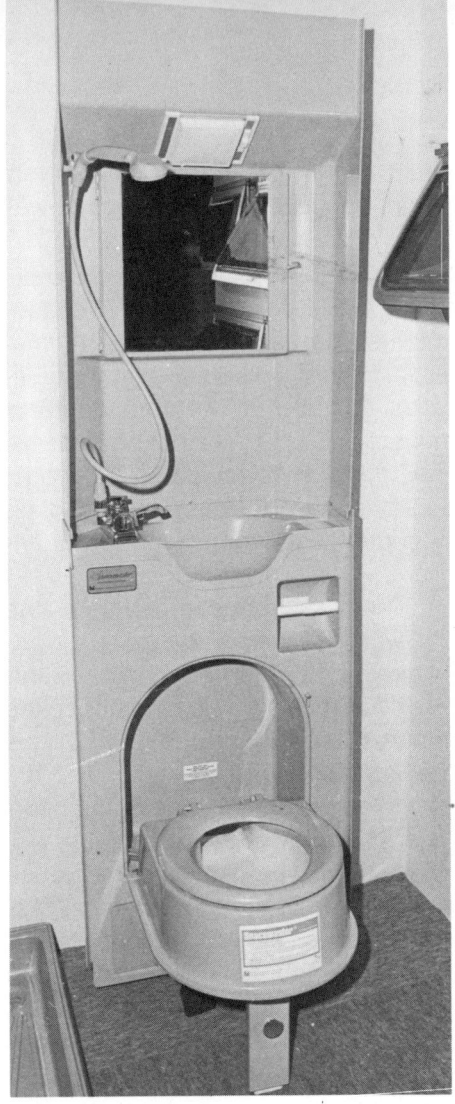

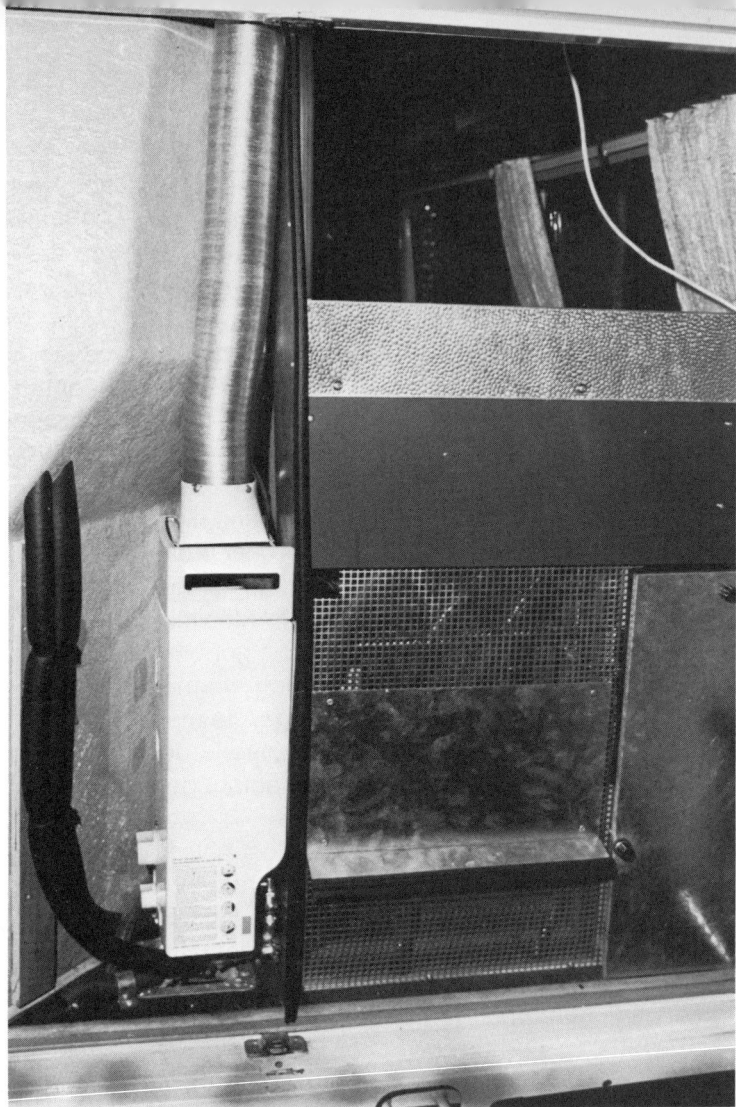

Bild 198: Auf winzigstem Raum untergebracht eine einbaufertige Sanitär-Einrichtung (Spacemaster).

Bild 199: Bringt man Küchenblock und Sanitärraum im Wagenheck unter, kann man durch Öffnen der Hecktüren gut an alle technischen Einrichtungen, falls einmal etwas zu reparieren ist. Unpraktisch allerdings, daß man zum Zünden des Durchlauferhitzers jedesmal hinten die Wagentüren öffnen muß.

tärwand, die es in verschiedenen Modellen gibt, liegt bei etwa 1000 bis 1400 DM.

Demgegenüber sind Handwaschbecken bereits zwischen 25 DM und 100 DM erhältlich, Wasserhähne je nach Ausführung zwischen 15 und 50 DM und auch eine Handbrause kostet kaum mehr als 25 DM.

Die Dusch-Einrichtung:

Man kann, sofern man es will und sich gründlich überlegt hat, den Waschraum auch gleich so einrichten, daß er als Dusche genutzt werden kann. Allerdings sollte man sich über die Probleme einer Dusche im Campingbus im klaren sein.

Das Problem Nummer 1 im Fahrzeug ist der *Was-*

servorrat, der für so ein Duschbad mitgeführt werden muß. Immerhin können das bei einem kurzen Duschvorgang von ein bis zwei Minuten bequem bis zu 25 Liter Warmwasser sein, die da durch die Brause in den Abfluß zischen. Da man meist zu zwei oder mehr Personen unterwegs ist, sind das allein bei nur zwei Leuten täglich rund 50 Liter Wasser, die gebraucht werden. Und die muß man unterwegs immer erst mal beschaffen und in die Tanks bekommen!

Ganz abgesehen davon, auch die Tatsache, mit Wasser derart im Fahrzeug herumzuplantschen, hat etwas unangenehmes, wenn man an die Rostempfindlichkeit der Basisfahrzeuge denkt

Bild 200–202 (links): Der hochstehende Rand der Kunststoff-Brausetasse ist hohl. Zur Versteifung und besseren Wärmedämmung wird er von unten vor dem Einbau mit Isolierschaum ausgesprüht. – Darunter: Wenn die Abflußleitung verlegt ist, kann die Duschtasse am Boden befestigt werden. Rostfreie Schrauben verwenden! Ein abschließender Isolieranstrich mit Bitumen hilft Schäden zu vermeiden. – Rechts: Die Brause- oder Duschtasse soll versenkt im Boden liegen. Das geht nur mit einem eingebauten Zwischenboden, dessen Deckplatte hier gerade montiert wird. Als Abstandshalter dienen entsprechend zugeschnittene Leisten. Zum Abschluß folgt dann die wasserdichte Auskleidung des Duschraums.

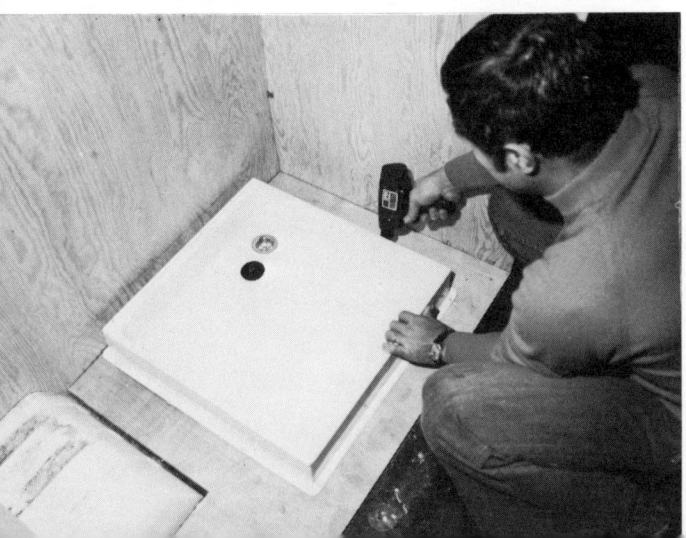

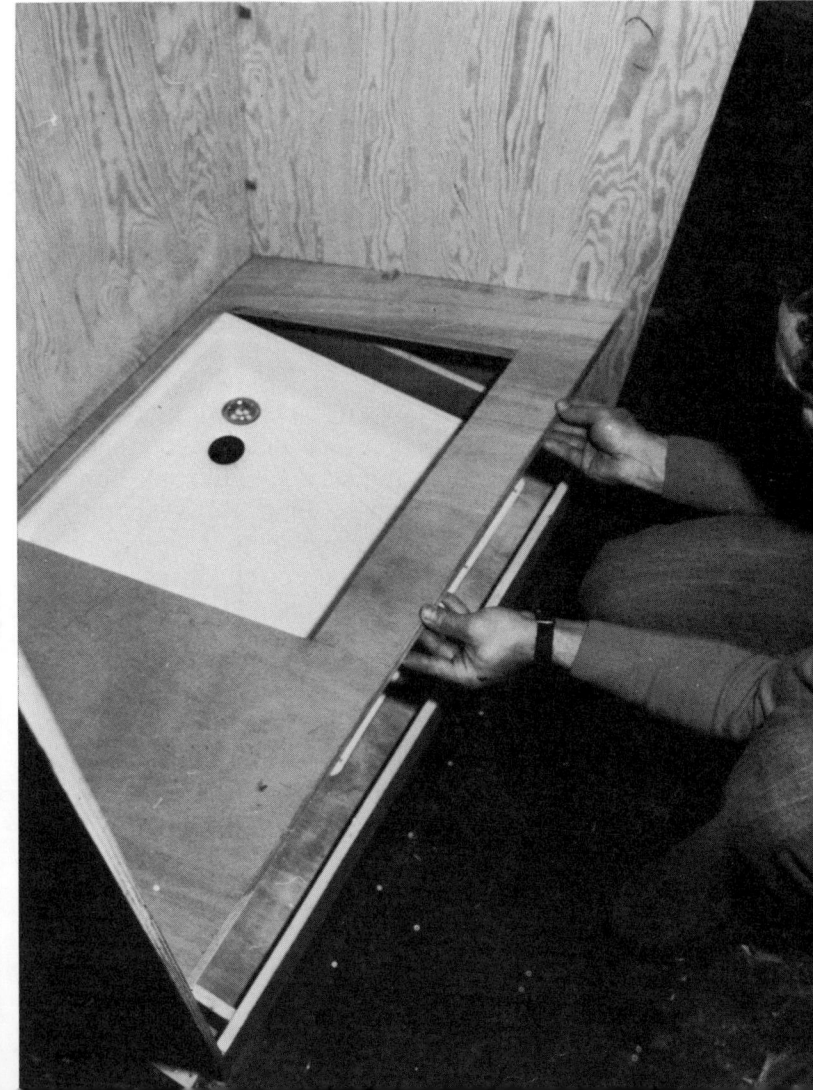

und an die vielen elektrischen Installationen, die ebenfalls nicht grade feuchtigkeitsliebend sind. Wer dies alles nicht scheut, hat mehrere Möglichkeiten einer Duscheinrichtung. Erstens kann man im Waschraum eine *Brausetasse* (etwa 80 DM ohne Kleinteile) einbauen und mit einem Bodenauslauf durch den Fahrzeugboden hindurch am Abwassertank anschließen. Die Bilder 200 bis 202 zeigen, wie eine Brausetasse zuvor der besseren Wärmedämmung wegen ausgeschäumt, am Boden befestigt und schließlich mit einer wasserdichten (!) Abdeckplatte versehen wird.

Derartige Einbauarbeiten im Waschraum wird man natürlich vornehmen, bevor die Frontplatte des Waschraums montiert wird.

Nach dem Einbau der Abdeckplatte an der Brausetasse wird naturgemäß eine sorgfältige Beschichtung oder Beklebung der Platte sowie das wasserdichte Abdichten der Plattenränder zu den Wänden hin erforderlich.

Wem dieser sicher beträchtliche Arbeitsaufwand zu hoch ist, der kann zu einer anderen Lösung greifen, die allerdings nur für sommerliche Außentemperaturen geeignet ist. Ich meine damit den Einbau einer Außendusche. Es gibt zwei Möglichkeiten dafür. Einmal kann man sich für etwa 160 bis 180 DM eine komplette kleine *Außendusche* außen in die Fahrzeugwand einbauen. Das ist ein Kunststoffschränkchen (430 × 270 × 70 mm), das in die Außenwand eingelassen wird, innen mit der Wasserversorgung verbunden werden muß und sowohl Vormischer als auch Automatikhahn und Handbrause enthält. Eine Kunststofftür verschließt die ganze Geschichte. Allerdings würde ich zuvor den TÜV fragen, ob der etwas gegen den Einbau an der vorgesehenen Stelle einzuwenden hat, obwohl eine mögliche Verletzungsgefahr für Passanten durch die Tür meiner Ansicht nach nicht besteht.

Eine zweite Möglichkeit des Duscheinbaus besteht in einer *Duscharmatur mit Handbrause* innerhalb der aufklappbaren Heckklappe, wie sie z. B.

der kleine VW-Transporter und andere Fahrzeuge haben. Wird die Heckklappe geöffnet, hängt die Brause oben unter der Klappe und man kann hinter dem Wagen unter der Klappe duschen. Wer will, kann sich auch noch einen Vorhang installieren und bekommt so eine Duschkabine. Übrigens geht es auch, und zwar billiger, wenn man den Brauseschlauch aus dem Fenster des Waschraums nach draußen hält. Zumindest ist das besser als gar keine Dusche.

Das Toilettenproblem:

Während man bei Fahrten durch Gottes freie Natur relativ wenig Sorgen mit gewissen menschlichen Bedürfnissen hat, kann einen diese Frage auf einem Stadt-Parkplatz doch ganz schön ins Schwitzen bringen. Aber keine Bange, die hierfür angebotenen Problemlösungen in Form von transportablen Campingtoiletten sind weder teuer noch unpraktisch. Die findige Industrie hat Chemikal- und Spültoiletten entwickelt, die kaum noch Wünsche offenlassen und fast genauso komfortabel sind wie das WC daheim.

Die Toilettenbehälter, die es in den verschiedensten Größen und vielen Arten im Handel gibt, werden zumeist lose im Waschraum unter dem Waschbecken aufgestellt und für die Benutzung lediglich hervorgezogen. Man unterscheidet vorwiegend zwei Arten von Campingtoiletten, nämlich die *Chemikaltoilette* und die *Spültoilette*. Die Chemikaltoilette ist im Grunde nichts weiter als ein verkleideter Plastikeimer mit wasserdichtem Deckel. Die Verkleidung ist so ausgebildet, daß der Eimer eingesetzt und eine an dem Behälter angebrachte WC-Brille herabgeklappt werden kann, wenn der Eimerdeckel abgenommen wurde (Bild 203). Im eigentlichen Toiletteneimer wird lediglich eine Chemikalie auf den Boden gegossen, die mit mehr oder weniger gutem Erfolg den Eimerinhalt geruchlos halten, zersetzen und desinfizieren soll.

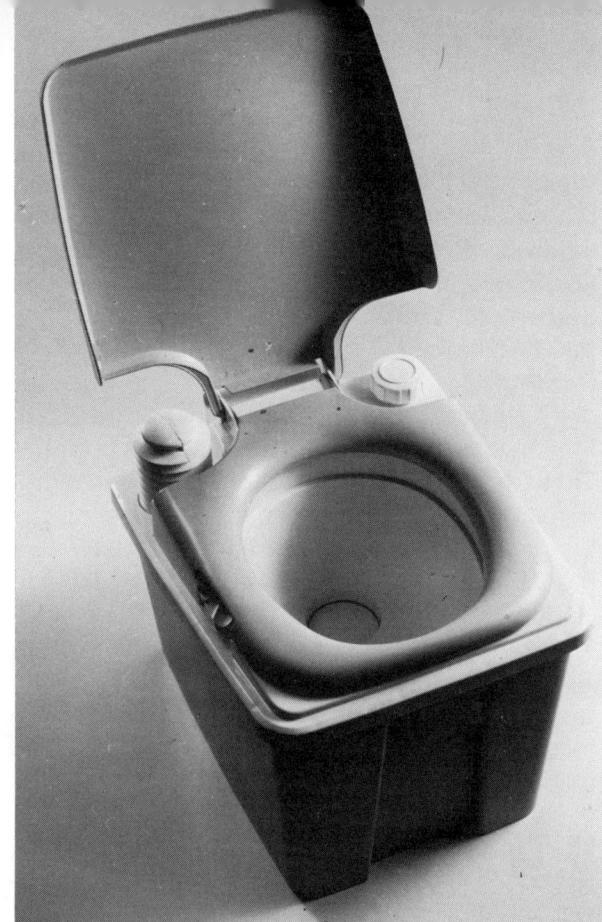

Bild 203 (oben links): Durch die günstige eckige Form gut unterzubringen ist diese Chemikal-Toilette (Höhe 400, Breite 300, Tiefe 370 mm) (Herst.: Carysan).

Bild 204 (rechts): Eine einteilige Spül-Toilette mit eingebautem Spülwassertank für etwa 22 Benutzungen. Höhe 335, Breite 335, Tiefe 410 mm (Herst.: Porta Potti).

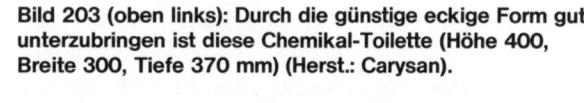

Derartige an »Plumpsklosetts« erinnernde einfache Chemikaltoiletten, die je nach Einzelmenge zwischen 20 und 50 Benutzungen zulassen, bevor sie entleert und gereinigt werden müssen, bekommt man im Campingbedarf zwischen etwa 40 und 70 DM. Die Sanitärflüssigkeit geht natürlich extra.

Bild 205: Eine zweiteilige Spül-Toilette in recht flacher Bauweise (Höhe 330, Breite 430, Tiefe 430 mm) (Herst.: Monogram).

259

Wesentlich komfortabler und angenehmer im Gebrauch sind dagegen die Frischwasser-Spültoiletten (Bild 204 und 205 als Beispiele). Man bekommt sie in vielen Größen, Ausführungen und Farben zu Preisen zwischen etwa 120 und 200 DM im Handel.

Das Prinzip ist einfach und zweckmäßig: Rund um die Toilettenschüssel unterhalb der Brille ist ein Frischwassertank angeordnet. Unterhalb dieses Tanks ist ein zweiter Behälter als Abwasserbehälter angebracht, der von der Toilettenschüssel durch einen Schieber getrennt ist. Nach Gebrauch wird die im Frischwassertank eingebaute Handpumpe betätigt und über eine Düse spült Frischwasser die Schüssel sauber. Dann wird der Schieber geschlossen und damit ist die Sache wesentlich hygienischer als bei reinen Chemikaltoiletten. Auch bei den Spültoiletten wird natürlich gegen Geruchsbildung und zum Zersetzen des gesammelten Inhalts Chemikalie als Sanitärflüssigkeit oder Desinfektionskonzentrat zugesetzt, je nach Modell in der Spülflüssigkeit oder im Abwasserbehälter der Toilette.

Geschickte Heimwerker können sich natürlich das jeweilige Füllen des Frischwasserbehälters der Toilette sparen, indem sie die Spüldüse direkt an die Wasserversorgung des Fahrzeugs anschließen. Es gibt auch noch ein paar andere Toilettentypen im Handel und man kann bei manchen Modellen leicht 500 DM und mehr investieren.

Allerdings haben die meisten Campingtoiletten einen Nachteil, der hier angeschnitten werden muß: Sie sind aus Bequemlichkeitsgründen relativ hoch gebaut und haben nur eine recht kleine Standfläche. Grade bei Spültoiletten kann es daher passieren, daß sie bei vollem Frischwasserbehälter und leerem Abwassertank schon bei einer leichten Bremsung umkippen. Deshalb sollte man entweder einen käuflichen Toilettenschlitten (ca. 80 DM) verwenden, der zugleich gestattet, die Toiletten zur Benutzung unter dem Handwaschbecken hervorzuziehen. Oder man verwendet als Halterung für die Toilette ein Spannband oder einen Gurt aus Gummi (oder auch einfach ein Stück Jalousiegurt), den man hinter der Toilette an der Wand festmacht und um die Toilette herumzieht.

Bei Bedarf läßt er sich rasch lösen.

Abschluß-Arbeiten

Nachdem alle Möbel eingebaut sind und noch *bevor* die Innen-Ausstattung mit Polstern, Teppichen, Gardinen usw. beginnt, muß die technische Einrichtung fertiggestellt werden.

Dazu gehört, daß noch die fehlenden Rohre, Schläuche und Kabel innerhalb der Möbel verlegt werden. Dazu gehört auch der Einbau aller technischen Geräte wie Kühlschrank, Gasheizung, Warmwasserbereiter usw., sofern dies bisher nicht schon im Laufe der Ausbauarbeit erfolgt ist. Auch die kleinen technischen Details wie Zweitlautsprecher, Alarmanlagen, Kontrolleinrichtungen usw. müssen nun fertiggestellt werden.

Den Abschluß dieser technischen Ausrüstungstätigkeit stellt ein *Probelauf* aller Einrichtungen dar. Dabei zeigt sich schnell, wo noch etwas faul ist. Wenn Sie Glück haben und alles einwandfrei funktioniert, sollten Sie sich noch eine letzte Arbeit machen, die sich später bestimmt auszahlt: Fertigen Sie jetzt, in diesem Ausbaustadium, einen möglichst genauen *Schaltplan* aller technischen Einrichtungen, machen Sie sich auch *Notizen* über Leitungsführungen und Besonderheiten und legen Sie schließlich diese Notizen und Schaltpläne zusammen mit allen Bedienungsanleitungen in eine solide Plastiktasche oder Mappe. Diese Unterlagen werden Ihnen später bestimmt helfen, wenn im Laufe der Zeit mal etwas nicht funktioniert oder wenn zusätzliche Teile eingebaut oder angeschlossen werden sollen. Diese für Sie unentbehrlichen Unterlagen sollten Sie gut verschlossen (damit nichts wegkommt) griffbereit an der Stelle im Fahrzeug deponieren, wo Sie jederzeit drankommen. Ich habe für diese Zwecke ein Extra-Fach am Fahrersitz, wo nicht nur Landkarten und Sprachführer zu finden sind, sondern die Wagenpapiere, die Betriebsanleitung des Wagens samt Schaltplan, Wartungshinweisen und der Liste von Vertragswerkstätten. So ist zumindest alles Wesentliche mit einem Griff zur Hand.

Wenn innen im Wagen anschließend die Möbelteile, sofern das Holz sichtbar bleibt, geschliffen, gebeizt und lasiert sind (nehmen Sie keinen glänzenden Klarlack, das ganze Mobiliar glänzt sonst grausam speckig!), wird auch die Außenseite des Fahrzeugs (zumindest bei Gebraucht-Basisfahrzeugen) einer optischen Auffrischung unterzogen. Wer es perfekt haben will, kann natürlich sein Fahrzeug in einer Fachwerkstatt neu lackieren lassen. Aber selbst wenn man kein perfekter Autolackierer ist, kann man bei gebrauchten Fahrzeugen die Außenhaut selbst verschönen. Die Fachhandlungen für Farben und Lacke bieten in ihrem umfangreichen Sortiment heute schon Lacke an, die mit einem Lammfellroller oder Schaumstoffroller aufgetragen werden können und fast wie gespritzte Lackflächen aussehen. Man muß also keinesfalls mehr zur Spritzpistole greifen, obwohl dies zweifellos der perfektere Weg ist.

Wichtig ist bei der ganzen Verschönerung nur, daß man vor Beginn der »Malerarbeit« sämtliche Fenster samt Gummiprofil gut mit Zeitungspapier und Kreppklebeband abdeckt, Zierleisten und Beschläge ebenfalls abdeckt oder demontiert und auch den Rädern und anderen Teilen wie

Lampen usw. eine entsprechende Schutzverkleidung zukommen läßt. Dann wird der alte Lack mit einem Verdünner abgewaschen und entfettet. Nach dem sorgfältigen Reinigen der Blechteile wird dann, vom Dach her beginnend, der neue Lack tropfenfrei aufgetragen.

Wenn er trocken ist, werden die Abdeckungen behutsam entfernt und einzelne Lacktröpfchen, die sich doch noch unter das Schutzpapier gemogelt haben, werden mit einem Lappeneckchen und etwas Lösungsmittel abgewischt.

Nach dem Montieren der Zierleisten und anderen Beschlagteilen ist die Außenseite des Fahrzeugs jetzt einsatzfertig.

Vielleicht sollte aber noch etwas gesagt werden zur Farbwahl für den Außenlack. Helle Farbtöne wie weiß, beige oder silber reflektieren die Sonnenstrahlen besonders gut. Dadurch wird die Aufheizung des Innenraums in Grenzen gehalten. Andererseits sind helle Farben relativ schmutzempfindlich und auch auffallender, was das ungestörte Parken des Fahrzeugs im Gelände betrifft. Ein Kompromiß könnte meiner Ansicht nach daher darin bestehen, entweder eine Zweifarbenlackierung (Dachfläche hell, Wände außen dunkler, z. B. moosgrün, braun, grau, military o. ä.) oder eine schmutzunempfindliche Mischfarbe für das ganze Fahrzeug (z. B. mittelgrau, dunkelbeige, helles graugrün o. ä.) zu wählen. Wer für seinen Campingbus aber lieber fröhliche Farbgestaltung bevorzugt, kann nach einem hellen Grundanstrich sein Fahrzeug außen auch in lustigen Popfarben halten oder zu einem rollenden Gemäldesalon werden lassen, indem er es mit Phantasiebildern, Disneyfiguren oder Landschaftsmotiven bemalt. Fernreisende dagegen werden z. B. ihre größten Reiserouten außen anpinseln oder Zebrastreifen, Tarnflecken oder andere Vorlagen malen. Der Phantasie und dem Geschmack sind hier keine Grenzen gesetzt, schließlich kann ein Freizeitfahrzeug ja auch außen zeigen, was für fröhliche Leute darin durch die Welt reisen.

Polster, Teppiche und Gardinen

Nach dem Abschluß der technischen Ausstattung und der Fertigstellung der Außenfronten des Fahrzeugs geht es nunmehr darum, auch den Innenraum mit Polstern, textilen Wand- und Bodenbelägen, Gardinen usw. wohnlich zu gestalten.

Polster:

Für die Polsterung der Sitzbänke, die ja auch zumeist als Betten mitverwendet werden, wird man im allgemeinen einen *mittelweichen Schaumstoff* von *wenigstens 8 cm Stärke* verwenden. Die Aufteilung der Polster für die Sitz- und Lehnenteile ist ja inzwischen geklärt und die Maße der einzelnen Polsterteile stehen damit fest. Für den Zuschnitt gibt es zwei Möglichkeiten. Die einfachere Möglichkeit ist, sich vom Polsterer oder dem Bastlerbedarf, wo man den Schaumstoff kauft, auch gleich die Teile zentimetergenau zuschneiden zu lassen. Das ist zwar ein bißchen teurer als der Kauf unzerschnittener Matten, aber auch genauer, wenn man sich den Zuschnitt nicht zutraut.

Die zweite Möglichkeit ist der eigene Zuschnitt. Dabei muß man versuchen, möglichst wenig Verschnitt zu erhalten, also die Schaumstoffplatten bereits ab Lieferant in günstigen Maßen zu bekommen. Andernfalls kommt man nämlich trotz Eigenzuschnitts dabei unter Umständen sogar teurer weg.

Eine Quelle für preiswerten Schaumstoff kann gegebenenfalls das eigene Schlafzimmer sein. Wenn die Matratzen dort bereits einige Jahre Dienst getan haben, sollte man sie vielleicht durch neue, bessere ersetzen und die alten Schaumstoffmatratzen als Polsterteile im Campingbus einsetzen.

Der Zuschnitt erfolgt am besten, indem man die Schaumstoffplatte auf einem Tapeziertisch oder anderen großen Tisch auslegt, mit Filzstift und großem Winkel (zur Not tut es auch ein großer rechteckiger Bogen Kartonpapier) so genau wie möglich anzeichnet und dann mit einem guten, feinzahnigen Fuchsschwanz an einem graden Brett entlang zuschneidet. Man kann auch statt des Fuchsschwanzes bzw. statt einer Feinsäge mit bestem Erfolg ein Elektromesser verwenden, wie sie in der Küche üblich sind. Mit diesem Messer läßt sich auch recht ordentlich Schaumstoff schneiden, wenn die einzelnen Platten zu dick sind und halbiert werden müssen. Dabei wird die Platte auf den Boden gelegt und mit dem Elektromesser rundum so tief wie möglich eingeschnitten, ohne das Messer dabei zu verkanten oder schief zu halten.

Dann faßt einer mit beiden Händen die Schmalseite der oberen Plattenhälfte an den Ecken und zieht sie behutsam in Plattenlängsrichtung ab, während der andere die untere Plattenhälfte am Boden festhält. Dieser Abschälvorgang bringt zwar keine exakte glatte Trennung, aber recht brauchbare Ergebnisse. Besser wird das Ergebnis, wenn beim Abschälen ein Dritter mit dem Elektromesser die Schällinie zugleich laufend schneidet. Ähnlich lassen sich auch keilförmige Polsterteile zuschneiden. Kurvenformen usw. kann man vorteilhafter auf der Bandsäge (möglichst Bandmesser verwenden) fertigen. Auch eine Stichsäge mit eingesetztem Messerblatt geht, wenn das Messerblatt lang genug ist. Kleinere Schnitte lassen sich vorteilhaft mit einem Universal- oder Cuttermesser schneiden, wenn man die Klinge zuvor kurz ins Wasser getaucht hat.

Das *Polstern* der Möbel kann nach zwei Gesichtspunkten erfolgen. Entweder werden die einzelnen Polsterteile lose auf die Bänke usw. aufgelegt und mit Druckknöpfen o. ä. befestigt, nachdem die Polsterung rundum mit Möbelstoff bezogen wurde. Oder aber die Polsterteile werden auf Sperrholzplatten oder den Möbelteilen selbst einseitig angeklebt und dann (gemeinsam mit dem Holz) mit Möbelstoff überspannt.

Methode 1 setzt voraus, daß man nicht nur gut nähen kann und eine stabile Nähmaschine für den festen Möbelstoff hat, sondern auch das nötige Geschick für diese Arbeit. Deshalb würde ich diese Überzieharbeit lieber einem Polsterer überlassen, der so etwas für ein paar Mark erledigt. Das Ergebnis wird in den meisten Fällen beser aussehen als die Heimwerker-Polsterarbeit. Wer es selbst machen will, kann sich entsprechende Hüllen aus Möbelstoff nähen, die über die Schaumstoffteile gezogen und hinten mit Druckknöpfen oder Reißverschluß geschlossen werden.

Damit sich der Möbelstoff leichter über die Polster ziehen läßt, sollte zuvor das Schaumstoffteil mit Nesselstoff überzogen werden. Dann krumpelt auch später im Gebrauch der Möbelstoff nicht mehr.

Die *zweite Methode,* nämlich Zwischenplatten aus 4 mm Sperrholz (oder die Möbelplatten selbst) als Unterbau der Polsterung zu verwenden, hat einen Nachteil: Das Polster kann nur mit seiner Vorderseite nach außen verwendet werden, es läßt sich nicht auch umdrehen. Der Vorteil liegt dagegen in der unkomplizierteren Herstellung: In der Größe des Schaumstoffteils wird eine Sperrholzplatte zugeschnitten (besser sogar rundum 1 cm kleiner). Diese Platte wird auf die Unterseite des Schaumstoffs aufgeklebt. Dann wird der Möbelstoff (besser sogar zuerst ein Stück Nessel) über den Schaumstoff gelegt. Und zwar so, daß er rundum noch ein gutes Stück (mindestens 10 cm) übersteht. Dann wird der Möbelstoff um die Schaumstoffkanten und das Holz herumgezogen und auf der Unterseite entweder mit einem Tacker oder mit Kontaktkleber so straff befestigt, daß sich auf der Polstervorderseite nirgends Falten oder lose Stellen zeigen. Damit ist die Bezieherei auch schon erledigt und lediglich an den Polsterecken wird man mit einem passenden Faden noch die Stoffkanten etwas zusammennähen. Beim Beziehen von Schaumstoffteilen, egal nach welcher Methode, sollte berücksichtigt werden, daß sich Schaumstoff noch etwas im Gebrauch zusammenpressen kann. Deshalb sollte der Stoff immer recht straff aufgezogen und knapp bemessen werden. Wenn Sie den Stoff in einem stark gemusterten Dessin wählen, wird er es Ihnen durch *Unempfindlichkeit gegen Flecken* danken. Bei Unistoffen sieht man nämlich sofort jeden Fleck. Verwenden Sie deshalb auch nur pflegeleichte, waschbare und robuste Materialien für die Polsterstoffe, ein Campingbus ist meist kein Salon, sondern ein Freizeitfahrzeug, das Spaß machen soll.

Wer es deshalb in seinem Fahrzeug besonders lustig und robust haben will, kann als Bezugsstoff auch Jeansmaterial oder leichten Teppichbodenbelag nehmen. Den Jeansstoff kann man statt zu nähen auch nur mit Druckknöpfen oder Nieten befestigen, den Teppichboden kann man mit Kontaktkleber direkt auf dem Schaumstoff befestigen. Die Kanten werden entweder sorgfältig geklebt oder aber nur sauber gekettelt.

Teppiche und Boden-Beläge:
Als Bodenbelag im Campingbus sollte man einen möglichst *robusten* und *strapazierfähigen* Belag wählen. Ich würde sogar zwei verschiedene Beläge verwenden. In der Küche würde ein abwaschbarer, gemusterter *Kunststoffbelag* (PVC-Schaum mit Dekorfliesenmuster o. ä.) auf den Unterboden geklebt werden. Im Wohnbereich dagegen würde ich immer einen Belag aus *Teppichfliesen* (selbsthaftend oder mit Doppelklebeband befestigt) verwenden. Die Auswahl an Teppichfliesen ist heute so groß, daß sich für jeden Geschmack etwas findet. Man könnte natürlich auch Zuschnittware nehmen und fest verlegen, aber was machen Sie, wenn dann mal ein großer Fleck im Belag ist oder ein abgetretener Bereich sichtbar wird.

263

Teppichfliesen, von denen ich grundsätzlich ein paar mehr als benötigt kaufe, kann man jederzeit auswechseln. Ein kleines Loch im Teppichboden läßt sich sogar durch Ausstanzen und Austausch gegen ein anderes Stanzteilchen ausbessern. Deshalb sollte man nach dem Verlegen des Bodenbelags immer ein paar Reste aufheben. Auf Ausstellungen sieht man immer in den Fahrzeugen dicke langhaarige Zottelteppiche oder Felle am Boden liegen. Ich gebe zu, daß so etwas schick und urwüchsig aussieht. Aber ist es auch praktisch? Haben Sie oder die verehrte Hausfrau schon mal mit dem kleinen Autostaubsauger versucht, aus solchem Teppich den Sand vom Badestrand rauszubekommen? Da lobe ich mir doch einen flachgewebten Teppich oder sogar naßfeste Badezimmerteppichfliesen, die man notfalls sogar hochnehmen und ausschütteln kann.

Als Anschluß zwischen dem Bodenbelag und den Möbeln wird nach dem Verlegen des Bodenbelags rundum eine *Scheuerleiste* aus Kunststoff angeklebt, die den sauberen Übergang herstellt und außerdem verhindert, daß jede unvorsichtige Fußbewegung schwarze Scheuermarken unten an den Möbeln hinterläßt.

Wandbeläge:
Nicht nur aus Gründen des besseren Aussehens empfiehlt es sich, die Fahrzeuginnenwände mit einem geeigneten Wandbelag zu versehen. Wesentlich ist auch die Verbesserung der *Schalldämmung,* sowohl was die Außengeräusch-Übertragung als auch die angenehmere Akustik im Wageninneren betrifft. Zusätzlicher Effekt einer textilen oder anderen Wandbespannung ist auch

Bild 206: Der Einstieg wird sauber mit Profilgummi-Matten ausgeklebt. Nach Verlegen des Teppichbodens wird der Übergang durch eine aufgeschraubte Metall- oder PVC-Kante geschützt.

Bild 207: Gut gerundete Möbelkanten, gepolsterte Ecken, verdeckt geführte Gardinen sind nicht nur optisch schön, sondern – was vielleicht noch wichtiger ist – auch ein wesentliches Sicherheitsmoment im selbstgebauten Campingbus.

noch eine verbesserte *Wärmedämmung.*

Als Wandbelag kann man eine ganze Reihe von Werkstoffen verwenden. Bewährt hat sich beispielsweise *Kork* (als Plattenmaterial), der mit einem Dispersionskleber aufgebracht wird und nach dem Trocknen des Klebers mit dem Schwingschleifer geglättet werden kann. Einzelne Fehlstellen im Kork werden entweder mit abgetönter Spachtelmasse oder eingeklebten Korkstückchen verschlossen.

Kork ist bekanntlich weitgehend wasserabweisend. Deshalb läßt er sich auch gut als warmer, hautsympathischer Wandbelag im Waschraum verwenden. Andere Beläge sind z. B. *Kunstleder* (gut im Bereich der Fensterrahmen zum Bekleben der Blechflächen geeignet), ferner *Textiltapeten, PVC-Weichschaum, Möbelstoff* usw.

Ein vorzüglicher Wandbelag ist auch derselbe *Teppichboden,* den man für den Bodenbelag verwendete, weil er nicht nur farblich harmoniert, sondern auch robust und warm ist.

Allerdings würde ich bei Wandbelägen kein Fliesenmaterial verwenden, weil sich mit der Zeit doch Fugen bilden können.

Ein ebenfalls sehr praktisches Wandbekleidungsmaterial ist *Kunstpelz* (Teddy), der in den verschiedensten Sorten, Farben und Florlängen zu haben ist. Kunstpelz ist außerordentlich pflegeleicht und schalldämmend. Da er als Wandbelag verwendet wird, wird er auch nicht so strapaziert wie ein Bodenbelag und bleibt dementsprechend länger ansehnlich.

Größere Probleme beim Anbringen der Wandbeläge treten eigentlich nicht auf, wenn man sich an die *Verarbeitungshinweise* des Belag- bzw. Klebstoffherstellers hält. Zumeist wird mit einem Zahnspachtel der Kleber großflächig auf der Wand aufgetragen. Dann wird der reichlich bemessene Wandbelag behutsam aufgelegt und von der Mitte her beginnend sorgsam nach allen Seiten hin ausgestrichen. Dabei werden auch gleich alle *Luftblasen* usw. mit entfernt, die sich gebildet haben. Bei dünnwandigen Belägen muß darauf geachtet werden, daß nirgends *Staubkörnchen, Schrauben- oder Nagelköpfe* oder *Fugen* sichtbar werden. Durch die dünnen Materialien zeichnet sich nämlich sonst jedes Detail ab.

In den Eckbereichen wird dann der Wandbelag mit einem Spachtel oder Hölzchen sauber bis in die Ecken gedrückt und mit einem Tapetenmesser oder Universalmesser exakt zugeschnitten. Man kann auch den Belag nochmal etwas abheben und den Knickbereich mit einer Schere schneiden, sofern der Kleber das zuläßt.

Wichtig ist, daß der Übergang zwischen dem Wandbelag und den Möbelteilen abgedeckt wird, weil dieser Übergang meist doch nicht so akkurat ausfällt, wie man sich das wünscht.

Hier kann man vorteilhaft entweder eine *Viertelstableiste* oder ein *Kunststoffprofil* aufkleben. Ich habe gute Erfahrungen mit *Möbelkordel,* die ich mir in der passenden Farbe als Meterware kaufte und in die Ecken klebte. Als Klebstoff nehme ich dafür Silikonkautschuk aus der Kartusche, der in einem langen Strang entlang der Ecke aufgetragen wird. Dann braucht man nur noch die Kordel in den Strang einzudrücken und warten, bis die Masse ausvulkanisiert ist.

Gardinen, Vorhänge usw.:

In dem Kapitel »Fenster und Türen« habe ich schon eine Reihe Hinweise im Abschnitt Fenster betreffs der zweckmäßigen Verkleidung von Fenstern usw. gegeben. Ergänzend zu den dortigen Ausführungen möchte ich jedoch noch ein paar Details und Preise der einzelnen käuflichen Fensterverkleidungen erwähnen.

Jalousetten, die man in vielen Größen, aber zumeist nur in weißer Lamellenfarbe bekommt, kosten je nach Größe zwischen 35 DM und 100 DM pro Fenster. Man kann sie entweder unter einem Hängeschrank, an einer Gardinenleiste oder aber auch direkt an der Wand befestigen. Die meiner Ansicht nach bessere Lösung sind *Kombinationsrollos,* bei denen sowohl Licht- und Sichtschutz als auch ein Fliegenschutz in einem Rahmen zusammengefaßt sind. Man bekommt sie ebenfalls in einer Vielzahl von Größen und Preisen zwischen etwa 50 DM und 120 DM. Einfache *Sichtschutzrollos* dagegen, die ja bei nicht ausstellbaren Fenstern genügen, sind bereits ab etwa 20 bis zu 80 DM erhältlich. Winterschutz-*Isoliermatten* aus Luftpolsterfolie, die mit Tenaxknöpfen oder Magnetband außen am Fahrzeug bei Winterbetrieb den Wohnbereich zusätzlich schützen, kosten pro Fenster je nach Größe 40 bis 80 DM.

Die gold- oder silbergetönten *Reflexfolien,* die man als Sonnen- und Einsehschutz von innen an den Fenstern im Wohnteil anbringen kann, bewegen sich preislich zwischen 30 und 100 DM je nach Fensterabmessungen.

Haftmagnetband, das man zur Anbringung von Gardinen, Folien, Fliegengaze usw. verwendet, wird als Meterware zu Preisen von etwa 7 bis 10 DM gehandelt.

Ein wichtiger Hinweis:

Im Zusammenhang mit allen Materialien beim Campingbus-Ausbau, insbesondere aber mit allen textilen oder Kunststoff-Produkten sollte grundsätzlich darauf geachtet werden, möglichst nur unbrennbare oder zumindest schwerentflammbare Werkstoffe zu verwenden und diese außerdem vor Wärmeeinwirkung so wie als möglich zu schützen!

Die Zulassung

Campingbus und TÜV

Vor der Zulassung zum Straßenverkehr *muß* Ihr Fahrzeug einer technischen Überprüfung durch einen Technischen Überwachungs-Verein (TÜV, TÜA) unterzogen werden. Das ist Gesetz und läßt sich nicht umgehen. Um so wichtiger ist es, sich rechtzeitig mit den dabei möglichen Problemen zu beschäftigen, damit man diese Hürde auch gut nimmt.

Da es sich in Ihrem Fall um ein zu Wohnzwecken umgebautes Fahrzeug handelt, das vorher als Lkw, Pkw oder anderes in den Kfz-Papieren eingetragen war, muß bis auf eine Ausnahme eine *Neuklassifizierung* der Fahrzeug- und Aufbauart erfolgen. Auch die übrigen Daten wie Anzahl der Sitzplätze, Maße über alles, Leergewicht, Nutz- oder Aufliegelast usw. können sich je nach Umfang der Ausbauarbeiten ändern.

Zumeist wird das Fahrzeug, wenn eine fest eingebaute Wohneinrichtung installiert wurde, in den Papieren dann als *»So. Kfz. Wohnwagen«,* also als Sonder-Kraftfahrzeug Wohnwagen eingetragen. Die erwähnte Ausnahme ist der Fall, daß Ihr Fahrzeug für eine Doppelnutzung vorgesehen ist, also eine leicht (!) herausnehmbare Wohneinrichtung enthält. Dann kann in den Papieren die ursprüngliche Nutzungsart als Lkw o. a. erhalten bleiben und an gesonderter Stelle erfolgt der Zusatz »wahlweise So. Kfz. Wohnwagen«, verbunden mit den geänderten Fahrzeugdaten.

Benötigen werden Sie, wenn Sie beim TÜV vorfahren, außer den erforderlichen Fahrzeugpapieren noch eine (amtliche) Wiegekarte, aus der das neue Leergewicht des betriebsfertigen Fahrzeugs hervorgeht. Außerdem brauchen Sie (bis auf wenige Ausnahmen) auch noch eine Prüfbescheinigung eines Sachkundigen der Flüssiggas-Versorgungsunternehmen, eines Gas- u. Wasserinstallateurs oder eines vom VFG anerkannten Sachkundigen über die nach den Richtlinien der Technischen Regeln G 607 erfolgte Abnahme der Flüssiggasanlage in Ihrem Fahrzeug, sofern Ihr Fahrzeug mit einer Gasversorgung ausgerüstet ist.

War Ihr Fahrzeug (Gebrauchtfahrzeug) länger als ein Jahr abgemeldet, so ist eine Abnahme gemäß § 21 StVZO erforderlich, im anderen Falle nach § 19 StVZO. Der Unterschied liegt darin, daß im ersten Fall ein neuer Kfz-Brief ausgestellt wird, im zweiten Fall erfolgt nur die Berichtigung der Papiere.

Was verlangt nun der TÜV bei der Abnahme eines Sonder-Kraftfahrzeugs mit Wohneinrichtung so im allgemeinen?

Nun, erst einmal natürlich, daß das Fahrzeug voll *verkehrstauglich* ist und den üblichen Prüfungen (Abgas, Bremsen, Bereifung, Lenkung, Beleuchtung, Signaleinrichtungen, Außenspiegel, Rostansatz usw.) standhält. Das ist bei jedem anderen Kraftfahrzeug ebenso.

Der Prüfer wird sich also an seine StVZO in der jeweils gültigen Fassung halten. Er wird ferner prüfen, ob irgendwelche Arbeiten außen am Fahrzeug (auch am Fahrzeugboden) vorgenommen wurden, die die *Stabilität* des Fahrzeugs oder die *Sicherheit* beeinträchtigt haben. Erforderlichenfalls wird er hierüber eine Bescheinigung verlangen, aus der die sachgerechte Ausführung der Arbeit hervorgeht. Das wird immer dann der Fall sein, wenn beispielsweise Änderungen am Fahrzeugrahmen usw. oder Änderungen am Aufbau vorgenommen wurden, die einen Einfluß auf die Betriebssicherheit des Fahrzeugs haben könnten.

Bild 208: Wenn der Platz im Fahrzeug nicht reicht, wird notfalls ein »Stauraum« hinten am Fahrzeug befestigt. Das sieht zwar nicht hinreißend aus, erfüllt aber auch seinen Zweck. Allerdings sollten derartige Anbauten vorher mit dem TÜV besprochen werden!

Der TÜV-Prüfer wird auch bei den eingebauten *Fenstern* und *Luken* darauf achten, ob diese Teile mit dem Prüfzeichen (Wellenlinie) versehen sind. Natürlich achtet der Prüfer beim Rundgang ums Fahrzeug auf alle sonstigen *baulichen Veränderungen* wie z. B. Reserveradhalterungen, eingebaute Kofferklappen, Abgasstutzen, Griffe usw., ob von diesen Teilen eine Gefährdung der Passanten oder anderer Verkehrsteilnehmer ausgehen könnte. Auch Kofferkisten, Motorradhalterungen und andere angebaute Dinge wie ein fest angebauter Dachgepäckträger usw. erfordern eine Prüfung durch den TÜV, da diese Teile nicht nur unter Umständen eine Gefahr für andere Verkehrsteilnehmer darstellen können, sondern auch die Abmessungen des Fahrzeugs verändern und damit in den Papieren zu vermerken sind. Um bei dem einen Beispiel des Dachgepäckträgers zu bleiben: Wenn er abnehmbar gebaut ist, braucht er nicht in die Papiere eingetragen zu werden, also ebensowenig wie ein serienmäßiger Pkw-Dachgepäckträger. Ist er allerdings so konstruiert, daß von ihm eine Gefahr anderer Verkehrsteilnehmer ausgehen kann, so wird vielleicht der TÜV nichts merken, wenn sie ihn bei der Prüfung abmontiert hatten. Aber spätestens der nächste Verkehrspolizist wird Ihnen eine mehr oder weniger kostenpflichtige Anzeige zukommen lassen. Deshalb finde ich, man sollte im Interesse aller Beteiligten sein Fahrzeug auch äußerlich von vornherein so herrichten, daß es keine Beanstandungen gibt. Sofern es sich um ausgesprochene Fernreisefahrzeuge handelt, die mit expeditionsmäßiger Ausrüstung durch unzugängliche Gegenden reisen wollen, wird man natürlich Abstriche machen müssen. Aber auch dann sollte man lieber den Weg des geringeren Widerstands wählen und das Fahrzeug erst kurz vor dem Einsatzort mit allem erforderlichen Spezialzubehör bestücken. Bis dahin kann man die Dinge besser im Fahrzeug selbst transportieren oder gar an Ort und Stelle kaufen.

Beachten Sie immer, daß jede Änderung außen am Fahrzeug TÜV-pflichtig sein kann (am besten vorher abklären) und bei Nichtabnahme zum Erlöschen der Betriebserlaubnis führt.

So ist beispielsweise ein nachträglicher Einbau eines Hubdachs in jedem Falle TÜV-pflichtig, selbst wenn für das Hubdach ein Mustergutachten o. ä. existiert. Der Grund: Bei manchen Fahrzeugen ist der Einbau von Hubdächern nur an ganz bestimmten Stellen zulässig. Deshalb sollte man sich entweder vom Hubdachlieferanten eine verbindliche Erklärung geben lassen oder eine Bestätigung des Basisfahrzeug-Herstellers anfordern, daß der Hubdacheinbau an der vorgesehenen Stelle zulässig ist. Eine letzte Möglichkeit wäre schließlich, den vorgesehenen Einbau vorher mit dem maßgeblichen TÜV-Prüfer abzuklären. Deshalb ein guter Rat: Es gibt in mancher Hinsicht Probleme, die sich sicher besser durch ein vorheriges kurzes Gespräch mit den Leuten vom TÜV aus der Welt schaffen lassen. Das ist billiger als der nachherige Ärger, irgendein teures Zubehörteil oder eine Sonderkonstruktion abzuändern oder gar ganz zu entfernen. Es kann im übrigen nicht schaden, mit den TÜV-Prüfern auf netter Basis zusammen zu sprechen, denn erstens sind das auch bloß Menschen wie Sie und ich und zweitens gibt es bisher noch keine so genauen Richtlinien grade betreffs Sonderkraftfahrzeugen mit Wohneinrichtung.

Man ist also in vielen Fragen auf den Ermessens-Spielraum und die Zugänglichkeit des TÜV-Prüfers angewiesen. Wenn ein Prüfer daher zu dem Ergebnis kommt, das Fahrzeug kann so nicht zugelassen werden, so gibt es zwei Möglichkeiten: Entweder Sie ändern die beanstandete Sache ordnungsgemäß ab oder Sie versuchen, den Prüfer durch sachliche Argumente zu überzeugen. Schließlich bleibt Ihnen noch eine dritte Möglichkeit: Sie fahren einfach zu einer anderen TÜV-Prüfstelle und versuchen dort Ihr Glück noch einmal. Vielleicht stoßen Sie dort auf einen zugänglicheren Prüfer oder zumindest einen, der nicht mit dem linken Fuß zuerst aufgestanden ist. Wenn aber auch dieser Prüfer etwas beanstandet, sollten Sie doch einmal in sich gehen und nachdenken, ob Ihre Super-Sonder-Spezialkonstruktion nicht tatsächlich ein wenig zu gewagt ist?

Der Prüfer wird, zumindest bei der erstmaligen Zulassung als Sonderfahrzeug, auch in das Innere Ihres rollenden Heims schauen wollen. Das ist sein gutes Recht, denn er muß sich ja überzeugen, ob tatsächlich eine *festeingebaute Wohneinrichtung* vorhanden ist. Über die genaue Form der Einrichtung gibt es z. Z. keine verbindlichen Vorschriften, nur ein VdTÜV-Merkblatt der Vereinigung der Technischen Überwachungsvereine e.V., in dem u.a. darauf hingewiesen wird, daß die verwendeten Werkstoffe eine Flammenausbreitungsgeschwindigkeit von 110 mm/min nicht übersteigen dürfen, daß Verständigungsmöglichkeit zwischen Fahrerhaus und Wohnteil gegeben sein muß, daß im Wohnteil zwei voneinander unabhängige, auf verschiedenen Wagenseiten befindliche Fluchtmöglichkeiten erforderlich sind, daß ein Fenster dabei mindestens 430×600 mm aufweisen muß und die Türbreite zumindest 430 mm. Türen müssen sich von innen öffnen lassen, auch wenn sie von außen abgeschlossen sind. Fenster müssen an mindestens zwei Fahrzeugseiten vorhanden sein, davon mindestens eines im Wohnbereich, egal ob in der Rückwand oder an der Wagenseite. Bei vom Fahrerhaus abgetrenntem Wohnteil (ohne Durchgang) müssen zwei Fenster im Wohnteil sein. Begründete Ausnahmen sind möglich, wenn ein lichtdurchlässiges Dachteil oder andere Lichtquellen vorhanden sind. Leichter und sicherer Einstieg von außen oder vom Fahrerhaus zum Wohnteil muß gewährleistet sein, die unterste Trittstufe sollte nicht höher als 400 mm überm Boden sein. Die Wohneinbauten müssen fest montiert sein, Wohncharakter aufweisen und den überwiegenden Teil des Fahrzeugs als Wohnteil beanspruchen. Verlet-

zungsgefahren sind durch entsprechende Möbelgestaltung (abgerundete Kanten, Polsterungen usw.) möglichst gering zu halten. Bei Gasgeräten ist eine Prüfbescheinigung gemäß Absatz 6 DVGW-Arbeitsblatt G 607 erforderlich. Wohnteil und Fahrerhaus müssen ausreichend belüftet werden können, wobei eine Beeinflussung durch die Gasanlage oder Auspuffabgase ausgeschlossen sein muß. Der Fahrzeugboden muß dicht sein, wenn Heizungsabgase nach unten abgeleitet werden. Ist der Gasflaschenkasten von innen zugänglich, muß die vorgeschriebene Dauerluft-Öffnung seitlich in Bodennähe erfolgen. Bodenöffnungen für Bedienteile müssen Gummimanschetten haben. Heizungen müssen bauartgenehmigt sein (!), wenn Fahrerhaus und Wohnteil verbunden sind.

Die Sitze im Fahrzeug, ihre Befestigung und ihre Lehnen müssen sicheren Halt bieten und allen betrieblichen Beanspruchungen standhalten (!). Haltemöglichkeiten, Griffe oder Sicherheitsgurte dafür sind erforderlich, Polster müssen gegen Verrutschen gesichert sein. Der Fußbodenbelag sollte bessere Rutschsicherheit als lackierte Bodenbleche aufweisen. Verschiedene TÜV's haben zusätzliche Vorschriften, z. B. Bett-Mindestgröße pro Person 60 × 190 cm, Sitzbreite mindestens 45 cm, Kopffreiheit über Sitzflächen mindestens 110 cm, Polsterstärken zwischen 8 und 12 cm, Abwassertank bei Vorhandensein eines Frischwassertanks oder fester Spüle usw.

Auch die Frage, wieviel Sitzplätze im Wohnteil zugelassen werden, liegt oftmals lediglich im Ermessen des TÜV-Prüfers. Allerdings muß hierzu bemerkt werden, daß die ganze Sitzplatzfrage insofern ungeklärt ist, als nach der Auffassung vieler Experten auch die Anzahl der Sitzplätze lediglich durch das zulässige Gesamtgewicht des Fahrzeugs begrenzt ist, solange hierüber keine gegenteilige gesetzliche Regelung getroffen wird. Das bedeutet in der Praxis, daß nach der allgemeinen Auffassung (sofern nicht zwischenzeit-

Bild 209: Bei dem Anblick dieses TÜV-Palastes kann man die Empfindungen verstehen, die den Besitzer eines selbstgebauten Campingbusses vor der TÜV-Abnahme des Fahrzeugs beherrschen...

schärfte Kanten im Wohnteil, Sicherheitsgurte und Kopfstützen an den Sitzen, Haltegriffe aus flexiblem Material und andere geeignete Vorrichtungen) eine weitgehende Sicherheit für die Insassen geschaffen werden sollte, schon im eigenen Interesse! Machen Sie deshalb mal das Experiment und setzen Sie sich in Ihrem Campingbus in den Wohnteil, während ein Bekannter von Ihnen das Fahrzeug fährt. Sie werden sehr schnell merken, was in dieser Hinsicht für die Sicherheit im Wohnteil alles erforderlich ist. Als Fahrer selbst merkt man das nämlich meist gar nicht. Da auch in diesem Zusammenhang das Thema Sicherheitsgurte angeschnitten wurde, so bin ich der Meinung, daß man, ob erforderlich oder nicht, in jedem Fall zumindest im Fahrerhaus für jeden dort angebrachten Sitz einen *Dreipunktgurt* und die dann erforderlichen *Kopfstützen* anbringen sollte! Allerdings würde ich die paar Mark nicht scheuen und Automatikgurte einsetzen. Zur Befestigung benutzen Sie bitte die werksseitig meist schon angebrachten Befestigungspunkte. Im Wohnteil ist das schon schwerer, weil hier meist keine Befestigungspunkte vorhanden sind. Hier sollte man sich unbedingt von der Fachwerkstatt oder einer Karosseriefirma entsprechende Befestigungsmöglichkeiten zumindest für Beckengurte anbringen lassen. Bitte glauben Sie mir, selbst noch so schön selbstgemachte Befestigungen können im ungünstigen Fall ausreißen. Und wer haftet dann?

Und da wir gerade beim Thema Verletzungsgefahr sind, sollten Sie spätestens vor der Fahrt zum TÜV, am besten sogar schon während des Ausbaus auf mögliche Gefahrenquellen wie scharfe Kanten, Blech-Ecken, vorspringende Griffe, hervorstehende Leuchten usw. achten und diese Stellen entschärfen! Der TÜV achtet nämlich mit Sicherheit auf die Sicherheit!

Dafür haben Sie aber auch schließlich nach der Umschreibung in die Klasse »So. Kfz. Wohnwagen« auch den Vorteil, künftig nur noch alle zwei

lich gesetzlich geregelt) im Campingbus die Anzahl der zu transportierenden Personen lediglich durch das zulässige Gesamtgewicht des Fahrzeugs begrenzt ist. Im täglichen Alltag wird natürlich kein normaler Mensch auf die Idee kommen, das in die Praxis umzusetzen. Meist wird man sich ja bei der Anzahl der Sitzplätze im Wohnteil des Fahrzeugs nach den Erfordernissen und Möglichkeiten richten. Diese *Sitzplätze* sollte man aber so *sicher* wie möglich gestalten. Das bedeutet, daß die Polster zumindest so befestigt werden, daß sie bei einer Bremsung nicht mitsamt dem Mitreisenden durch die Gegend rutschen können. Das bedeutet ferner, daß durch geeignete Maßnahmen (z. B. Sitze in Fahrtrichtung umstellbar, ent-

Jahre zum TÜV zu müssen. Und es müßten schon erhebliche Gründe vorliegen, wenn man diesen Vorteil nicht nutzen wollte. Im Zusammenhang mit einer Umschreibung der Fahrzeugart möchte ich auch noch an die Vorteile erinnern, die sich durch eine in manchen Fällen mögliche »Ablastung« des zulässigen Gesamtgewichts ergeben können. Bekanntlich sind ja Sonderkraftfahrzeuge mit Wohneinrichtung bis zu einem zulässigen Gesamtgewicht von 2,8 t (später EG-einheitlich ca. 3,5 t) nicht den Begrenzungen für Lkw betreffs Geschwindigkeit, Überholverbot usw. unterworfen, sondern werden wie Pkw betrachtet.

Wenn daher jemand ein Basisfahrzeug mit einem etwas höheren zulässigen Gesamtgewicht besitzt, besteht die Möglichkeit, sich mit dem Hersteller des Basisfahrzeugs in Verbindung zu setzen und eine Bescheinigung über die Ablastung auf den gewünschten Wert zu beantragen. Wenn man den Leuten die Gründe dafür angibt und sagt, daß es sich um einen Campingbus handelt und nicht mehr um einen Schwerlaster, sind diese Firmen (unter Umständen erst nach Änderung von Federcharakteristik, Stoßdämpfern usw.) teilweise bereit, eine solche Bescheinigung auszustellen.

Übrigens, wenn Sie dann nach zwei Jahren wieder beim TÜV zur Prüfung fahren, dürfte es normalerweise schneller gehen als beim ersten Mal. Es sei denn, Sie haben in der Zwischenzeit *erhebliche Änderungen* am Fahrzeug oder der Einrichtung vorgenommen.

Grundsätzlich sollten Sie vor dem Ausbau Ihres Fahrzeugs sich ausführlich über die jeweils *neuesten gesetzlichen Regelungen* betreffs Campingbus-Ausbau informieren, weil dieses im Rahmen eines Buchs erstens aus Gründen der Aktualität nicht möglich sein kann und weil zweitens auch die schon bestehenden Gesetze und Verordnungen, Durchführungsbestimmungen, Kommentare, Normen und Vorschriften auf den für den Ausbau in Betracht kommenden Gebieten bereits

solchen Umfang aufweisen, daß hierfür einfach in einem Buch kein Platz ist.

Wer sich zumindest einigermaßen informieren möchte, kann sich an folgende Adressen wenden: Betreffs *Straßenverkehrszulassungsordnung:* C. H. Beck'sche Verlagsbuchhandlung, Wilhelmstr. 9 in 8000 München 40.

Dort kann die Lose-Blatt-Ausgabe der StVZO bezogen werden.

Betreffs *Gas-Verbrauchs-Einrichtungen:* ZfGW-Verlag GmbH, Postfach 901080, Voltastraße 79 in 6000 Frankfurt/M. 90. Dort kann das Heft »Technische Regeln Arbeitsblatt G 607« bezogen werden.

Betreffs *Maschinenschutzgesetz:* Wirtschaftsverlag Nordwest GmbH, Postfach 1326 in 2940 Wilhelmshaven. Dort kann der Gesetzestext bezogen werden.

Betreffs *Elektro-Installationen:* VDE-Verlag GmbH in 1000 Berlin 12. Dort können die in Frage kommenden VDE-Vorschriften bezogen werden.

Betreffs *Deutscher Normen:* Beuth-Verlag GmbH, Burggrafenstraße 4–7 in 1000 Berlin 30. Dort kann ein Verzeichnis der lieferbaren DIN-Blätter bezogen werden, außerdem die DIN-Blätter selbst.

Autor und Verlag weisen *hiermit ausdrücklich* darauf hin, daß für die in diesem Buch gemachten Angaben oder mögliche Folgen auf Grund von Arbeitsanleitungen oder Arbeiten nach diesem Buch *keinerlei Haftung* übernommen wird. Alle im Buch gemachten Angaben erfolgen nach bestem Wissen und Gewissen ohne Gewähr für die Richtigkeit, Vollständigkeit oder Zulässigkeit. Die Verantwortung für jede aus diesem Buch hergeleitete Tätigkeit und ihre möglichen Folgen hat jeder selbst zu übernehmen.

Sie werden sicher Verständnis dafür aufbringen, daß bei einer so umfangreichen und komplizierten Materie wie dem Ausbau eines Kraftfahrzeugs zu Wohnzwecken es einfach nicht möglich ist, alle Fehlerquellen und Unfallmöglichkeiten, alle Pannen und mögliche Mißverständnisse auszuschließen. Aus diesem Grunde muß jede Haftung abgelehnt werden.

Aber ich bin der Ansicht, daß man nicht allzu viel falsch machen kann, wenn man sich vor Beginn der Arbeiten umfassend informiert, sich auch schon vorher mit dem Technischen Überwachungs-Verein (TÜV, TÜA) in Verbindung setzt und dort die Probleme abklärt, wenn man sich entweder die Installationen usw. von einem Fachmann ausführen läßt oder zumindest selbst für fachgerechte Ausführung aller Arbeiten sorgt, wenn man die erforderlichen Prüfungen gewissenhaft ausführen läßt und wenn man schließlich den gesunden Menschenverstand beim Ausbau seines eigenen Campingbusses mitwirken läßt. Dann sollte der neue, individuell ausgebaute und eingerichtete Campingbus eigentlich ohne allzu große Probleme durch den TÜV und anschließend durch die ganze Welt kommen.

Campingbus und Versicherung

Auch hier haben Sie, wie schon beim Technischen Überwachungs-Verein, die freie Wahl, welchem Unternehmen Sie sich anvertrauen wollen. Diese Möglichkeit ist zwar nicht mehr so interessant wie früher, als bei Campingbussen schadensfreies Fahren noch mit Rabatt bei der Haftpflichtprämie belohnt wurde. Aber dennoch gibt es auch heute noch Unterschiede in der Haftpflicht-Prämienhöhe, die bis zu DM 120,– zwischen den einzelnen Versicherungsgesellschaften betragen können. Bei vergleichbarer Leistung, einer Versicherungssumme von 2 Mio DM pauschal und bei jedermann zugänglichen Versicherungen. Beamte sind mal wieder bevorzugt, sie brauchen noch weniger zu berappen als »normale« Camper. Allerdings sollten Sie bei der Wahl der Versicherung nicht nur die Höhe der Haft-

pflichtprämie beachten, sondern auch die übrigen, z. B. für Teil- oder Voll-Kasko, Reisegepäck usw. Unter Umständen ist nämlich eine »teure« Haftpflicht-Versicherung in anderen Prämien so günstig, daß sie sich doch »lohnt«. Hier sollte man in Ruhe das Optimale heraussuchen! Ein Tip: Sprechen Sie auch unbedingt mit der Versicherung, wo Sie bisher schon Ihren PKW, Hausrat usw. versichert haben. Dort kennt man Sie und Ihre Fahrweise und ist gegebenenfalls bereit, Ihnen durch Sonder-Konditionen oder anderweitige Zusagen entgegen zu kommen. Vielleicht auch nicht, das hängt vom Schadensverlauf der einzelnen Gesellschaft ab. Schließlich bleibt Ihnen noch ein Ausweg aus der Kosten-Misere: Wenn Sie Ihren Campingbus nicht das ganze Jahr über benötigen, sondern z. B. nur im Sommer, so können Sie ihn in der restlichen Zeit »vorübergehend stillegen«. Dann zahlen Sie nur für die Zeit, wo Sie ihn wirklich brauchen!

Ist Ihr Campingbus vom TÜV (oder TÜA) abgenommen und als »Sonderkraftfahrzeug Wohnwagen« in die Fahrzeugpapiere eingetragen, so ist das Fahrzeug auch als solches zu versichern. Es hat also keinen Zweck, in dieser Hinsicht irgend etwas der Versicherung gegenüber schummeln zu wollen, im Schadensfalle sind Sie bloß der Dumme.

Die Versicherung des Fahrzeugs als Campingbus sollte grundsätzlich den *Neuwert* als Ausgangsbasis haben. Sonst kann es Ihnen passieren, daß Sie einen liebevoll restaurierten Gebrauchtwagen mit einer wertvollen Wohneinrichtung im Schadensfalle nur noch zum Zeitwert ersetzt kriegen, und der ist bekanntlich bei älteren Basisfahrzeugen oft sehr niedrig.

Grade betreffs der *Wohneinrichtung* sollten Sie auch vor einem eventuellen Schadensfall schon mit der Versicherung die Frage der Haftung geklärt haben.

In der Kaskoversicherung sind nämlich meist nur die Teile der Einrichtung eingeschlossen, die fest

mit dem Fahrzeug verbunden sind. Also keine losen oder herausnehmbaren Teile. Diese Frage ist nicht nur wegen des Reisegepäcks, des transportablen Fernsehers oder der Kamera-Ausrüstung wichtig, sondern auch beispielsweise im Zusammenhang mit leicht herausnehmbarer Wohneinrichtung bei doppeltgenutzten Fahrzeugen.
Herausnehmbare Teile, wie z. B. Kamera, Fernseher usw. sind meist dann in der Hausratsversicherung eingeschlossen (sofern man eine hat), wenn sie aus dem fest verschlossenen Fahrzeug in der Zeit zwischen 6 Uhr morgens und 22 Uhr abends abhanden kommen. Neben den verschiedenen Möglichkeiten, die Prämien möglichst niedrig zu halten, gibt es eine, die grade für Campingbusse interessant sein kann. Wenn man sein Fahrzeug nämlich nicht das ganze Jahr über betriebsbereit haben muß, kann man durchaus mit der Versicherungsgesellschaft eine zeitliche Still-Legung des Fahrzeugs vereinbaren. Bei nicht zu großem Motor-Hubraum lohnt es sich dabei unter Umständen gar nicht, das Fahrzeug steuerlich ebenfalls vorübergehend stillzulegen! Sie sehen also, es lohnt sich durchaus, eine optimale Versicherung zu suchen, selbst wenn sie nicht direkt an Ihrem Wohnort vertreten ist.
In jedem Fall aber sollten Sie bei der Gesellschaft, bei der das Fahrzeug schließlich versichert werden soll, zuvor noch Einsicht nehmen in die »Allgemeinen Kraftfahrzeug-Versicherungs-Bedingungen« (AKB) einschließlich des dort enthaltenen Anhangs. Dieser Zeitaufwand für das Überfliegen des »Kleingedruckten« kann Ihnen unter Umständen mehr Geld sparen als Sie glauben. Und wenn Ihnen etwas unklar ist oder mit der Versicherung Sonder-Vereinbarungen getroffen wurden, so lassen Sie sich diese unbedingt *schriftlich* bestätigen und packen Sie diese Bestätigung gut weg. Eines Tages wird sich das womöglich bezahlt machen, wenn es zu einem Schaden kommt.
Grade weil die Versicherung von Sonderkraftfahr-

zeugen mit Wohneinrichtung noch ein relativ offenes Gebiet ist, ergeben sich hier für den Eigentümer solcher Fahrzeuge noch Möglichkeiten von Sondervereinbarungen, von denen vielleicht in ein paar Jahren die Versicherungsgesellschaften nichts mehr wissen wollen.

Campingbus und Zulassung

Die Zulassung des Fahrzeugs ist vermutlich der Punkt, der Ihnen außer ein paar Laufereien und etwas Geduld die wenigsten Probleme aufbürdet. Nach erfolgreich abgeschlossener Prüfung des Fahrzeugs durch den Technischen Überwachungsverein hat der zuständige Prüfingenieur Ihre Kfz-Papiere entsprechend abgeändert. Von der Versicherung haben Sie die Bestätigung erhalten, daß Ihr Fahrzeug dort versichert wird und ab dem Zulassungstag die Haftung von dieser Gesellschaft übernommen wird. Meist wird man Ihnen als Nachweis hierfür eine entsprechend ausgefüllte »Deckungszusage« (Doppelkarte) mitgeben.
Mit diesen Unterlagen und Ihrem Personal-Ausweis bewaffnet beantragen Sie bei der Kfz-Zulassungsstelle die Zulassung zum Straßenverkehr. Bei Gebrauchtfahrzeugen wird sinngemäß die Wiedererteilung der Betriebserlaubnis beantragt. Wenn Sie sich durch den Formularkram durchgekämpft haben, müssen Sie sich noch um die Kennzeichen kümmern, bekommen die Plaketten darauf gepappt und können endlich mit Ihrem neuen Campingbus auf große Fahrt gehen (nachdem Sie zwischenzeitlich auch noch die Kfz-Steuern entrichtet haben). Noch ein Tip zur KFZ-Steuer: »So-Kfz Wohnwagen« über 2,8 t. zul. Ges.-Gewicht werden nach Gewicht versteuert. Deshalb kann es günstig sein, vom Fahrzeug-Hersteller das Fahrzeug in den Kfz-Papieren »ablasten« zu lassen.

Ein paar Worte zum Schluß

Wir sind nun am Ende dieses Buchs angelangt. Bitte gestatten Sie mir daher noch ein paar Worte zum Schluß.

Ich will aber damit nicht sagen, daß ich nun das letzte Wort haben will! Nein, das haben Sie, lieber Leser, indem Sie jetzt in die Hände spucken können und damit anfangen, Ihren Campingbus so selberzumachen, wie Sie ihn sich wünschen. Ich hoffe, daß dieses Buch Ihnen hierbei etwas behilflich sein konnte. Dabei bin ich mir natürlich klar darüber, daß man in einem solchen Buch immer nur Tips und Hinweise geben kann, aber niemals eine genaue Arbeitsanleitung für ein ganz bestimmtes Fahrzeug oder eine bestimmte Einrichtung, denn dann wären all die Leser enttäuscht, die dieses Fahrzeug oder diese Einrichtung grade nicht wollen. Und eine Standardeinrichtung will ja kaum einer, dann brauchte man ja seinen Campingbus nicht selber zu machen, sondern könnte ihn von der Stange kaufen. Grade die Vielfalt der Einrichtungen und Arten von Campingbussen ist es ja, die uns als individuelle Menschen ein klein wenig aus dem grauen Alltag herausbringt. Und der Campingbus ist das ideale Mittel dazu, sich selbst und ein paar nette Leute aus dem grauen Alltag hinaus in die Welt zu bringen. Für den Bau Ihres Campingbusses und für möglichst viele erfreuliche Reisen damit wünsche ich Ihnen viel Glück und allzeit gute Fahrt.

Abschließend möchte ich aber nicht versäumen, all denen an dieser Stelle zu danken, die mich bei diesem Buch mit Rat und Tat unterstützt haben und mir einen Teil des Bildmaterials zur Verfügung stellten (z. B. die Redaktion der Zeitschrift »Selbst ist der Mann«, die Presseabteilungen der Auto-Industrie und andere Firmen).

Johannes P. Heymann